Elektronenmikroskopie

Stanley L. Flegler
John W. Heckman, Jr.
Karen L. Klomparens

Elektronenmikroskopie

Grundlagen · Methoden · Anwendungen

Aus dem Amerikanischen von Marita Blankenhagel

Mit 129 Abbildungen

Spektrum Akademischer Verlag Heidelberg · Berlin · Oxford

Originaltitel: Scanning and Transmission Electron Microscopy
An Introduction
Aus dem Amerikanischen von Marita Blankenhagel

This translation of *Scanning and Transmission Electron Microscopy* originally published in English in 1993 by W.H. Freeman and Company is published by arrangement with Oxford University Press Inc.
Diese Übersetzung beruht auf: *Scanning and Transmission Electron Microscopy*, erschienen 1993 bei W.H. Freeman and Company mit Genehmigung des Verlages Oxford University Press Inc.

Die Deutsche Bibliothek – CIP-Einheitsaufnahme

Flegler, Stanley L.:
Elektronenmikroskopie : Grundlagen – Methoden – Anwendungen / Stanley L. Flegler ; John W. Heckman ; Karen L. Klomparens. Aus dem Amerikan. von Marita Blankenhagel. – Heidelberg ; Berlin ; Oxford : Spektrum, Akad. Verl., 1995
Einheitssacht.: Scanning and transmission electron microscopy <dt.>
ISBN 3-86025-341-7
NE: Heckman, John W.:; Klomparens, Karen L.:

Lektorat: Bärbel Rindfleisch, Berlin
Produktion: PRODUServ, Berlin
Einbandgestaltung: Kurt Bitsch, Birkenau
Satz: Fotosatz-Service Köhler OHG, Würzburg
Druck und Verarbeitung: Franz Spiegel Buch GmbH, Ulm

Spektrum Akademischer Verlag Heidelberg · Berlin · Oxford

EIN VERLAG DER SPEKTRUM FACHVERLAGE GMBH

Vorwort zur deutschen Ausgabe

Das Elektronenmikroskop zählt fraglos zu den bedeutendsten Erfindungen unseres Jahrhunderts: sowohl als Analysengerät wie auch – zumindest seit Gerd Binnigs und Heinrich Rohrers Entwicklung des Rastertunnelelektronenmikroskops in den 80er Jahren – als Werkzeug des Physikers, Chemikers, Materialwissenschaftlers, Biologen, Mediziners u. a.

Mit der fortschreitenden Differenzierung und Verfeinerung der ursprünglichen Transmissions- und Rasterelektronenmikroskope seit den 30er und 40er Jahren wurden die Verfahren zur Präparation unterschiedlicher Untersuchungsproben ebenso weiterentwickelt wie die Verfahren zur Auswertung elektronenmikroskopischer Abbildungen. Der Computer hat auch in der Elektronenmikroskopie längst seinen Platz gefunden.

Stanley Flegler, John Heckman jr. und Karen Klomparens steht der Verdienst zu, bei der Wissensvermittlung bis zu diesen neuesten Entwicklungen eine spürbare Lücke auf dem Buchmarkt geschlossen zu haben. Aus mehr als vierzig Jahren Lehrerfahrung und Laborpraxis am Center for Electron Optics an der Michigan State University entstand eine einführende, fachübergreifende Darstellung, die gleichermaßen der Lehre wie als Referenz für Praktika dienen kann.

Die Autoren stellen die theoretischen und praktischen Grundlagen vor. Mit klaren und einprägsamen Erläuterungen, treffenden Abbildungen wird in die Arbeitsweise der Mikroskope, in Bilderzeugung und -verarbeitung, analytische Verfahren und mögliche Anwendungen für unterschiedliche Fächer eingeführt. Die Probenpräparation wird im Detail diskutiert, wobei auf die spezifischen Parameter für biologische Proben besonderer Wert gelegt wird.

April 1995 Gert Wangermann

Inhalt

1 Einführung

Der Nobelpreis für Physik wurde 1986 gemeinsam an Ernst Ruska, Gerd Binnig und Heinrich Rohrer vergeben. Ruska vom Fritz-Haber-Institut in Berlin wurde er für seine Arbeiten auf dem Gebiet der Elektronenoptik und den Bau des ersten Transmissionselektronenmikroskops in den 30er Jahren zuerkannt. Binnig und Rohrer vom IBM-Forschungslaboratorium Zürich wurden für ihre Entwicklung des Rastertunnelmikroskops in den 80er Jahren geehrt. Bei der Preisverleihung hob das Nobelpreis-Komitee die Bedeutung der Elektronenmikroskopie auf allen Gebieten der Wissenschaft hervor, es nannte sie „eine der bedeutendsten Erfindungen dieses Jahrhunderts".

Die Elektronenmikroskopie beinhaltet Wissenschaft und Technik der Anwendung von Elektronenstrahlen zur Erzeugung von vergrößerten Bildern von Objekten. Der prinzipielle Vorteil der Anwendung von Elektronen anstatt Licht zur Bilderzeugung liegt darin, daß mit Elektronen ein tausendfach höheres Auflösungsvermögen erreicht werden kann – das heißt, man kann feinere Details unterscheiden. Das Auflösungsvermögen eines modernen Lichtmikroskops beträgt bestenfalls 200 nm, wohingegen ein Transmissionselektronenmikroskop Details bis ungefähr 0,2 nm und ein Rasterelektronenmikroskop mit speziellen Geräten Details bis ungefähr 3 nm auflösen kann. Der Wunsch, feiner und feinere Details aufzulösen, führte in den 30er und 40er Jahren zur Entwicklung des Elektronenmikroskops. Die ständige Verbesserung der Elektronenmikroskope gab Wissenschaftlern in einer Vielzahl von Disziplinen die Möglichkeit, auf der Basis von Bildern mit hoher Auflösung Daten zu gewinnen, die kein anderes Verfahren liefert.

Die Elektronenmikroskopie wird vielfältig in der Biologie, der Medizin und den Werkstoffwissenschaften angewandt. Beispielhaft sind in der Biologie die Diagnose von Krankheiten des Menschen, der Tiere und Pflanzen, die Entwicklung der Pathologie, das Studium der Morphologie und Entwicklung von Organismen, Gewebe und Zellen, die Identifikation von Pollen, Viren, Bakterien und Diatomeen, das Sichtbarmachen von Teilkomponenten und Strukturen der Zellen wie der DNA, die Lokalisierung von Elementen, Enzymen und Proteinen in der Zelle, die in-situ-Kreuzung von Genprodukten und die Bestätigung von biologischen, physiologischen und biochemischen Meßdaten zu nennen. Beispiele in den Werkstoffwissenschaften und der Physik sind die Identifikation von Mineralien in geologischen Proben, das Bestimmen der Kristallgitterstruktur von solchen Materialien wie Katalysatoren und Schichtkeramiken, das Bestimmen der Struktur von Verbundwerkstoffen, dünnen Schichten und Keramiken, die Bruchanalyse und Zusammensetzung in metallurgischen Proben, die Lokalisierung und Bestimmung des Anteils von Elementen in einer Probe und die Bestätigung von chemischen, metallurgischen und geologischen Meßwerten.

Einzigartige Abbildungen

Die beiden grundlegenden Typen von Elektronenmikroskopen sind das Transmissionselektronenmikroskop (TEM, Abb. 1.1) und das Rasterelektronenmikroskop (REM, Abb. 1.2), welche einzigartige und oftmals komplementäre Bilder und Informationen liefern. In Tabelle 1.1 sind ausgewählte Kennwerte dieser beiden Elektronenmikroskope und des Lichtmikroskops verglichen. Das REM und das TEM besitzen beide sowohl ein größeres Auflösungsvermögen als auch einen breiteren und höheren Vergrößerungsbereich als das Lichtmikroskop. Die Elektronenmikroskope erfordern das Arbeiten unter Hochvakuumbedin-

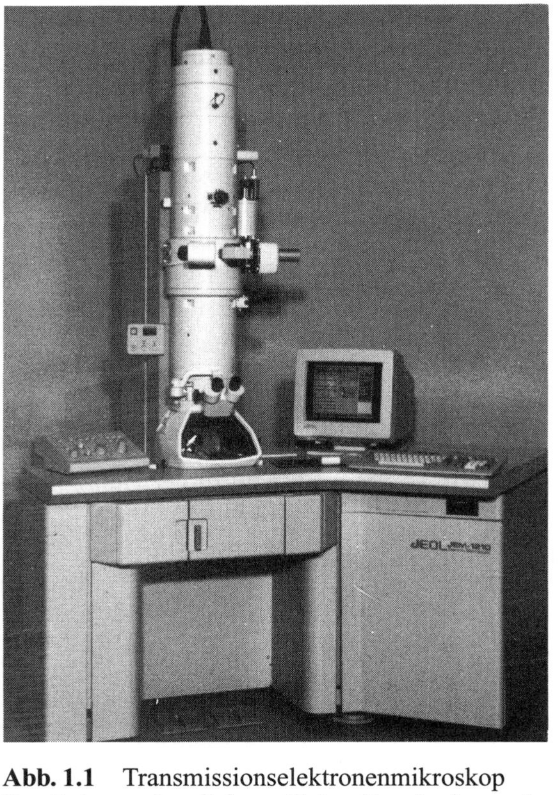

Abb. 1.1 Transmissionselektronenmikroskop
Das Foto wurde mit freundlicher Genehmigung des Japan Electron Optics Laboratory (JEOL), USA, Inc., Peabody, MA zur Verfügung gestellt.

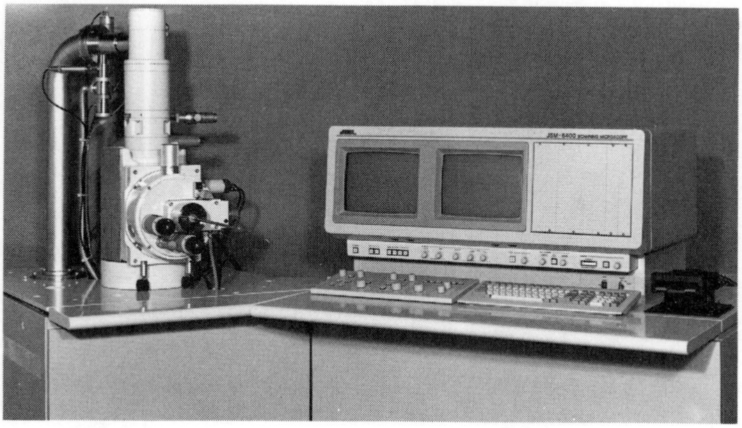

Abb. 1.2 Rasterelektronenmikroskop
Das Foto wurde mit freundlicher Genehmigung des Japan Electron Optics Laboratory (JEOL), USA, Inc., Peabody, MA zur Verfügung gestellt.

gungen (vgl. Kap. 3) mit Ausnahme eines Rasterelektronenmikroskops für Umgebungsbedingungen, das im größten Teil des Gerätes unter Hochvakuum steht, aber auch eine Probenkammer hat, die bei fast Atmosphärenbedingungen betrieben werden kann (vgl. Kap. 5). Die Probenpräparation für die TEM und REM ist häufig viel aufwendiger als die für die Lichtmikroskopie. Eine geeignete Präparation der Proben ist in der Elektronenmikroskopie entscheidend für die Bildqualität und damit auch für die Sammlung von Meßwerten. Die speziellen Anforderungen an die Probenpräparation in der REM und TEM werden in den Kapiteln 6 und 7 beschrieben.

Zwischen einem TEM und einem Durchlichtmikroskop ist eine einfache Analogie zu erkennen. Die mikroskopischen Hellfeldbilder beider Geräte liefern Meßdaten über die Struktur der inneren Bestandteile der Probe. Voraussetzung ist jeweils, daß die Probe ausreichend dünn ist, damit sie vom Elektronenstrahl (TEM) oder vom Lichtstrahl (Lichtmikroskop) durchstrahlt werden kann, und daß die bilderzeugenden und vergrößernden Linsen korrekt gehandhabt werden (vgl. Kap. 2). Die TEM kann ein hochaufgelöstes Bild von Zellstrukturen (Abb. 1.3) oder isolierten Partikeln wie Viren erzeugen. Obwohl die Analogie zwischen einem TEM und einem Lichtmikroskop für das Verständnis, welche Art von Meßwerten mit einem TEM erzeugt werden können, hilfreich sein kann, versagt sie bei der Erklärung von Details der Bilderzeugung. Die Bilderzeugung in der TEM unterscheidet sich grundlegend von der eines Lichtmikroskops und wird in Kapitel 4 ausführlich beschrieben.

Das REM kann mit einer Lupe oder einem Auflichtmikroskop verglichen werden. All diese drei Geräte bilden die Oberfäche von dicken Proben mit einer dreidimensionalen Perspektive ab, obwohl das REM mit seiner größeren Schärfentiefe und höheren Auflösung einen eindeutigen Vorteil besitzt

Tabelle 1.1 Vergleich ausgewählter Kennwerte des Lichtmikroskops und der Elektronenmikroskope

Merkmal	Lichtmikroskop	Transmissionselektronenmikroskop	Rasterelektronenmikroskop
allgemeiner Einsatzbereich	Oberflächenmorphologie und Schnitte (1–40 µm)	Schnitte (40–150 nm) oder kleine Partikel auf dünnen Membranen	Oberflächenmorphologie
Lichtquelle	sichtbares Licht	hochbeschleunigte Elektronen	hochbeschleunigte Elektronen
beste Auflösung	ca. 200 nm	ca. 0,2 nm	ca. 3–6 nm
Vergrößerungsbereich	10–1 000 ×	500–500 000 ×	20–150 000 ×
Schärfentiefe	0,002–0,05 nm ($A^1 = 1{,}5$)	0,004–0,006 nm ($A = 10^{-3}$)	0,003–1 mm
Linsentyp	Glas	elektromagnetisch	elektromagnetisch
Ort der Bildentstehung	im Auge durch Linsen	auf einem phophoreszierenden Schirm durch Linsen	an der Kathodenröhre durch Rastereinrichtung

[1] A = numerische Apertur

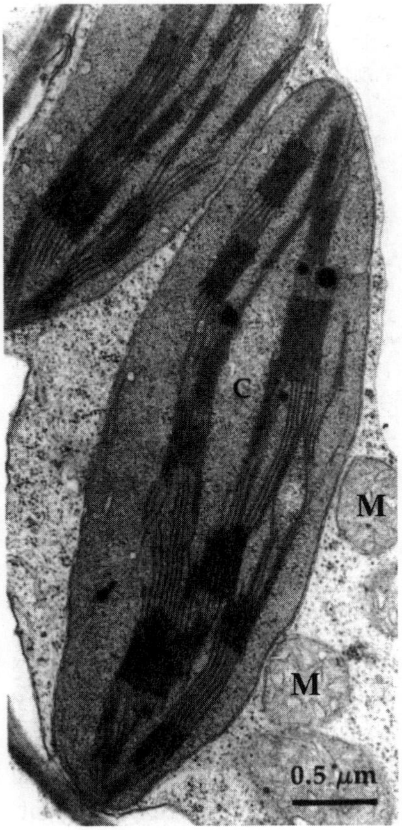

Abb. 1.3 Beispiel einer TEM-Aufnahme
Dieser Ultradünnschnitt einer Pflanzenzelle läßt die innere Zellstruktur der Chloroplasten C erkennen. Die Mitochondrien M sind ebenfalls sichtbar.

(Abb. 1.4). Da der Elektronenstrahl (REM) oder der Lichtstrahl (Lupe oder Auflichtmikroskop) die Probe nicht durchstrahlen muß, um ein Bild zu erzeugen, können die Proben dick sein. Wie bei der TEM ist die Analogie zwischen einem Auflichtmikroskop und einem REM ziemlich eng begrenzt. Der Prozeß der Bilderzeugung in den beiden Geräten unterscheidet sich grundlegend. Kapitel 5 beschreibt die Bilderzeugung in der REM.

In jedem Elektronenmikroskop wird eine eigene Methode zur Bilderzeugung eingesetzt, was spezielle Vor- und Nachteile zur Folge hat. Meistens werden die Vor- und Nachteile für jedes von ihnen als eine Reihe sich gegenseitig beeinflussender Parameter gegeneinander abgewogen, wobei einige kontrollierbar sind, andere nicht. Die spezifische Kombination hängt von dem Gerät selber und von den besonderen experimentellen Bedingungen ab, die durch Probentyp und/oder Fragestellung gegeben sind. Um einen optimalen Abgleich zu erhalten, ist es notwendig, die Funktion jeder Komponente eines Elektronenmikroskops und deren Zusammenwirken bei der Bilderzeugung zu verstehen. Mit diesem Wissen kann man nicht nur bestimmen, welches der beiden Geräte (oder ob

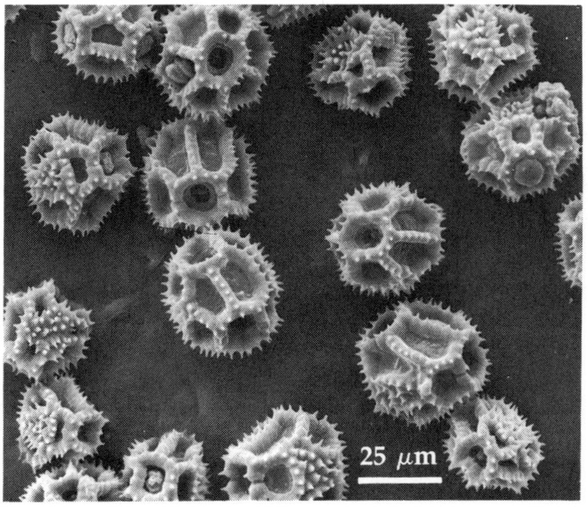

Abb. 1.4 Beispiel einer REM-Aufnahme
Dieses Bild von Löwenzahn-Pollenkörnchen läßt Oberflächendetails der Probe erkennen.

beide) für eine spezielle Anwendung am geeignetsten ist, sondern auch die Gerätevariablen, die die Bilderzeugung beeinflussen, ausbalancieren.

Die Probenpräparation für die Elektronenmikroskopie kann komplex sein und oftmals einander widersprechende Forderungen mit sich bringen, die eine sorgfältige Betrachtung erfordern, bevor man sich für eine Vorgehensweise entscheidet. In jedem der folgenden Kapitel wird sowohl auf die einzelnen Geräte als auch auf die Details der Probenpräparation und darauf, wie man einen optimalen Ausgleich einander widersprechender Forderungen erreichen kann, eingegangen. Eine weitere wichtige Betrachtung zur Optimierung der aus der TEM und aus der REM erhaltenen Meßdaten betrifft die Art ihrer Darstellung. In Kapitel 9 werden fotografische Prozesse in den Elektronenmikroskopen erklärt und die weitere Bearbeitung der Bilder mit geeigneten Dunkelkammerverfahren zur Gewinnung genauer und aussagekräftiger Meßwerte (das heißt elektronenmikroskopischer Bilder) beschrieben.

Da bei der Elektronenmikroskopie als Träger der bei der Abbildung erzeugten Information Elektronen anstatt Licht angewandt werden, sind alle Bilder schwarzweiß. Farbe an sich ist eine Funktion des sichtbaren Lichtes, und in einem Elektronenmikroskop werden die Bilder nicht mit sichtbarem Licht erzeugt. Farbige Bilder können mit Hilfe von computergestützter Bildverarbeitung auf Farbmonitoren erzeugt werden, sie spiegeln aber keine tatsächliche Farbe in der Probe selber wider. Folglich haben die in der Lichtmikroskopie üblicherweise eingesetzten Färbemittel für die elektronenmikroskopischen Bilder keine Wirkung, außer sie enthalten Schwermetalle, die zur Bilderzeugung durch Elektronen beitragen.

Die jährlichen Berichte der Microscopy Society of America (vor 1993 Electron Microscopy Society of America) enthalten aktuelle Informationen sowohl über verbesserte und neue Elektronenmikroskope und Hilfsmittel als auch über neue Methoden der Probenpräparation. Viele neue Verwendungszwecke und Modifikationen der Elektronenmikroskope und andere mikroskopische bilderzeugende Verfahren werden zusammen mit neuer Technik und neuen Anwendungen der Elektronenmikroskopie ebenfalls jedes Jahr in den Berichten beschrieben. Die Berichte stellen neben ergänzenden Büchern, Übersichten und speziellen Fachartikeln eine exzellente Quelle neuester Informationen dar.

Andere Geräte zur mikroskopischen Abbildung

Obwohl sich dieses Buch speziell mit der TEM und der REM befaßt, ist es häufig wichtig, den Wert der Lichtmikroskopie als Korrelat, ihre Wechselwirkung zu beiden Typen der Elektronenmikroskopie anzuerkennen. Bei der Lichtmikroskopie können mit Hilfe eines Stereoskops oder Auflichtmikroskops Bilder von Oberflächen oder mit Hilfe eines Durchlichtmikroskops Bilder von inneren Strukturen dicker Schnitte erzeugt werden. Der Einsatz spezieller Farbstoffe und/oder fluoreszierender Markierungen liefert zusätzliche anatomische und analytische Meßwerte. Die Probenpräparation ist im allgemeinen einfacher als die für die Elektronenmikroskopie. Daher liefert die Lichtmikroskopie oftmals nützliche Anfangsinformation, die zur Planung von Untersuchungen mit Anlagen, die eine höhere Auflösung ermöglichen, angewandt werden kann.

Ein weiteres Gerät, das wertvolle, zur Elektronenmikroskopie in Beziehung stehende Meßdaten liefert, ist das konfokale Laser-Scanning-Mikroskop (LSM). Im LSM wird ein Laser als Lichtquelle zum Abrastern einer Probe verwendet. Im konfokalen Modus kann der Laser ein Bild einer speziellen Ebene definierter Tiefe in der Probe erzeugen, indem alle Informationen ober- und unterhalb dieser Ebene herausgefiltert werden. Dies nennt man optisches Schichttrennen oder Z-sectioning. Das Ergebnis ist ein Bild, das klarer und detaillierter als bei der konventionellen Lichtmikroskopie ist. Das Auflösungsvermögen eines LSM liegt zwischen dem eines Lichtmikroskops und dem eines Elektronenmikroskops, das heißt bei ungefähr 100 nm (weitere Angaben in Pawley (1989) in der Literatur am Ende des Kapitels). Parallel eingesetzt liefern das Lichtmikroskop, das konfokale LSM, das TEM und das REM einzigartige und zueinander komplementäre Meßwerte. Die Rastersondenmikroskopie (vgl. Kap. 5 und Burleigh (1990) in der Literatur am Ende des Kapitels) und andere Nahfeld-Mikroskopiermethoden (vgl. Betzig und Trautman (1992) in der Literatur am Ende des Kapitels) sind relativ neue Technologien zur Probenabbildung und stellen zusätzliche Hilfsmittel für die Datensammlung dar.

Sowohl das TEM als auch das REM können modifiziert werden. Dies führt zu Geräten, deren Namen treffend ihre Funktionen beschreiben. Beispielsweise erzeugt das Raster-Transmissionselektronenmikroskop (STEM – scanning transmission electron microscope) ein Durchlichtbild (wie das TEM). Es wird jedoch ein Rasterstrahl verwendet (wie im REM) (vgl. Kap. 5). Das analytische Elektronenmikroskop (AEM) ist ein TEM, ein REM oder ein STEM, an das ein oder mehrere Analysegeräte angeschlossen wurden. Zusätzlich zu den standardmäßigen TEM-, REM- und STEM-Aufnahmen kann ein AEM verifizierende analytische Meßwerte liefern. Mit der Röntgenmikroanalyse zum Beispiel erhält man die qualitative und quantitative atomare Zusammensetzung sowie die Zusammensetzungsverteilung einer Probe unterhalb Zellniveau (vgl. Kap. 8).

Eine weitere Klasse von elektronenmikroskopischen Geräten sind die Rastersondenmikroskope (RSM). Obwohl sie keine Elektronenmikroskope darstellen, liefern sie hochaufgelöste Bilder von Probenoberflächen. Das Rastertunnelmikroskop (RTM) und das Atomic Force Microscope (AFM) sind zwei Beispiele für Rastersondenmikroskope (vgl. Kap. 5). Mit dem RTM wird ein Bild erzeugt, indem der Tunnelstrom ausgenutzt wird, der über eine kleine Metallspitze (die Sonde) fließt, die in sehr geringem Abstand die Probenoberfläche abtastet. So kann die Oberfläche einer leitenden Probe mit einer Auflösung im atomaren Bereich abgebildet werden. Das AFM arbeitet auf der Basis der anziehenden Kräfte, die bei Annäherung der Elektronenwolken zweier Atome auftreten. Mit dem AFM können nichtleitende Proben im fast-atomaren Bereich abgebildet werden.

Zur Geschichte der Elektronenmikroskopie

Antoni van Leeuwenhoek war 1673 mit einem ersten, einfachen Lichtmikroskop in der Lage, vergrößerte Bilder von Proben zu erzeugen, die so klein waren, daß sie mit bloßem Auge nicht zu erkennen waren. 1677 baute Robert Hooke das erste Durchlichtmikroskop. Auch heutzutage noch wird das Lichtmikroskop modifiziert, obwohl die Auflösung in erster Linie durch den Einsatz von Licht als Quelle für die Bilderzeugung begrenzt wird.

In den 70er Jahren des letzten Jahrhunderts entwickelte Ernst Abbe eine einfache mathematische Gleichung, mit der das Auflösungsvermögen definiert wird, indem es in Bezug zur Wellenlänge des Lichtes, der Größe der Aperturblende und der Natur des Mediums, durch das das Licht fällt, gesetzt wird. Seine Gleichung basierte auf Arbeiten von Sir George Airy und Baron Rayleigh, die früher schon andere optische Phänomene untersucht hatten.

1897 entdeckte Sir J. J. Thomson das Elektron. Diese Arbeit sowie seine weiteren Forschungen, für die er 1906 den Nobelpreis für Physik erhielt, bewiesen, daß das Elektron ein Teilchen sehr kleiner Masse mit einer elektrisch negativen Ladung ist, das durch elektrische und magnetische Felder abgelenkt werden kann.

1924 definierte Prinz de Broglie (1929 Nobelpreis für Physik) die Wellennatur und Wellenlänge von Elektronen, postulierte aber nicht die Möglichkeit eines Elektronenmikroskops. H. Busch publizierte 1926 seine Forschungsergebnisse über die Bewegung von Elektronen in magnetischen Feldern, die bewiesen, daß ein magnetisches Feld als Linse zum Fokussieren von Elektronen dienen kann.

Während der 30er und 40er Jahre befaßte sich Walter Glaser mit theoretischen Aspekten der Elektronenoptik, darunter auch mit den bilderzeugenden Eigenschaften von Objektivlinsen und mit Linsenfehlern, und erkannte die erheblich größere Bedeutung der sphärischen Aberration in der Elektronenoptik im Vergleich zu der in der Lichtoptik. Seine Arbeit gipfelte 1952 in einem klassischen Buch mit dem Titel *Grundlagen der Elektronenoptik (Fundamentals of Electron Optics).*

Die Entwicklung des Transmissionselektronenmikroskops (TEM) in den frühen 30er Jahren wird Max Knoll und Ernst Ruska vom Hochspannungsinstitut der Technischen Hochschule in Berlin zugeschrieben. Als Teil seiner Diplomarbeit und später seiner Dissertation baute Ruska die ersten elektromagnetischen Linsen, die für ein Elektronenmikroskop geeignet waren, und konstruierte 1933 das erste wirkliche TEM mit Linsen mit Polschuhen. Mit Bodo von Borries baute Ruska 1939 das erste kommerzielle TEM bei Siemens in Deutschland. Interessant zu erwähnen ist, daß 1931 Reinhold Rudenberg im Namen von Siemens das Elektronenmikroskop zum Patent anmeldete, obwohl er nicht tatsächlich an seiner Entwicklung beteiligt war (vgl. Ruska (1986) in der Literatur am Ende des Kapitels).

1935 bewies Knoll die Theorie vom Rasterelektronenmikroskop (REM), die auf den als erstes von Sintzing vorgestellten theoretischen Betrachtungen basierte. Von Ardenne baute 1938 das erste Rasterelektronenstrahlgerät, das eigentlich ein STEM war. Das erste dem heutigen ähnelnde REM wurde 1942 bei der Radio Corporation of America von Vladimir Zworykin, James Hillier und Gerald Snyder entwickelt. Oatley, McMullan und Smith von der Universität Cambridge verbesserten zwischen 1948 und 1952 die Bauart des Rasterelektronenmikroskops ungemein. T. E. Everhart und R. Thornley entwickelten 1960 einen effizienten Sekundärelektronendetektor, und das erste kommerzielle REM wurde 1964 von Cambridge Instruments auf den Markt gebracht.

Andere mit der Elektronenmikroskopie verwandte Entwicklungen betrafen die Konstruktion einer Elektronenmikrosonde zur Lokalisierung von Elementen, die auf der Röntgenmikroanalyse von 1951 von Castaing (in seiner Dissertation) basierte, den ersten Röntgendetektor auf Halbleiterbasis von 1968 von Fitzgerald, Keil und Heinrich, das Raster-Transmissionselektronenmikroskop (STEM) von 1971 von Crewe und Wall und das Rastertunnelmikroskop von 1985 von Binnig und Rohrer.

Wenn auch diese kurze Zusammenfassung nur die Entwicklung der Elektronenmikroskopie erläutert, ist auch ein anderes wichtiges Forschungsgebiet, die Probenpräparation, zu erwähnen. Sie ist besonders für Anwendungen in der Biologie sowohl beim TEM wie auch beim REM entscheidend, da die meisten Proben in der Biologie hauptsächlich aus Wasser bestehen, das sich, von einigen, wenigen Ausnahmen abgesehen, nicht mit dem für die meisten Elektronenmikroskope notwendigen Hochvakuum verträgt. Vorgehensweisen, die die Proben in einem möglichst naturgetreuen Zustand belassen und Artefakte minimieren oder ganz vermeiden, sind ganz entscheidend für die Sammlung von brauchbaren Meßdaten über Ultrastrukturen. Die gängigsten Verfahren zur Präparation des größten Teils der biologischen und einiger werkstoffwissenschaftlichen Proben werden in Kapitel 6 und 7 beschrieben. Methoden für spezielle Proben und die Experimentplanung können in den Fachjournalen nachgelesen werden.

Das Auflösungsvermögen der Elektronenmikroskope

Wie bereits festgestellt wurde, ist das Auflösungsvermögen die Fähigkeit, zwischen zwei nahe beieinander liegenden Punkten zu unterscheiden (Abb. 1.5). Je kleiner der Abstand zweier Punkte ist, der noch aufgelöst werden kann, desto größer ist per Definition das Auflösungsvermögen. Das Auflösungsvermögen sowohl der Lichtmikroskope als auch der TEM ist von der Wellenlänge λ der zur Abbildung benutzten Energiequelle abhängig und wird durch sie begrenzt, außerdem von anderen Größen, die in Kapitel 4 genau erklärt werden.

Obwohl die Beziehung zwischen Auflösungsvermögen und Wellenlänge für lichtemittierende Punkte definiert wurde, wird sie zur Definition des Auflösungsvermögens des TEM angewandt. Bei einem Lichtmikroskop beträgt das Auflösungsvermögen etwa 0,5 λ. Die Information ist sicherlich im Bild vorhanden, aber Details der Strukturen können nicht aufgelöst werden, sofern sie kleiner als die halbe Wellenlänge der Abbildungsquelle sind. Im Fall eines Lichtmikroskops ($\lambda = 400$ nm bis 700 nm) mit einem Auflösungsvermögen von etwa 200 nm können Bakteriengeißeln, die DNA, die meisten kleinen Viren und Zellmembranstrukturen, wie das endoplasmatische Retikulum, nicht sichtbar gemacht werden. Diese werden erst mit einem Auflösungsvermögen von 50 nm oder besser sichtbar, das mit einem TEM wegen der kleineren Wellenlänge der Elektronen leicht erreicht werden kann. Andere Faktoren, die die Auflösung eines Transmissionselektronenmikroskops beeinflussen, werden in Kapitel 4 diskutiert.

Das Auflösungsvermögen eines Rasterelektronenmikroskops hängt von etwas anderen Faktoren ab als denen, die das Auflösungsvermögen des Transmissionselektronenmikroskops beeinflussen. Das TEM arbeitet mit einem Strahl wie bei einem Scheinwerfer, das heißt, ein großer Teil der Probe wird mit dem Elektronenstrahl beleuchtet. Elektronen, die die Probe durchdringen, werden zur

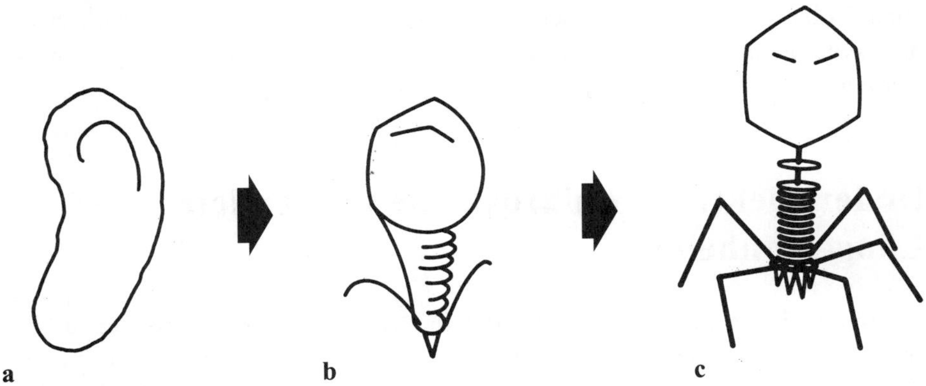

Abb. 1.5 Auflösungsvermögen
Mit wachsendem Auflösungsvermögen können feinere Details der Probe unterschieden werden. Mit einem schlechten Auflösungsvermögen (a) können keine Details der Struktur erkannt werden. Mit einem größeren Auflösungsvermögen werden mehr Details sichtbar (b und c).

Erzeugung eines optischen Durchlichtbildes benutzt. Im Gegensatz dazu wird im REM der Elektronenstrahl auf einen sehr kleinen Punkt der Probenoberfläche fokussiert und rastert die Probe zeilenweise ab. Die Wechselwirkung des Strahls mit der Probe erzeugt Sekundärelektronen, die benutzt werden, um das Bild zu erzeugen. Das Bild wird nicht wie das TEM-Bild optisch erzeugt. Bei einem REM ist letztendlich der Strahldurchmesser der begrenzende Faktor der Auflösung; es können keine Strukturen aufgelöst werden, deren Abstand kleiner als der Strahldurchmesser ist. Kapitel 5 diskutiert ausführlich die Bilderzeugung in der REM.

Das Auflösungsvermögen und die Vergrößerung werden oft verwechselt. Die hohe Vergrößerung wird häufig als der Hauptgrund angeführt, mit einem Elektronenmikroskop zu arbeiten, von Vorteil ist aber das erhöhte Auflösungsvermögen. Es ist jedoch zweckdienlich, das Auflösungsvermögen und die Vergrößerung zusammen zu betrachten. Angenommen, das notwendige Auflösungsvermögen sei vorhanden, dann kann beim Mikroskopieren die geeignete Vergrößerung ausgewählt werden, damit die gewünschten Einzelheiten

Tabelle 1.2 Vergleich des Auflösungsvermögens und der minimalen Vergrößerung zum Abbilden spezieller Proben

Probe	erforderliches Auflösungsvermögen	mindestens erforderlicher Vergrößerungsbereich
Bakterie	1–2 µm	1000–1500 ×
Virus	20–60 nm	20000–80000 ×
große Atome	0,1 nm	2000000 ×

einer Probe unterschieden werden können (vgl. Tab. 1.2). Kleinere Details erfordern eine höhere Vergrößerung, damit sie für das menschliche Auge sichtbar werden.

In der Elektronenmikroskopie verwendete Längeneinheiten

Es gibt mehrere Längeneinheiten, die in der Elektronenmikroskopie üblich sind. Diese Einheiten basieren auf dem Système Internationale des Units (SI), das 1960 entwickelt wurde, um die Maßeinheiten zu standardisieren. Die gängigsten Längeneinheiten sind das Mikrometer (üblicherweise für REM-Abbildungen verwendet) und das Nanometer (üblicherweise für die höher aufgelösten TEM-Abbildungen verwendet). Diese Einheiten verhalten sich wie folgt zueinander: $1\ \text{mm} = 1\,000\ \mu\text{m}$ ($1\ \mu\text{m} = 10^{-3}\ \text{mm}$) und $1\ \mu\text{m} = 1\,000\ \text{nm}$ ($1\ \text{nm} = 10^{-6}\ \text{mm}$). Das Ångström (Å; 1 nm = 10 Å) wurde früher in der wissenschaftlichen Literatur verwendet, heutzutage kommt es dagegen nur noch gelegentlich vor. In der modernen SI-Terminologie wird das Ångström als Dezinanometer (dnm) bezeichnet.

Die Sicherheit in den Elektronenmikroskopie-Laboratorien

Die Vorgehensweise bei der Probenpräparation und die Verfahrensweisen beim Umgang mit den Anlagen unterscheiden sich zwischen den einzelnen Laboratorien. Die speziellen Sicherheitsanforderungen für die Elektronenmikroskopie sollten an jedem Ausbildungsinstitut, in jedem Unternehmen oder jedem Laboratorium verstanden und befolgt werden. Sicherheitsempfehlungen werden auch in diesem Buch gegeben, speziell für die Probenpräparation, obwohl spezielle Richtlinien durch die Verantwortlichen für das Laboratorium und die Elektronenmikroskopieanlagen vorgegeben sein müssen. Die Sicherheit betreffende Literatur ist in diesem Kapitel nach der Literatur am Ende des Kapitels angeführt.

Literatur

Agar, A.W.; Alderson, R.H. und Chescoe, D. *Principles and Practice of Electron Microscope Operation*. Amsterdam (North-Holland) und New York (Elsevier) 1974.

Betzig, E. und Trautman, J.K. *Near-field optics: Microscopy spectroscopy, and surface modification beyond the diffraction limit*. In: *Science* 257 (1992) S. 189–195.

Burleigh Instruments, Inc. *The Scanning-Probe Microscope Book.* NY (Burleigh Instruments Fishers) 1990.
Cosslett, V.E. *Practical Electron Microscopy.* New York (Academic Press) 1951. (Cossletts Regel)
Hawkes, P. W. (Hrsg.) *The Beginnings of Electron Microscopy.* New York (Academic Press) 1985.
Holwill, M.E. und Silvester, N.R. *Introduction to Biological Physics.* New York (Wiley) 1973.
Knoll, M. und Ruska, E. *Das Elektronenmikroskop.* In: *Z. Physik* 78 (1932) S. 318–339.
Meek, G.A. *Practical Electron Microscopy for Biologists.* New York (Wiley) 1976.
Newberry, S.P. *EMSA and Its People: The First Fifty Years.* Boston (Electron Microscopy Society of America) 1992.
Pawley, J., (Hrsg.) *The Handbook of Biological Confocal Microscopy.* University of Wisconsin, Madison (IMR Press) 1989.
Ruska, E. *Über Fortschritte im Bau und in der Leistung des magnetischen Elektronenmikroskops.* In: *Z. Physik* 87 (1934) S. 580–602. (Originalbeschreibung des Transmissionselektronenmikroskops)
Ruska, E. *The emergence of the electron microscope: Connection between realization and first patent application. Documents of an invention.* In: *J. Ultrastruct. Mol. Struct. Res.* 95 (1986) S. 3–28.
Weber, R.L. *Pioneers of Science: Nobel Prize Winners in Physics.* 2. Aufl. Philadelphia (Hilger) 1988. (Bei der Entwicklung des Elektronenmikroskops beteiligte Wissenschaftler)
Wischnitzer, S. *Introduction to Electron Microscopy.* 2. Aufl. New York (Pergamon) 1981.

Die Sicherheit betreffende Literatur

Alderson, R.H. *Design of the Electron Microscopy Laboratory: Hazards and Safety Precautions.* New York (American Elsevier) 1975.
Barber, V.C. und Clayton, D.L. (Hrsg.) *Electron Microscopy Safety Handbook.* San Francisco (EMSA, San Francisco Press) 1985.
Bastacky, J. und Hayes, T.L. *Safety in the scanning electron microscope laboratory.* In: *Scanning* 7 (1985) S. 255–272.
Mackinson, F.W. und Stricoff, R.S.; Partridge Jr., L.J. und Little, A.D. (Hrsg.) *Pocket Guide to Chemical Hazards.* Washington DC. (National Institute for Occupational Safety and Health/Occupational Safety and Health Administration) 1980.
Parsons, D.F.; Phillips, V.A. und Lally, J.S. *Handbook of X-Ray Safety for Electron Microscopists.* San Francisco (Radiation Committee, Electron Microscopy Society of America) 1973.
Smithwick, E.B. *Cautions, common sense and rationale for the electron microscopy laboratory.* In: *J. Electron Microsc. Technol.* 2 (1985) S. 193–200.

2 Elektronenquellen und Elektronenlinsen

Elektronenquellen

Der erste Schritt zur Gewinnung von Bildern mit einem Elektronenmikroskop ist das Erzeugen eines Elektronenstrahls. Die Elektronen werden in einer Elektronenkanone erzeugt, die aus Anode und Wehnelt-Anordnung besteht (vgl. Abb. 2.1). Die Elektronenkanone befindet sich in der Kanonenkammer, die normalerweise am oberen Ende der Säule angeordnet ist (vgl. Abb. 2.2 a). Die Säule ist von zylindrischer Struktur und hat, zusätzlich zur Elektronenkanone, Platz für die elektromagnetischen Linsen und einen Raum für die Proben. In den Elektronenmikroskopen werden im wesentlichen drei Typen von Elektronenkanonen eingesetzt: solche mit Wolfram-Haarnadelelektrode, mit Lanthanhexaborid-Kristallelektrode und Feldemissions-Elektronenkanonen.

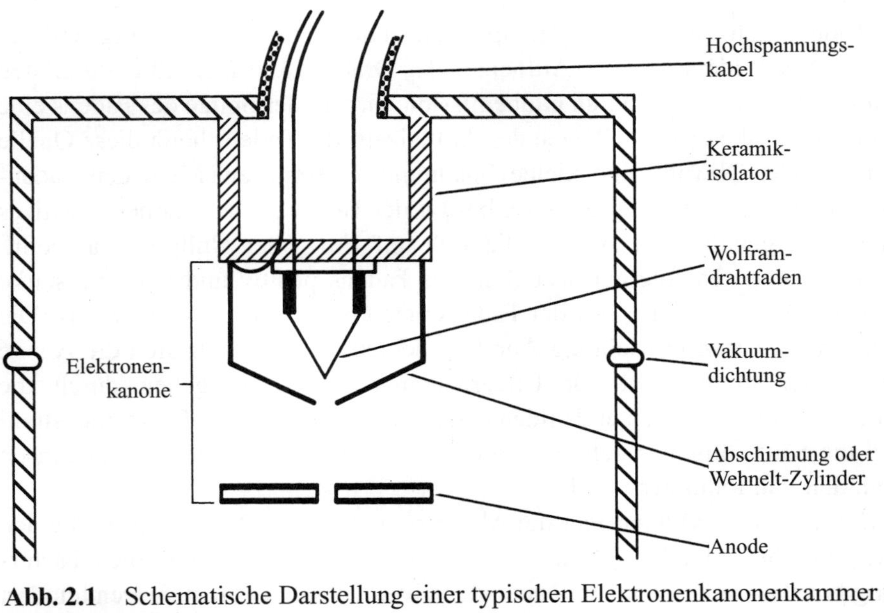

Abb. 2.1 Schematische Darstellung einer typischen Elektronenkanonenkammer und zugehöriger Komponenten

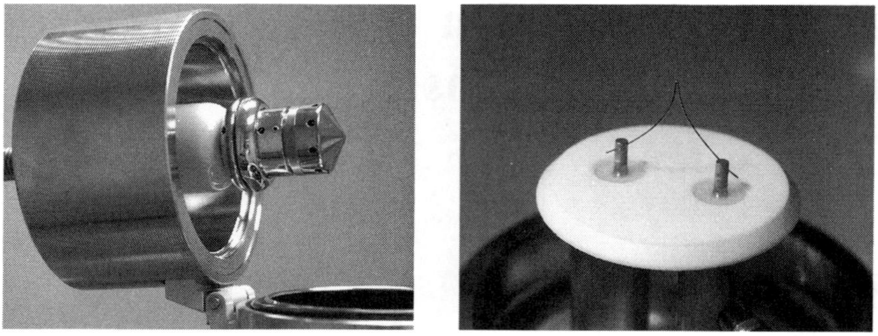

a b

Abb. 2.2 Elektronenkanonenkammer und Wehnelt-Anordnung
a) Eine typische Elektronenkanonenkammer mit zurückgekipptem oberen Teil
Eine Elektronenkanonenkammer wird normalerweise geöffnet, um einen durchgebrannten Faden auszuwechseln.
b) Die Wehnelt-Anordnung mit entferntem Wehnelt-Zylinder, der haarnadelförmige Wolframdraht wird gezeigt.

Elektronenkanonen mit Wolfram-Haarnadelelektrode

Die in den meisten Elektronenmikroskopen verwendeten Elektronenkanonen mit Wolfram-Haarnadelelektrode werden als Standard angesehen. Als Elektronenquelle dient eine Wolframdrahtschleife, die haarnadelförmig gebogen ist (daher auch der Name; Abb. 2.2b; vgl. auch Abb. 2.1 und 2.4). Die Wolframdrahtschleife wird auch Faden genannt und arbeitet als Kathode. Ein kleiner zwischen den Fadenanschlüssen angelegter Spannungsunterschied bewirkt aufgrund des elektrischen Widerstands ein Aufheizen des Drahtes. Der Stromfluß durch den Draht heißt Heizstrom. Durch Glühemission wird an der Spitze des Fadens eine Elektronenwolke erzeugt. Wegen des Aufheizens des Fadens heißt diese Quelle Glühkathode. Obwohl eine kleine Spannungsdifferenz zwischen den Fadenanschlüssen aufrecht erhalten wird, besitzt der Faden ein sehr hohes negatives Potential gegenüber der Anode, die sich auf Erd- oder Nullpotential befindet. Die Anode ist folglich bezüglich des Fadens positiv und übt eine starke Anziehungskraft auf die von der Fadenspitze emittierten Elektronen aus. Die Elektronen werden in Richtung Anode beschleunigt. Einige treffen die Anode und tragen somit nicht zur Bilderzeugung bei. Viele gehen durch die Anodenöffnung hindurch und bilden den Elektronenstrahl. Der Elektronenstrahl wird die Säule hinunter geführt, wo er durch die elektromagnetischen Linsen gebündelt und fokussiert wird.

Der Wehnelt-Zylinder oder die Abschirmung ist eine Metallkapsel, die den Faden umgibt (vgl. Abb. 2.1 und 2.2). Während des Betriebs wird die Abschirmung konstant auf einem zum Faden negativen Potential von mehreren hundert Volt gehalten. Die Spannungsdifferenz zwischen Faden und Abschirmung

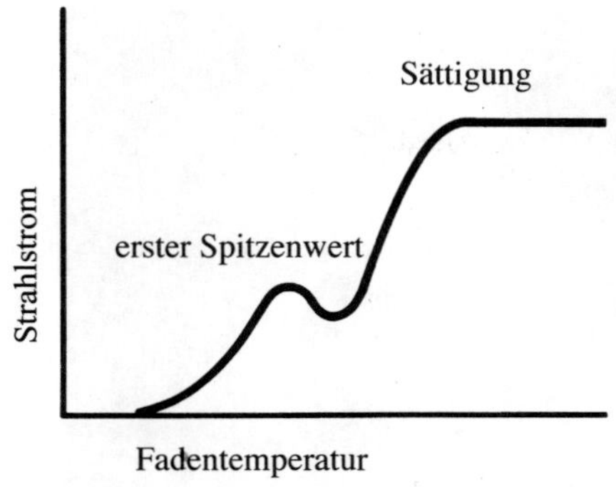

Abb. 2.3 Sättigungskurve des Wolframfadens
Die meisten Wolframfäden erzeugen zwei Spitzenwerte im Elektronenstrahlstrom. Der erste Spitzenwert wird durch eine Elektronenemission entlang einiger fehlerhafter Stellen auf einer Seite der Wolframschleife erzeugt. Die Emission am zweiten Spitzenwert stammt aus der Spitze der Drahtschleife.

heißt Vorspannung. Der Wehnelt-Zylinder mit seiner negativen Vorspannung wirkt auf die Elektronen abstoßend und fungiert als elektrostatische Linse, die die Elektronen genau vor der Anode im Strahlkreuzungspunkt, auch Crossover genannt, konzentriert.

Die Spannungsdifferenz zwischen dem Faden und der Anode wird Beschleunigungsspannung genannt. Sie bestimmt Energie und Wellenlänge der Elektronen beim Durchlaufen der Säule. Die Beschleunigungsspannungen der meisten Transmissionselektronenmikroskope liegen zwischen 60 000 V und 400 000 V, obgleich einige spezielle Hochspannungsgeräte mit einer Million Volt oder mehr arbeiten. Bei den meisten Rasterelektronenmikroskopen werden Beschleunigungsspannungen von 5 000 V bis 30 000 V verwendet, wobei das Interesse an solchen Geräten steigt, die mit Beschleunigungsspannungen von nur einigen hundert Volt arbeiten.

Das Anlegen der Spannung an die Fadenanschlüsse ist ein sehr kritischer Prozeß, der Sättigung des Fadens genannt wird. Es ist unmöglich, eine vorher festgesetzte Spannung auszuwählen. Die Elektronenmikroskope besitzen eine Steuereinrichtung, in der Regel als „filament“ oder „emission“ bezeichnet, zum langsamen und vorsichtigen Anlegen der Spannung, was wiederum den Heizstrom hervorruft. Trägt man den Strahlstrom als eine Funktion der Fadentemperatur auf, so sieht man ein Ansteigen des Strahlstromes bis zu einem gewissen Punkt, dem ersten Spitzenwert, wo der Strahlstrom kurz abfällt und dann wieder ansteigt (vgl. Abb. 2.3). Die meisten Fäden beginnen mit der Elektronenemission entlang einiger fehlerhafter Stellen an der Seite der Schleife, die den ersten Spitzenwert bewirkt. Mit Ansteigen des Heizstromes bewegt sich die maximale Elektronenemission in Richtung Fadenspitze. Schließlich wird ein Punkt der Sättigung erreicht, wo der Strahlstrom mit ansteigendem Heizstrom nicht mehr wächst. Erhöhen des Heizstromes über diesen Punkt hinaus heißt Übersättigung

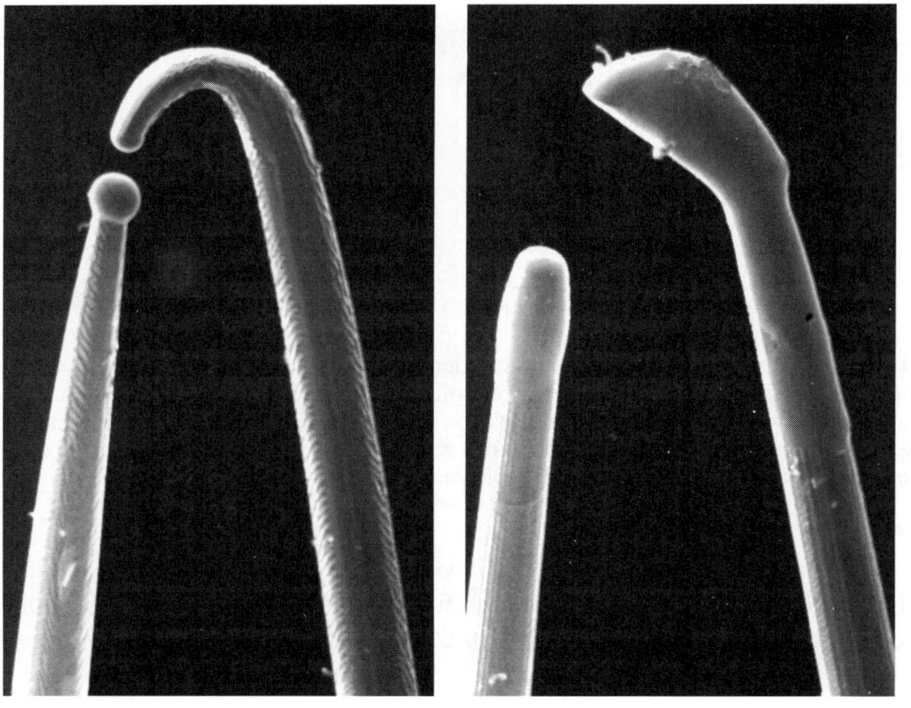

a **b**

Abb. 2.4 Ein durchgebrannter Wolframfaden
a) Ein Faden, der nach vielen Stunden ordnungsgemäßer Sättigung durchgebrannt ist
Der Durchmesser der Drahtspitze wurde aufgrund des Verdampfens immer kleiner. Schließlich schmolz der Draht.
b) Ein Faden, der nach einer Stunde Übersättigung durchgebrannt ist
Der Draht zeigt kaum Verdünnung, und es gibt eine große Ansammlung von geschmolzenem Wolfram am Ende.

und bewirkt ein drastisches Absinken der Fadenlebensdauer: Der Faden kann in wenigen Minuten schmelzen, während die Lebensdauer normalerweise viele Stunden beträgt (vgl. Abb. 2.4).

Bei den meisten Elektronenmikroskopen wird die Sättigung mit Hilfe eines Strommeßgeräts überwacht; zusätzlich wird bei einem TEM das optische Bild des Fadens auf dem Bildschirm (vgl. Abb. 2.5a) und bei einem REM die Darstellung des Stromes auf einer Kathodenstrahlröhre (vgl. Abb. 2.5 b) beobachtet.

Das Auftreten von Sättigung ist eine Folge der Methode, die zum Anlegen der Vorspannung an den Wehnelt-Zylinder benutzt wird. Zur Variation der Vorspannung wird ein veränderlicher Widerstand zwischen Wehnelt-Zylinder und Faden geschaltet, eine Anordnung, die als Elektronenkanone mit automatischer Gittervorspannung bezeichnet wird. Sobald die Elektronenemission aus dem Faden beginnt, fließt auch ein Strom durch den Widerstand vom Wehnelt-Zylin-

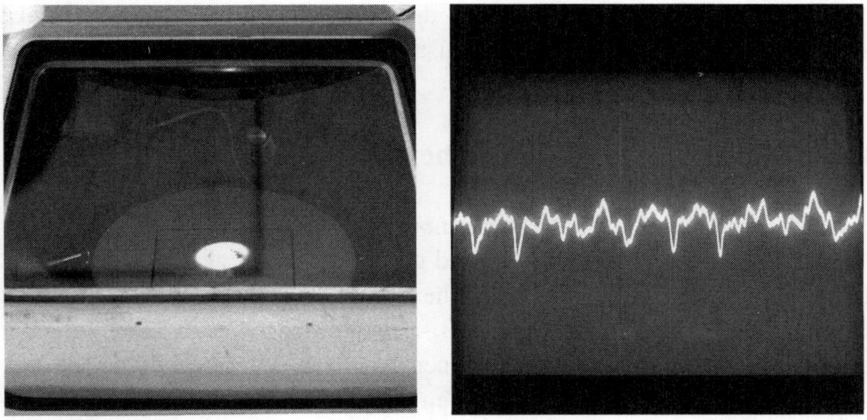

a b

Abb. 2.5 Überwachen der Fadensättigung
a) Die Fadensättigung in einem TEM wird normalerweise durch Beobachten des Fadenbildes auf einem phosphoreszierenden Bildschirm überwacht.
b) Die Fadensättigung in einem REM wird normalerweise durch Darstellung des Stromes auf einer Kathodenstrahlröhre überwacht.

der zum Faden. Der Stromfluß durch den Widerstand bewirkt, daß sich am Wehnelt-Zylinder das negative Potential oder die Vorspannung aufbaut; wegen der Abstoßung der negativen Elektronen durch die negative Vorspannung wird die weitere Elektronenemission aus dem Faden behindert. Schließlich wird die resultierende Vorspannung hinreichend groß, die weitere Elektronenemission zu unterbinden; dies ist der Punkt der Sättigung.

Die durch den Widerstand hervorgerufene Vorspannung kann mit einem Einstellknopf kontrolliert werden, der den Widerstand variiert. Die Wahl der richtigen Vorspannung ist sehr wichtig, da sie eine direkte Auswirkung auf den Crossover der Elektronenstrahlen besitzt, der zwischen Wehnelt-Zylinder und Anode erzeugt wird. Wird zu wenig Vorspannung aufgebaut, wird der Crossover schlecht ausgebildet, und der Strahlstrom ist niedrig. Wird zu viel Vorspannung aufgebaut, gibt es einen starken abstoßenden Effekt des Wehnelt-Zylinders, viele Elektronen werden zum Faden zurückgetrieben, und der Strahlstrom ist ebenfalls niedrig. Ein niedriger Strahlstrom ist nicht erwünscht, da er die Leistungsfähigkeit des Elektronenmikroskops beeinträchtigt.

Der Wolframfaden ist die am häufigsten verwendete Elektronenquelle, da er eine Reihe von Vorteilen bietet. Er ist relativ stabil, kostengünstig zu ersetzen und benötigt zum ordnungsgemäßen Betrieb kein Ultrahochvakuum. Seine Nutzungsdauer liegt zwischen 50 und 150 Stunden. Während des Betriebs verdampft langsam das Wolfram aus dem Faden. Schließlich wird der Draht sehr dünn und reißt (vgl. Abb. 2.4 a); der Faden ist durchgebrannt. Wenn dies passiert, muß die gesamte Elektronenkanone ausgebaut und sorgfältig gereinigt werden. Dann wird ein neuer Faden eingesetzt, und dieser sowie der Abstand zwischen Wehnelt-Zylinder und Faden sorgfältig justiert.

Elektronenkanonen mit Lanthanhexaborid-Kristallelektrode

Der zweithäufigste Typ von Elektronenkanonen ist mit einem Lanthanhexaborid-Kristall als Kathode ausgestattet und wird gewöhnlich als Lab-sechs bezeichnet (nach der chemischen Formel für Lanthanhexaborid, LaB_6). Die LaB_6-Kathode ist der Wolframkathode sehr ähnlich. Ein LaB_6-Kristall wird auf einer Rhenium- oder Wolframhalterung fixiert, die sich in einer Wehnelt-Anordnung befindet (vgl. Abb. 2.6). Eine zwischen den beiden Enden des Drahtes angelegte Spannung bewirkt das Aufheizen des Kristalls. Der heiße Kristall emittiert dann Elektronen.

Ein LaB_6-Emitter bietet drei Hauptvorteile gegenüber einem haarnadelförmigen Wolframdraht. Erstens kann der unter äquivalenten Bedingungen erhaltene Strahlstrom bis zu zehnmal so groß wie der einer Wolframkathode sein. Die Strahlstromstärke wird oftmals als Strahlhelligkeit bezeichnet, da so der Effekt in dem Elektronenmikroskop beobachtet wird. Die Elektronenkanone mit LaB_6-Kathode ist daher heller als eine Elektronenkanone mit Wolfram-Haarnadelkathode. Zweitens werden die Elektronen von einem kleineren Gebiet in dem Lanthanhexaborid-Kristall emittiert, daher besitzt der zwischen Kathode und Anode erzeugte Crossover einen kleineren Durchmesser. Diese beiden Faktoren bedingen gewöhnlich die bessere Auflösung eines Rasterelektronenmikroskops (vgl. Kap. 5). Drittens ist die Streuung der Energie der emittierten Elektronen etwa halb so groß wie die der Wolframkathode, ein Faktor, der sowohl bei der REM als auch TEM für eine verbesserte Auflösung sorgt. Ein vierter Vorteil ist die längere Lebensdauer, oftmals eine zehnmal längere als die einer Wolframkathode.

Es gibt jedoch drei Nachteile der LaB_6-Kathode. Erstens ist für den ordnungsgemäßen Betrieb ein besseres Vakuum als für die Wolframkathode erforderlich, obwohl die meisten modernen Hochleistungsgeräte hinreichend Vakuum besitzen. Zweitens ist die Sättigung üblicherweise viel kritischer und zeit-

Abb. 2.6 Lanthanhexaborid-Elektronenquelle
Ein Lanthanhexaborid-Kristall wird zwischen Wolfram- oder Rheniumdrähten gehalten. Der Stromfluß durch den Draht erhitzt den Kristall, der dann Elektronen emittiert.

raubender als bei einer Wolframkathode. Bei einer Wolframkathode benötigt man bis zum Erreichen der Sättigung nur etwa eine Minute, bei der LaB_6-Kathode kann dies eine halbe Stunde oder länger dauern, da der Kristall sehr langsam erwärmt werden muß. Schließlich ist das Ersetzen einer LaB_6-Kathode weitaus teurer als das eines Wolframfadens. Die Kosten variieren abhängig von der Lieferfirma, aber LaB_6-Emitter können zehn- oder hundertmal mehr als Wolframfäden kosten.

Elektronenkanonen mit Feldemissionskathode

Im dritthäufigsten Typ von Elektronenkanonen wird eine Feldemissionskathode eingesetzt. Sie ist gegenwärtig nur in einem kleinen Prozentsatz aller Geräte zu finden, obwohl ihre Verbreitung mit Verbesserung der Ausführung steigen könnte. Die Konstruktion einer typischen Elektronenkanone mit Feldemissionskathode und der Elektronenemitter sind in Abbildung 2.7 gezeigt. Die Wirkungsweise einer Feldemisssionskathode beruht auf einem Prinzip der Physik, der Feldemission, wobei in einem Hochvakuum die Elektronen durch eine angelegte Spannung aus einer Wolframspitze mit sehr kleinem Krümmungsradius herausgezogen werden. Als Beschleunigungsspannung für solch eine Elektronenkanone dient die Spannung zwischen dem Wolframkristall und der zweiten Anode. Eine positive Spannung bis zu 2 000 V an der ersten Anode kontrolliert die Stärke der Elektronenemission. Bei diesem Typ von Elektronenkanone wird nichts aufgeheizt, daher heißt sie Kaltkathoden-Elektronenkanone, im Gegensatz zu den Typen mit Wolfram-Haarnadelkathode oder LaB_6-Kristallkathode, die Glühkathoden-Elektronenkanonen darstellen.

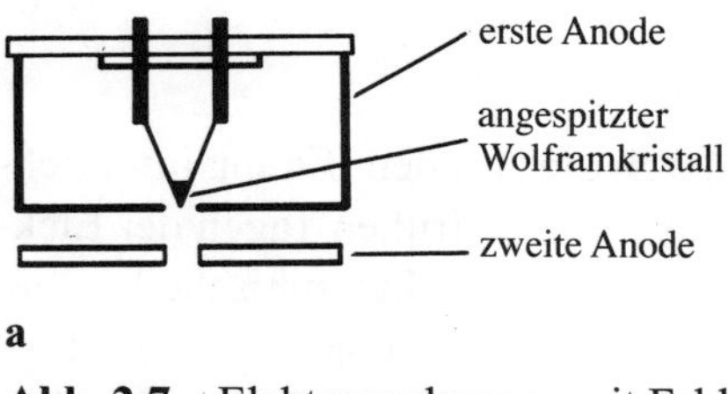

a

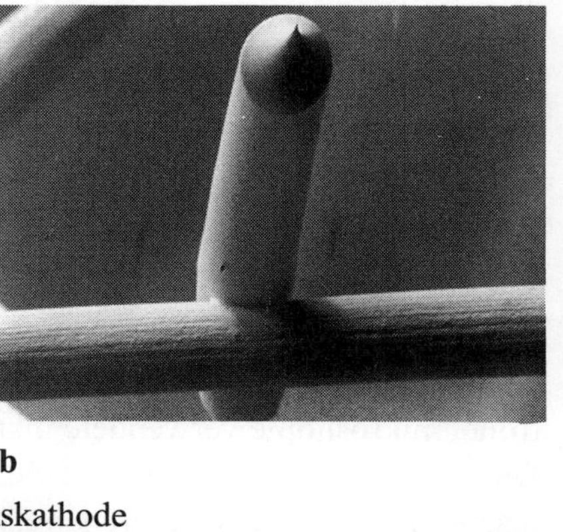

b

Abb. 2.7 Elektronenkanone mit Feldemissionskathode
a) Ein zu einer kleinen Spitze geformter Wolframkristall wird auf einer Wolframdrahtschleife angebracht. Die umgebende Kappe ähnelt einem Wehnelt-Zylinder, agiert aber als erste Anode, da sie bezüglich des Wolframkristalls positiv ist.
b) Der Wolframkristall

Eine Feldemisssionskathode bietet vier Vorteile gegenüber einer Wolfram- oder Lanthanhexaboridkathode. Erstens kann die Helligkeit bis zu tausendmal größer als bei einer Wolframkathode sein. Zweitens werden die Elektronen von einem viel kleineren Gebiet als in den anderen Quellen emittiert, daher wird zwischen Elektronenkanone und Anode ein Crossover mit viel kleinerem Durchmesser erzeugt. Diese beiden Faktoren sind für die weit überlegene Auflösung eines mit einer Feldemissionskathode ausgestatteten Rasterelektronenmikroskops gegenüber einem mit einer Wolfram- oder LaB_6-Kathode ausgestatteten REM verantwortlich. Drittens beträgt die Streuung der Energie der emitttierten Elektronen ungefähr ein Zehntel von der einer Wolfram-Haarnadelkathode und ein Fünftel von der einer LaB_6-Kathode, was sowohl bei einem REM als auch einem TEM zu einer besseren Auflösung führt. Schließlich besitzt die Feldemisssionskathode eine sehr lange Lebensdauer, bis zu hundertmal länger als eine Wolframkathode.

Die Feldemisssionskathode besitzt drei Nachteile. Erstens muß das Mikroskop für diesen Typ von Elektronenkanone von Anfang an konstruiert sein. Sie kann nicht einfach als Ersatz für einen der anderen Typen eingebaut werden, da die Elektronenkanonenkammer für die Doppelanoden-Anordnung eingerichtet sein muß. Zweitens ist das für den ordnungsgemäßen Betrieb notwendige Vakuum einige Größenordnungen höher als das für die anderen Elektronenkanonen erforderliche. Das benötigte minimale Vakuum beträgt in der Regel 1×10^{-8} Pa (1×10^{-10} Torr), die meisten Elektronenmikroskope mit einer standardmäßigen Wolframkathode erreichen routinemäßig in der Elektronenkanonenkammer nur ein Vakuum von 1×10^{-4} Pa (1×10^{-6} Torr). Die Konstruktion eines Elektronenmikroskops, das dieses Vakuum erreichen kann, ist komplex, und daher sind die resultierenden Geräte proportional viel teurer als konventionelle. Der dritte Nachteil der Feldemisssionskathode ist ihre Tendenz, einen Elektronenstrahl zu erzeugen, dessen Emissionsstrom nicht konstant ist – das heißt, die Menge der Elektronen kann sich von einer Minute zur nächsten ändern. Dies kann einen erheblichen Nachteil bei bestimmten quantitativen elektronenmikroskopischen Verfahren darstellen.

Elektronenlinsen

Nachdem der Elektronenstrahl erzeugt und durch die Anodenöffnung hindurchgegangen ist, wird er durch die Linsen gesteuert. In den frühen Tagen der Elektronenmikroskopie verwendete man in einigen Geräten elektrostatische Linsen. Diese Metallplättchen, die eine elektrische Ladung trugen, lenkten den Elektronenstrahl ab. Diese Verfahrensweise lieferte keine guten Ergebnisse und wurde aufgegeben. In den modernen Mikroskopen wirkt der Wehnelt-Zylinder elektrostatisch fokussierend, dies wird jedoch nicht als wirkliche Linse betrachtet. Die Linsen in allen Elektronenmikroskopen sind Magnete (oder richtiger Elektromagnete, weil ihre magnetischen Eigenschaften von dem sie durchfließenden elektrischen Strom abhängen).

Ausführungen

Wird ein Nagel mit isoliertem Draht umwickelt und die Enden des Drahtes mit einer Batterie verbunden, ist ein Elektromagnet mit magnetischen Kraftlinien geschaffen. Dasselbe Prinzip wird in einer elektromagnetischen Linse angewandt. Eine einfache elektromagnetische Linse kann hergestellt werden, indem Draht um einen Hohlkern gewickelt und dann mit einer speziellen Weicheisenhülle, dem Panzer, bedeckt wird (vgl. Abb. 2.8). Der Elektronenstrahl geht durch die Öffnung in der Mitte und wird durch die magnetischen Kraftlinien fokussiert und abgelenkt. Dieser primitive Linsentyp wurde in den ersten Elektronenmikroskopen verwendet. Um leistungsstärkere Mikroskope zu entwickeln, mußten stärkere Linsen hergestellt werden. Diese wurden so konstruiert, daß der Panzer die Wicklung bis auf einen kleinen Spalt im Inneren vollkommen umhüllt. Durch diese Ausführung werden alle magnetischen Kraftlinien in dem

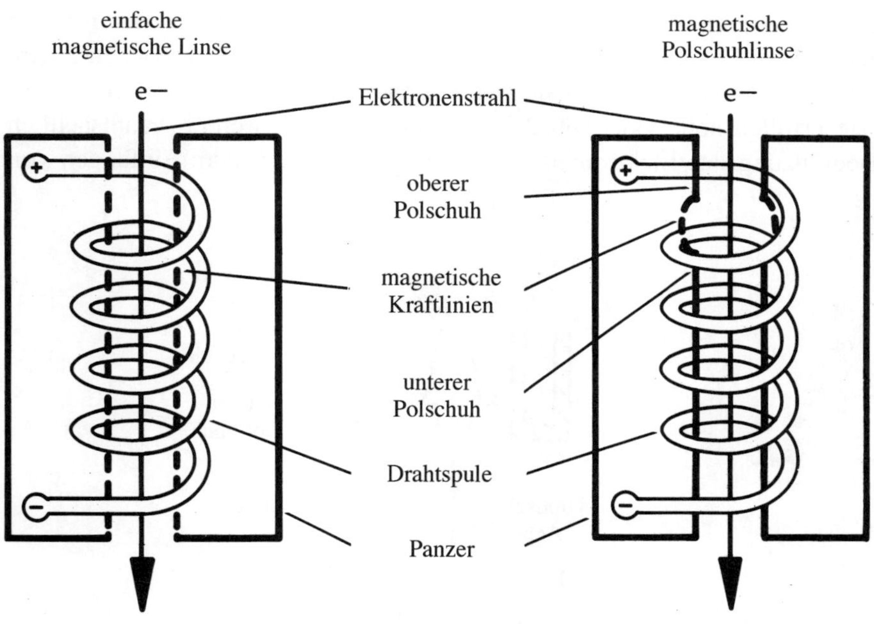

Abb. 2.8 Magnetische Linsen
Eine einfache magnetische Linse besitzt eine Weicheisenschale (oder Panzer), die auf jeder Seite im Querschnitt C-förmig angeordnet ist. Diese Anordnung stellt keine leistungsstarke Linse dar. Bei einer Polschuhlinse ist der Panzer bis ins Innere gezogen, so daß nur ein sehr schmaler Spalt übrigbleibt. Die magnetischen Kraftlinien konzentrieren sich innerhalb dieses Spaltes und erzeugen so eine leistungsstarke Linse.

Spalt konzentriert, was eine leistungsstarke Linse erzeugt. Solch eine Linse heißt Polschuhlinse (nach den Polen eines Magnets). Die Polschuhe werden sehr genau hergestellt und müssen mit extremer Vorsicht gehandhabt und gereinigt werden, da sogar ein Haarriß ihr Magnetfeld so stark verzerren kann, daß sie ausgetauscht werden müssen. Viele Linsen, speziell die für die TEM, müssen mit Wasser gekühlt werden, um ein Überhitzen zu vermeiden.

Alle elektromagnetischen Linsen werden durch Änderung des Stromes gesteuert oder fokussiert, gewöhnlich mit einer Regeleinrichtung am Mikroskop selber. Ein stärkerer Strom führt zu einer kürzeren Brennweite, auf diese Weise steigt die Kraft oder Stärke der Linse. Eine elektromagnetische Linse funktioniert ähnlich einer Glaslinse in einem Lichtmikroskop. Wie eine Kondensorlinse kann sie den Elektronenstrahl bündeln, wie eine Objektivlinse kann sie ihn auf die Probe fokussieren, wie eine Projektorlinse kann sie ein Bild auf einen Bildschirm projizieren. Die speziellen Funktionen werden in den Kapiteln über jedes Gerät genauer diskutiert.

Aperturblenden

Aperturblenden werden zusammen mit elektromagnetischen Linsen in Elektronenmikroskopen verwendet. Eine Aperturblende ist ein Metallstück mit einem kleinen runden Loch, typischerweise mit einem Durchmesser zwischen 30 µm und 1 000 µm, je nachdem, wo sie sich befindet und welche spezifische Funktion sie erfüllen soll (vgl. Abb. 2.9 a). Aperturblenden werden hauptsächlich zur Begrenzung des Elektronenstrahl-Durchmessers oder zum Einfangen von

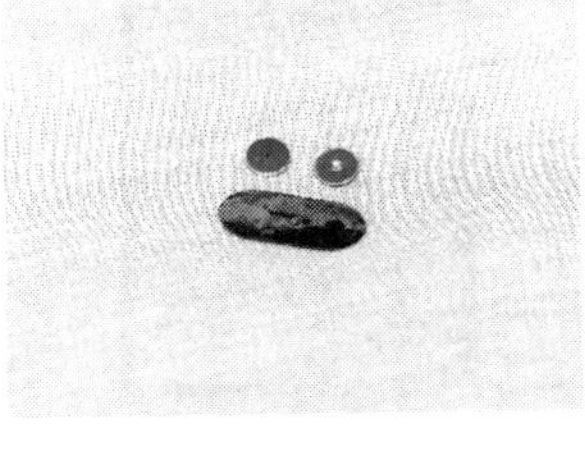

a

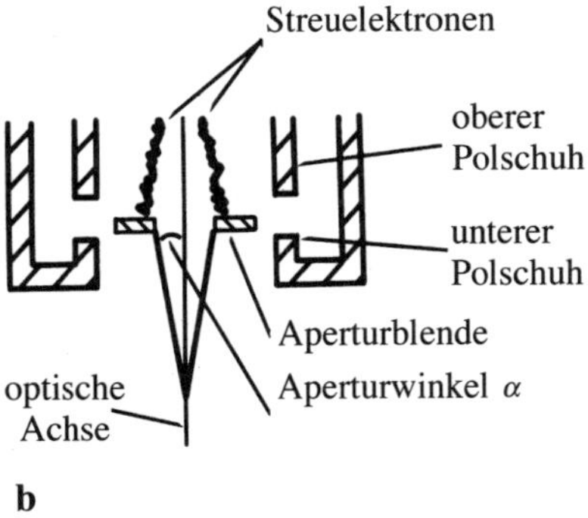

b

Abb. 2.9 Aperturblenden eines Elektronenmikroskops
a) In den Elektronenmikroskopen werden Aperturblenden in vielerlei Gestalt und Größe verwendet. Einige Ausführungen besitzen drei unterschiedliche Größen auf einem dünnen Metallstreifen.
b) Die Aperturblenden formen den Elektronenstrahl, halten Streuelektronen zurück und besitzen viele Folgewirkungen, je nachdem, wo sie sich im Elektronenmikroskop befinden.

vagabundierenden oder zu stark gestreuten Elektronen benutzt (vgl. Abb. 2.9b). Die Aperturblenden besitzen viele wichtige Folgewirkungen beim Betrieb von Elektronenmikroskopen. Diese werden in Kapitel 4 und 5 diskutiert.

Linsenfehler

Bei elektromagnetischen Linsen, genauso wie bei Glaslinsen in der Lichtmikroskopie, treten zahlreiche Fehler auf. Sie begrenzen die Auflösung der Elektronenmikroskope, einige dieser Fehler müssen sorgfältig und ständig beachtet werden.

Ein Linsenfehler, der Astigmatismus, ist als ein Fehler der Linsensymmetrie definiert. Er führt zu unterschiedlicher Linsenstärke in den beiden zu der optischen Achse senkrechten Richtungen – das heißt, das Zugkraftfeld der Linsen ist nicht gleichförmig. Dies ist der gleiche Typ von Astigmatismus, der auch bei vielen Menschen auftritt. In elektromagnetischen Linsen ist der Astigmatismus manchmal das Ergebnis von Herstellungsfehlern und häufiger das Ergebnis von Verunreinigungen. Es ist unmöglich, eine perfekte Linse zu bauen, obwohl die Hersteller große Anstrengungen unternehmen, die Linsen so gleichmäßig wie möglich zu bauen. Zusätzlich gibt es Verunreinigungen in der Säule, die aus dem Pumpenöl und den Proben stammen. Lagern sich diese Stoffe auf den Polschuhen oder Öffnungen ab, bauen sie eine elektrische Ladung auf, die den Elektronenstrahl geringfügig ablenkt und daher das Kraftfeld der Linsen ändert. Solch eine Änderung in dem Kraftfeld bewirkt, daß der Querschnitt des Elektronenstrahls nicht länger rund, sondern oval ist. Der verzerrte Elektronenstrahl führt zu verzerrten Bildern mit viel geringerer Auflösung. Glücklicherweise ist der Astigmatismus in den meisten Fällen zu korrigieren. Von den Herstellern werden Stigmatorspulen eingebaut, sogenannte Oktupol-Stigmatoren, die mit einer oder mehreren der Linsen verbunden sind. Acht kleine Elektromagnete werden um die Säule herum plaziert. Die Ströme durch diese Spulen können mittels einer Steuerung am Mikroskop variiert werden. Die Spulen sind derart miteinander verdrahtet, daß das durch sie erzeugte elektromagnetische Feld um die Querschnittsachse der Säule herum bewegt werden kann. Die Steuerung zwingt den verzerrten Elektronenstrahl wieder zurück in seinen runden Querschnitt.

Einen weiteren Linsenfehler stellt die sphärische Aberration dar. Bei diesem Fehler werden die äußeren Elektronen des Strahls stärker als die inneren Elektronen abgelenkt (vgl. Abb. 2.10). Für kleine Aperturen, wie sie in Elektronenlinsen für Elektronenmikroskope üblich sind, wird die sphärische Aberration d_s durch die Gleichung

$$d_s = \frac{1}{2} C_s \alpha^3$$

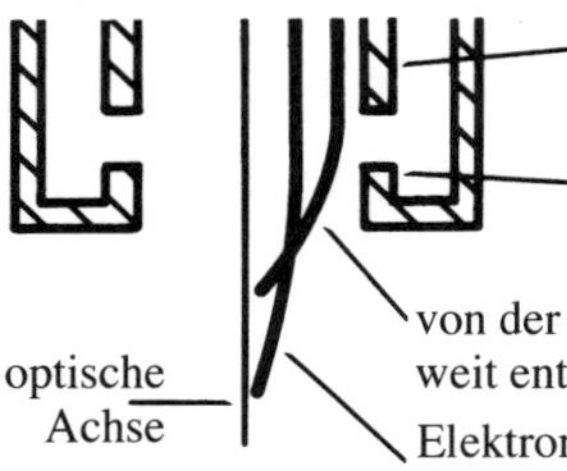

Abb. 2.10 Durch die sphärische Aberration in einer Linse werden die äußeren Elektronen des Strahls stärker als die inneren Elektronen abgelenkt. Dies ist einer der bedeutendsten Faktoren, die die praktische Auflösung eines Elektronenmikroskops begrenzen.

beschrieben, wobei C_s (der sphärische Aberrationskoeffizient) in direktem Zusammenhang mit der Beschleunigungsspannung und der Brennweite der Linse steht und α die Apertur der Linse ist. Die Apertur ist der Winkel, der durch die Kante des Elektronenstrahls beim Verlassen der Aperturblende der Linse und der optischen Achse im Zentrum des Crossovers gebildet wird (vgl. Abb. 2.9 b). Unglücklicherweise ist es nicht möglich, die sphärische Aberration vollständig zu kompensieren, sie ist einer der entscheidenden Faktoren, die die praktische Auflösung der Elektronenmikroskope weit unterhalb des theoretisch möglichen Niveaus begrenzen. Durch Verkleinern der Brennweite der Linse, des Durchmessers der zu den Linsen gehörigen Aperturblenden und der Beschleunigungsspannung kann die sphärische Aberration am wirkungsvollsten beeinflußt werden. Diese Verfahren zum Reduzieren der sphärischen Aberration jedoch beinhalten sich gegenseitig beeinflussende Größen, die in Kapitel 4 und 5 diskutiert werden.

Ein weiterer Linsenfehler ist die chromatische Aberration (der Name stammt vom griechischen Wort für „Farbe" oder „Wellenlänge" *chroma*). Er wird durch die unterschiedlichen Geschwindigkeiten und damit unterschiedlichen Wellenlängen der Elektronen in dem Strahl hervorgerufen. Infolge der unterschiedlichen Wellenlängen werden die Elektronen an unterschiedlichen Punkten auf der optischen Achse fokussiert. Es entsteht ein Streuscheibchen der Dicke d_c, das zu einem verwischten Bild führt. Die chromatische Abberation d_c kann für kleine Aperturen über die Gleichung

$$d_c = (\delta E/E)C_c\alpha$$

definiert werden, wobei $\delta E/E$ die relative Spannungsdifferenz des Elektronenstrahls, C_c der von der Brennweite der Linse abhängige chromatische Aberrationskoeffizient und α die Apertur ist. Es gibt verschiedene Verfahren, die chromatische Aberration zu reduzieren. Eine Methode besteht darin, die

Beschleunigungsspannung zu stabilisieren. (Die meisten modernen Elektronenmikroskope besitzen eine exzellente Regelung der Energieversorgung, so daß Beschleunigungsspannungsschwankungen kaum zur chromatischen Aberration beitragen.) Ein zweites Verfahren ist, eine Elektronenkanone mit einer kleineren Energiestreubreite der emittierten Elektronen zu verwenden (beispielsweise eine Elektronenkanone mit LaB_6- oder Feldemissionskathode). Die anderen Verfahren beinhalten eine Reduzierung der Brennweite der Linsen, der Apertur oder Variation des Linsenstromes.

Literatur

Goldstein, J. I.; Newbury, D. E.; Echlin, P. E.; Joy, D. C.; Fiori, C. und Lifshin, E. *Scanning Electron Microscopy and X-Ray Microanalysis. A Text for Biologists, Materials Scientists, and Geologists*. New York (Plenum) 1981. (allgemeine Literatur)

Hohn, F. J. *Development and use of high brightness lanthanum hexaboride electron guns*. In: *Scanning Electron Microsc.* 4 (1985) S. 1327–1338. (Lanthanhexaborid-Elektronenkathoden)

Podbrdsky, J. *High current density magnetic electron lenses in modern electron microscopes*. In: *Scanning Electron Microsc.* 3 (1986) S. 887–896. (Magnetische Linsen)

3 Vakuumsysteme

Vakuumsysteme sind für alle Elektronenmikroskope kritisch und stellen einen großen Teil des Mikroskops. Sie spielen auch in vielerlei Hinsicht bei der Probenpräparation eine wichtige Rolle. Da die Vakuumsysteme in der Elektronenmikroskopie allgegenwärtig (und fehlbar) sind, ist zumindest eine anschauliche Beschreibung unerläßlich.

Vakua für die Elektronenoptik

In Elektronenmikroskopen ist, unabhängig vom Gerätetyp, ein Vakuum aus mehreren Gründen notwendig. Erstens kann kein Elektronenstrahl in einer Gasatmosphäre erzeugt oder aufrechterhalten werden. Falls eine Elektronenkanonenkammer, wo die Elektronen mit einem Potential von vielen Kilovolt beschleunigt werden, viele Gasmoleküle enthielte, würden einige ionisiert werden. Dies würde zu zufälligen Entladungen führen (Lichtbogenbildung), die Folge wäre eine Instabilität des Strahls. Außerdem führt die Anwesenheit reaktiver Gase (wie Luftsauerstoff) innerhalb der Elektronenkanonenkammer zu Wechselwirkungen mit dem aufgeheizten Elektronenemitter. Bei dem standardmäßigen Wolframfaden würde bei der Temperatur der thermischen Elektronenemission sogar eine kleine Menge Sauerstoff mit dem Faden reagieren, der Faden würde durchbrennen. Die in einigen neueren Mikroskopen verwendeten hocheffizienten Lanthanhexaborid(LaB_6)-Emitter sind noch empfindlicher als die Wolframemitter (vgl. Kap. 2). Der erhitzte LaB_6-Emitter reagiert mit den meisten Elementen (beispielsweise mit Stickstoff aus der Luft). Ein höherer Druck als ungefähr 10^{-4} Pa (ein relativ hohes Vakuum) bewirkt, daß der Emitter seine Wirksamkeit verliert. Feldemissionskathoden sind noch anfälliger gegenüber Oxidation und benötigen ein ungefähr tausendmal höheres Vakuum.

Auch wenn man einen geeigneten Elektronenstrahl ohne Vakuum erzeugen könnte, würde der Strahl beim Durchgang durch die Säule durch zu viele Gasmoleküle behindert werden. Das Streuen des Strahls würde zu einem niedrigeren Bildkontrast führen. Folglich muß das Vakuum hinreichend hoch sein, damit die Wahrscheinlichkeit, daß die Elektronen des Strahls mit Gasmolekülen zusammenstoßen, gering ist (das heißt die mittlere freie Weglänge groß ist). Zuletzt seien die Gasmoleküle betrachtet, die aus der Probe oder dem Mikroskop selber stammen. Verbleiben diese Gase in der Säule, können sie Verbindungen bilden, die sich auf der Probe niederschlagen und somit den Kontrast verschlechtern und Details undeutlich machen. (Eine teilweise Ausnahme von der vorhergehenden Diskussion ist die „REM für Umgebungsbedingungen“, die später in diesem Kapitel und in Kapitel 5 beschrieben wird.)

Vakuumsysteme spielen ebenfalls bei der Probenpräparation für die Elektronenmikroskopie eine wichtige Rolle. Die Probenpräparation durch Zerstäubung, Verdampfung, Plasma- und Ionenätzen, Glimmentladung und Gefrierätzen erfordert jeweils Vakuumsysteme. Die Vakuumbedingungen und die mit einigen dieser Verfahren verwendeten Systeme werden in den jeweiligen Abschnitten diskutiert.

Die Erfahrung mit Vakuumsystemen, die man beim Elektronenmikroskopieren haben sollte, hängt davon ab, in welchem Umfang man das Mikroskop selbst warten und die Probenpräparation übernehmen muß. „Gesunder Menschenverstand“ bezüglich des Vakuums ist im allgemeinen für die meisten modernen Elektronenmikroskope hinreichend. Beherrschen der grundlegenden Prinzipien ist zur Probenpräparation in Vakuumgeräten oder zur Wartung der Anlagen hilfreich. Auf diesen Wissensstand ist dieses Kapitel ausgerichtet. Für die Entwicklung oder Modifikation von Vakuumausrüstung wird eine erheblich genauere und eingehendere Behandlung, die über den Horizont dieses Buches hinausgeht, empfohlen.

Dynamik und Terminologie des Vakuums

Jede ernsthafte Diskussion von Vakuumsystemen erfordert eine Beschreibung von Dynamik und Terminologie des Vakuums. Die heutzutage standardmäßig verwendete SI-Einheit für den Gasdruck (und damit auch für das Vakuum) ist das Pascal (Pa), das einer Kraft von 1 N/m^2 (N = Newton) entspricht. Früher wurden Vakuummessungen oft in Millibar (1 Millibar = 1 mbar = 10^3 dyn/cm^2) oder in Form der Höhe einer Quecksilbersäule ausgedrückt, wobei 1 mm Quecksilber (Hg) 1 Torr entspricht (vgl. Tab. 3.1). Obwohl das Pascal die Standardmaßeinheit für den Druck im Vakuum darstellt, sind Torr- und mbar-Einheiten noch viel in der klassischen Literatur und auf älteren Maschinen zu finden, weswegen beide Einheiten geläufig sein sollten.

Zusätzlich zum Verständnis der in den Vakuummessungen verwendeten Einheiten ist es hilfreich, eine Vorstellung zu haben, wie Gas sich bei niedrigen Drücken verhält. Unter normalen Atmosphärenbedingungen beträgt der Luftdruck auf Meeresniveau 760 mm Quecksilbersäule. Dies entspricht einem Druck von 101 325 Pa. Bei Raumtemperatur und -druck enthält ein Kubikmeter Luft ungefähr $2{,}5 \cdot 10^{25}$ Moleküle, die ständig in Bewegung sind. Jedes Molekül legt eine mittlere Entfernung (mittlere freie Weglänge) von ungefähr 65 nm zurück, bis es mit einem anderen Teilchen zusammenstößt. In einem typischen Vakuum

Tabelle 3.1 Maßeinheiten für den Vakuumdruck

1 Torr = 1 mm Hg
1 Mikron oder Mikrometer (µm) = 10^{-3} Torr
1 Torr = 1/760 atm
1 Pascal (Pa) = 1 Newton/m² = 7,5 · 10^{-3} Torr
1 Pascal = 1/101 325 atm
1 Millibar (mbar) = 10^3 dyn/cm² = 0,75 Torr
1 Millibar = 1/1 013 atm

in einem Elektronenmikroskop (ungefähr 10^{-4} Pa) ist die Anzahl der Moleküle um acht Größenordnungen kleiner und die mittlere freie Weglänge auf ungefähr 6,5 m angestiegen. Unter diesen extrem anderen Bedingungen verhalten sich die die Luft ausmachenden Gase unterschiedlich.

Luft ist eine Mischung von Gasen, deren Zustand und Zusammensetzung abhängig von Jahreszeit und Ort variieren. Trockene Luft besteht aus ungefähr 78 % Stickstoff, 20 % Sauerstoff, 0,033 % Kohlendioxid, 0,934 % Argon und Spurengasen. In normaler Raumluft ist der Kohlendioxidanteil etwas erhöht, und Wasserdampf macht 0,5 % bis 1 % des Volumens aus und ist damit das dritthäufigste Gas (in der Luft). Innerhalb des Vakuumsystems ändern sich die relativen Anteile der Gase, da sie unterschiedlich schnell abgepumpt werden. Einige zusätzliche Gase stammen aus flüchtigen Bestandteilen der Probe, und Wechselwirkungsprodukte des Strahls können ebenfalls hohe Anteile der Restgase ausmachen.

Gas fließt bei in der Elektronenmikroskopie verwendeten Umgebungsdrücken und Gefäßgrößen wie eine Flüssigkeit. Es folgt der Kontur des es einschließenden Systems, solange die Fließgeschwindigkeit hinreichend klein ist, so daß keine Turbulenzen auftreten. Unter diesen Bedingungen strömt Gas laminar (viskos). Die meisten Kollisionen dieser Gasmoleküle sind die untereinander, und die mittlere freie Weglänge ist entsprechend gering. Dies ist der normale Zustand in einem Elektronenmikroskop zu Beginn des Abpumpens.

Mit abfallendem Druck (ansteigendem Vakuum) werden die Kollisionen zwischen den Partikeln weniger häufig, und die Wechselwirkungen zwischen den Molekülen und den Wänden des Vakuumsystems werden in dem kinetischen Bild immer wichtiger. Wird die mittlere freie Weglänge der Moleküle größer als der Durchmesser des Gefäßes, bewegen sich die Gase in einer molekularen Strömung.

Die Höhe des Vakuums wird in Zusammenhang mit Anwendungen der Elektronenmikroskopie oft qualitativ eingestuft. Tabelle 3.2 verdeutlicht einige dieser qualitativen Vakuumbereiche sowie den Strömungstyp, der bei den unterschiedlichen Vakuumbedingungen vorliegt.

Tabelle 3.2 Qualitative Vakuumbereiche

laminare Strömung	
niedriges oder Grobvakuum	1 atm – 100 Pa
mittleres oder Feinvakuum	100 Pa – 0,1 Pa
Molekularströmung	
Hochvakuum	0,1 Pa – 10^{-4} Pa
Höchstvakuum	10^{-4} Pa – 10^{-7} Pa
Ultrahochvakuum	$\leq 10^{-7}$ Pa

Vakuumpumpen für Elektronenmikroskopie-Laboratorien

Nach der kurzen Einführung, was ein Vakuum ist, soll als nächstes betrachtet werden, wie das für den Betrieb von Elektronenmikroskopen und die Probenpräparation notwendige Vakuum erzeugt wird. Vakuumpumpen arbeiten nach zwei gänzlich unterschiedlichen Prinzipien. Das erste besteht darin, das Gas physikalisch aus dem zu evakuierenden Volumen zu einem Gebiet höheren Druckes zu überführen. Pumpen, die nach diesem Prinzip arbeiten, heißen Transportpumpen. Die meisten der in konventionellen Elektronenmikroskopen und zur Probenpräparation verwendeten Pumpen sind Transportpumpen. Die zweite Weise, ein Vakuum zu erzeugen, besteht darin, das Gas innerhalb des zu evakuierenden Volumens physikalisch oder chemisch abzusondern oder festzuhalten. Die Gasmoleküle sind immer noch in der Vakuumkammer vorhanden, können aber nicht zum Gasdruck beitragen. Dieser Pumpentyp heißt Speicherpumpe. Er wird hauptsächlich in neueren Hochvakuumgeräten gefunden.

Rotationspumpen

Drehschieberpumpen sind in fast allen Elektronenmikroskopen vorhanden. Obwohl ihr Endvakuum den meisten elektronenmikroskopischen Anforderungen nicht genügt, erfüllen sie zwei wichtige Funktionen. Als erstes können sie dazu verwendet werden, den Druck in dem Vakuumsystem bis zu dem Punkt zu erniedrigen (Grobvakuum), wo andere Pumpentypen, die ein viel besseres Endvakuum erzeugen, effizient arbeiten können. Zweitens kann mit ihnen Gas aus dem Auslaß von Pumpen entfernt werden, die ein höheres Vakuum erzeugen und die abgelassenen Gase nicht effizient auf Atmosphärendruck verdichten können. Pumpen, die diese Aufgabe erfüllen, heißen Vorpumpen.

Eine Drehschieberpumpe besteht aus einem in einer Kammer exzentrisch gelagerten Rotor mit federnden Schiebern, die die Kammerwände berühren (vgl.

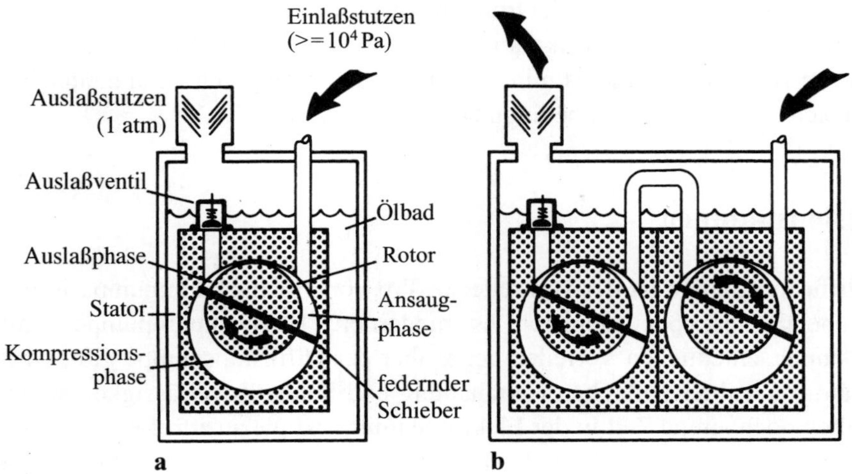

Abb. 3.1 Rotationspumpen
a) Schematische Darstellung einer Drehschieberpumpe
b) Schematische Darstellung des Stufenkonzepts
Die beiden Stufen werden normalerweise koaxial angeordnet, um die Anzahl der bewegten Teile klein zu halten. Rotationspumpen werden im Elektronenmikroskopie-Laboratorium häufiger als jeder andere Vakuumpumpentyp eingesetzt.

Abb. 3.1 a). Beim Drehen des Rotors vergrößert sich der Raum zwischen dem Rotor und den Kammerwänden (der durch die Schieber abgeteilt ist). In diesem Punkt des Zyklus vergrößert sich das abgeteilte Volumen nahe des Einlaßstutzens, damit ist der Druck dort niedriger als am Auslaßstutzen, und Gas strömt ein. Wenn der nächste Schieber den Einlaßstutzen passiert, wird das Volumen abgeschlossen und Richtung Auslaßstutzen verdichtet, wo die Gase ausgestoßen werden. Ein Rückwärtsströmen des Gases wird durch ein an dem Auslaßstutzen angebrachtes Einwegeventil verhindert. Das gesamte Pumpensystem wird von einem Ölbad abgedichtet und geschmiert. Für die meisten elektronenmikroskopischen Anwendungen stellt ein hochgereinigtes Mineralöl die beste Kombination bezüglich Abdichten, Schmieren und Wärmeaustausch dar.

Die Rotationspumpe kann derart geschaltet werden, daß die in der ersten Stufe verdichteten Gase in den Einlaßstutzen einer zweiten Rotationspumpe geleitet werden. Durch solch eine Anordnung kann der erreichbare Minimaldruck weiter erniedrigt werden (vgl. Abb. 3.1 b). Normalerweise werden die beiden Stufen koaxial angeordnet, so daß die Rotoren eine gemeinsame Welle besitzen.

In Pumpkennlinien von Rotationspumpen werden gewöhnlich die Verdrängung in die freie Luft und das Endvakuum angegeben. Mit Verbesserung des Vakuums in dem zu evakuierenden Volumen nimmt die Pumpgeschwindigkeit in der Nähe des Endvakuums rapide ab.

Für Anwendungen in der Elektronenmikroskopie werden zweistufige Rotationspumpen mit einem Endvakuum von ungefähr 0,1 Pa und Leistungsfähigkeiten von 100 l/min bis 1 000 l/min verwendet (die Pumpgeschwindigkeiten beziehen sich auf Atmosphärenbedingungen am Auslaß).

Diffusionspumpen

Die Diffusionspumpe ist der verbreitetste Typ von Hochvakuumpumpe in der Elektronenmikroskopie. Obgleich es modernere Hochvakuumpumpen mit jeweils unterschiedlichen Vorteilen gegenüber der Diffusionspumpe gibt, wird diese aufgrund ihrer einfachen Handhabung und hohen Zuverlässigkeit wahrscheinlich noch einige Zeit in der Elektronenmikroskopie anzutreffen sein. Der Name „Diffusionspumpe" ist jedoch kein aufschlußreicher Name für diesen Pumpentyp, da sie mit Impulsübertragung und nicht mit Diffusion arbeitet, und obwohl es keine bewegten Teile gibt, ist sie eine Transportpumpe.

Das Arbeitsprinzip der Diffusionspumpe besteht darin, daß die Bewegung der Gasmoleküle durch Kollision mit Dampfmolekülen, die sich mit Überschallgeschwindigkeit bewegen, in die Pumpe gelenkt wird. Die Dampfmoleküle werden in einem Siedegefäß am Boden der Pumpe erzeugt und steigen durch einen Düsenstock (oder Schlot) bis zur Höhe eines Düsensystems auf, das die Moleküle zur Pumpenwand leitet. Die Pumpenwand in einer Diffusionspumpe ist eine wasser- (gelegentlich auch luft-)gekühlte Oberfläche, wo der Öldampf kondensiert und zur Heizung hinunterlaufen kann, wo er erneut erhitzt wird.

Wenn die sich mit Überschallgeschwindigkeit bewegenden Dampfmoleküle aus den Düsen austreten, werden alle Gasmoleküle, auf die sie treffen, in die Pumpe hinuntergelenkt. Somit können die Moleküle in die Pumpe hinein diffundieren, aber nicht hinaus. Dadurch sammeln sich die Gasmoleküle unterhalb der ersten Stufe des Düsensystems. Unterhalb der ersten Stufe befinden sich hintereinandergeschaltete Stufen, die die Gasmoleküle weiter komprimieren, bis ein Druck erreicht wird, bei dem sie mit einer Rotationspumpe leicht abgepumpt werden können. Die meisten Pumpen besitzen drei oder vier solcher Stufen, von denen jede den Druck um das Zehnfache erhöht (vgl. Abb. 3.2).

Beim Arbeiten mit Diffusionspumpen gibt es zwei kritische Drücke. Damit die Dampfmoleküle mit Überschallgeschwindigkeit auf die Pumpenwand treffen, muß als erstes der Einlaßdruck geringer als ein spezifischer Wert sein, üblicherweise um 0,1 Pa. Überschreitet der Druck diesen Wert, wird die geforderte Geschwindigkeit des Dampfstrahls nicht mehr erreicht. Die unteren Strahlen versagen mit steigendem Druck. Ein zweiter kritischer Druck ist der des Pumpenausgangs. Die Vorpumpe muß einen Druck von 10 Pa oder weniger aufrechterhalten, damit der Rückwärtsfluß nicht ein Versagen der Dampfstrahlen wegen des angesammelten Gases bewirkt.

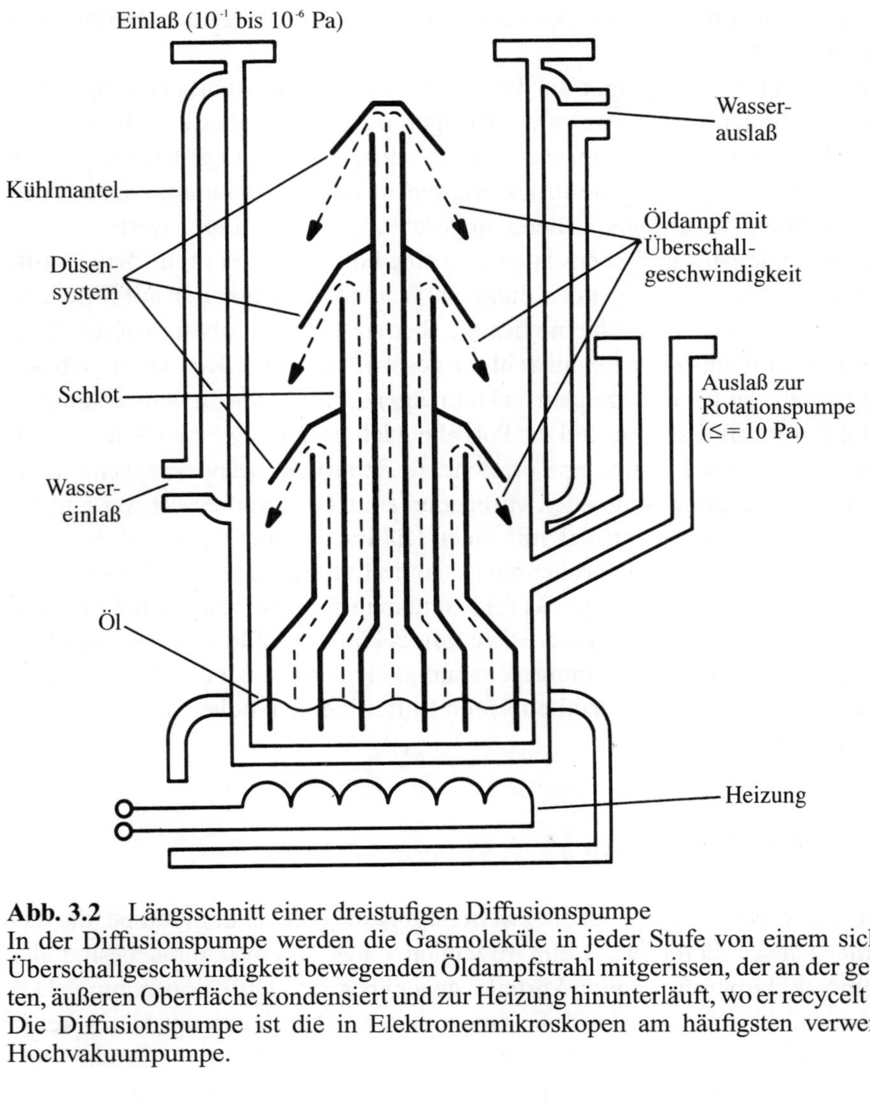

Abb. 3.2 Längsschnitt einer dreistufigen Diffusionspumpe
In der Diffusionspumpe werden die Gasmoleküle in jeder Stufe von einem sich mit Überschallgeschwindigkeit bewegenden Öldampfstrahl mitgerissen, der an der gekühlten, äußeren Oberfläche kondensiert und zur Heizung hinunterläuft, wo er recycelt wird. Die Diffusionspumpe ist die in Elektronenmikroskopen am häufigsten verwendete Hochvakuumpumpe.

Der kritische Ausgangsdruck wird selten überschritten, außer im Falle eines mechanischen Versagens (beispielsweise bei Ausfall der Rotationspumpe). Ein Überschreiten des kritischen Einlaßdruckes tritt häufiger auf (besonders bei älteren, manuell zu bedienenen Anlagen), wo das Grobpumpen unvollständig vonstatten geht.

Die Pumpgeschwindigkeit und das erreichbare Endvakuum hängen bei Diffusionspumpen von der Pumpengröße und -konstruktion sowie der Art des Treibmittels ab. Bei einer gegebenen Pumpenkonstruktion steigt die Pumpgeschwindigkeit annähernd mit dem Quadrat des Pumpendurchmessers. Pumpen für die Elektronenmikroskopie besitzen Pumpgeschwindigkeiten im Bereich von 100 l/s bis 1 500 l/s.

Zuerst wurde Quecksilber als Treibmittel in Diffusionspumpen eingesetzt. Heutzutage finden wegen ihres viel niedrigeren Dampfdruckes und ihrer geringeren Toxizität zumeist organische Flüssigkeiten Verwendung. Kohlenwasserstofföle mit niedrigem Dampfdruck werden in einigen Vakuumsystemen mit Diffusionspumpen zufriedenstellend eingesetzt. Sie sind am preiswertesten, besitzen aber eine geringe Lebensdauer und eine hohe Reaktivität mit Sauerstoff, was im Falle eines ungenügenden Pumpens fatal ist. Flüssigkeiten auf Siliciumbasis tolerieren Vakuumprobleme besser, aber sie können polymerisieren, falls sie dem Elektronen- oder Ionenstrahl ausgesetzt sind. Eine Klasse langlebiger Flüssigkeiten mit hervorragenden Vakuumeigenschaften für die Anwendung in der Elektronenmikroskopie sind die Polyphenylether (zum Beispiel Santovac 5).

Der mit einer Vakuumpumpe erreichbare Enddruck, besonders wenn Wasserdampf oder Pumpflüssigkeiten vorhanden sind, kann verbessert werden, indem diese schwereren Partikel mit einer Kühlfalle abgefangen werden. Bei Vakuumverdampfern in Elektronenmikroskopie-Laboratorien, die üblicherweise in die Raumluft entlüften, steigt das Endvakuum in einer vernünftigen Zeit durch Hinzufügen einer mit flüssigem Stickstoff gekühlten Falle um das ungefähr Zehnfache. Da die Falle die Pumpgeschwindigkeit in trockener Luft verlangsamt, wird der Vorteil besonders deutlich, wenn Luft mit einem hohen Wasserdampfgehalt abzupumpen ist.

Turbomolekularpumpen

Die Turbomolekularpumpe ist ein zweiter Typ von Hochvakuumpumpe, die das Gas mechanisch befördert. Beim Erzeugen eines Hochvakuums besitzt die Turbomolekularpumpe einige Vorteile gegenüber der Diffusionspumpe. Der Hauptvorteil besteht darin, daß sie ein sauberes Vakuum erzeugt, da es keine Rückwärtsdiffusion von Öl gibt, was in Diffusionspumpen nahe ihrem Endvakuum vorkommt. Ein zusätzlicher Vorteil ist der, daß Turbopumpen nicht wie Diffusionspumpen vor Gebrauch warmlaufen müssen. Die Turbopumpen für die Elektronenmikroskopie und ähnliche Einsatzbereiche erreichen im allgemeinen ihre Betriebsgeschwindigkeit innerhalb einer Minute.

Eine Turbomolekularpumpe funktioniert wie ein Axialverdichter (wie man sie in Strahltriebwerken findet), aber unter Vakuumbedingungen im Molekularströmungsbereich (vgl. Abb. 3.3). Die Pumpe besteht aus einem Stapel geschlitzter Rotoren, die mit Geschwindigkeiten von etwa 90 000 U/min rotieren. Zwischen den Rotoren befinden sich sogenannte Statoren. Die Schlitze in den Rotoren und Statoren sind derart angeordnet, daß ein auf den Rotor treffendes Gasmolekül viel wahrscheinlicher zur nächsten Stufe befördert als zurück in das zu evakuierende Gefäß gepumpt wird. Die aufeinanderfolgenden Rotor/Stator-

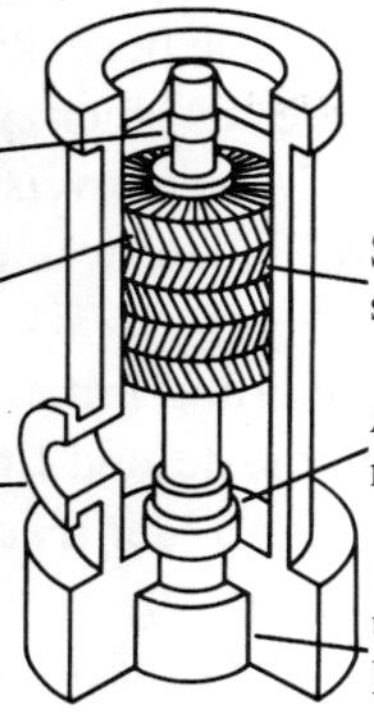

Abb. 3.3 Schnittzeichnung einer Turbomolekularpumpe
Die Rotor/Stator-Anordnungen in der Turbomolekularpumpe wirken als Kompressorstufen, von denen jede das Gas weiter komprimiert. Diese Pumpen brauchen eine Vorpumpe (üblicherweise eine Rotationspumpe), die das Gas aus der letzten Stufe abpumpt. Turbomolekularpumpen erzeugen schnell ein sauberes Vakuum.

Anordnungen wirken als Kompressorstufen, von denen jede das Gas jeweils weiter komprimiert (analog den aufeinanderfolgenden Düsensystemen in der Diffusionspumpe). Typische Turbomolekularpumpen besitzen bis zu fünfzehn dieser Stufen, wobei die Rotoren horizontal oder vertikal angebracht sein können.

Neben den Vorteilen der Turbomolekukarpumpe gibt es einige praktische Nachteile. Obwohl die Turbomolekularpumpe aus Luft ein Vakuum im Bereich von 10^{-9} Pa erzeugen kann, ist der Wirkungsgrad für leichtere Gase gering. Das Restgas bei Endvakuumbedingungen besteht zu ungefähr 99 % aus Wasserstoff. Turbomolekularpumpen können nur dann effektiv arbeiten, wenn der Luftwiderstand an der Rotoranordnung verringert wird, eine Bedingung, die erfüllt wird, wenn der Auslaßdruck mit Hilfe einer weiteren Vakuumpumpe, üblicherweise einer Rotationspumpe, vermindert wird.

In modernen Turbomolekularpumpen sind viele der technischen Probleme älterer Pumpen überwunden. Die Vibrationen des Hochgeschwindigkeitsrotors wurden außerordentlich herabgesetzt, und effektive Schwingungsdämpfer stehen zur Verfügung.

Getterpumpen

Getterpumpen gehören zu der Klasse von Hochvakuumpumpen, die die Gase in der zu evakuierenden Kammer binden anstatt sie nach draußen zu transportieren. Titan-Sublimationspumpen (TSP) sind Ultrahochvakuumpumpen, in denen immer wieder eine frische, reaktive Oberfläche für einen Getterprozeß zur Verfügung gestellt wird. Auf einer Getteroberfläche werden reaktive Gasmoleküle (wie Wasserstoff, Sauerstoff, Stickstoff oder Wasserdampf) sorptiv oder chemisch gebunden. Diese Oberflächen werden üblicherweise zur Verbesserung der Pumpgeschwindigkeit mit Wasser oder flüssigem Stickstoff gekühlt.

Nach einiger Zeit wird die Oberfläche durch Sublimation einer frischen Schicht Gettermetall erneuert, die die vorher gebundenen Moleküle bedeckt.

Die TSP ist eine ziemlich einfache Konstruktion, die aus einer zylindrischen Kammer und einer mittigen Fadenanordnung besteht. Typischerweise besitzt die Fadenanordnung mehrere nacheinander verwendbare Fäden, was die Lebensdauer dieser Einheit verlängert (vgl. Abb. 3.4).

Das Fadenmaterial ist üblicherweise eine Titanlegierung mit einem Zusatz von 15% Molybdän zur Verbesserung der Sublimationsrate und Erhöhung der Lebensdauer. Während eines Regenerationszyklus wird der Faden bis zur Sublimation aufgeheizt, und eine frische Metallschicht lagert sich auf den Wänden der Pumpenkammer ab, diese bildet die Getteroberfläche und begräbt die sorbierten Moleküle unter sich.

Da bei der TSP ein reaktives Metall bis zur Sublimation erhitzt werden muß, muß das Anfangsvakuum ziemlich gut sein. Bei Drücken über etwa 0,1 Pa reagiert der aufgeheizte Faden mit dem Gas in dem System und sublimiert nicht. Bei einem Vakuum im Bereich von 10^{-4} Pa muß der Faden gewöhnlich ständig aufgeheizt werden, damit die Getteroberfläche frisch und die Pumpgeschwindigkeit hoch bleibt. In dem normalen Betriebsbereich der TSP ($<10^{-4}$ Pa) wird die Pumpgeschwindigkeit weitestgehend durch die Größe des Pumpenkörpers bestimmt, das heißt durch die Größe der Getteroberfläche. Typische Einheiten besitzen Kapazitäten von 1000 l/s bis 10000 l/s, und die Geschwindigkeit kann

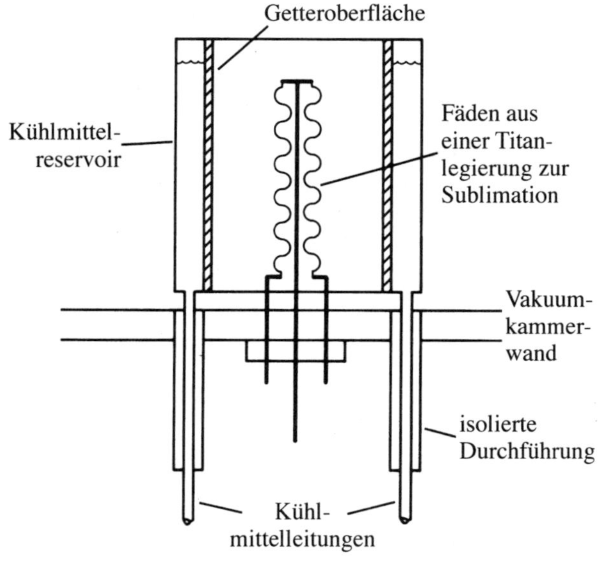

Abb 3.4 Längsschnitt einer Titan-Sublimationspumpe
Titan-Sublimationspumpen sind in Ultrahochvakuumsystemen zu finden. Die Gasmoleküle bleiben in den Wänden des frisch mit Titan belegten Pumpenkörpers haften. Diese Oberflächen sind bei tiefen Temperaturen viel effizienter.

Tabelle 3.3 Richtwerte für die spezifischen Pumpgeschwindigkeiten für eine frische Titanoberfläche bei einem Druck $< 10^{-5}$ Pa

Temperatur der Titanoberfläche	spezifische Pumpgeschwindigkeit in l/s cm²					
	H_2	N_2	O_2	CO	CO_2	H_2O
20 °C	3	3	9	10	5	3
−196 °C	9	9	11	11	9	14

nahezu verdoppelt werden, wenn die Pumpen bei der Temperatur von flüssigem Stickstoff anstatt bei Raumtemperatur laufen (vgl. Tab. 3.3).

Das Haupteinsatzgebiet der TSP im Elektronenmikroskopie-Laboratorium ist die Erzeugung des Ultrahochvakuums für Mikroskope mit den empfindlichen Feldemissions-Elektronenkanonen. In diesen Geräten befinden sich eine oder mehrere Pumpen nahe der Elektronenkanonenkammer und setzen den Restgasdruck herab, nachdem ein konventionelles Vakuumsystem die Mikroskopsäule evakuiert hat.

Ionenzerstäuberpumpen

Eine weitere Klasse von Ultrahochvakuum erzeugenden Speicherpumpen ist die Ionenzerstäuberpumpe. Das Arbeitsprinzip der Ionenzerstäuberpumpe beruht darauf, daß Ionen mit der mitführenden Oberfläche stärker reagieren als neutrale Atome; daher ist ionisiertes Gas leichter abzupumpen. Innerhalb dieser Pumpenklasse gab es viele Versuche, Ionen zu erzeugen und das maximale Pumpvermögen zu erlangen. Wie bei Sublimationspumpen ist das durch eine Ionenzerstäuberpumpe erzeugte Vakuum sehr rein. Mit der Ionenzerstäuberpumpe können Edelgase (wie Helium) mit besserem Wirkungsgrad als mit der TSP abgepumpt werden.

Eine Ionenzerstäuberpumpe besteht aus einer Kathode und einem Kollektorsystem ähnlich dem einer Dioden- oder Trioden-Vakuumröhre. Die zentral angeordneten Anoden bestehen aus einer Gruppe rostfreier Stahlzylinder, deren Achsen parallel zu einem von außen angelegten Magnetfeld liegen (vgl. Abb. 3.5). Dieses Magnetfeld verhindert, daß die emittierten Elektronen schnell die Anodenoberfläche erreichen, dadurch werden sie in hohen Konzentrationen in den rostfreien Stahlzylindern festgehalten. Eintretende Gasmoleküle werden ionisiert. Da ihre Masse viel größer als die der Elektronen ist, werden sie durch das Magnetfeld nur unwesentlich beeinflußt und treffen auf die Kathode des Kaltkathoden-Entladungssystems. Beim Auftreffen zerstäuben die Ionen etwas Titan der Kathode, das eine Getteroberfläche auf den Pumpenwänden bildet, die vorzugsweise chemisch aktive Gase aufnimmt. Zusätzlich zum Gettereffekt

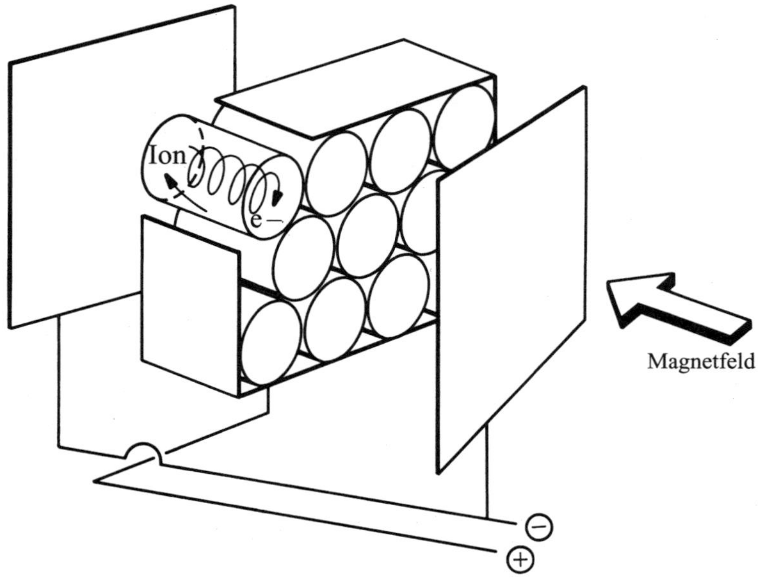

Abb. 3.5 Schema eines Elements einer Ionenzerstäuberpumpe
Die Ionenzerstäuberpumpe besteht aus einer Kathode und einem Kollektorsystem. Das Magnetfeld erhöht die Flugzeit der ionisierenden Elektronen stark. Aufgrund ihrer viel größeren Masse werden die Ionen nicht wie die Elektronen auf Spiralbahnen abgelenkt, sondern sie fliegen direkt in den Kollektor. Die Ionen werden entladen und gebunden.

dringen aufgrund ihrer kinetischen Energie einige der Ionen direkt in die Titanschicht ein und bleiben dort haften, einige Moleküle bleiben im zerstäubten Kathodenmaterial haften, und einige durch Dissoziation oder Neutralisation der Ionen gebildete neutrale Moleküle werden an den Wänden adsorptiv gebunden oder bleiben ebenfalls dort haften. Wie das Gas gebunden wird hängt davon ab, welches Gas abgepumpt wird und wie sich das Gas in der ionisierenden Umgebung verhält.

Ionenzerstäuberpumpen eignen sich besonders dann, wenn ein sehr sauberes (ölfreies) Ultrahochvakuum benötigt wird. Das Anfangsvakuum kann mit Hilfe einer Diffusions- oder Turbomolekularpumpe erzeugt werden. Oft werden sie in Verbindung mit Sublimationspumpen eingesetzt, um ein effektiveres System zu bilden. Ionenzerstäuberpumpen müssen während der Lebensdauer der Kathode nicht gewartet werden. Sie ist in der Regel erst nach mehreren Tausenden Betriebsstunden zerstäubt (abhängig vom Vakuumbereich). Da das die Pumpe umgebende Magnetfeld sehr stark ist, muß auf die Orientierung und die Abschirmung von gegenüber Magneten empfindlichen Geräten wie Elektronenlinsen geachtet werden. Ionenzerstäuberpumpen werden als Pumpen für die Elektronenkanonenkammer in neueren Feldemissions-Rasterelektronenmikroskopen und vielen Transmissionselektronenmikroskopen eingesetzt.

Kryoadsorptionspumpen

Kryoadsorptionspumpen sind eine dritte Klasse von Speicherpumpen, die nach dem sorptiven Prinzip arbeiten. In einer Kryoadsorptionspumpe werden die Gasmoleküle aus der Vakuumkammer auf einer kalten Oberfläche kondensiert oder in dem kalten, adsorptiven Material gebunden. Wie bei den Titan-Sublimations- und den Ionenzerstäuberpumpen gibt es keine dem Vakuum ausgesetzten ölhaltigen Systeme, so daß das erzeugte Vakuum sehr sauber ist. Außerdem ist die Kryoadsorptionspumpe erschütterungsfrei, weil der Pumpenkörper keine beweglichen Teile enthält.

Obwohl es mehrere Versuche zur Konstruktion einer Kryopumpe gab (die „Kühlfinger" gegen Verunreinigungen in der TEM sind vielleicht die einfachsten), ist der überwiegend als Vakuumpumpe eingesetzte Typ die zweistufige, mit Helium gekühlte Kryoadsorptionspumpe. Die Kryoadsorptionspumpe besteht aus einer Kammer oder einem Pumpenkörper, in dem sich zwei adsorptive Stufen befinden (vgl. Abb. 3.6). Die erste Stufe besteht aus einer bei etwa –190 °C gehaltenen Abschirmung, die Wasserdampf abfängt und die zweite Stufe vor groben Verunreinigungen und Strahlungswärme schützt. Diese Stufe kann mit flüssigem Stickstoff gekühlt werden, um die Belastung des Kühlsystems zu vermindern.

Innerhalb der Abschirmung befindet sich eine zweite Stufe, die aus einer kalten Oberfläche besteht, deren eine Oberfläche mit einem adsorptiven Material wie Aktivkohle belegt ist. Diese Stufe wird bei etwa –250 °C gehalten, einer Temperatur, bei der alle Gase außer Neon, Wasserstoff und Helium kondensiert sind. Das Neon, der Wasserstoff und zu einem geringen Maße das Helium werden durch das auf einer Seite der zweiten Stufe vorhandene adsorptive Material adsorbiert.

Bei der Kryopumpe ist zur Ableitung der durch Aufprall der Moleküle, Kondensation und Strahlung entstehenden Wärme von den adsorptiven Oberflächen ein Kühlkörper erforderlich. Wie vorher erwähnt kann die erste Stufe mit flüssigem Stickstoff gekühlt werden, der in die Luft abgelassen werden kann. Die zweite Stufe, die eine Temperatur von etwa –250 °C erfordert, kann entsprechend mit flüssigem Helium gekühlt werden. Da Helium relativ teuer ist, nur begrenzt zur Verfügung steht und in seiner flüssigen Form schwieriger zu handhaben ist, werden geschlossene Kühlsysteme eingesetzt, die das Helium recyceln. Diese Einheiten bestehen aus einem Kompressor, der das Helium auf einige Megapascal komprimiert, einem Wärmetauscher, der das Gas zurück auf Raumtemperatur erwärmt und einem Gasreiniger. Dieses kalte, unter hohem Druck stehende Gas wird in einen zweistufigen Expansionskopf geleitet, wo es entspannt wird und den Pumpenkopf kühlt.

Da Kryopumpen nur eine begrenzte Kapazität besitzen, müssen zwei Dinge beachtet werden. Erstens, da das abgepumpte Gas auf einer Oberfläche gebunden wird, funktionieren sie nur so lange, wie die Materialmenge auf der adsorp-

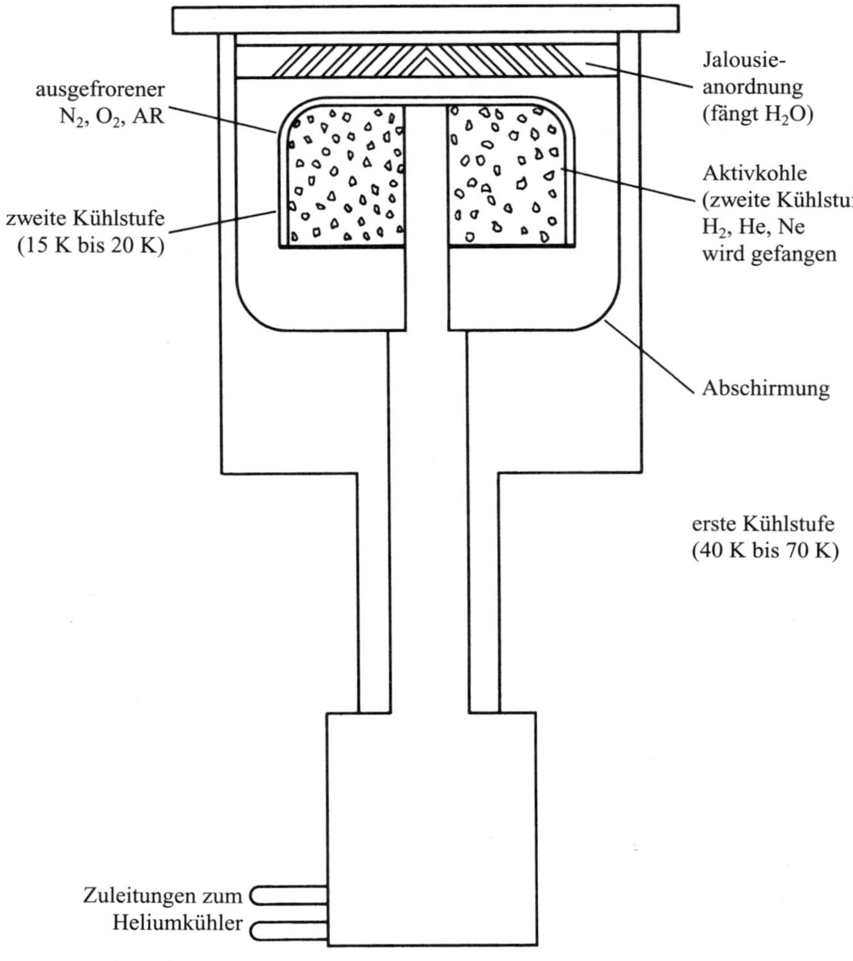

Abb. 3.6 Längsschnitt des Pumpenkopfes einer Kryoadsorptionspumpe
In der zweistufigen Kryoadsorptionspumpe gibt es zwei Kühlbereiche zum Einfrieren oder Adsorbieren der Gase. Die erste Stufe fängt Wasserstoff ab und schützt die innere Stufe. Die zweite Stufe fängt alle Gase, indem sie sie einfriert oder adsorbiert.

tiven Oberfläche gering ist. Diese Materialmenge kann reduziert werden, indem zuerst mit einer Rotationspumpe ein Grobvakuum erzeugt wird. Zweitens, wenn die adsorptiven Oberflächen mit kondensiertem Gas beladen sind, verringern sich ihre Wärmeleitfähigkeit und der Pumpwirkungsgrad. Sie müssen daher periodisch auf Raumtemperatur gebracht werden, damit das adsorbierte Gas verdampft und abgepumpt werden kann. Unter normalen Umständen muß dies etwa einmal die Woche geschehen. Kryopumpen besitzen hohe Pumpgeschwindigkeiten für die meisten Gase, die in Zusammenhang mit der Elektronenmikroskopie von Interesse sind. Sie können einen Druck kleiner als 10^{-10} Pa in Luft erreichen und sind speziell geeignet, Wasserdampf abzupumpen. Wie effektiv sie ein bestimmtes Gas abpumpen können, ist von der in dem Kühlkopf erreichten Temperatur abhängig.

Vakuum-Meßmethoden

Zum effektiven Einsatz von Vakuumpumpen im Elektronenmikroskopie-Laboratorium werden Maßsysteme benötigt, um den Vakuumdruck messen zu können. Mit Manometern werden auch Ventile und Pumpen in automatisierten Systemen gesteuert. Das in der Elektronenmikroskopie erforderliche Hoch- und Ultrahochvakuum liegt jenseits des Bereichs und der Genauigkeit von direkten, mechanischen Manometern wie Quecksilbermanometern und Membran-Vakuummetern. In den meisten Elektronenmikroskopie-Anwendungen werden daher indirekte Vakuummeter benutzt. Diese Instrumente berechnen den Gasdruck über druckabhängige Eigenschaften des Restgases und überführen diese Eigenschaft in ein meßbares elektronisches Signal. Vier Typen von Vakuummetern gehören in der Elektronenmikroskopie zur üblichen Ausrüstung. Diese Meßinstrumente sowie ihr charakteristischer Meßbereich sind in Tabelle 3.4 aufgeführt.

Tabelle 3.4 Meßbereiche von Vakuummetern

Meßinstrument	Druckbereich in Pa							
	10^4	10^2	10	10^{-2}	10^{-4}	10^{-6}	10^{-8}	10^{-10}
thermoelektrisches Vakuummeter	------	------	------	------	------			
Pirani-Vakuummeter	------	------	------	------	------	------		
Kaltkathoden-Vakuummeter				------	------	------	------	
Glühkathoden-Vakuummeter					------	------	------	------

Pirani- und thermoelektrische Vakuummeter

Das Pirani-Vakuummeter ist ein indirektes Meßgerät, mit dem man den Druck in einem Vakuumsystem zwischen ungefähr 100 Pa und 10^{-1} Pa messen kann. Im Pirani-Vakuummeter wird der Wärmeverlust eines heißen Drahtes an das umgebene Restgas gemessen (vgl. Abb. 3.7).

Das Meßsystem besteht aus zwei Widerstandsdrähten, von denen einer bei Standardbedingungen gehalten und der andere dem Vakuum ausgesetzt wird. Ein Stromfluß durch die beiden Widerstandsdrähte heizt sie auf. Während beide

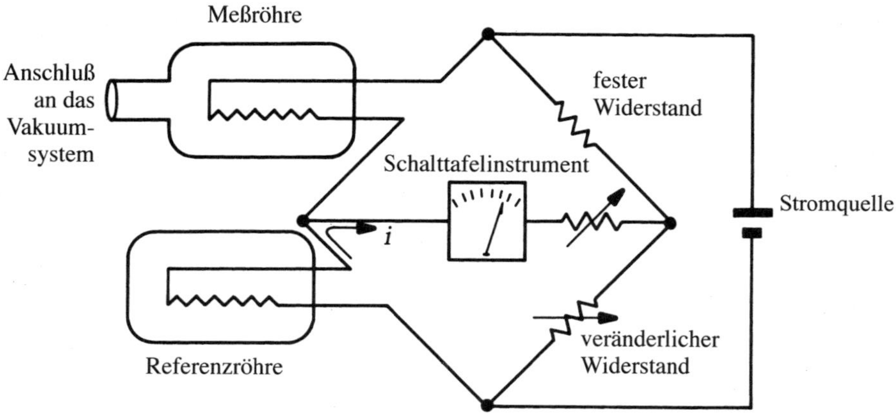

Abb. 3.7 Pirani-Vakuummeter; Schema der Meßröhren und der Meßschaltung
Wenn Gasmoleküle Wärme von dem Meßröhrendraht ableiten, registriert die Wheatstonesche Brückenschaltung einen Stromfluß. Je mehr Gasmoleküle auf den Draht treffen, desto kühler wird er und desto größer wird der Stromfluß, der direkt als Vakuumdruck von dem Gerät abgelesen wird.

Drähte sich aufheizen, wird ein Teil der Wärme von Gasmolekülen abgeleitet, die auf den Draht treffen. Je mehr Moleküle auf den Draht treffen, desto größer ist der Wärmeverlust des Drahtes und desto niedriger seine Temperatur. Wenn die Temperatur sinkt, fällt der Widerstandswert ab, und der Stromfluß durch die Drähte erhöht sich. Somit besitzt der bei konstantem Druck gehaltene Referenzdraht einen festen Widerstand, wohingegen der Widerstand des Meßdrahtes mit zunehmendem Vakuum wächst. Die Differenz in der Stromstärke zwischen der Meßdrahtseite und der Standardseite der Brücke wird mit Hilfe eines in einer Wheatstone-Brücke geschalteten Amperemeters gemessen, und über diesen Strom wird das Vakuum bestimmt.

Das thermoelektrische Vakuummeter ist ein weiterer Typ der indirekten Meßgeräte. Wie das Pirani-Vakuummeter mißt das thermoelektrische Vakuummeter das Vakuum über den Stromfluß in einem Draht. Anstatt den dem Vakuum ausgesetzten Widerstand mit einem Standard zu vergleichen wird im thermoelektrischen Vakuummeter jedoch ein kleines, an die Mitte des Drahtes geschweißtes Thermoelement (beispielsweise aus Kupfer-Konstantan) benutzt. Bei Ansteigen des Vakuums und somit der Temperatur des Drahtes wird die Änderung auf einem an der Zuleitung des Thermoelements angeschlossenen Millivoltmeter abgelesen (vgl. Abb. 3.8).

Das thermoelektrische und das Pirani-Vakuummeter sind beide zuverlässig. Das thermoelektrische Vakuummeter ist vielleicht etwas robuster, im allgemeinen aber weniger genau. Diese Manometer werden in Elektronenmikroskopen und in Anlagen zur Probenpräparation eingesetzt, um ein niedriges bis mittleres Vakuum zu überwachen. In einem typischen Elektronenmikroskopiersystem

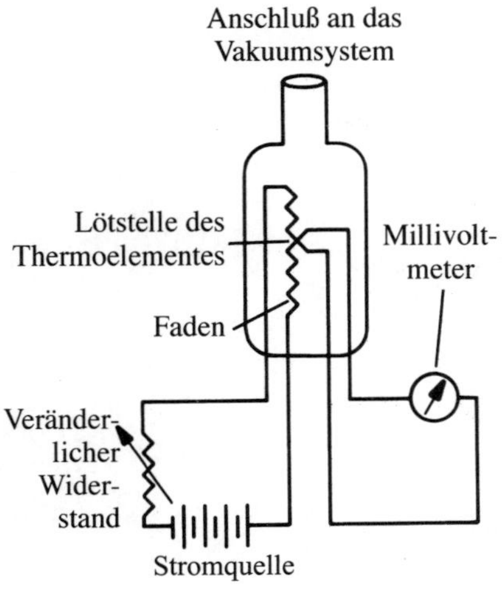

Abb. 3.8 Thermoelektrisches Vakuummeter; Schema der Meßröhre und der Meßschaltung
Das thermoelektrische Vakuummeter mißt einfach mittels eines angeschweißten Thermoelements die Temperatur eines aufgeheizten Drahtes. Mit zunehmendem Vakuum wird der Draht heißer, da weniger Gasmoleküle auf ihn treffen und Wärme ableiten.

mißt man mit diesen Geräten das Vakuum vom Normaldruck bis das Grobpumpen abgeschlossen ist. Wenn dann das System an die Hochvakuumpumpe angeschlossen wird, wird das Pirani- oder thermoelektrische Vakuummeter ab- und das für ein höheres Vakuum geeignete Meßgerät angeschaltet.

Kaltkathoden-(Penning-) und Glühkathoden-Vakuummeter

Das in der Elektronenmikroskopie am häufigsten eingesetzte Hochvakuum-Manometer ist das Kaltkathoden- oder Penning-Vakuummeter. Wenn der Gasdruck in dem zu evakuierenden Volumen so niedrig wird, daß das Gas molekular strömt, wird die Temperaturabhängigkeit der Leitfähigkeit zu gering, um damit den Druck im Vakuum zu messen. Im Kaltkathoden-Vakuummeter wird die elektronische Wirksamkeit eines Gasmoleküls durch Ionisation verstärkt und die Wahrscheinlichkeit, daß es andere Moleküle ionisiert, dadurch erhöht, daß durch Magnetfelder die Weglänge vergrößert wird (vgl. Abb. 3.9).

Die übliche Konstruktion eines Kaltkathoden-Vakuummeters ähnelt der der vorher erwähnten Ionenzerstäuberpumpe (vgl. Abb. 3.5). In Kaltkathoden-Vakuummetern tritt die gleiche Art von Zerstäubung auf wie in Ionenzerstäuberpumpen, so daß sie ein beträchtliches Pump-Potential besitzen. Daher werden die Öffnungen zur Meßröhre so breit wie möglich gemacht, und die Vakuumstrecken zum Manometer sollten so breit und gerade wie möglich sein, um zu verhindern, daß das Manometer ein Vakuum anzeigt, das es selber künstlich erzeugt hat.

Das Bayard-Alpert-Glühkathoden-Vakuummeter ist ein weiterer Typ von Ionisationsmeßgerät, das den meßbaren Vakuumdruckbereich gegenüber dem Penning-Vakuummeter um etwa zwei bis drei Größenordnungen nach unten erweitert. In einem Glühkathoden-Vakuummeter wird der Kathodendraht bis zur

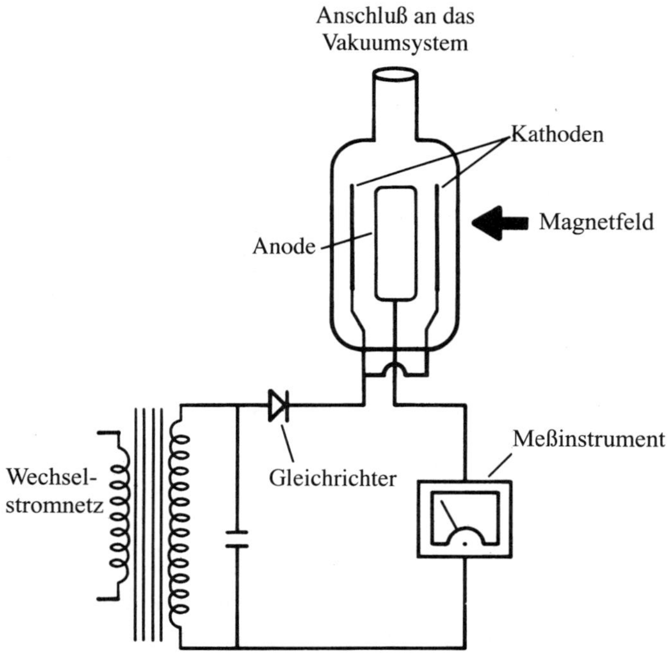

Abb. 3.9 Kaltkathoden-Vakuummeter; Schema der Meßröhre und der Meßschaltung
Das Kaltkathoden-Vakuummeter arbeitet mit einem Magnetfeld, das die Flugzeit der von einer kalten Quelle emittierten Elektronen und damit die Wahrscheinlichkeit erhöht, daß sie auf ein Gasmolekül treffen und es ionisieren. Die aufgrund dieser Zusammenstöße ionisierten Gasmoleküle erzeugen einen dem Druck proportionalen Stromfluß.

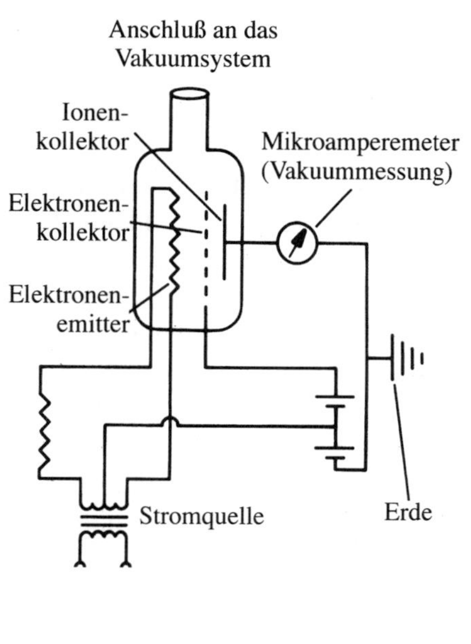

Abb. 3.10 Glühkathoden-Vakuummeter; Schema der Meßröhre und des Meßkreises
Bei einem höheren Vakuum ist die kalte Entladung der Elektronen ungenügend. Heizt man den Elektronenemitter auf, so wird der Elektronenfluß verbessert und damit die Wahrscheinlichkeit erhöht, daß die Gasmoleküle ionisiert werden; das Magnetfeld ist nicht länger nötig. Glühkathoden-Vakuummeter können ein höheres Vakuum messen, sind aber anfälliger gegen Gaseinbrüche als Kaltkathoden-Vakuummeter.

thermischen Elektronenemission aufgeheizt, durch eine Spannung von ungefähr 200 V werden die Elektronen in Richtung Anode beschleunigt. Die Gasmoleküle, die in den Kolben des Glühkathoden-Vakuummeters gelangen, werden von diesen Elektronen ionisiert und vorzugsweise zu einem Ionenkollektor geleitet, der gegenüber der Kathode ein negatives Potential besitzt. Nach Auftreffen auf dem Kollektor verlieren die Ionen ihre Ladung und erzeugen dadurch einen Stromfluß, der verstärkt und wie die entsprechende Spannung auf einem in Vakuumeinheiten geeichten Meßgerät angezeigt wird (vgl. Abb. 3.10).

Bei moderner Meßkopf-Ausführung und -Elektronik kann mit diesen Manometern ein Vakuum bis in den Bereich von 10^{-10} Pa überwacht werden. Glühkathoden-Vakuummeter sind teurer als Kaltkathoden-Vakuummeter, und der weißglühende Meßkopf ist viel anfälliger gegen Gaseinbrüche.

In der Elektronenmikroskopie eingesetzte Vakuumsysteme

Das zweistufige System mit einer Rotations- und einer Öldiffusionspumpe

Das zweistufige Hochvakuumsystem mit einer Rotations- und einer Öldiffusionspumpe (vgl. Abb. 3.11) ist zur Zeit am verbreitetsten. Die meisten Elektronenmikroskope, sowohl das REM als auch das TEM, sind mit diesem Systemtyp ausgestattet.

Die erste Stufe besteht aus einer Rotationspumpe, mit der die Mikroskopsäule bis zu dem Vakuum evakuiert wird, bei dem die Diffusionspumpe arbeiten kann. Wenn dieses Vakuum erreicht ist, was gängigerweise mit einem thermoelektrischen oder Pirani-Vakuummeter bestimmt wird, wird das Ventil zwischen der Rotationspumpe und dem Vakuumsystem geschlossen und dann das Ventil geöffnet, das die Diffusionspumpe von dem System abtrennt. Die weitere Evakuierung wird mit einem Penning-Vakuummeter beobachtet. Im allgemeinen werden die Meßsignale in modernen Elektronenmikroskopen elektronisch überwacht und dazu verwendet, mit verschiedenen Logikschaltungen das Öffnen und Schließen von Ventilen in einem automatisierten System zu steuern.

Um die Vibrationen der Rotationspumpe herabzusetzen, bauen manche Hersteller einen Vorvakuumbehälter in das System ein. Er dient als Vakuumreservoir zur Unterstützung der Diffusionspumpe und erlaubt es, die Rotationspumpe abzuschalten, was speziell während der elektronenmikroskopischen Aufnahmen nützlich ist. Wenn die Manometer anzeigen, daß das Vakuum in dem Behälter zu schlecht wird, wird zum erneuten Evakuieren die Rotationspumpe wieder angeschaltet. Alternativ stellen manche Hersteller die Rotationspumpe getrennt vom Mikroskop auf und verwenden Schwingungsdämpfer. Ähnliche Vakuum-

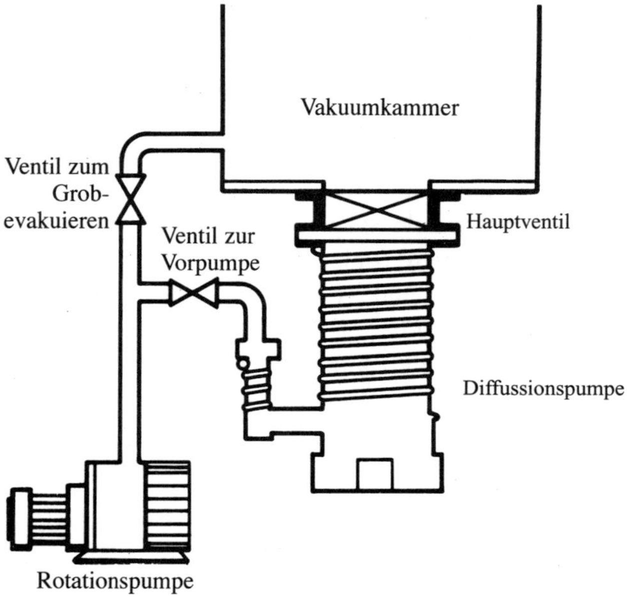

Abb. 3.11 Vakuumsystem mit einer Diffusionspumpe
Dieses Vakuumsystem ist in den meisten Elektronenmikroskopen anzutreffen. Die Rotationspumpe erzeugt zuerst in der Kammer oder Säule ein Grobvakuum; das Endvakuum erhält man, indem das Hauptventil zur Diffusionspumpe geöffnet wird. Die Rotationspumpe pumpt dann das in der unteren Stufe der Diffusionspumpe komprimierte Gas ab und unterstützt so die Diffusionspumpe.

systeme werden in Geräten (speziell in älteren Modellen) zur Probenpräparation für die Elektronenmikroskopie wie Vakuumverdampfer, Ionen- und Gefrierätzausrüstung eingesetzt. Wenn in dem mit einer Diffusionspumpe versehenen System ein Ultrahochvakuum erzeugt werden soll, sollten Vorrichtungen vorgesehen werden, um entweder die Diffusionspumpe abzutrennen und das System an ein Ionenzerstäuber- oder Sublimationspumpensystem anzuschließen oder um den Teil des Systems, wo das Ultrahochvakuum erzeugt werden soll, getrennt zu evakuieren.

Vakuumsysteme mit Diffusionspumpen besitzen mehrere Vorteile. Als erstes hält bei regelmäßiger Wartung ein Vakuumsystem mit einer Diffusionspumpe so lange wie die Anlage, in die es eingebaut ist. Zweitens kann mit diesen Systemen im Verhältnis zu ihrer Größe schnell eine große Menge Gas abgepumpt werden. Drittens, sogar wenn sie beträchtlich verunreinigt sind, funktionieren sie noch.

Systeme mit Diffusionspumpen besitzen auch einige Nachteile. Ein Hauptproblem in vielen Anwendungen in der Elektronenmikroskopie ist das Zurückströmen von Öldampf. Obwohl die Treibmittel in Diffusionspumpen einen sehr niedrigen Dampfdruck besitzen, können sie dennoch für einen beträchtlichen

Teil des Restgases in dem mit einer Diffusionspumpe evakuierten System verantwortlich sein. Bei manchen Anwendungen wie beispielsweise dem Gefrierätzen kann dies eine ernste Verunreinigung darstellen. Obwohl dieses Problem fast vollständig durch den Einbau einer Falle beseitigt werden kann, verringert eine Falle auch die Pumpgeschwindigkeit. Ein zweites Problem ist das, daß bei einem System mit einer Diffusionspumpe ständig eine laufende Rotationspumpe oder ein Vakuumpuffer angeschlossen sein muß, um in dem System ein Vorvakuum aufzubauen und auch das Gas aus dem Diffusionspumpenkörper zu entfernen. Da aufgrund der Schwerkraft das Treibmittel in einer Diffusionspumpe zurückfließt, muß die Pumpe in einer stabilen, vertikalen Position aufgestellt werden. Egal ob das System manuell oder automatisch von der Vorpumpe zur Diffusionspumpe umgeschaltet wird, es enthält mindestens drei Ventile, die korrekt gehandhabt werden müssen. Letztendlich muß die Diffusionspumpe vor Gebrauch warmlaufen und nach Gebrauch für eine halbe Stunde abkühlen.

Das Vakuumsystem mit einer Turbomolekularpumpe

Das Vakuumsystem mit Turbomolekularpumpe ist das konzeptionell einfachste System und heutzutage in einigen Rasterelektronenmikroskopen (die Standardausrüstung bei mindestens einem Hersteller) und in einem weiten Sortiment von Verdampfern und anderer Ausrüstung zur Probenpräparation zu finden. Eine Turbomolekularpumpe kann bei Umgebungsdruck anfangen abzupumpen und kann daher ohne Vorpumpe betrieben werden. Die Turbomolekularpumpe wird schneller, wenn der Großteil des Gases entfernt ist, ein Prozeß, der im allgemeinen ziemlich schnell vonstatten geht. Alles was benötigt wird, ist eine an den Auslaßstutzen der Turbomolekularpumpe angeschlossene Rotationspumpe (vgl. Abb. 3.12).

Vakuumsysteme mit Turbomolekularpumpe besitzen eine Anzahl von Vor- und Nachteilen gegenüber einem System mit einer Diffusionspumpe. Sie erzeugen ein sauberes Vakuum. Sofern sie ordnungsgemäß laufen, gelangt nur unwesentlich Schmiermittel oder Pumpenöl in das Vakuum, das die Proben oder die elektrooptischen Komponenten verunreinigen könnte. Sie sind ebenfalls schnell; Turbomolekularpumpen müssen nicht warmlaufen und erfordern kein Vorpumpen, da die Vorpumpe in dem System mit Diffusionspumpe hauptsächlich ein Vorvakuum erzeugt, während die Turbomolekularpumpe auf Geschwindigkeiten kommt. Letztendlich benötigt das System mit Turbomolekularpumpe keine der in den Systemen mit einer Diffusionspumpe benötigten Ventile oder Elektronik. Desweiteren sind die Betriebskosten für den Routinebetrieb gering.

Vakuumsysteme mit Turbomolekularpumpe besitzen einige Nachteile, die sie für einige Anwendungen weniger geeignet machen. Ihre Anschaffungskosten liegen höher als die von Systemen mit einer Diffusionspumpe. Wie bei diesen Systemen muß die ganze Zeit eine Rotationspumpe laufen. Gelangt bei maxi-

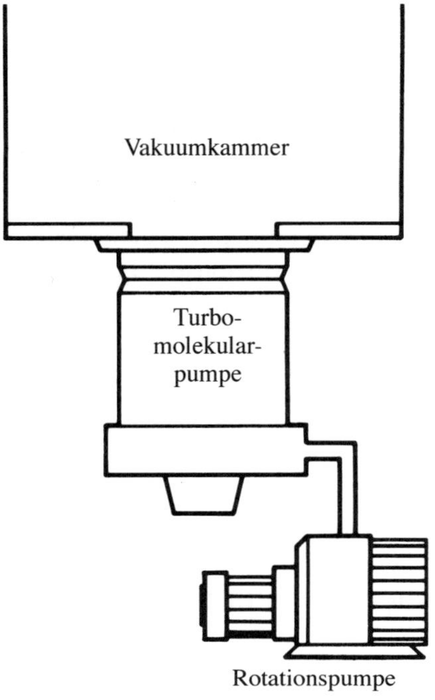

Abb. 3.12 Vakuumsystem mit Turbomolekularpumpe
Dieses System kommt ohne Ventile aus, da die Rotationspumpe während des Beschleunigens der Turbomolekularpumpe ein Grobvakuum erzeugt. Die Turbomolekularpumpe benötigt die Unterstützung der Rotationspumpe, um den Luftwiderstand auf die Rotoren bis zu dem Punkt zu erniedrigen, an dem die Wirkung der Turbomolekularpumpe einsetzen kann.

maler Geschwindigkeit ein Fremdkörper in die Rotorkammer, so kann dies katastrophale Folgen für die Pumpe haben. Bei einigen Pumpen muß das Lager der Rotorwelle regelmäßig geschmiert werden, damit Lagerfehler und damit eine Zerstörung der Pumpe verhütet werden. Schließlich können Vibrationen oder elektrische Interferenzen auftreten, falls das Pumpensystem nicht optimal aufgestellt wurde.

Das abgeschlossene Vakuumsystem mit Kryoadsorptionspumpe

Das abgeschlossene Vakuumsystem mit Kryoadsorptionspumpe stellt eine neuere Entwicklung in der Elektronenmikroskopie als die anderen Vakuumsysteme dar. Der grundlegende Aufbau des Systems ähnelt dem des Systems mit einer Diffusionspumpe, mit der Ausnahme, daß die Rotationspumpe abgestellt werden kann, nachdem sie in dem System ein Grobvakuum erzeugt hat (vgl. Abb. 3.13).

Im allgemeinen werden diese Systeme in speziell auf die Aufgabenstellung zugeschnittenen, analytischen Elektronenmikroskopen eingesetzt, wo mögliche Verunreinigungen aus der Diffusionspumpe und der Umgebungslärm einer Turbomolekularpumpe nicht toleriert werden können. Sie werden nun auch zur Erzeugung des Vakuums in den besten Gefrierätzmaschinen eingesetzt.

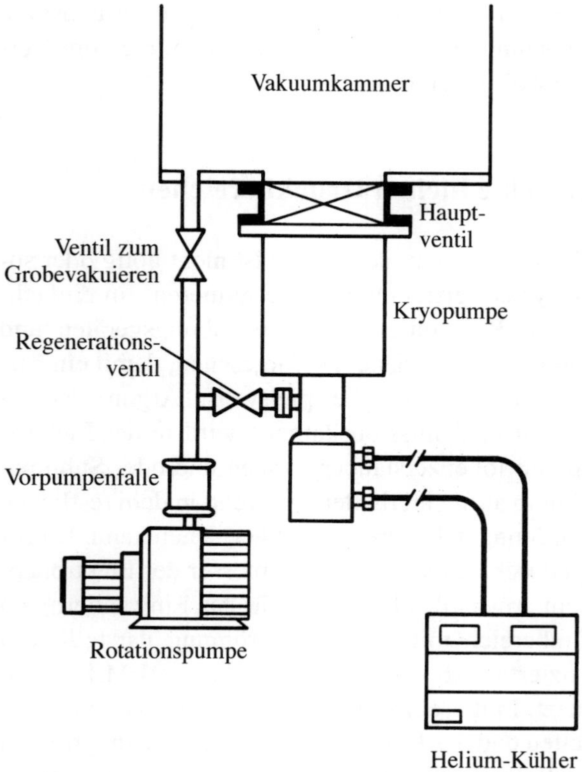

Abb. 3.13 Vakuumsystem mit Kryoadsorptionspumpe
Das Vakuumsystem mit Kryoadsorptionspumpe benötigt wie das System mit einer Diffusionspumpe eine Vorpumpe. Nachdem der Großteil der Gase aus dem System abgepumpt und das Hauptventil zur Kryoadsorptionspumpe geöffnet worden ist, wird die Vorpumpe nicht länger benötigt, da das Gas in dem Kryopumpenkopf gespeichert wird. Wenn die adsorptive Oberfläche gesättigt ist, muß die Pumpe regeneriert werden, indem der Pumpenkopf ausgeheizt wird und die freiwerdenden Gase mit der Rotationspumpe abgepumpt werden.

Da Vakuumsysteme mit Kryoadsorptionspumpe kein Pumpenöl oder mechanische Teile dem Vakuum aussetzen, sind sie sehr sauber. Sie können beliebig orientiert in das System eingebaut werden und besitzen hohe Geschwindigkeiten, speziell für Wasserdampf. Ihre Anschaffungskosten sind jedoch hoch, und sie benötigen eine regelmäßige Regeneration (Ausgasen des adsorbierten Gases) und Wartung (Ergänzung von hochreinem Helium, etc.). Wird die Heliumzufuhr zu den Pumpen durch Stromausfall unterbrochen, muß das System wahrscheinlich vollständig regeneriert werden.

Die meisten für Elektronenmikroskopie-Anwendungen benutzten Vakuumsysteme sind von einem der bisher beschriebenen Typen: Es werden Rotations- und Öldiffusionspumpen, Turbomolekularpumpen oder Kryoadsorptionspumpen eingesetzt. Sie können einzeln oder zusammen mit anderer Ausrüstung arbeiten. Um eine optimale Leistung zu erreichen, ist es ratsam, die vom Hersteller mitgelieferten Betriebsanweisungen beachten.

Vakuumsysteme mit unterschiedlichen Druckbereichen

In einigen Anwendungen in der Elektronenmikroskopie ist nicht nötig oder sogar nicht wünschenswert, das System gleichmäßig zu evakuieren. Im einfachsten Fall werden in Geräten zur Präparation wie Zerstäubungsgeräten und Glimmentladungseinheiten kontrollierte Leckstellen vorgesehen, damit ein partielles Vakuum bekannter Zusammensetzung (beispielsweise Argon) erzeugt werden kann. In Mikroskopen mit Feldemissionskathode wird in der Elektronenkanonenkammer mit Hilfe von Ionenzerstäuberpumpen und/oder Sublimationspumpen ein Ultrahochvakuum aufrechterhalten, während in dem restlichen System ein um einige Größenordnungen höherer Druck herrschen kann. Dieses unterschiedliche Vakuum wird durch den kleinen Durchmesser der Elektronenmikroskopsäule erreicht, der ein ernsthaftes Hindernis für das Einwandern von Gasmolekülen in den Vakuumbereich mit Molekularströmung darstellt. Ein letztes Verfahren zum differenzierten Abpumpen wird in dem „REM für Umgebungsbedingungen“ eingesetzt. In diesem Gerät wird die Probenkammer bei einem niedrigen Vakuum gehalten und das Restgas von den elektronenoptischen Bereichen der Säule durch eine Reihe von kleinen Aperturblenden ferngehalten, die die untere Säule in mehrere Bereiche unterteilt, die unterschiedlich evakuiert werden können. Der Raum über den Aperturblenden kann bei einem tausendmal besseren Vakuum gehalten werden als die Probenkammer.

Literatur

Leybold, Inc. *Vacuum Technology: Its Foundations, Formulae and Tables*. (Leybold, Inc., Export, PA) 1987.

O'Hanolon, J. F. *A User's Guide to Vacuum Technology*. New York (Wiley) 1980.

4 Das Transmissionselektronenmikroskop

Das Transmissionselektronenmikroskop (TEM) war das erste Elektronenmikroskop. Es erzeugt ein Durchlicht-Elektronenbild einer dünnen Probe mit einer Vergrößerung von 100 bis ungefähr 500 000 und einem Auflösungsvermögen von etwa 0,2 nm. Bei der standardmäßigen Hellfeld-Abbildung (vgl. Abb. 4.1) müssen möglichst viele Elektronen des Elektronenstrahls die Probe durchdringen können. Die Bildqualität in der TEM hängt nicht nur von der Mikroskopieerfahrung ab, sondern auch von der Qualität der Probenpräparation. Allgemeine Verfahren zur Probenpräparation in der TEM werden in Kapitel 6 beschrieben.

In der Biologie werden mittels TEM hochaufgelöste Bilder innerer Zellstrukturen von Tier- und Pflanzengewebe, von Mikroorganismen sowie der

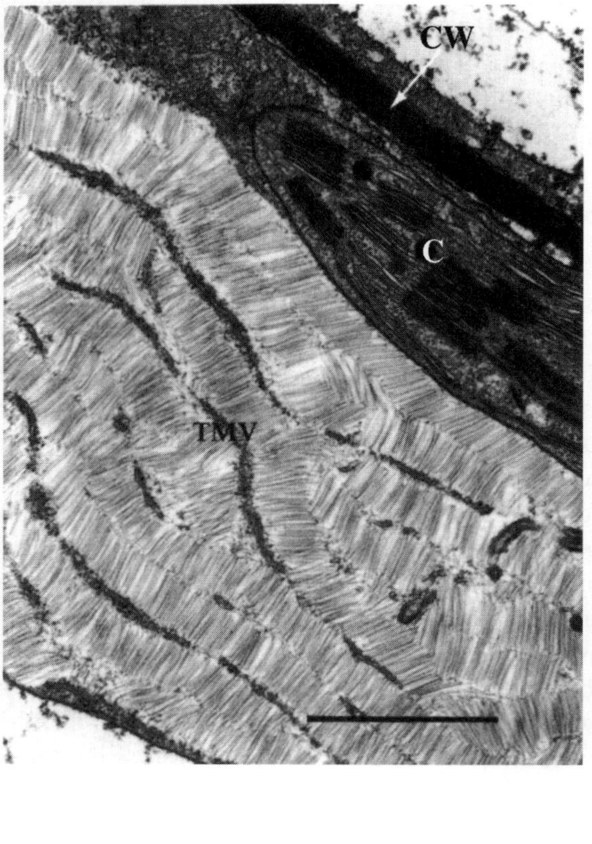

Abb. 4.1 Transmissionselektronenmikroskopische Aufnahme, Ultradünnschnitt eines von dem Tabakmosaikvirus (TMV) befallenen Tabakblattes
Das Blattgewebe wurde in Glutaraldehyd und Osmiumtetroxid fixiert und in ERL-Epoxyd-Harz eingebettet. Die Chloroplasten (C) und die Pflanzenzellwand (CW) sind ebenfalls sichtbar. Balkenlänge = 1 µm.

Strukturen kleiner Partikel wie Viren, Phagen und der DNA erhalten. Mit speziellen Verfahren zur Probenpräparation können mittels TEM auch Elemente, Enzyme und Proteine lokalisiert, Membrangrenzflächen und die Struktur von Makromolekülen studiert werden.

In den Werkstoffwissenschaften wird das TEM zur Untersuchung der Grenzflächen in Verbundwerkstoffen, der Versetzungen in Metallen, der Feinstruktur von Polymeren, von dünnen Metallschichten, der Kristallgitterstruktur von Katalysatoren, Schichtkeramiken und anderen Objekten sowie zur Lokalisierung von Elementen innerhalb der Probe herangezogen.

Theoretische Grundlagen

Die grundlegenden Prinzipien der Optik gelten auch für die Bilderzeugung in der TEM. Das Auflösungsvermögen eines Transmissionselektronenmikroskops ist von der Wellenlänge der zur Abbildung verwendeten Energiequelle abhängig. De Broglie definierte die Wellennatur der Elektronen und die Variablen, die die Wellenlänge beeinflussen. Seine Gleichung lautet:

$$\lambda = h/mv\,,$$

wobei λ die Wellenlänge, h die Plancksche Konstante, m die Masse des Teilchens und v die Geschwindigkeit des Teilchens ist. Aufgrund dieser Gleichung ist es leicht einsichtig, daß die Wellenlänge einer Partikel oder eines Partikelstrahls durch Erhöhung der Geschwindigkeit der Partikel erniedrigt werden kann.

Die Gleichung von Abbe besagt:

$$g = 0{,}61\,\frac{\lambda}{n \sin \alpha}\,.$$

Dabei bedeutet g das Auflösungsvermögen, λ die Wellenlänge, α die Apertur (halber Öffnungswinkel der Linse, etwa 0,3° für ein TEM) und n die Brechzahl des Mediums (ungefähr 1 für das Vakuum in einem TEM). Die Größe $n \sin \alpha$ heißt numerische Apertur, sie definiert den maximalen Lichtkegel, den eine Linse von einem Punkt auf der Probe aufnehmen kann. Die Apertur der Linse ist der Winkel zwischen optischer Achse und den am stärksten divergierenden Strahlen, die noch in die Linse einfallen und zur Abbildung beitragen. Im allgemeinen reduziert eine große Apertur die Beugung und verbessert damit die Auflösung. Dieser Vorteil wird jedoch praktisch durch die bei großen Aperturen auftretende sphärische Aberration begrenzt.

Die Gleichungen von Abbe und de Broglie zeigen, daß das Auflösungsvermögen, von Linsenfehlern abgesehen, durch die Wellenlänge der zum Erzeugen der vergrößerten Bilder verwendeten Energiequelle begrenzt wird und daß die Wellenlänge sowohl von der Geschwindigkeit als auch von der Masse der Energiequelle abhängig ist. Die Wellenlänge des sichtbaren Lichts liegt etwa zwischen 0,5 μm und 1 μm (500 nm bis 1 000 nm) und die eines Elektrons bei einer Beschleunigungsspannung von 50 kV bei ungefähr 0,005 nm; somit unterscheiden sich die Wellenlängen um den Faktor 100 000. Eine Erhöhung der Geschwindigkeit der Elektronen führt zu einer kürzeren Wellenlänge und folglich zu einem gesteigerten Auflösungsvermögen (vgl. Tab. 4.1). Aufgrund der Einschränkung durch Linsenfehler, speziell die sphärische Aberration, liefert das Elektronenmikroskop tatsächlich nur eine 1 000-fache Verbesserung des Auflösungsvermögens im Vergleich mit dem Lichtmikroskop, nicht die theoretisch mögliche 100 000-fache Verbesserung.

Tabelle 4.1 Vergleich von Beschleunigungsspannung, Wellenlänge und Auflösungsvermögen eines Transmissionselektronenmikroskops

Mit steigender Beschleunigungsspannung wird die Wellenlänge und die Auflösung kleiner (das heißt, die Auflösung verbessert sich).

Beschleunigungsspannung in V	Wellenlänge in nm	Auflösung in nm
20 000	0,0087	0,44
40 000	0,0061	0,31
60 000	0,0050	0,25
80 000	0,0043	0,21
100 000	0,0039	0,19
1 000 000	0,00087	0,10

Da die sphärische Aberration mit der dritten Potenz und die chromatische Aberration linear mit der Apertur der Linse zunehmen (vgl. Kap. 2), tragen beide zur praktischen Begrenzung der Auflösung in einem TEM bei. Wie stark die chromatische Aberration die Auflösung begrenzt, hängt stark von der Probendicke ab, die wiederum direkt von der Qualität der Probenpräparation abhängt. In einer dicken Probe führt die unelastische Streuung zu Elektronen mit vielen unterschiedlichen Energieniveaus, die zur Verschlechterung der Auflösung beitragen. Das letztendliche Auflösungsvermögen hängt nicht nur von dem Gerät selber ab, sondern auch von der Probenpräparation, speziell die Wirkung der Probendicke wirkt sich auf die chromatische Aberration aus. Für amorphe Proben beispielsweise besagt die Daumenregel (von V. E. Cosslett), daß die Auflösung nicht größer als ein Zehntel der Probendicke sein kann.

Linsen vergrößern Probenbilder, indem sie die Wellen beim Durchgang durch die Linse beugen; die gebeugten Strahlen werden auf der Rückseite der Linse gesammelt oder dienen als Objekt zur Vergrößerung durch eine weitere Linse. Vereinbarungsgemäß zeichnet man bei der Erklärung der Abbildung durch elektromagnetische Linsen das Diagramm in der von der Lichtmikroskopie her bekannten Form, obwohl in der Praxis die beiden Linsen ziemlich unterschiedlich arbeiten (vgl. Kap. 2). Es gibt in einem TEM zwei Arten von Bildern, das

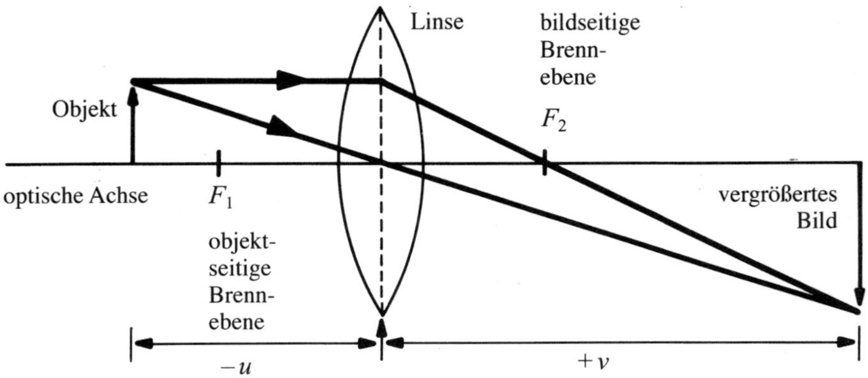

Abb. 4.2 Erzeugung eines reellen Bildes
Ein reelles, vergrößertes Bild entsteht, wenn das Objekt (Probe) sich vor der Linse zwischen dem objektseitigen Brennpunkt (F_1) und der doppelten Brennweite ($2 \times F_1$) der Linse befindet. Mit Annäherung des Objektes an F_1 wächst die Vergrößerung. F_2 ist der bildseitige Brennpunkt der Linse.
Dieses Bild wurde mit freundlicher Genehmigung von John Wiley and Sons, New York aus G. A. Meek, *Practical Electron Microscopy for Biologists* entnommen.

reelle und das virtuelle. Beide Typen werden zur Konstruktion des vergrößerten Endbildes verwendet.

Reelle Bilder

Reelle Bilder besitzen zwei grundlegende Eigenschaften: sie sind vergrößert, und sie sind umgekehrt (vgl. Abb. 4.2). Der Brennpunkt (F_2) auf der bildseitigen Brennebene der Linse kann als der Punkt auf der optischen Achse beschrieben werden, wo die zur optischen Achse parallelen Strahlen konvergieren. Die Entfernung vom Brennpunkt zur Linsenmitte ist die Brennweite der Linse. Je kürzer die Brennweite, desto leistungsstärker ist die Linse. Die objektseitige Brennebene enthält den Brennpunkt F_1. Damit ein reelles Bild in der hinteren Bildebene der Linse entsteht, muß die Probe sich in der vorderen Objektebene zwischen F_1 und $2 \times F_1$ befinden. Die Entfernung von der Probe (Objekt) zur Linse ist als u, die Entfernung von der Linse zur Bildebene als v definiert. Die Vergrößerung wird durch v/u berechnet. Daher gilt: Je kleiner der Abstand zwischen F_1 und der Probe ist, desto stärker ist die Vergrößerung. Bilder mit starker Vergrößerung werden mit reellen Bildern erzeugt.

Virtuelle Bilder

Gelegentlich befindet sich die Probe oder ein Probenbild (das Objekt) zwischen der Linse und dem objektseitigen Brennpunkt F_1, anstatt zwischen F_1 und

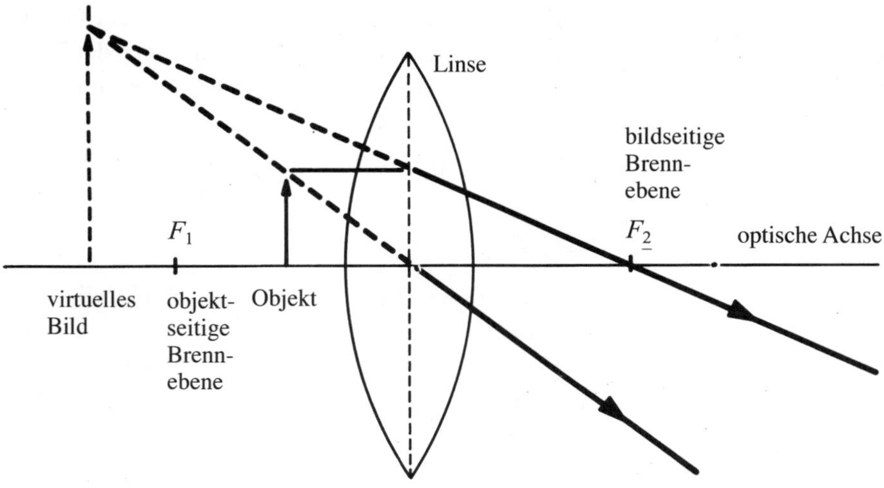

Abb. 4.3 Erzeugung eines virtuellen Bildes
Befindet sich das Objekt zwischen dem objektseitigen Brennpunkt (F_1) und der Linse, dann divergieren die Strahlen. In diesem Fall kann kein reelles Bild erzeugt werden. Die Strahlen konvergieren vor dem Objekt und erzeugen ein virtuelles Bild, das als Objekt für eine andere Linse verwendet werden oder das ein Auge sehen kann.
Dieses Bild wurde mit freundlicher Genehmigung von John Wiley and Sons, New York aus G. A. Meek, *Practical Electron Microscopy for Biologists* entnommen.

$2 \times F_1$ (vgl. Abb. 4.3). Statt zu konvergieren und ein reelles Bild in der hinteren Bildebene zu erzeugen, divergieren die Strahlen auf der Bildseite. In diesem Fall entsteht ein virtuelles Bild auf der Objektseite der Linse. Es ist vergrößert, aber nicht umgekehrt. Man kann die Strahlen zur Konvergenz bringen und so ein Bild in der vorderen Brennebene erzeugen, indem man ein optisches System (Auge oder eine weitere Linse) im Schnittpunkt der divergierenden Strahlen anordnet. In einem Lichtmikroskop dient das Auge als Linse, die das virtuelle Bild sichtbar macht.

In einem TEM werden mit einem virtuellen Bild gering vergrößerte Bilder erzeugt. In dieser Anwendung werden die Objektiv- und die Zwischenlinse als schwache Linsen eingesetzt. Jenseits der Zwischenlinse, in der Objektebene der Projektionslinse, wird ein verkleinertes Bild erzeugt. Dieses Bild ist ein virtuelles Bild. Die Projektionslinse erzeugt dann ein reelles Bild, aber mit einer geringeren Vergrößerung als bei dem normalen Modus mit starker Vergrößerung.

Schärfentiefe und Bildschärfebereich

Zwei weitere Linseneigenschaften, die in der TEM wichtig sind, sind die Schärfentiefe und der Bildschärfebereich. Als Schärfentiefe wird die Entfernung D_{f_i}

entlang der optischen Achse in der Objektebene bezeichnet, in der ein Objekt ohne Schärfeverlust abgebildet werden kann (vgl. Abb. 4.4 a). Für die in der TEM üblichen kleinen Aperturen gilt folgende Näherungsgleichung für die Schärfentiefe:

$$D_{f_i} = \frac{0{,}61 \cdot \lambda}{\alpha^2}\,.$$

Dabei ist λ die Wellenlänge der Elektronen. Für eine typische Objektivlinse in einem TEM mit einer Apertur α von 10^{-3} rad und einer verwendeten Beschleunigungsspannung von 100 000 V mit einer Wellenlänge von 0,0039 nm würde die Schärfentiefe bei 3 900 nm liegen. Da eine typische TEM-Probe dünner als

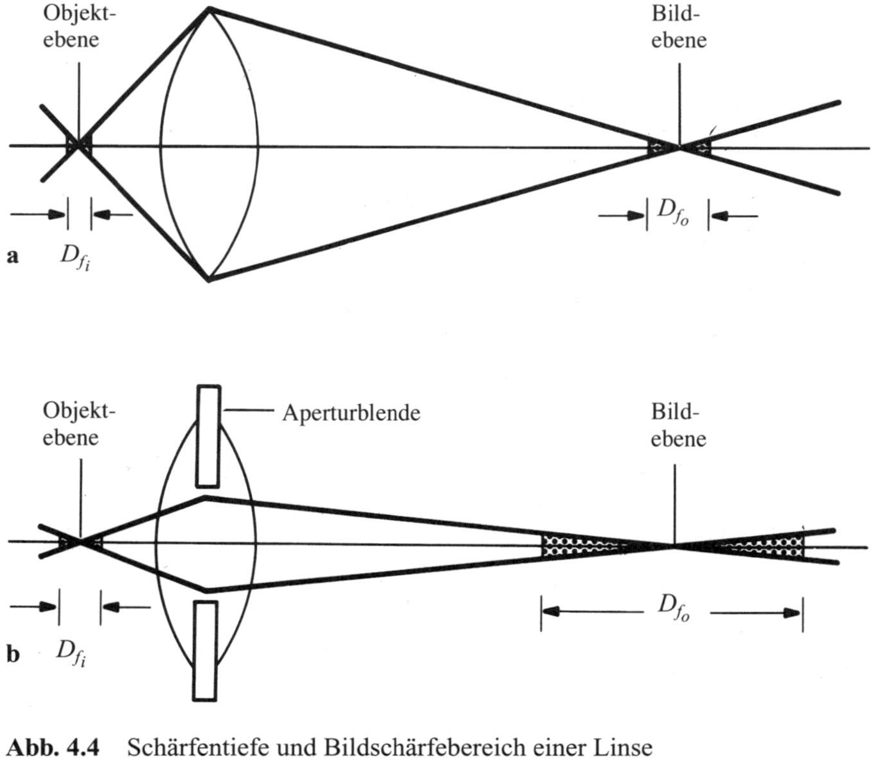

Abb. 4.4 Schärfentiefe und Bildschärfebereich einer Linse
a) Die Schärfentiefe der Linse ist von der Wellenlänge und der numerischen Apertur abhängig. Sie ist der Abstand entlang der optischen Achse in der Objektebene, in dem ein Bild ohne Schärfeverlust fokussiert werden kann. In einem TEM ist dieser Abstand größer als die standardmäßige Probendicke, so daß diese keinen begrenzenden Faktor darstellt.
b) Der Bildschärfebereich ist die Entfernung entlang der optischen Achse in der Bildebene, in der das Bild ohne Schärfeverlust fokussiert werden kann. Diese Entfernung stellt ebenfalls keinen begrenzenden Faktor in einem TEM dar.

100 nm ist, wird die gesamte Probe scharf abgebildet; damit stellt die Schärfentiefe keinen begrenzenden Faktor für die Bilderzeugung in der TEM dar.

Der Bildschärfebereich ist der Schärfentiefe analog. Als Bildschärfebereich D_{f_o} wird die Entfernung entlang der Achse der Bildebene bezeichnet, in der das Bild ohne Schärfeverlust erzeugt werden kann (vgl. Abb. 4.4 b). Für kleine Aperturwinkel α gilt für den Bildschärfebereich folgende Näherungsgleichung:

$$D_{f_o} = M^2 \frac{g}{\alpha}.$$

Hier ist M die Vergrößerung, g das Auflösungsvermögen und α der Aperturwinkel. In einem typischen TEM, in dem $M = 100\,000$, $g = 0{,}2$ nm und $\alpha = 10^{-3}$ rad ist, beträgt der resultierende Bildschärfebereich 2 000 m. Der Bildschärfebereich ist ebenfalls kein begrenzender Faktor für ein Linsensystem in der TEM. In der Tat erlaubt es der große Bildschärfebereich, daß eine oder mehrere Kameras entweder ober- oder unterhalb des Leuchtschirms ohne irgendwelchen Schärfeverlust positioniert werden können.

Die Bedeutung der Beugung

Als Beugung wird die Ausbreitung von Wellen hinter einem Hindernis bezeichnet. Wenn eine primäre Wellenfront mit einem Hindernis wechselwirkt, wird eine sekundäre Wellenfront gebildet. Durch Überlagerung beider Wellenfronten entsteht aufgrund ihrer unterschiedlichen Weglängen Interferenz (vgl. Abb. 4.5).

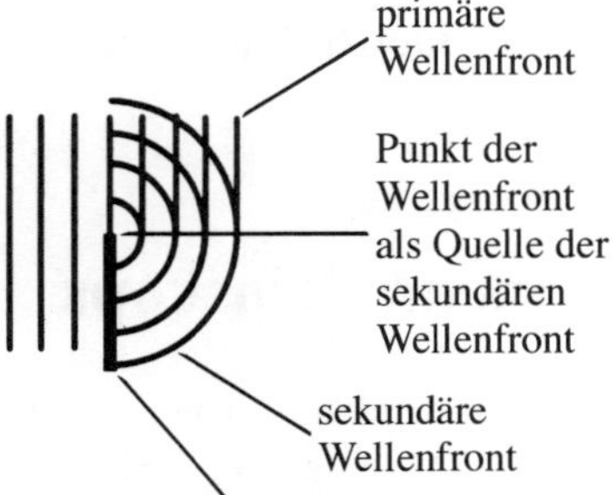

Abb. 4.5 Beugung
Jeder Punkt auf einer Wellenfront, mit dem sie auf ein Hindernis trifft, kann die Quelle einer neuen Wellenfront sein. Wenn die Primär- und die Sekundärwellenfront sich weiter vorwärts bewegen (nach rechts in diesem Diagramm), dann überlagern sie sich, was zu einer Abnahme der Auflösung führt. Dieses Phänomen stellt eine sehr wichtige Begrenzung der Auflösung in der Lichtmikroskopie dar, hat in der TEM aber viel geringere Auswirkungen.

Diese Interferenz führt dann zu einem verschwommenen Bild und verschlechtert auf diese Weise die Auflösung. Wie stark die Beugung ist, hängt von der Wellenlänge der Energiequelle ab. Je größer die Wellenlänge, desto mehr breitet sich die Sekundärwelle aus. Eine merkliche Beugung in das Gebiet hinter dem Hindernis tritt nur dann auf, wenn die Abmessungen des Hindernisses kleiner als die Wellenlänge der Energiequelle sind. Aus diesem Grund stellt die Beugung einen bedeutenden Begrenzungsfaktor für die Auflösung in der Lichtmikroskopie dar.

Der britische Astronom Sir George Airy veranschaulichte in der Mitte des 19. Jahrhunderts das Phänomen der Beugung. Licht aus einer punktförmigen Quelle kann durch eine Linse nicht auf einen Punkt, sondern nur auf eine Scheibe fokussiert werden. Die „Airy-Scheibe“ ist ein Muster des fokussierten Lichtes, das aus einem von mehreren Ringen umgebenen zentralen Lichtpunkt besteht. Die Airy-Scheibe entsteht durch Beugung an der Kante einer Linse oder einer Aperturblende. Auch perfekte Aperturblenden für Linsen oder Kanten verursachen Beugung.

Die Beugung kann in der TEM von Nutzen sein. Fresnelsche Beugungsstreifen sind ein Beispiel dafür. Fresnelsche (das „s“ wird nicht mitgesprochen) Beugungsstreifen werden gebildet, wenn ein Elektronenstrahl mit einer undurchsichtigen Kante wechselwirkt. Beim Auftreffen des Elektronenstrahls auf eine Kante resultieren aus der Wechselwirkung zwischen dem nicht gestreuten Strahl (der primären Wellenfront) und dem an der Kante gestreuten Strahl (der sekundären Wellenfront) Beugungseffekte. Die Wechselwirkung führt zu einer Reihe von hellen Linien, deren hellste an der Kante der Öffnung, innerhalb der Öffnung oder außerhalb der Öffnung sichtbar ist. Der praktische Nutzen der Fresnelschen Beugungsstreifen wird später in diesem Kapitel diskutiert und veranschaulicht.

Beugung ist auch nützlich, weil sie in Bildern von kristallinen Proben zum Phasenkontrast beiträgt und zur Bestimmung der Kristallgitterstruktur eingesetzt wird. Dieses wird später in dem Kapitel diskutiert.

Aufbau eines Transmissionselektronenmikroskops

Um optimal mit einem TEM arbeiten zu können, ist es wichtig zu verstehen, wie die einzelnen Komponenten zusammenarbeiten, damit ein brauchbares Bild entsteht. Es können eine Anzahl von Gerätevariablen gesteuert werden, und die Qualität des Endbildes wird dadurch beeinflußt, wie die Betriebsbedingungen optimiert werden. Alle allgemeinen Beschreibungen in diesem Abschnitt beziehen sich auf Abbildung 4.6. Detaillierte Zeichnungen spezieller Komponenten des Transmissionselektronenmikroskops befinden sich dort, wo sie im Text beschrieben werden. Alle Teile der Säule, von der Elektronenkanonenkammer bis zur Kamerakammer, befinden sich unter Vakuum (vgl.

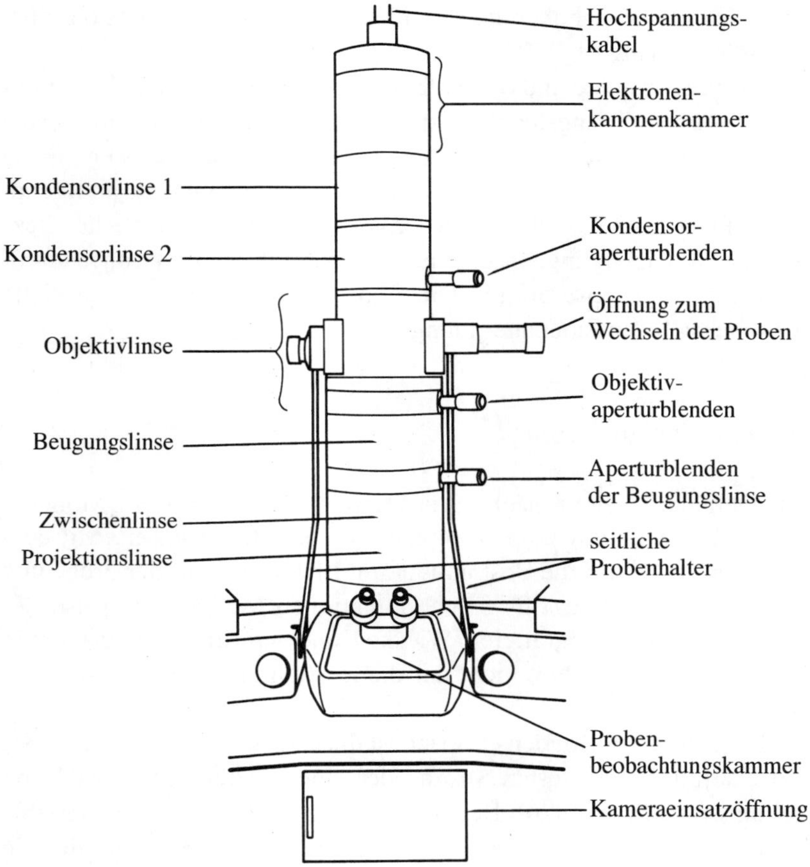

Abb. 4.6 TEM-Säule
In dieser Zeichnung werden die Linsen links von der Säule identifiziert, die anderen Komponenten rechts. Nicht gezeigt sind die Elektronik, die Linsen- und Fadensteuerung und die Vakuumsystemleitungen und -pumpen des Transmissionselektronenmikroskops.

Kap. 3). Der spezielle Linsenaufbau und die Fadenanordnung wurden in Kapitel 2 beschrieben.

Elektronenstrahlerzeugung

Oben in der TEM-Säule befindet sich die Fadenanordnung, die mit einem isolierten Kabel mit der Hochspannungsquelle verbunden ist (vgl. Kap. 2). In einem standardmäßigen TEM liegt die normale Beschleunigungsspannung zwischen 20 000 V und 100 000 V; Transmissionselektronenmikroskope mit mittleren bis hohen Spannungen verwenden Beschleunigungsspannungen von

200 000 V bis 1 000 000 V. Je höher die Beschleunigungsspannung, desto größer die theoretische Auflösung (vgl. Tab. 4.1).

Unterhalb der Fadenspitze und oberhalb der Anode befindet sich ein Strahlvolumen, das „crossover" (engster Strahlquerschnitt) genannt wird. In diesem Bereich der Fadenkammer wird der Elektronenstrahl zu seiner höchsten Dichte gebracht. Es gibt im Crossover mehr Elektronen pro Raumeinheit als an irgendeinem anderen Platz im Mikroskop. Der Crossover ist die tatsächliche Elektronenquelle zur Bilderzeugung. In einem TEM beträgt der Elektronenstrahlquerschnitt im Crossover etwa 50 µm. Die Anode oder positv geladene Platte befindet sich unterhalb der Fadenanordnung.

Das Kondensorlinsensystem

Der Elektronenstrahl passiert als nächstes das Kondensorlinsensystem. Moderne Transmissionselektronenmikroskope besitzen zwei Kondensorlinsen. Mit dem Kondensorlinsensystem wird die Bestrahlung mit Elektronen auf der Probe und auf dem Leuchtschirm gesteuert für solche Funktionen wie beispielsweise Betrachten, Fokussieren und Fotografieren. Wie die Kondendorlinsen zueinander in Bezug gesetzt wurden, beeinflußt nicht nur die Bestrahlung, sondern auch die Bildqualität.

In einem TEM mit zwei Kondensorlinsen ist die erste eine extrastarke Linse, die üblicherweise mit einem festen Strom oder einer begrenzten Anzahl von Stromeinstellungen betrieben wird. Bei einigen Mikroskopen wird die variable Steuerung über die erste Kondensorlinse manchmal als Steuerung für die Brennfleckgröße bezeichnet. Die erste Kondensorlinse kann den 50 µm dicken Elektronenstrahl auf 1 µm verdichten. Die zweite Kondensorlinse ist eine schwächere, variable Linse, die den Strahldurchmesser von 1 µm bis 10 µm steuert, wenn der Strahl auf die Probenebene projiziert wird. Mit dieser Linse kann die Strahlhelligkeit zur Bildbetrachtung und zum Fotografieren verändert werden. Der Stromfluß durch diese Linse beeinflußt auch die Strahlkohärenz, durch die die Bildqualität definiert ist.

Die Kondensorlinsen sind mit Aperturblenden ausgestattet, die gewöhnlich aus kleinen Platinscheiben oder Molybdänstreifen mit Löchern unterschiedlicher Größe bestehen. Die Abmessungen der Aperturblenden in der Kondensorlinse bewegen sich üblicherweise zwischen 100 µm und 400 µm, je nach den Bedingungen bei der Probenbetrachtung und dem Geschmack des Benutzers. In jedem Blendenhalter sind Aperturblenden unterschiedlicher Größe angebracht. Kondensoraperturblenden schützen die Probe vor zu vielen Streuelektronen, die zur Objekterwärmung beitragen, und begrenzen die Erzeugung von Röntgenstrahlen weiter unten in der Säule. Kleinere Aperturblenden erzeugen dunklere Bilder, helfen aber auch, empfindliche Proben vor einer großen Elektronendosis zu schützen. Aperturblenden für Kondensor- (und andere) Linsen werden in einer

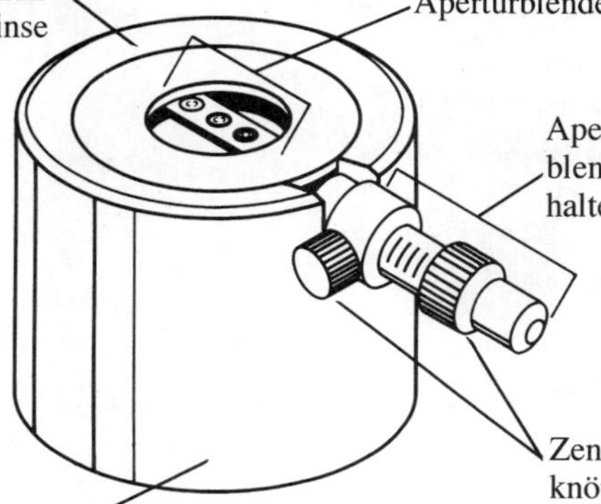

Abb. 4.7 Aperturblenden und Halterung einer Linse Schematische Darstellung einer Halterung für Aperturblenden und der Zentriereinrichtung. Die Aperturblenden bestehen aus einer Reihe von drei Scheiben. Die Anordnung erlaubt es, jede Scheibe in der Säule in *x*- und *y*-Richtung zu zentrieren.

Halterung angebracht, die es dem Benutzer erlaubt, sie leicht auszuwechseln und zu zentrieren (vgl. Abb. 4.7).

Die wichtigste Funktion einer Kondensorlinse und ihrer Aperturblenden besteht in der Definition des Aperturwinkels bei der Bestrahlung. Der maximale Aperturwinkel tritt auf, wenn sich der Strahl im Crossover befindet. Unter dieser Bedingung ist der Strahl rund und besitzt seine maximale Intensität (das heißt, der Strahl ist sehr hell). Diese Bestrahlungsstärke ist die höchste zur Untersuchung der Proben, erzeugt aber nicht die beste Bildqualität, speziell wenn große Kondensoraperturblenden (300 µm bis 400 µm) verwendet werden. Bei Verwendung einer Kondensoraperturblende von 300 µm oder kleiner und Defokussieren der Kondensorlinse wird der Aperturwinkel der Bestrahlung kleiner und damit die Strahlkohärenz und Auflösung größer. Daher tritt die höchste Auflösung beim Defokussieren der Kondensorlinse auf, was aber mit einer schlechteren Beleuchtung verbunden ist, die die Einstellgenauigkeit der Bildschärfe herabsetzen kann.

Die Abbildungslinsen

Die Objektivlinse ist die wichtigste und komplexeste Linse in einem TEM. Da sie aber die erste vergrößernde Linse ist, werden alle Mängel in der Objektivlinse durch die anderen Linsen weiter vergrößert. Die Probe wird in die Objektivlinse eingesetzt, die so gebaut sein muß, daß die Probe sowohl in *x*- als auch in *y*-Richtung (in den meisten modernen Transmissionselektronenmikroskopen auch in *z*-Richtung) verschoben und ebenfalls gekippt und gedreht werden kann. Es existieren abhängig vom jeweiligen Mikroskop unterschiedliche Ausführungen von Probenhaltern, mit denen durch eine Schleuse die Probe in das Mikroskop eingesetzt werden kann (vgl. Abb. 4.8). In verschiedenen TEM-Modellen

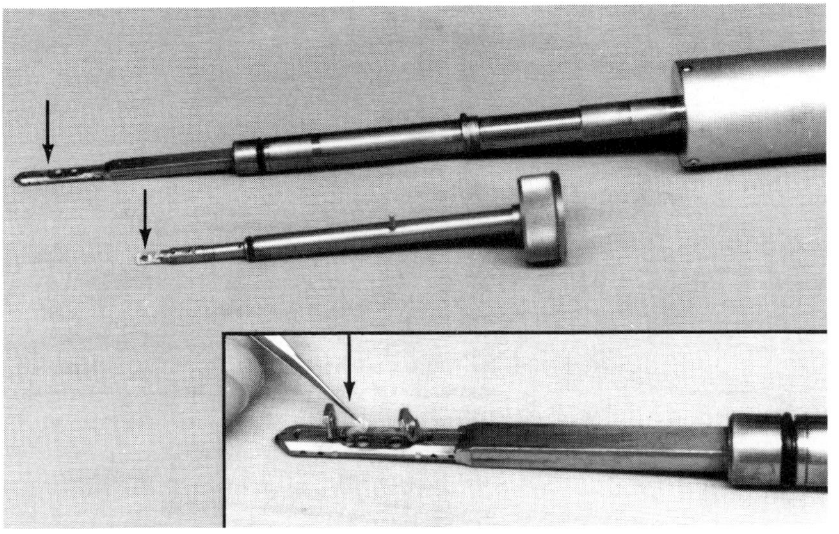

Abb. 4.8 Beispiele von Probenhaltern zum seitlichen Einbringen der Probe
Die Probe wird beim Pfeil eingesetzt und durch einen Halterungsring oder eine Federklammer an ihrem Platz gehalten. Jedes Mikroskop besitzt einen speziell für seine Objektivlinse konstruierten Probenhalter. Mit ihm ist es möglich, die Probe in *x*-, *y*- und *z*-Richtung zu verschieben sowie zu kippen und manchmal auch zu drehen.

wird die Probe seitlich oder von oben eingebracht. Auf einigen Probenhaltern befindet sich nur ein einzelnes Probennetz, andere wurden kasettenartig konstruiert, um mehrere Probennetze aufzunehmen.

Die sich in dem Probenhalter befindende Probe (üblicherweise auf einem 3 mm langen Netz aus Kupfer oder einem anderen Metall) wird in der Objektebene der Linse in die Objektivlinse eingeführt, zwischen dem oberen und dem unteren Polschuh. Der von der Probe eingenommene Platz ist nur einige Millimeter groß, was aber ausreicht, um die zur Beobachtung notwendigen Bewegungen vornehmen zu können. Die Probe wird durch eine Luftschleuse in das Mikroskop eingebracht, damit das Hochvakuum in der Säule aufrechterhalten bleibt.

Da das Einbringen der Probe eine wahrscheinliche Quelle externer Verunreinigungen darstellt (sowohl von der Probe selber, die sich abbauen kann, als auch von dem Probenträger), sind die meisten Objektivlinsen mit einem Gerät zur Beseitigung von Verunreinigungen ausgestattet (vgl. Kap. 3), das wie eine Kryopumpe arbeitet und dafür sorgt, daß nicht zu viel Kohlenwasserstoffe auf der Probe, den Polschuhen und den Objektivaperturblenden abgeschieden werden. Diese Anlage ist üblicherweise eine Scheibe oder ein Zylinder aus Kupfer oder einem anderen Metall, die den Probenraum umgibt. Sie ist mit einer Kupferleitung durch die Säule mit einem externen Behälter (Dewar) mit flüssigem Stickstoff verbunden. Der flüssige Stickstoff hält das Metall kalt, damit es Verunreinigungen anziehen und festhalten kann.

Amplituden-, Beugungs- und Phasenkontrast

Beim Wechselwirken des Elektronenstrahls mit der Probe wird eine Vielzahl von für die Bilderzeugung in der TEM nützlichen Signalen erzeugt (vgl. Kap. 2). Mehrere wichtige Wechselwirkungen treten auf, die zur Bilderzeugung in der TEM beitragen: Absorption, Beugung, elastische Streuung und unelastische Streuung.

Elektronen können in dicken oder stark gefärbten Teilen der Probe oder in Bereichen mit Atomen hoher Ordnungszahlen absorbiert werden, obwohl nur einige wenige Elektronen nicht durch die Probe hindurchgelassen werden. Elektronen werden ebenfalls in Schmutz oder verunreinigten Stellen auf der Oberfläche der Probe absorbiert. Werden zu viele Elektronen in einem kleinen Bereich der Probe absorbiert, wie in einem Farbfleck oder einem Schmutzpartikel, können sie ein Aufheizen in diesem Bereich bewirken und zu einer Probenverzerrung oder sogar -zerstörung führen. In diesem Fall trägt die Absorption nicht zur Bilderzeugung bei, erzeugt aber in dem Bild Artefakte (s. auch Literatur). Im allgemeinen trägt die Absorption durch die Probe nur unwesentlich zum Bildkontrast in der TEM bei, im Gegensatz zur Lichtmikroskopie, wo die unterschiedliche Absorption den hauptsächlichen Beitrag zum Bildkontrast stellt.

Elastisch gestreute Elektronen resultieren aus der Wechselwirkung zwischen Strahlelektronen und den Atomkernen der Probe (vgl. Abb. 4.9). Die Elektronen werden stark aus ihrer Bahn abgelenkt, verlieren aber nur wenig oder keine Energie. Elastisch gestreute Elektronen tragen sowohl zum Amplituden- als auch zum Beugungskontrast in einem Bild bei.

Unelastisch gestreute Elektronen resultieren aus der Wechselwirkung zwischen Strahlelektronen und den Elektronen der Atomhülle der Probe. Diese Elektronen werden durch einen Energieverlust und eine lediglich geringe Abweichung aus ihrer Bahn charakterisiert. Besonders wichtig sind unelastisch gestreute Elektronen zur Abbildung von Proben mit einer niedrigen Ordnungszahl. Sie können aufgrund des Energieverlusts zur chromatischen Aberration und zum Phasenkontrast beitragen.

Wie stark diese unterschiedlichen Wechselwirkungen zwischen den Elektronen im Strahl und den Atomen in der Probe zur Streuung und daher zur Bilderzeugung beitragen, hängt von der Massendicke der Probe ab, speziell bei amorphen Proben (das heißt biologischen Proben). Die Probendicke und ihre Änderung von einem Teil der Probe zu einem anderen haben genauso wie die Ordnungszahl der die Probe aufbauenden Atome (Masse) einen Einfluß auf die stattfindende Streuung. Eine größere Dicke ruft proportional mehr Streuung

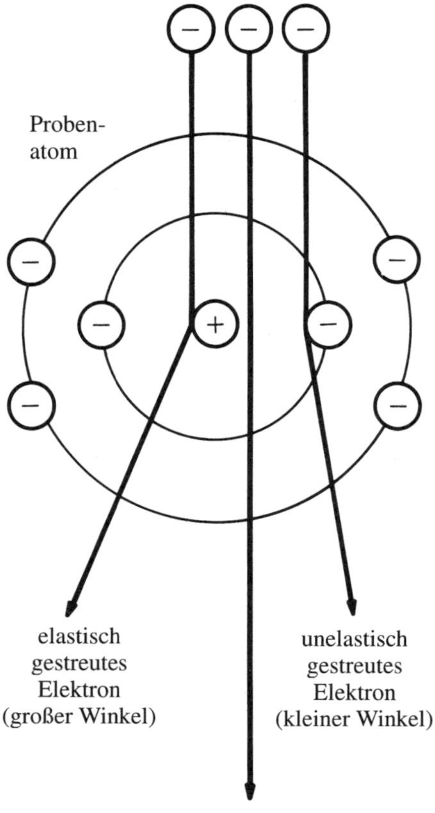

Abb. 4.9 Wechselwirkungen zwischen Probe und Strahl
Es treten zahlreiche Wechselwirkungen zwischen den Primärstrahlelektronen und den Probenatomen auf, die zur Erzeugung des TEM-Bildes beitragen. Nichtgestreute Elektronen gehen unverändert durch die Probe. Elastisch gestreute Elektronen sind diejenigen, die mit den Atomkernen der Probe wechselwirken. Diese Elektronen werden unter einem großen Winkel gestreut und weisen keinerlei Energieverlust auf. Unelastisch gestreute Elektronen wechselwirken mit den Elektronen der Probenatome und weisen einen Energieverlust auf, werden aber unter kleinen Winkeln gestreut.

hervor, eine zu dicke Probe bewirkt jedoch zunehmende chromatische Aberration, die die Auflösung herabsetzt. Eine größere Ordnungszahl (Masse) führt ebenfalls zu mehr Streuereignissen. Diese unterschiedliche Streuung (Amplitudenkontrast oder Streuabsorptionskontrast) zwischen ungehindert passierenden und von einzelnen Bereichen einer Probe gestreuten Elektronen führt zu dem Kontrast, der notwendig ist, ein Bild auf dem Leuchtschirm zu erzeugen.

In kristallinen Proben mit Vorzugsorientierung kann die Streuung der einfallenden Elektronen in speziellen Richtungen auftreten, die durch die Braggsche Gleichung definiert ist:

$$n\lambda = 2d \sin \vartheta,$$

wobei n eine ganze Zahl, λ die Wellenlänge, d den Kristallgitterabstand und ϑ den Beugungswinkel darstellt (vgl. Abb. 4.10). Abhängig von der Orientierung

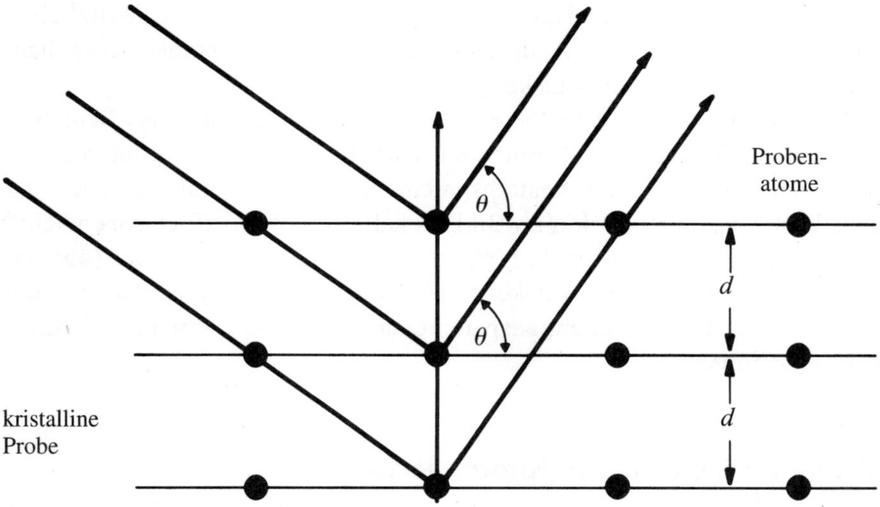

Abb. 4.10 Braggsches Diagramm der Wechselwirkung eines Strahls mit einer kristallinen Probe
In kristallinen Proben mit Vorzugsorientierung streuen die einfallenden Elektronen in speziellen, durch die Braggsche Gleichung $n\lambda = 2d\sin\vartheta$ definierten Richtungen.

des Kristalls können die gestreuten Elektronen durch die Aperturblende der Objektivlinse hindurchgehen und einen hellen Punkt erzeugen oder, was am häufigsten auftritt, durch die Aperturblende absorbiert werden und damit ein dunkles Gebiet erzeugen. Der Beugungskontrast kann dazu verwendet werden, Dunkelfeldaufnahmen zu produzieren und, wenn die Braggsche Bedingung erfüllt ist, die Kristallgitterstruktur zu bestimmen.

Ein dritter Kontrasttyp heißt Phasenkontrast. Phasenkontrast tritt in Bildern von Proben auf, die sehr dünn sind und/oder deren Atome eine niedrige Ordnungszahl besitzen. Unelastisch gestreute Elektronen werden dann nicht durch die Aperturblende der Objektivlinse zurückgehalten, sondern können durch sie hindurchgehen. Aufeinanderfolgende, mehrfache Streuung der Strahlelektronen tritt hier nicht auf. Da die unelastisch gestreuten Elektronen einen Energieverlust erleiden, ändert sich ihre Wellenlänge. Diese Elektronen werden gegenüber den nicht gestreuten Primärelektronen phasenverschoben und bauen den Phasenkontrast im Bild auf. Kontrast und Bildschärfe stehen in einem TEM-Bild in Zusammenhang. Richtig fokussiert erscheint eine sehr dünne Probe transparent und flach, mit nur geringem Kontrast. Beim Defokussieren des Bildes steigt der Kontrast (ein Phänomen, das als Kontrast durch Defokussieren bezeichnet wird). Daher müssen Bildschärfe und Kontrast sorgfältig abgeglichen werden, um Artefakte in der Bildinterpretation zu vermeiden (s. Literatur). „Optimale Unterfokussierung“ wird oft als der beste Kompromiß zwischen Kontrast und Bildschärfe definiert, muß aber mit viel Vorsicht gewählt werden, damit die beste Auflösung und die Bildschärfe nicht für zusätzlichen Bildkontrast geopfert werden. Andere Möglichkeiten, den Kontrast zu erhöhen, werden im nächsten Abschnitt diskutiert.

Zwei Begriffe beschreiben diese Variation des Kontrasts (das heißt die Variation in der Streuung): elektronentransparent (oder elektronendurchlässig) und elektronendicht. „Elektronentransparent“ bezieht sich auf Bereiche, die weniger Elektronen streuen und im Bild als hell erscheinen. „Elektronendicht“ bezieht sich auf Bereiche, die mehr Elektronen streuen oder absorbieren (obwohl dies wenige sind) und im Bild dunkel erscheinen. Der Kontrast ist dann auf die Ausbildung diskreter elektronentransparenter und elektronendichter Bereiche im Bild zurückzuführen.

Abgleichprobleme bei der Kontrasterhöhung

Die Objektivlinse in einem TEM ist wie die Kondensorlinse mit einer Reihe von Aperturblenden ausgestattet (vgl. Abb. 4.7). Diese können Platinscheiben, Molybdänstreifen oder spezielle Scheiben aus Goldfolie sein. Die Lochgröße bewegt sich üblicherweise zwischen 20 µm und 50 µm oder größer, je nach der Probe oder den Erfordernissen beim Mikroskopieren. Die kleineren Aperturblenden werden schneller als die größeren verunreinigt. Aperturblenden aus Goldfolie heizen sich auf, wenn sie dem Strahl ausgesetzt werden, und werden daher als „selbstreinigend“ betrachtet. Die Objektivaperturblenden sind zwischen der Probe und dem unteren Polschuh der Linse angeordnet.

Die Objektivaperturblenden in einem TEM werden auch als Kontrastblenden bezeichnet. Sie entfernen die meisten elastisch und einige unelastisch

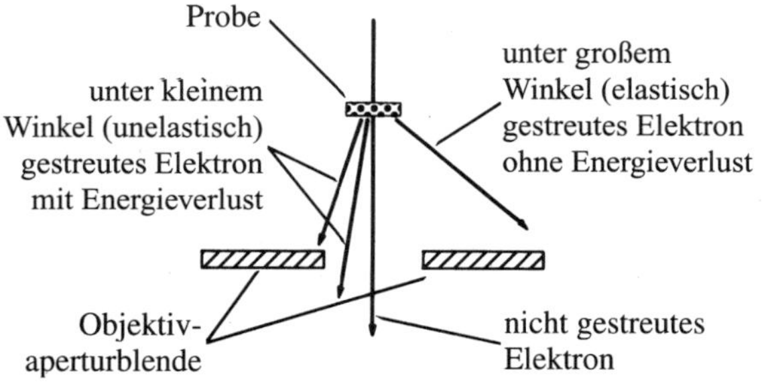

Abb. 4.11 Kontraststeigerung mit der Objektivaperturblende
Die Objektivaperturblende, auch als Kontrastblende bezeichnet, läßt die nicht gestreuten und die meisten unelastisch gestreuten Elektronen die Säule hinunter passieren, die dann auf den Leuchtschirm treffen. Unter einem großen Winkel gestreute Elektronen (elastisch gestreute Elektronen) werden nicht durchgelassen. Die Aperturblende bewirkt dadurch Kontrast, daß sie unterschiedlich manche Elektronen durchläßt und andere nicht.

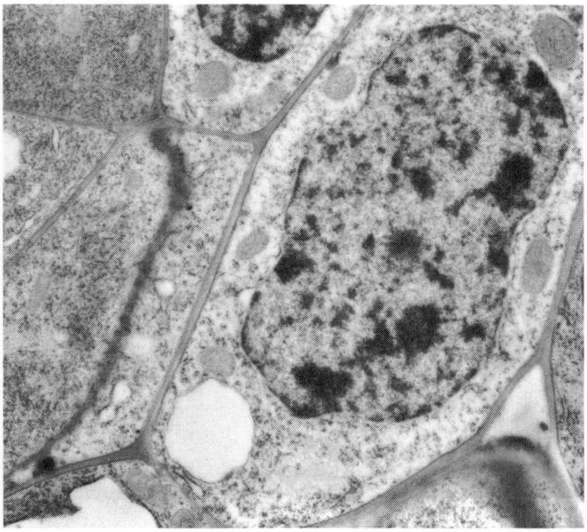

a

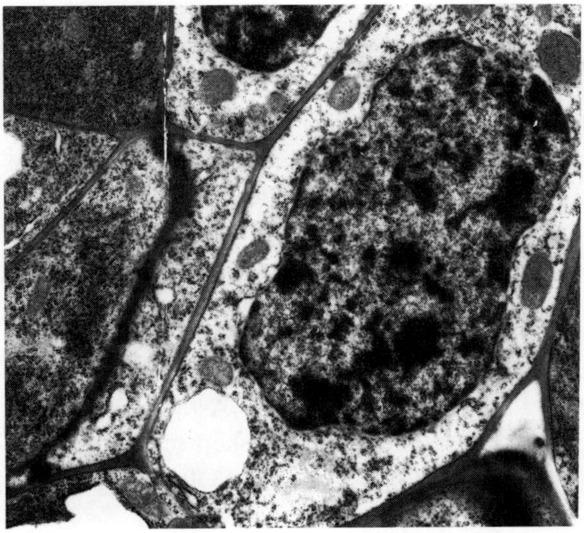

b

Abb. 4.12 Kontrastwirkungen der Objektivaperturblende
a) Ein Ultradünnschnitt einer Pflanze, der ohne Objektivaperturblende fotografiert wurde
b) Ein Ultradünnschnitt derselben Probe, der mit einer Objektivaperturblende von 40 µm fotografiert wurde
Eine Objektivaperturblende erhöht den Amplitudenkontrast des Bildes stark, da mehr elastisch gestreute Elektronen zurückgehalten werden.

gestreuten Elektronen aus dem Bild, was zu einem subtraktiven Effekt führt (vgl. Abb. 4.11). Je kleiner die Objektivaperturblende, desto größer der Kontrast, da um so mehr Streuelektronen von dem Bild ferngehalten werden (vgl. Abb. 4.12). Eine kleine Objektivaperturblende verringert die sphärische Aberration, die die Auflösung stark begrenzt, verschlechtert aber auch die Auflösung, da eine kleine Aperturblende die numerische Apertur der Linse verkleinert.

Um in den Genuß des gesteigerten Kontrasts zu kommen, muß wie so oft in der Elektronenmikroskopie ein Kompromiß eingegangen werden. Kleinere Objektivaperturblenden können einen Teil des Bildes abschneiden, besonders bei kleinen Vergrößerungen, und verunreinigen schneller, sogar wenn ein Kontaminationsschutz vorhanden ist. Eine verunreinigte Aperturblende führt in der Regel zu einem Astigmatismus der Objektivlinse (vgl. nächsten Abschnitt sowie Kap. 2).

Außerdem führt eine Verringerung der Beschleunigungsspannung zu einem Ansteigen des Kontrasts, da die Elektronen sich mit geringerer Energie durch die Probe bewegen und daher mit mehr Probenatomen wechselwirken. Wieder muß ein Kompromiß eingegangen werden, da eine Erniedrigung der Beschleunigungsspannung zwar den Amplitudenkontrast erhöht, aber die Auflösung verschlechtert und, um Bilder hoher Qualität zu erzeugen, dünnere Proben erforderlich macht. Die chromatische Aberration und Strahlenschäden der Probe (sie werden später in diesem Kapitel diskutiert) steigen ebenfalls bei einer Erniedrigung der Beschleunigungsspannung an.

Einfluß des Astigmatismus der Objektivlinse

Der Astigmatismus der Objektivlinse ist ein übliches, aber korrigierbares Problem in der TEM. Wie schon dargelegt wird er oft durch Verunreinigungen auf der Objektivaperturblende verursacht. In Kapitel 2 wird der Oktupol-Stigmator, mit dem der Astigmatismus korrigiert werden kann, erklärt. Es ist wichtig, sich in Erinnerung zu rufen, daß der Astigmatismus sich ändert, wenn die Objektivaperturblenden und/oder die Proben gewechselt werden, und daß er bei höheren Vergrößerungen deutlicher wird. Der Astigmatismus der Objektivlinse führt zu elektronenmikroskopischen Aufnahmen geringerer Qualität (vgl. Abb. 4.13a). Bei einem Bild guter Qualität (vgl. Abb. 4.13b) muß der Astigmatismus des öfteren korrigiert werden und, bevor eine elektronenmikroskopische Aufnahme gemacht wird, auf jeden Fall das Bild auf Anzeichen von Astigmatismus hin untersucht werden.

Der Astigmatismus der Objektivlinse kann mit dem Probenbild selber oder mit einer speziellen Probe, die auch Lochfilm genannt wird, korrigiert werden. Der Lochfilm ist ein dünner Polymerfilm mit vielen kleinen Löchern, der auf ein Kupfernetz aufgebracht und mit Gold oder Kohlenstoff stabilisiert wurde. Die Löcher stellen undurchsichtige Kanten dar, mit denen der Elektronenstrahl wechselwirken und die Fresnelschen Beugungsstreifen erzeugen kann (vgl. Abb. 4.14). Da die Fresnelschen Beugungsstreifen sehr empfindliche Indikatoren für die Bildqualität darstellen, kann mit ihnen der Astigmatismus der Objektivlinse bestimmt und korrigiert werden.

Falls die Objektivlinse in dem TEM astigmatismusbehaftet ist, so ist die Entfernung und Lage der Fresnelschen Beugungsstreifen innerhalb des Loches

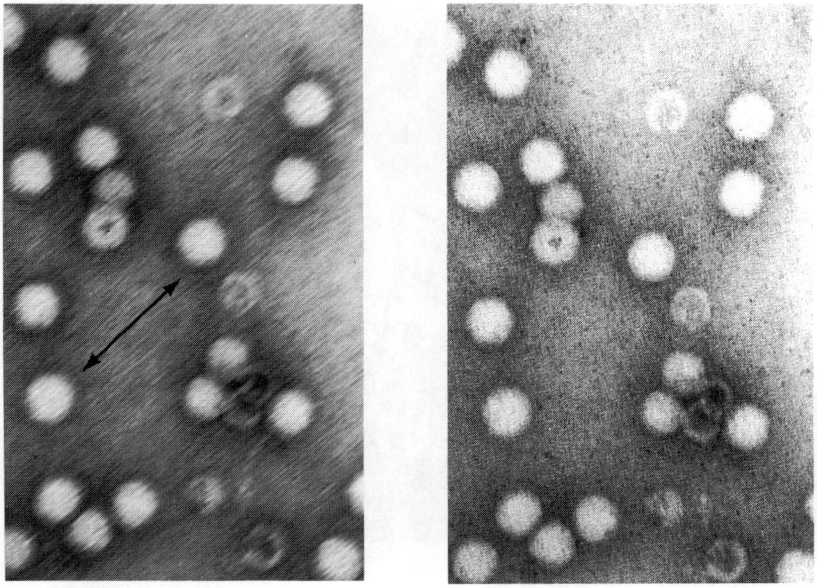

a b

Abb. 4.13 Wirkungen des Astigmatismus der Objektivlinse
a) Dieses Bild einer negativ kontrastierten Viruspartikel ist scharf gestellt, aber astigmatismusbehaftet. Man beachte das Verwischen oder Verzerren in Richtung des Pfeiles, was den Astigmatismus der Objektivlinse anzeigt. Variieren der Bildschärfe betont die Verzerrung und erleichtert es, den Astigmatismus zu erkennen. Dieses Bild ist offensichtlich von sehr schlechter Qualität, kann aber mit Hilfe des Objektivlinsen-Stigmators korrigiert werden.
b) In diesem Bild ist der Astigmatismus korrigiert worden; die Verzerrung ist behoben. Jedes Bild sollte vor dem Fotografieren auf Astigmatismus hin untersucht werden. Aufmerksamkeit hinsichtlich des Astigmatismus und eine geeignete Korrektur dieses Fehlers führen zu verbesserten elektronenmikroskopischen Aufnahmen.

unterschiedlich. Beispielsweise kann der Beugungssaum an zwei einander gegenüberliegenden Punkten außerhalb des Loches und an zwei dazu senkrecht einander gegenüberliegenden Punkten innerhalb des Loches liegen. Die Lage des Beugungssaums kann mit der Korrektursteuerung des Stigmators und der Fokusfeineinstellung geändert werden, der Astigmatismus wird korrigiert, bis sich der Beugungssaum überall entweder innerhalb oder außerhalb des Loches befindet. Die Körnung und das Erscheinungsbild des Polymerfilms liefern einen guten Hinweis auf die Wirkung, die der Astigmatismus auf ein Endbild hat (vgl. Abb. 4.13 a).

Die Lage der Fresnelschen Beugungsstreifen kann auch Informationen darüber liefern, ob ein TEM-Bild unterfokussiert, überfokussiert oder scharfgestellt ist (vgl. Abb. 4.14). Falls die Objektivlinse überfokussiert ist (das heißt, es geht zu viel Strom durch sie hindurch), ist der Fresnelsche Beugungssaum außerhalb des Loches lokalisiert. Ist die Linse unterfokussiert, liegt der Beugungssaum in-

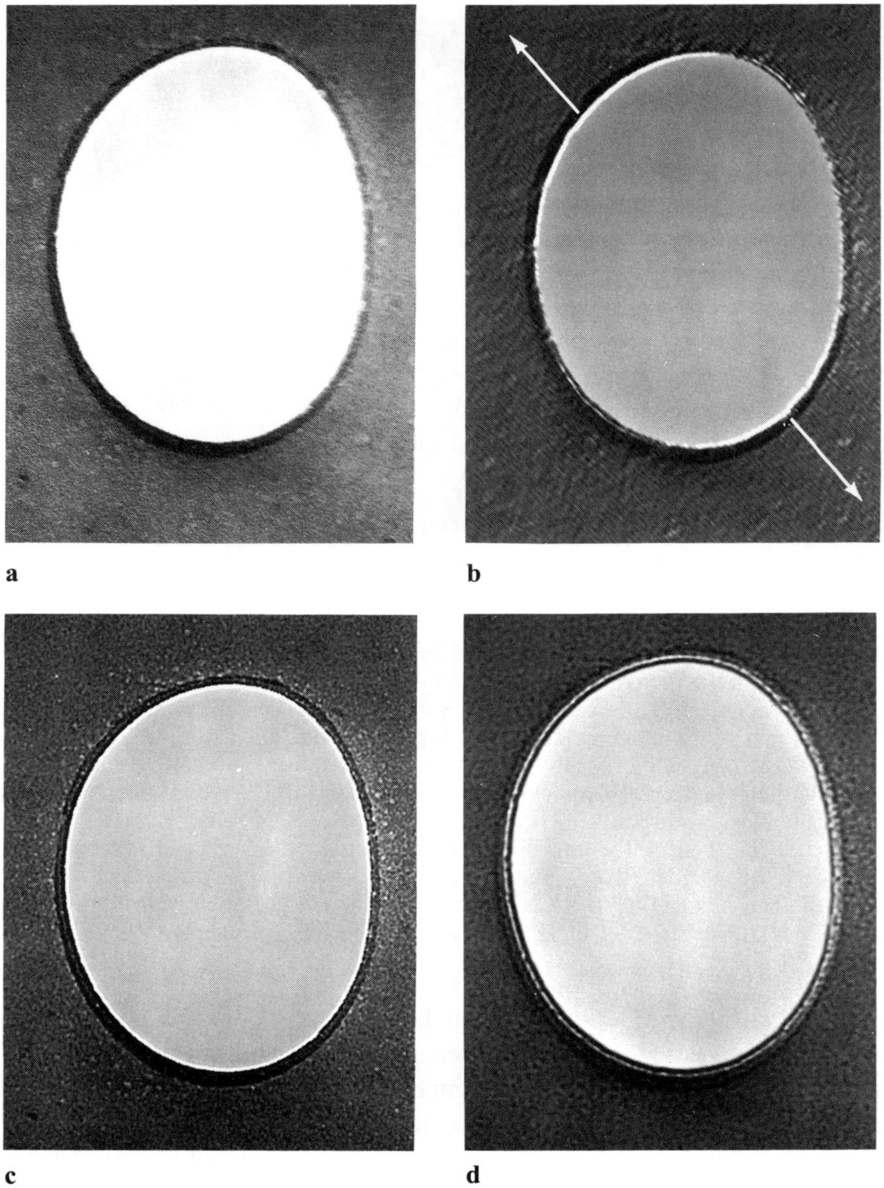

Abb. 4.14 Untersuchung der Bildschärfe und des Astigmatismus in einem TEM-Bild mit Hilfe von Fresnelschen Beugungssäumen
Bei sorgfältiger Beobachtung der Lage der Fresnelschen Streifen (die helle Linie am Loch) kann
a) ein scharfgestelltes und nicht astigmatismusbehaftetes Bild
b) ein astigmatismusbehaftetes Bild
c) ein unterfokussiertes Bild (der Beugungssaum ist innerhalb des Loches) und
d) ein überfokussiertes Bild (der Beugungssaum ist außerhalb des Loches) erkannt werden. Die Pfeile zeigen die Fresnelschen Beugungssäume an, mit denen der Astigmatismus korrigiert und auch die Bedingungen für die Scharfeinstellung bestimmt werden können.

nen. Ist kein Beugungssaum sichtbar, ist die Linse scharfgestellt, genau in der Ebene der Lochkante. Bei Scharfstellung ist der Kontrast in einer sehr dünnen Probe minimal.

Erzeugung eines vergrößerten Endbildes

Die Vergrößerung des Endbildes in einem TEM ist das Produkt der Vergrößerungen aller vergrößernden Linsen: der Objektivlinse, der Beugungslinse, der Zwischenlinse und der Projektionslinse (vgl. Abb. 4.6). Die Objektivlinse, die erste vergrößernde Linse in dem TEM, ist eine starke Linse. Die Beugungslinse, unterhalb der Objektivlinse angeordnet, ist eine sehr schwache Linse. Die Zwischenlinse, unterhalb der Beugungslinse angeordnet, ist eine schwache Linse, aber mit variabler Leistung ausgestattet. Es ist der Stromfluß in dieser Linse, mit dem die Vergrößerung des Endbildes gesteuert wird. Die letzte Linse ist die Projektionslinse, eine starke Linse, die das vergrößerte Endbild auf den Leuchtschirm projiziert.

Ein TEM-Bild muß nach jeder Änderung der Vergrößerung neu fokussiert werden. Die unterschiedlichen Vergrößerungen resultieren aus der Änderung des Stromes in der Zwischenlinse. Daher ist die Vergrößerungssteuerung auf der Schalttafel eines Transmissionselektronenmikroskops tatsächlich eine Steuerung des Stromes in der Zwischenlinse. Beim Einstellen des Stromes der Zwischenlinse ändern sich sowohl die Vergrößerung des Endbildes als auch die Objektebene der Zwischenlinse. Das Fokussieren, das mit den Steuerungen der Objektivlinse ausgeführt wird, beinhaltet eine Änderung des Stromes in der Objektivlinse, so daß ihre Bildebene sich weiterhin mit der Objektebene der Zwischenlinse deckt (die mit der veränderten Vergrößerung geändert wurde) (vgl. Abb. 4.15).

Wie bei der Korrektur des Astigmatismus kann man die Fresnelschen Beugungsstreifen benutzen, um zu erkennen, wie fokussiert werden muß und festzustellen, ob Bilder unter- oder überfokussiert oder scharfgestellt sind. Falls die Linse überfokussiert ist (das heißt, es geht zu viel Strom durch sie hindurch), ist der Fresnelsche Beugungssaum außerhalb des Loches lokalisiert (vgl. Abb. 4.14). Ist die Linse unterfokussiert, liegt der Beugungssaum innen. Ist kein Beugungssaum sichtbar, ist die Linse scharfgestellt (das heißt genau in der Ebene der Lochkante). Auch das Bild selbst kann bei jeder dieser vier Fokussierbedingungen untersucht werden, um den Effekt des Fokussierens festzustellen.

Das Endbild der Probe wird durch die Projektionslinse auf den Leuchtschirm projiziert (vgl. Abb. 4.6). Der Leuchtschirm befindet sich in einer Beobachtungskammer, die mit einem oder mehreren Fenstern aus Bleiglas ausgestattet ist (vgl. Abb. 4.6). Der Leuchtschirm ist mit einem fluoreszierenden Pulver aus Zink- und Cadmiumsulfid bedeckt. Er emittiert sichtbares Licht, wenn die die Bildinformation tragenden Elektronen auf ihn treffen, und macht das Bild so

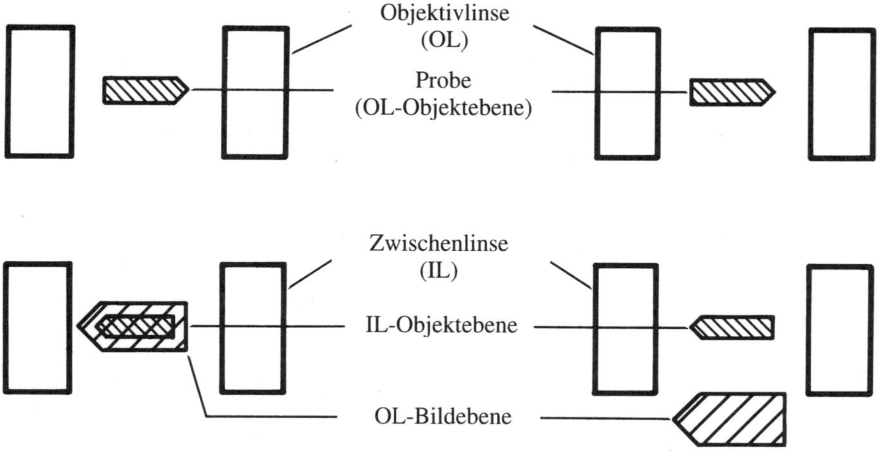

Abb. 4.15 Der scharfgestellte und der nicht scharfgestellte Zustand in einem TEM Die Zwischenlinse steuert die letztendliche Vergrößerung des Bildes. Nach jeder mit der Zwischenlinsensteuerung hervorgerufenen Vergrößerungsänderung, muß das Bild mit der Objektivlinsensteuerung fokussiert werden. Damit das Bild scharfgestellt ist, muß die Bildebene der Objektivlinse mit der Objektebene der Zwischenlinse zusammenfallen.

sichtbar. Das Zink-Cadmiumsulfid ist ein feinkörniges Pulver, aber dennoch körniger als die Emulsion auf dem fotografischen Film. Daher kann die Information in dem Bild nur auf einer elektronenmikroskopischen Aufnahme aufgelöst, oder wenigstens besser aufgelöst werden, nicht auf dem Leuchtschirm selber. Das Zink-Cadmiumsulfidpulver leuchtet gelbgrün, in der Farbe, auf die das an das Dunkel gewöhnte Auge am empfindlichsten reagiert.

Bildaufzeichnung zur weiteren Verwendung

Das TEM kann mit einer beliebigen Anzahl von Kameras oder anderen Hilfsmitteln zum Aufnehmen der Bilder ausgestattet werden. Der große Bildschärfebereich eines Transmissionselektronenmikroskops erlaubt es, die Kamera(s) entweder ober- oder unterhalb des Leuchtschirms zu positionieren. Normalerweise stehen eine Plattenkamera und manchmal eine 35-mm-Kleinbildkamera zur Verfügung. Mit einer angeschlossenen Videokamera können die Bilder auch auf einem Videoband zu einer Weiterverarbeitung mittels Computer oder zum späteren Vergleich vieler Bilder gespeichert werden. Der fotografische Prozeß wird in Kapitel 9 erklärt.

Da der Bildschärfebereich in einem TEM sehr groß ist (vgl. Abb. 4.4 b), können die Kamera(s) an verschiedenen Stellen unterhalb der Projektionslinse

Abb. 4.16 Vergrößerungseichpräparat
Eine Probe eines waffelförmigen Beugungsgitters kann zur Kalibrierung der Vergrößerung in einem TEM verwendet werden. Das Beugungsgitter besitzt Abstände bekannter Größe. Wenn man es mit denselben Fokusbedingungen wie die interessierende Probe fotografiert, kann mit dem Gitter die Vergrößerung genau bestimmt werden. Das hier gezeigte Gitter besitzt Abstände von 2 160 Linien/mm.

positioniert werden. Befinden sich die Kameras in dem Gebiet unmittelbar unterhalb der Projektionslinse bis unterhalb des Leuchtschirms, bleibt das Bild scharf und kann aufgenommen werden.

Die meisten Hersteller garantieren, daß die in ihren Mikroskopen angezeigte Vergrößerung höchstens 10% vom tatsächlichen Wert abweicht. In der Praxis liegen die meisten Vergrößerungsangaben gut innerhalb dieser Grenze. Änderungen des Linsenstromes zur Vergrößerung und zum Fokussieren sowie die exakte Lage der Probe können dazu beitragen, daß die angezeigte Vergrößerung geringfügig größer oder kleiner als der tatsächliche Wert ist. Wenn sehr genaue Vergrößerungen benötigt werden, muß entweder ein internes Eichpräparat, wie Latexkugeln bekannter Größe, oder ein auf einem Mikroskopnetz angebrachtes Eichpräparat für die Vergrößerung mit bekannten Abständen eingesetzt werden (vgl. Abb. 4.16). Eichpräparate sollten routinemäßig zur Überprüfung der Genauigkeit der angezeigten Vergrößerungen herangezogen werden.

Ein internes Eichpräparat wird mit der Probe mitfotografiert; das Eichpräparat auf einem gesonderten Netz wird direkt nach dem Abschluß der elektronenmikroskopischen Aufnahme fotografiert. Das Eichpräparat wird bei jeder Vergrößerungsstufe der elektronenmikroskopischen Aufnahme der Probe, für die eine genauere Vergrößerung benötigt wird, fotografiert. Es sollte darauf geachtet werden, die Objektivlinse (Bildschärfe) nicht oder nur so wenig wie möglich zu verändern. Auch sei daran erinnert, daß genaue Messungen der Negative oder Kontaktaufnahmen der Eichpräparate den durch einen nachlässigen Umgang mit dem Maßstab hervorgerufenen Fehler minimieren.

Feinbereichsbeugung

Zusammen mit dem üblichen TEM-Bild einer Probe wird im Brennpunkt auf der bildseitigen Brennebene (vgl. Abb. 4.3) jeder der abbildenden Linsen ein Beu-

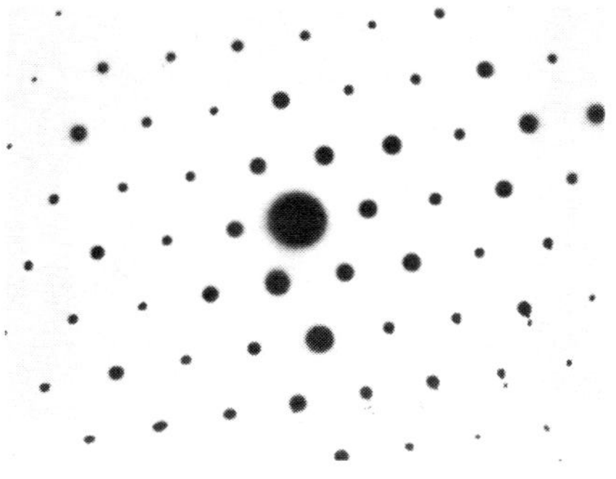

Abb. 4.17 Ein Beispiel der Elektronenbeugung
Eine Glimmerprobe auf einem kohlenstoffbeschichteten Gitter zeigt ein scharfes Beugungsmuster mit Punkten, die die Kristallinität nachweisen.

gungsbild erzeugt. Durch Änderung des Stromflusses in der Beugungslinse kann man dieses Bild in der bildseitigen Brennebene der Objektivlinse anstatt des gewöhnlichen Hellfeldbildes sehen. Dieses Beugungsbild wird durch die elastische Streuung des Elektronenstrahls mit den Atomen in der Probe erzeugt (vgl. Abb. 4.17). Solch einem Bild liegt die Erkenntnis von William Bragg zugrunde, die besagt, daß die Kristallstruktur durch Röntgenstrahlen gemäß einer spezifizierten mathematischen Formel bestimmt werden kann. Wie schon vorher erwähnt lautet die Braggsche Gleichung:

$$n\lambda = 2d \sin\vartheta,$$

wobei d der Abstand zwischen den Netzebenen, λ die Wellenlänge der verwendeten Energiequelle, n die Ordnung des Spektrums und ϑ der Einfallwinkel (oder Ausfallwinkel) ist (vgl. Abb. 4.10). Bragg erhielt 1915 für seine Arbeiten den Nobelpreis für Physik.

Kurz gesagt, falls ein Probenbereich kristalliner Natur ist, tritt eine regelmäßige Streuung auf, die ein Muster von scharfen Punkten liefert. Ist ein Bereich polykristallin, verteilen sich die Punkte und bilden scharfe Linien. Ist ein Bereich amorph, wie die meisten biologischen Proben, besteht das Muster aus sehr diffusen Ringen.

Mit der Feinbereichsbeugung kann man in biologischen Proben Bereiche geordneter oder kristalliner Natur, wie Mineralienablagerungen oder Asbestfasern bestimmen. Das Muster von Punkten oder scharfen Ringen enthält Informationen über die Entfernungen zwischen Atomen und kann somit zur Bestimmung der Anordnung der Atome verwendet werden. Die genaue Orientierung eines kristallinen Bereichs in der Probe bezüglich des Elektronenstrahls bestimmt das Muster und ob es leicht interpretiert werden kann. Spezielle Bereiche einer Probe können zur Untersuchung ausgewählt werden, indem eine geeignete Größe der Beugungsaperturblende gewählt wird, die einen gegebenen Bereich der Probe definiert (daher der Name „selected-area diffraction"). Eine weitaus detailliertere Beschreibung der Elektronenbeugung ist in Beeston et al. (1972) gegeben.

Dunkelfeldabbildung

Ein Dunkelfeldbild kann erzeugt werden, indem nur die weit gestreuten Elektronen aus der Probe benutzt werden (vgl. Abb. 4.18). Die nicht gestreuten und diejenigen unelastisch gestreuten Elektronen, die durch die Aperturblende der Objektivlinse nicht zurückgehalten werden, werden daran gehindert, zum Dunkelfeldbild beizutragen. Das Dunkelfeldbild ist kontrastreich, obwohl das Bild selber dunkler als ein standardmäßiges Hellfeldbild sein kann. Das Abfangen der nicht und nur unter kleinen Winkeln gestreuten Elektronen kann schnell dadurch erreicht werden, daß die Objektivaperturblende verschoben wird, so daß nur die weit gestreuten Elektronen das Bild erzeugen können. Die hochaufgelöste Dunkelfeldabbildung jedoch, bei der mit einer Schaltung eines TEM gearbeitet wird, mit der der Strahl elektronisch geneigt werden kann, führt zu einem Bild viel höherer Qualität.

Elektronenenergieverlustspektroskopie

Die Elektronenenergieverlustspektroskopie (EELS – electron energy loss spectroscopy) stellt sowohl eine analytische Methode als auch einen Abbildungsmodus auf einem TEM oder einem STEM dar (vgl. Kap. 5). Die Methode basiert auf der unelastischen Streuung des Primärelektronenstrahls mit den Elektronen der Probenatome. Diese Streuung verursacht einen Energieverlust der Primärelektronen; daher stellt das EELS-Spektrum eine Energieverteilung der eine dünne Probe passierenden Elektronen dar.

Der EELS-Detektor ist derart in dem Mikroskop plaziert, daß er die unelastisch gestreuten Elektronen nach dem Passieren der Probe abfangen und zerstreuen kann. Alle Elektronen derselben Energie werden in demselben Punkt auf dem Detektor innerhalb eines definierten Einfallkegels fokussiert. Auf diese Weise arbeitet der Detektor als Linse, und weil er die Elektronen mit einem magnetischen Feld ablenkt, wird er oft als magnetisches Prisma bezeichnet. Da die Daten aus der EELS sequentiell gesammelt werden, kann es vorkommen, daß jeder Kanal in dem Spektrum nur einige wenige Impulse enthält. Dies ist eine Begrenzung der EELS-Methode. Neuere Methoden sammeln die Spektren parallel (PEELS) und minimieren somit dieses Problem.

Die EELS ist sehr empfindlich gegenüber Elementen niedriger Ordnungszahl. Sie besitzt eine höhere räumliche Auflösung als die energiedispersive Röntgenmikroanalyse (vgl. Kap. 8), da nur die Elektronen innerhalb eines bestimmten Einfallkegels nachgewiesen werden. Ein Erhöhen der Probendicke verändert das EELS-Spektrum in zwei wichtigen Punkten: 1) die erhaltenen Peaks werden unschärfer und 2) es können zusätzliche Peaks durch Mehrfachstreuung auftreten. Da die Interpretation des Spektrums auf einfacher Streuung basiert, müssen die Effekte der Probendicke berücksichtigt werden, um die Genauigkeit sicher-

a

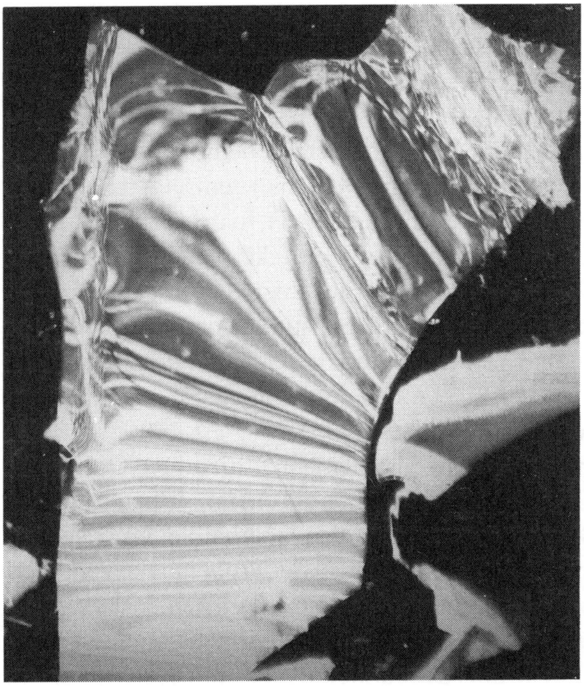

b

Abb. 4.18 Vergleich von Hellfeld- und Dunkelfeldbildern
a) Ein Hellfeldbild einer Glimmerprobe auf einem kunststoff- und kohlenstoffbeschichteten Gitter
b) Ein Dunkelfeldbild derselben Glimmerprobe
Bei der Dunkelfeldabbildung werden die elastisch gestreuten Elektronen, die in der standardmäßigen Hellfeldabbildung nicht verwendet werden, eingesetzt.

zustellen. Desweiteren können mit der EELS zusammengesetzte Bilder erhalten werden, indem die Daten digitalisiert und dann diejenigen Teile des Spektrums dargestellt werden, die mit den interessierenden Peaks korrespondieren. Die EELS wird hauptsächlich in den Werkstoffwissenschaften angewandt, kann aber auch zur Quantifizierung der Dicke von Schnitten in der Biologie eingesetzt werden.

Transmissionselektronenmikroskope mit mittleren und hohen Beschleunigungsspannungen

Konventionelle Transmissionselektronenmikroskope arbeiten mit Beschleunigungsspannungen zwischen 60 000 V und 120 000 V. Es gibt jedoch auch Hochspannungs-Elektronenmikroskope, die mit einer Million Volt oder mehr arbeiten, und Elektronenmikroskope mittlerer Spannung, die mit 200 000 V, 300 000 V und 400 000 V arbeiten. Hochspannungs-Elektronenmikroskope benötigen große, schwere Hochspannungsanlagen und sehr starke Linsen. Im allgemeinen sind die Instrumente in speziellen Räumen über zwei oder zweieinhalb Stockwerke untergebracht. Die Geräte mittlerer Spannung finden sowohl in den Werkstoffwissenschaften als auch in einigen biologischen Anwendungen steigenden Einsatz. Diese Geräte sind preiswerter, benötigen weniger Platz und weisen fast alle Vorteile eines Hochspannungs-Elektronenmikroskops auf.

Mit einem Transmissionselektronenmikroskop mittlerer oder hoher Beschleunigungsspannung können dickere Proben untersucht werden. Die Probendicke in einem TEM konventioneller Spannung wird durch die chromatische Aberration zwischen ungefähr 100 nm und 120 nm begrenzt. In einem TEM mit einer Beschleunigungsspannung von 1 Million Volt kann eine 1 µm dicke Probe untersucht werden, und falls die Probe durchbrochen oder porös ist, wie Zellen oder Gewebe in der Biologie, ist es möglich, sogar noch dickere Proben zu betrachten. Durch die höhere Beschleunigungsspannung wird es möglich, dickere Proben zu durchdringen und biologische Zellen und Gewebe dreidimensional weniger aufwendig zu rekonstruieren als mit einer ganzen Reihe von Ultradünnschnitten, die für konventionelle Beschleunigungsspannungen nötig sind.

Außerdem ist zu beachten, daß bei sehr dünnen Proben, besonders bei biologischen Proben mit geringem Kontrast, der Gesamtkontrast des Bildes wegen der geringeren Streuhäufigkeit kleiner ist. Dickere Proben führen zu einem stärkeren Kontrast und geringerer Auflösung. Die höhere Beschleunigungsspannung unterstützt die Optimierung des Abgleichs zwischen Probendicke und Auflösung. Bei manchen Proben, meistens wichtigen Proben aus den Werkstoffwissenschaften, ermöglicht die höhere Beschleunigungsspannung kombiniert mit einer sehr dünnen Probe die höchstmögliche Auflösung.

Bei konventionellen Transmissionselektronenmikroskopen werden organische Proben beträchtlich strahlengeschädigt, da die Strahlelektronen Probenatome verschieben und/oder ionisieren. Bei Elektronenmikroskopen mit mittlerer und hoher Beschleunigungsspannung gibt es aufgrund der höheren Beschleunigungsspannung weniger Wechselwirkungen zwischen den Strahlelektronen und den Probenatomen. Da die Ionisierungswahrscheinlichkeit mit steigender Beschleunigungsspannung fällt, treten gewöhnlich weniger Strahlenschäden auf. Die Strahlenschäden nehmen jedoch nicht linear ab, sie werden um den Faktor drei reduziert, wenn die Beschleunigungsspannung von 100 kV auf 1 000 kV erhöht wird.

Transmissionselektronenmikroskope mit mittleren und hohen Beschleunigungsspannungen besitzen also zwei wichtige Vorteile: die erhöhte Auflösung und die Möglichkeit, dicke Proben abzubilden. Obwohl diese Geräte teurer als die konventionellen Transmissionselektronenmikroskope sind, liefert speziell das Elektronenmikroskop mit mittlerer Beschleunigungsspannung nützliche Abbildungsmöglichkeiten sowohl in der Biologie als auch in den Werkstoffwissenschaften.

Literatur

Agar, A.W.; Alderson, R. H. und Chescoe, D. *Principles and Practice of Electron Microscope Operation*. Amsterdam (North-Holland) und New York (Elsevier) 1974.

Beeston, B. E. P.; Horne, R. W. und Markham, R. *Electron Diffraction and Optical Diffraction Techniques*. Amsterdam (North-Holland) und New York (Elsevier) 1972.

Cosslett, V. E. *Practical Electron Microscopy*. New York (Academic Press) 1951. (Regel von Cosslett)

Crang, R. F. E und Klomparens, K. L. *Artifacts in Biological Electron Microscopy*. New York (Plenum) 1988. (Artefakte in der Bildinterpretation, Mikroskopvariablen)

Joy, D. C.; Romig, A. D. und Goldstem, J. I. (hrsg.) *Principles of Analytical Electron Microscopy*. New York (Plenum) (1986). (Elektronenergieverlustspektroskopie)

Leapman, R. D und Hunt, J. A. *Compositional imaging with electron energy loss spectroscopy*. In *Microscopy: The Key Research Tool* (Eine spezielle Publikation der Electron Microscopy Society of America.) EMSA, Woods Hole, MA. 1992.

Meek, G. A. *Practical Electron Microscopy for Biologists*. 2. Aufl. New York (Wiley) 1976.

Misell, D. L. und Brown, E. B. *Electron Diffraction: An Introduction for Biologists*. New York (North-Holland) 1987. (Feinbereichsbeugung)

Reimer, L. *Transmission Electron Microscopy. Physics of Image Formation and Microanalysis*. Berlin (Springer-Verlag) 1984.

5 Das Rasterelektronenmikroskop

Das Rasterelektronenmikroskop (REM), 1965 auf dem Markt eingeführt, hat sich, obwohl zum Anfang unterschätzt, als extrem nützliches wissenschaftliches Gerät erwiesen. In einer Übersicht wurde 1963 vorausgesagt, daß höchstens zehn Geräte verkauft werden würden. In den ersten zehn Jahren wurden jedoch Tausende von Rasterelektronenmikroskopen verkauft, und die Umsätze stiegen in der zweiten Dekade weiter. Das Modell eines Herstellers erreichte eine Produktionsmenge von über 1400 Stück.

Es gibt für die Popularität und Nützlichkeit des Rasterelektronenmikroskops mehrere Gründe. Das REM besitzt eine große Schärfentiefe (das heißt, daß auf eine relativ dicke Schicht der Probe gleichzeitig scharf eingestellt werden kann), die bis zu vierhundertmal größer als die eines Lichtmikroskops sein kann. Ein Großteil der REM-Proben wird innerhalb des Vergrößerungsbereichs des Lichtmikroskops untersucht. Der Gesamtinformationsgehalt eines REM-Bildes kann aufgrund seiner größeren Schärfentiefe jedoch viel größer sein (vgl. Abb. 5.1). Desweiteren besitzt das REM eine höhere Auflösung als das Lichtmikroskop; daher können die Proben bei einer höheren Vergrößerung betrachtet werden als es mit einem Lichtmikroskop möglich ist (vgl. Abb. 5.2). Das Gerät besitzt einen extrem breiten Vergrößerungsbereich, üblicherweise liegt er zwischen etwa 10× und 100000×. Die meisten Präparationsverfahren für REM-Proben sind beträchtlich einfacher als die für TEM-Proben, da die Oberfläche von ganzen Proben untersucht wird und keine Schnitte benötigt werden. Durch all diese Vorteile wurde die REM für eine Vielzahl von Anwendungen zur Methode der Wahl.

Theoretische Grundlagen

Aufbau eines Rasterelektronenmikroskops

Eine Übersichtszeichnung eines Rasterelektronenmikroskops ist in Abbildung 5.3 gezeigt. Die Elektronenkanone erzeugt einen Elektronenstrahl, der durch die Anode angezogen, durch die Kondensorlinse gebündelt und dann durch die Objektivlinse als sehr kleiner Punkt auf die Probenoberfläche fokussiert wird. Es befinden sich einige Spulen, sogenannte Ablenkspulen, innerhalb der Objektivlinse. Die Spulen werden mit einer veränderlichen, vom Ablenkgerät zugeführten Spannung versorgt und erzeugen ein Magnetfeld, das den Elektronen-

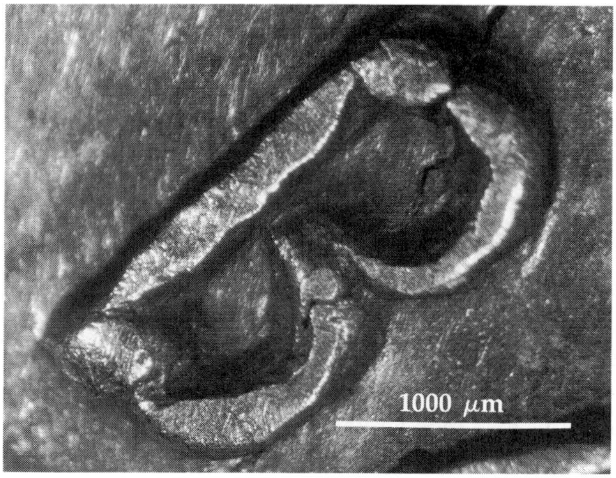

a

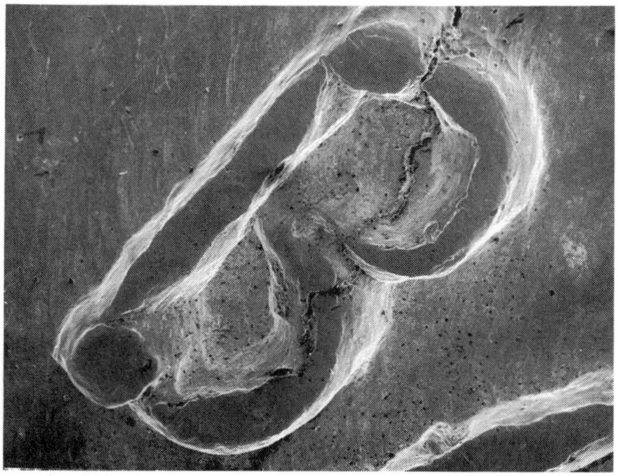

b

Abb. 5.1 Vergleich einer REM- und einer lichtmikroskopischen Aufnahme bei geringer Vergrößerung
a) Der Buchstabe β auf einer antiken griechischen Münze von Ptolemaios I von 300 v. Chr.
Die Münze wurde mit einem qualitativ hochwertigen Lichtmikroskop fotografiert. Der obere Teil des Buchstabens ist scharf, der untere Teil des Buchstabens und der Hintergrund nicht. Die Schärfentiefe ist ein begrenzender Faktor.
b) Dieselbe Münze mit einem REM fotografiert
Alle Einzelheiten sind nun scharf, die Schärfentiefe ist nicht länger ein begrenzender Faktor.

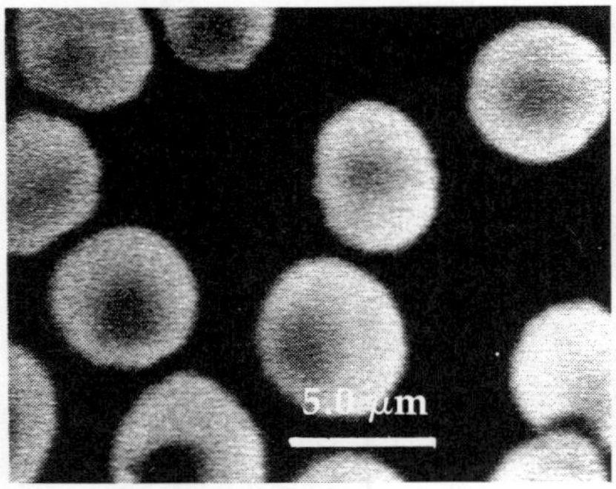

a

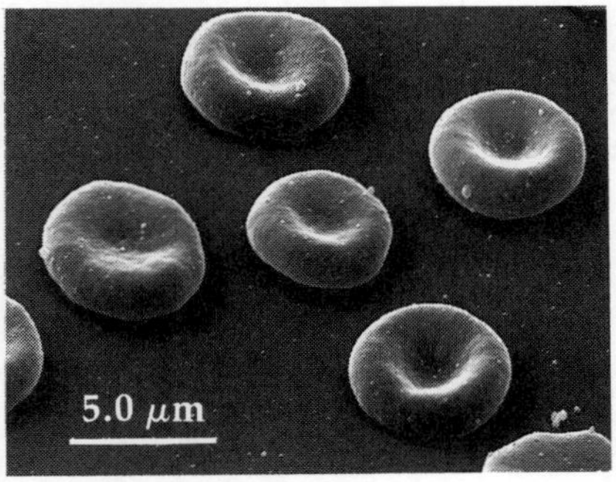

b

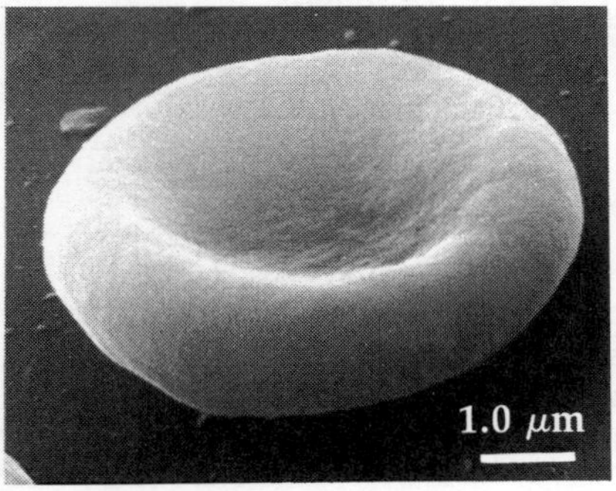

c

Abb. 5.2 Vergleich einer REM- und einer lichtmikroskopischen Aufnahme bei mittlerer bis hoher Vergrößerung
a) In einem Laserscanning-Mikroskop bei der oberen Vergrößerungsgrenze eines Lichtmikroskops (4 000×) fotografierte menschliche rote Blutkörperchen
Die Auflösung ist sehr eingeschränkt, und die meisten Details der Blutkörperchen sind nicht klar zu erkennen. Das Foto wurde freundlicherweise von J. H. Whallon zur Verfügung gestellt.
b) In einem REM bei derselben Vergrößerung fotografierte rote Blutkörperchen
Die überlegene Auflösung des Rasterelektronenmikroskops erzeugt ein viel schärferes Bild. Außerdem kann man die Blutkörperchen geneigt und damit perspektivisch sehen.
c) Ein mit einem REM bei einer jenseits des Bereiches des Lichtmikroskops liegenden Vergrößerung fotografiertes rotes Blutkörperchen
Das Bild ist immer noch gut aufgelöst.

strahl in einem kontrollierten Muster (Raster) hin- und zurückführt. Das Raster ähnelt stark dem Raster in einem Fernsehempfänger.

Die veränderliche Spannung des Ablenkgerätes versorgt auch einige Ablenkspulen, die sich rund um den Hals einer Kathodenstrahlröhre (cathode-ray tube, CRT) befinden. Das von diesen Spulen erzeugte Magnetfeld bewirkt die Ablenkung eines Lichtpunktes vor- und rückwärts auf dem Schirm der Röhre. Das Ablenkmuster des Elektronenstrahls auf der Probe ist exakt das gleiche wie das Ablenkmuster des Lichtpunktes auf der Röhre.

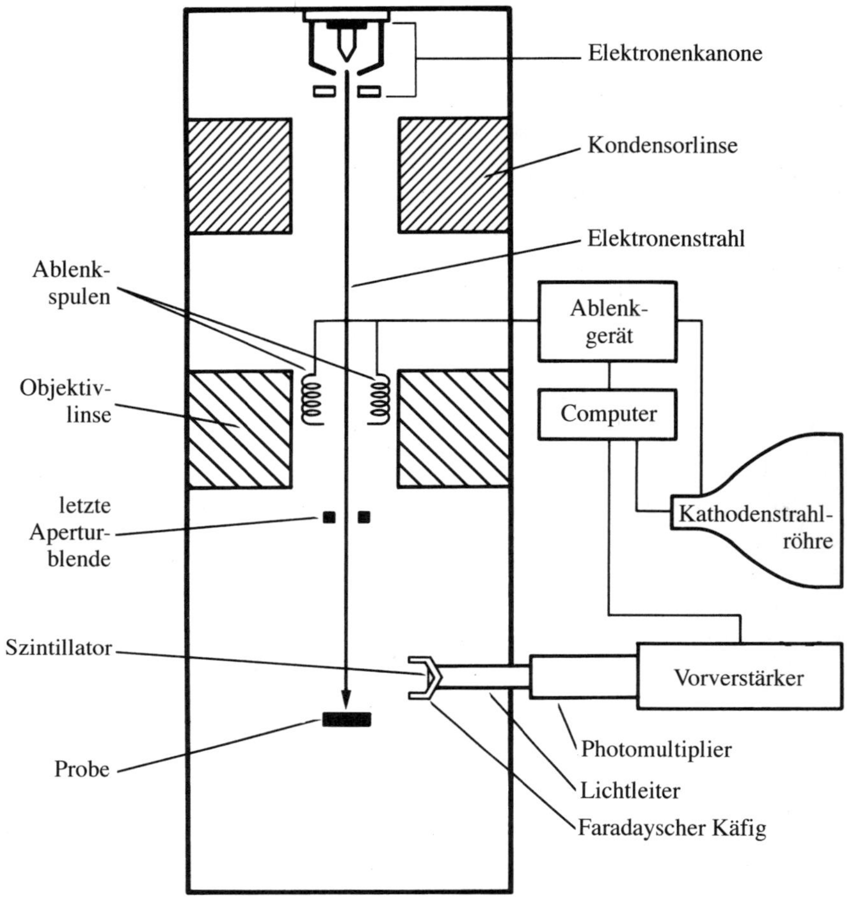

Abb. 5.3 Schematische Darstellung eines Rasterelektronenmikroskops
Der Elektronenstrahl tastet die Probe ab, während ein Punkt den Schirm einer Bildröhre abrastert. Die Punkte der Probe und das Bild sind nicht durch Strahlengänge verbunden, wie dies in der Lichtmikroskopie oder TEM der Fall ist. Das Bild ist daher kein echtes Bild, sondern eine Art Landkarte der Oberfläche.

Wenn der Elektronenstrahl auf die Probe trifft, treten eine Reihe komplexer Wechselwirkungen auf, die zu Sekundärelektronen aus der Probe führen, welche von dem Detektor gesammelt, in eine Spannung umgewandelt und verstärkt werden. Die verstärkte Spannung wird dann an das Gitter der CRT überführt und moduliert oder verändert die Intensität des Lichtpunktes auf dem Schirm. Falls sich beispielsweise der Strahl zu einem gegebenen Zeitpunkt auf einer Erhebung auf der Oberfläche der Probe befindet, wird eine große Anzahl von Sekundärelektronen detektiert, die eine große Spannung in dem Detektor bewirken, die wiederum zu einem hellen Punkt auf der Oberfläche der CRT führt. Bewegt sich dann der Strahl zu einer Vertiefung auf der Probe, werden weniger

Elektronen detektiert und eine kleinere Spannung in dem Detektor aufgebaut, was zu einem dunkleren Punkt auf dem Schirm der CRT führt. Das REM-Bild besteht somit aus Tausenden von Punkten unterschiedlicher Intensität auf einer CRT, die der Topographie der Probe entsprechen.

Der Everhart-Thornley-Detektor

Der Everhart-Thornley-Detektor ist eine Schlüsselkomponente in der REM (vgl. Abb. 5.4). Der vordere Teil des Detektors besteht aus einer als Faradayscher Käfig oder Kollektorschirm bezeichneten Konstruktion, die entweder als Drahtnetz oder als Metallring ausgeführt ist. Durch eine positive Spannung von 300 V werden die Sekundärelektronen niedriger Energie angesaugt. Befinden diese sich erst einmal innerhalb des Faradayschen Käfigs, werden die Sekundärelektronen durch die positive Spannung (12000 V) des Szintillators beschleunigt, der aus einer metallbeschichteten Scheibe besteht, die als Kollektor agiert. Beim Auftreffen der Sekundärelektronen auf den Szintillator werden sie in Photonen, also Licht, umgewandelt. Die Lichtimpulse werden dann durch den Lichtleiter übertragen, der außerhalb der Probenkammer endet (vgl. Abb. 5.3).

Das Photon verläßt den Lichtleiter und gelangt dann zu einem Photomultiplier (Photoelektronen-Vervielfacherröhre), wo es auf die erste Elektrode trifft, die dadurch Elektronen emittiert. Die Elektronen prallen dann entlang einer Reihe von geladenen Plättchen innerhalb der Röhre hin und her, wobei bei jedem Aufprall die Anzahl der Elektronen kaskadenartig vervielfacht wird, was letztendlich zu einem Gewinn von 10^6 Elektronen führt. Die Ausgangsspannung des Photomultipliers wird dann durch den Vorverstärker weiter verstärkt. Letztendlich moduliert die Ausgangsspannung des Vorverstärkers die Intensität des Leuchtpunktes auf der Kathodenstrahlröhre.

Der Everhart-Thornley-Detektor weist fast sämtliche Sekundärelektronen nach, die die Probenoberfläche verlassen, da sie eine geringe Energie besitzen und leicht unter sehr großen Winkeln abgelenkt werden können. Der Detektor

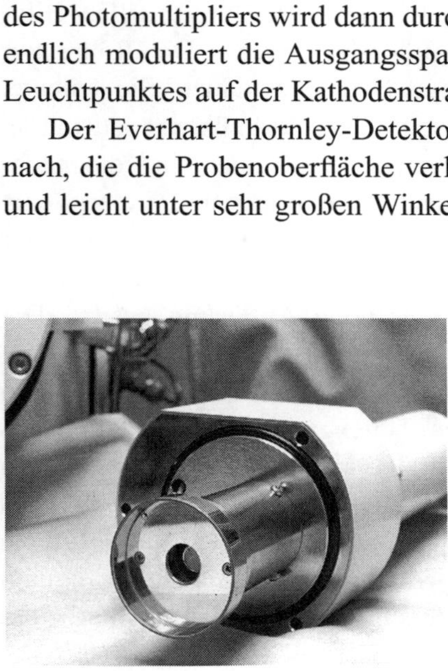

Abb. 5.4 Everhart-Thornley-Detektor Dieses Bild eines Everhart-Thornley-Detektors zeigt den Faradayschen Käfig, die ringförmige Struktur vorne. Der Szintillator ist die kleine Scheibe ganz innen im Ring.

weist auch rückgestreute Elektronen nach, die sich schon direkt in Richtung Szintillator bewegen. Aufgrund ihrer hohen Energie lassen sich rückgestreute Elektronen nicht leicht ablenken.

Der Faradaysche Käfig ist nötig, um den Elektronenstrahl vor dem positiven elektrischen Potential des Szintillators von +12000 V zu schützen. Ohne ihn würde die positive Ladung den Elektronenstrahl ablenken oder verzerren. Der Faradaysche Käfig schirmt die Wirkung des 12000 V starken Feldes ab; da der Elektronenstrahl sich außerhalb dieses Feldes befindet, wird er nur durch das 300 V starke Feld des Faradayschen Käfigs selber beeinflußt.

Der Szintillator besteht aus einer kleinen Scheibe mit einem Durchmesser zwischen etwa 8 mm und 20 mm, deren Funktion, wie vorher erwähnt, darin besteht, die Sekundär- und Rückstreuelektronen in Lichtquanten umzuwandeln. Ursprünglich wurden die Szintillatoren aus einem speziellen lichtemittierenden Kunststoff gefertigt. Heutzutage werden in den meisten Rasterelektronenmikroskopen Szintillatoren verwendet, die mit einer Phosphorverbindung beschichtet sind, die unter Elektronenbeschuß Licht erzeugt. Alle Szintillatoren müssen mit einer sehr dünnen Aluminiumschicht versehen werden, damit sie elektrisch leitend sind und das Kraftfeld von 12 kV aushalten. Das Aluminium behindert das Eindringen der Sekundär- und der rückgestreuten Elektronen in den Szintillator nicht.

Bildaufzeichnung

Die REM-Bilder werden auf einer Kathodenstrahlröhre erzeugt. Die meisten Rasterelektronenmikroskope besitzen zwei Röhren, eine zur visuellen Bildbetrachtung und eine zur fotografischen Bildaufzeichnung. Die Röhre zur visuellen Bildbetrachtung besitzt eine lange Nachleuchtdauer: Sie leuchtet einige Sekunden, nachdem das Raster auf den Leuchtschirm übertragen wurde. Da das Bild bestehen bleibt, ist es leicht zu sehen. Leider sind die nachleuchtenden Substanzen von Natur aus sehr grobkörnig und liefern eine schlechte Auflösung und damit ein schlechtes Bild. Deshalb wird mit einer zweiten Röhre fotografiert, die eine feine Körnung, eine Leuchtsubstanz mit kurzer Nachleuchtdauer, und daher eine sehr hohe Auflösung besitzt. Die meisten Hersteller verwenden heutzutage zur fotografischen Bildaufzeichnung Röhren mit einer Auflösung von 2500 Zeilen. Das Bild auf diesen Röhren ist schwer zu sehen, da nur die einzelnen Zeilen vorhanden sind und das Bild nicht nachleuchtet. Vor der Röhre wird eine Kamera angebracht und das Bild Zeile für Zeile auf einen Film aufgenommen, der kein nachleuchtendes Bild benötigt. Oftmals wird eine Sofortbildkamera verwendet, um sofort zu wissen, ob das Bild akzeptabel ist. Es stehen jedoch auch Adapter zur Verfügung, so daß man auch mit großformatigen Rollfilmen oder 35-mm-Filmen arbeiten kann.

Vorzüge digitaler Rasterelektronenmikroskope

Beinahe sämtliche heute gebauten Rasterelektronenmikroskope sind digital und nicht analog. Desweiteren bieten viele Hersteller digitale Umsetzer für analoge Rasterelektronenmikroskope an. Anders als bei anlogen Rasterelektronenmikroskopen wird in digitalen Geräten die Rastererzeugung und die Signalverarbeitung aus dem Detektor per Computer gesteuert. Das Raster und das Bild werden in eine Matrix von kleinen Punkten (sogenannte Pixel, aus „picture element") und nicht in Zeilen aufgeteilt. Gängige Formate sind 512-mal-512- und 1 024-mal-1 024-Pixel.

Digitale Rasterelektronenmikroskope besitzen viele wichtige Vorzüge gegenüber älteren analogen Ausführungen. Ein Hauptvorteil ist der, daß das Bild gemittelt werden kann. Aufgrund dieser Mittelung ist es möglich, ein Bild sehr schlechter Qualität, ein „verrauschtes" Bild mit einem schlechten Signal/Rausch-Verhältnis zu verbessern und ein scharfes Bild zu erzeugen (vgl. Abb. 5.5). Diese Mittelung kann auf zweierlei Arten ausgeführt werden: Man kann die einzelnen Pixel oder das Gesamtbild mitteln. Bei ersterem Verfahren verweilt der Elektronenstrahl auf jedem Pixel länger, wobei die Verweildauer einstellbar ist. Mit größerer Verweildauer erhält man ein besseres Signal/Rausch-Verhältnis. Bei der Mittelung des Gesamtbildes wird ein schnelles TV-Raster eingesetzt. Das erste Gesamtbild wird in einem Zwischenspeicher abgelegt, dann wird ein weiteres Bild abgerastert und ebenfalls abgespeichert, und schließlich wird über alle Bilder gemittelt. Üblicherweise werden 100 bis 200 Bilder gesammelt, oftmals sind jedoch bis zu 2 000 möglich.

Ein weiterer Vorteil digitaler Rasterelektronenmikroskope ist, daß das Bild auf Speichermedien anstatt auf einem Film abgelegt werden kann, was zu einer beträchtlichen Einsparung an Filmkosten führt. Ein 1 024-mal-1 024-Bild benötigt Speicherplatz von etwa einem Megabyte. Daher kann ein Bild auf einer 1,4-Megabyte-Diskette, vier bis 16 temporär im Hauptspeicher und 40 bis mehrere hundert auf einer Festplatte gespeichert werden, je nach Festplattengröße. Die Bilder können jederzeit aus dem Speicher wiedergewonnen und, wenn benötigt, fotografiert werden.

Digitale Rasterelektronenmikroskope besitzen ebenfalls eine geringe Aufladung (vgl. Kap. 7). Schnelle Abtastung mit TV-Geschwindigkeit verringert das Aufladungsproblem: Da die Verweildauer des Elektronenstrahls auf dem Bild kurz ist, steht nicht genügend Zeit zur Verfügung, die Ladung aufzubauen. Normalerweise liefert die Abtastung mit TV-Geschwindigkeit eine schlechte Auflösung. Aufgrund der Möglichkeit jedoch, in einem digitalen REM die Pixel zu mitteln, führen TV-Raster zu keinem Auflösungsverlust.

Ein letzter Vorteil digitaler Rasterelektronenmikroskope ist, daß ein hochauflösender Drucker mit dem 1 024-mal-1 024-Format angeschlossen werden kann. Oftmals sind solche Bilder für Dokumentationszwecke anstelle von

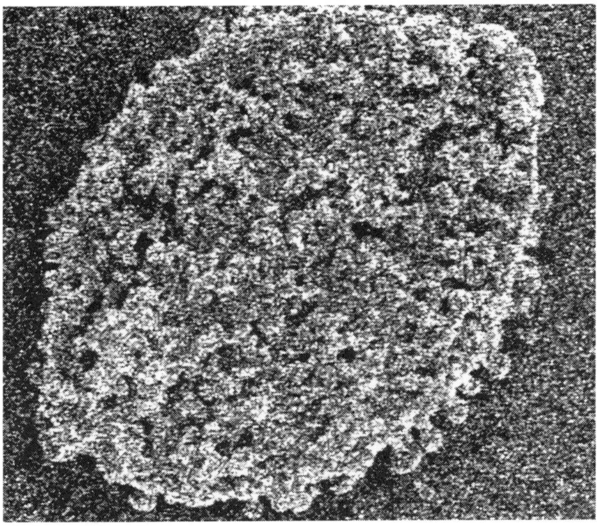

a

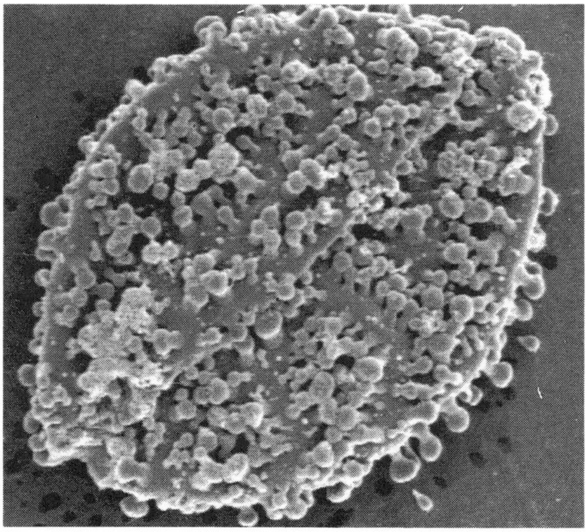

b

Abb. 5.5 Mittelung in einem digitalen REM
a) Eine Kieselalgenabbildung mit zwei gemittelten Bildern
Das Bild ist aufgrund des elektronischen Rauschens sehr schlecht.
b) Dieselbe Probe mit eintausend gemittelten Bildern
Das Bild ist nun viel klarer.

Filmen ausreichend. Druckerbilder kosten im Vergleich zu Filmen nur einen kleinen Bruchteil.

Ein Nachteil digitaler Rasterelektronenmikroskope ist, daß die Auflösung des Fotos verringert ist. Ein Foto einer Aufnahme mit dem 1 024-mal-1 024-Pixelformat auf einem digitalen REM besitzt eine geringere Auflösung als ein Foto des Bildes auf einer Kathodenstrahlröhre mit 2 500 Zeilen in einem analogen REM. Diese Differenz bemerkt man jedoch nur bei Vergrößerungen vom Negativ.

Strahl-Probe-Wechselwirkungen

Wenn ein einfallendes Strahlelektron auf eine Probenoberfläche trifft, geht es eine Reihe komplexer Wechselwirkungen mit dem Kern und den Elektronen der Probenatome ein. Die Wechselwirkungen erzeugen eine Vielzahl von Sekundärprodukten, wie Elektronen unterschiedlicher Energie, Röntgenstrahlen, Wärme und Licht. Viele dieser Sekundärprodukte werden benutzt, um Bilder der Probe zu erzeugen und zusätzliche Meßdaten der Probe zu sammeln.

Das Wechselwirkungsvolumen

Beim Wechselwirken eines Strahlelektrons mit den Probenatomen wird durch jede Wechselwirkung die Richtung des einfallenden Elektrons geändert; viele der Wechselwirkungen führen auch zu Energieverlusten des Elektrons. Die Wechselwirkung ist ein Streuprozeß, bei der das Ausmaß der Streuung nicht scharf begrenzt ist (vgl. Abb. 5.6). Zur besseren Veranschaulichung wird die verbleibende Energie der einfallenden Elektronen und der Bereich, in dem die Wechselwirkung stattfindet, scharf begrenzt. Solch eine Veranschaulichung würde den Bereich beschreiben, in dem die Wechselwirkungen am wahrscheinlichsten auftreten. Üblicherweise wird der Wechselwirkungsbereich als tropfen- oder birnenförmig beschrieben. Bei ganzen Proben ändert sich das Wechselwirkungsvolumen (Tiefe und Breite) direkt mit der Beschleunigungsspannung (vgl. Abb. 5.7) und im umgekehrten Verhältnis zur mittleren Ordnungszahl der Probenatome (vgl. Abb. 5.8).

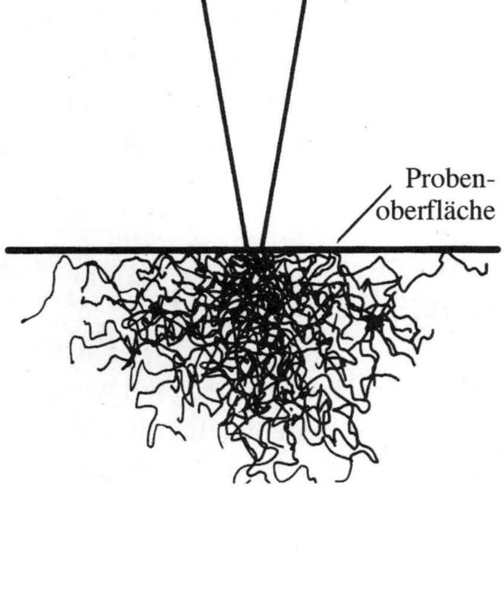

Abb. 5.6 Die Streuung von Strahlelektronen im Inneren einer Probe
Die einzelnen Elektronen können unterschiedliche Streuwinkel und Weglängen aufweisen, wenn sie mit den Probenatomen wechselwirken.

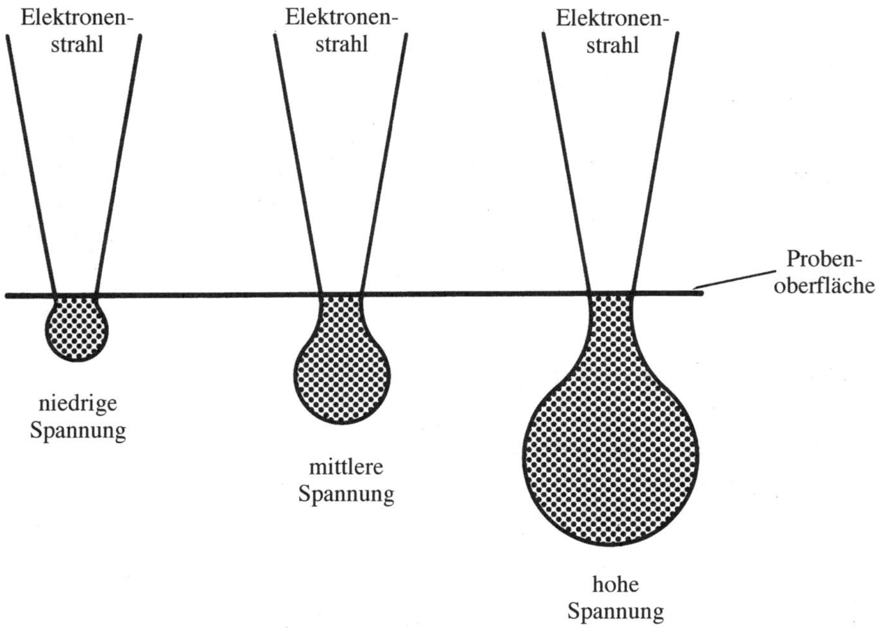

Abb. 5.7 Abhängigkeit des Wechselwirkungsvolumens von der Beschleunigungsspannung
Die Beschleunigungsspannung wirkt sich auf die Gestalt, die Tiefe und das Volumen des Probenbereichs und die Wechselwirkung des Elektronenstrahls aus. Je höher die Spannung, desto größer und tiefer das Wechselwirkungsvolumen.

Elastische und unelastische Wechselwirkungen

Die Wechselwirkungen zwischen den einfallenden Elektronen und den Probenatomen können elastisch oder unelastisch sein (vgl. Abb. 4.9). Elastische Wechselwirkungen erfolgen zwischen einfallenden Elektronen und Atomkernen der Probe und sind durch eine Ablenkung in einem großen Winkel und durch einen geringen Energieverlust der einfallenden Elektronen charakterisiert. Unelastische Wechselwirkungen finden zwischen einfallenden Elektronen und Hüllenelektronen der Probenatome statt und sind durch eine Ablenkung in einem kleinen Winkel und durch einen starken Energieverlust der einfallenden Elektronen charakterisiert.

Das standardmäßige Sekundärelektronenbild des REM

Unelastische Wechselwirkungen, bei denen Sekundärelektronen erzeugt werden, sind für die REM besonders wichtig. Sekundärelektronen entstehen bei Wechselwirkungen zwischen einfallenden Elektronen und schwach gebundenen

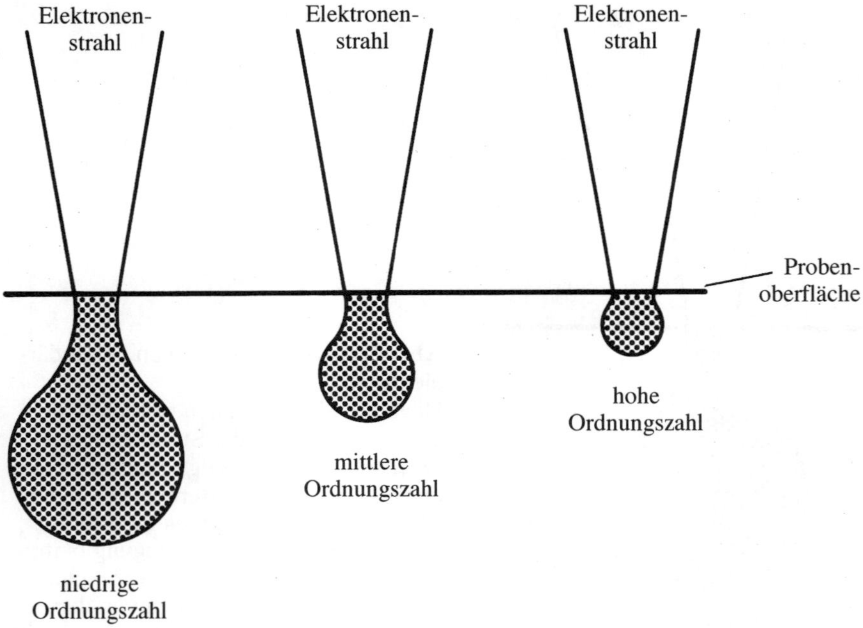

Abb. 5.8 Abhängigkeit des Wechselwirkungsvolumens von der mittleren Ordnungszahl der Probe
Die mittlere Ordnungszahl der Probe wirkt sich auf die Gestalt, die Tiefe und das Volumen des Probenbereichs und die Wechselwirkung des Elektronenstrahls aus. Je niedriger die mittlere Ordnungszahl der Probe, desto größer ist das Wechselwirkungsvolumen.

Leitungsbandelektronen in den Probenatomen. Die durchschnittliche Energie der Sekundärelektronen liegt zwischen 3 eV und 5 eV. Wegen ihrer geringen Energie werden die Sekundärelektronen leicht von der positiven Spannung von 300 V an dem Faradayschen Käfig angezogen; ein hoher Anteil aller von der Probe emittierten Sekundärelektronen wird nachgewiesen, sogar wenn ihre ursprüngliche Richtung vom Detektor weg war. Das Standardbild in der REM wird hauptsächlich auf der Basis von Sekundärelektronen aufgebaut.

Sekundärelektronen werden im gesamten Wechselwirkungsvolumen des Strahls mit der Probe erzeugt. Wegen ihrer geringen Energie jedoch werden sie stark von der Probe absorbiert. Nur die nahe der Probenoberfläche erzeugten Sekundärelektronen können die Probe verlassen, da die Weglänge zur Oberfläche klein ist (vgl. Abb. 5.9). Im allgemeinen tritt nur ein Prozent aller erzeugten Sekundärelektronen aus und trägt zur Bilderzeugung bei. Die maximale Austrittstiefe wurde als 5 nm in Metallen und 50 nm in Isolatoren berechnet. Die meisten biologischen Proben werden mit einer Metallschicht von 10 nm bis 20 nm überzogen; daher ist die Austrittstiefe von 5 nm wahrscheinlich ein geeigneter Wert für den Austrittsbereich von Sekundärelektronen von solch einer Probe.

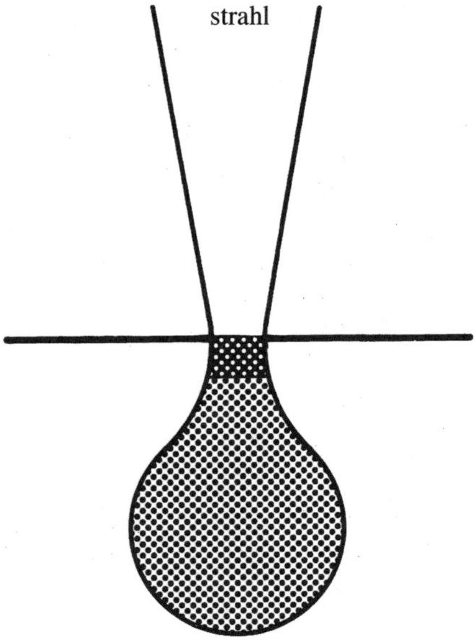

Abb. 5.9 Austrittstiefe von Sekundärelektronen
Die Sekundärelektronen werden in dem gesamten Bereich der Strahl-Probe-Wechselwirkung erzeugt. Nur die in dem dunkel gezeichneten Bereich erzeugten Elektronen jedoch können die Probe verlassen und zur Bilderzeugung beitragen. Die tiefer in der Probe erzeugten Sekundärelektronen werden von der Probe absorbiert und können diese nicht verlassen.

Die Absorption und das Austreten von Sekundärelektronen sind die wichtigsten Faktoren, die in der REM dazu beitragen, ein vorwiegend topographisches Bild zu erzeugen. Kleine Erhebungen auf der Probenoberfläche haben eine kürzere Weglänge als flache Bereiche, so daß mehr Sekundärelektronen austreten können (vgl. Abb. 5.10). Solche Bereiche erscheinen im Bild hell. Da die Sekundärelektronen aus einem kleinen Volumen des gesamten Wechselwirkungsvolumens Strahl-Probe austreten, liefert das Sekundärelektronenbild das Bild mit der höchsten Auflösung.

Der Everhart-Thornley-Detektor sammelt die Sekundärelektronen, die von vier unterschiedlichen Prozessen herrühren (vgl. Abb. 5.11). Einige Sekundärelektronen stammen direkt aus dem Probenbereich, wo Strahl und Probe wechselwirken. Diese Elektronen haben das höchste Auflösungsvermögen, da sie aus dem kleinsten Probenvolumen stammen. Ein zweiter Typ Sekundärelektronen rührt aus der Wechselwirkung zwischen rückgestreuten Elektronen und Probenatomen her, wenn die rückgestreuten Elektronen die Probe verlassen. Dieser Typ von Sekundärelektronensignal zeigt eine geringere Auflösung, typischerweise etwa die der Rückstreuelektronen. Einige der rückgestreuten Elektronen verlassen die Probe, ohne Sekundärelektronen zu erzeugen, und treffen auf die Polschuhe der Objektivlinse oder andere Teile in der Probenkammer, wo sie dann Sekundärelektronen erzeugen. Dieser dritte Typ von Sekundärelektronen zeigt das geringere Auflösungsvermögen der rückgestreuten Elektronen. Der vierte

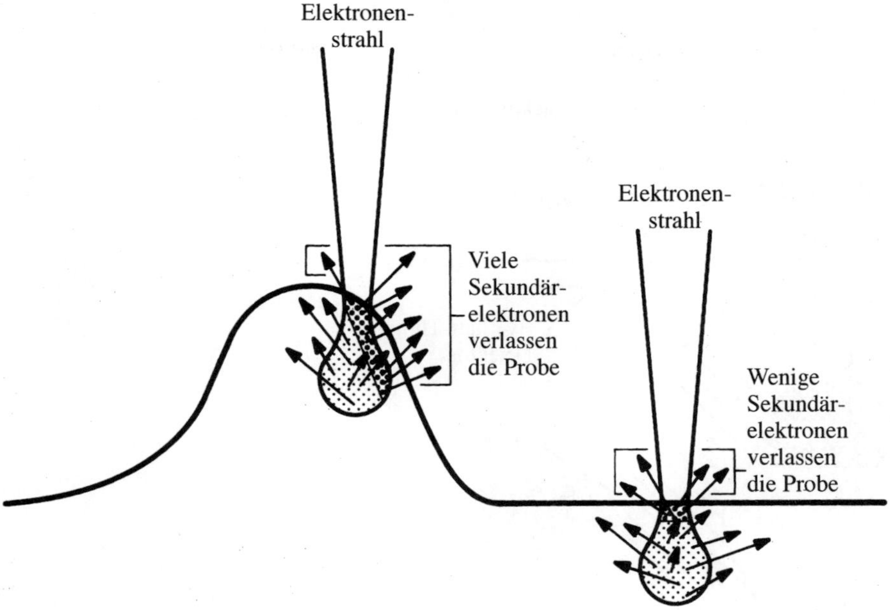

Abb. 5.10 Austritt von Sekundärelektronen, Kanteneffekte und Bilderzeugung
Die Sekundärelektronen werden in dem gesamten Bereich der Strahl-Probe-Wechselwirkung erzeugt. Nur die in dem dunkel gezeichneten Bereich erzeugten Elektronen jedoch können die Probe verlassen und zur Bilderzeugung beitragen. Aufgrund der kürzeren Weglänge können aus kleinen Erhebungen mehr Elektronen austreten als aus flachen Oberflächen, dieses Phänomen heißt Kanteneffekt. Die Unterschiede in der im Detektor resultierenden Spannung dienen als Grundlage für die Bilderzeugung.

Typ von Sekundärelektronen wird vom Primärelektronenstrahl beim Passieren der letzten Aperturblende erzeugt. Diese Sekundärelektronen tragen zum allgemeinen Hintergrundrauschen des Bildes bei und begrenzen die Auflösung. Wenn man nur die Sekundärelektronen vom Typ I nachweisen könnte, würde dies die beste Auflösung liefern, es ist aber leider nicht möglich. Der Everhart-Thornley-Detektor kann nicht zwischen diesen vier Typen von Sekundärelektronen unterscheiden. Wie schon vorher in diesem Kapitel erwähnt, werden zusätzlich einige rückgestreute Elektronen gesammelt. Daher ist das vom Everhart-Thornley-Detektor erzeugte Sekundärelektronenbild eine komplexe Mischung von Elektronen verschiedenen Ursprungs.

Einfluß von Ordnungszahlunterschieden der Probe auf die rückgestreuten Elektronen

Von großer Bedeutung für die REM ist die elastische Wechselwirkung des Primärelektronenstrahls mit den Probenatomen, bei der Elektronen zurückge-

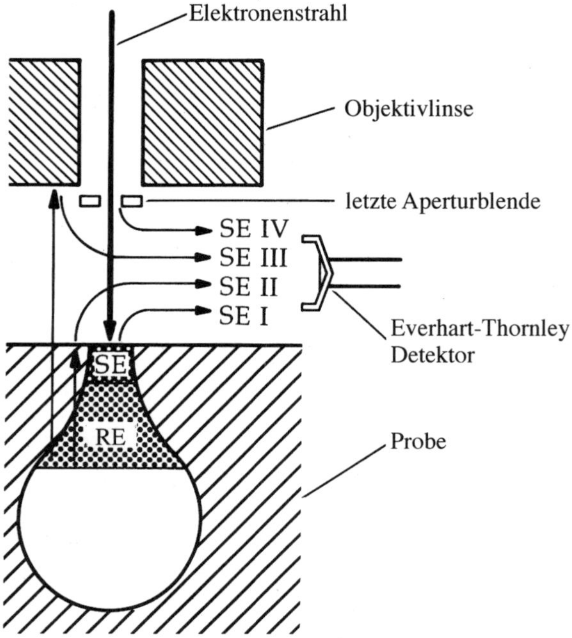

Abb. 5.11 Herkunft der Sekundärelektronen in einem REM
Die Sekundärelektronen (SE), die den Everhart-Thornley-Detektor erreichen, können von vier unterschiedlichen Quellen herrühren. Die Sekundärelektronen vom Typ I stammen direkt aus dem Bereich der Strahl-Probe-Wechselwirkung. Die Sekundärelektronen vom Typ II werden von rückgestreuten Elektronen (RE) beim Verlassen der Probe erzeugt. Die Sekundärelektronen vom Typ III werden durch Wechselwirkungen zwischen rückgestreuten Elektronen aus der Probe und verschiedenen Teilen der Probenkammer erzeugt. Die Sekundärelektronen vom Typ IV stammen aus Wechselwirkungen zwischen dem Elektronenstrahl und der letzten Aperturblende.

streut werden. Etwa 10 % bis 50 % der Strahlelektronen wechselwirken mehrfach elastisch unter großen Winkeln, und sie werden auf derselben Seite der Probe herausgestreut, wo sie hineingelangt sind. Rückgestreute Elektronen besitzen hohe Energien mit durchschnittlich 60 % bis 80 % der ursprünglichen Energie des Elektronenstrahls. Aufgrund ihrer hohen Energie werden die rückgestreuten Elektronen von der positiven Spannung von 300 V des Faradayschen Käfigs nicht abgelenkt, und nur ein kleiner Prozentsatz von ihnen wird zusammen mit den Sekundärelektronen nachgewiesen. Um die rückgestreuten Elektronen effizient nachweisen zu können, ist ein spezieller Detektor notwendig. Zur Zeit existieren zwei Typen, ein Halbleiterdetektor und der Robinsondetektor, der aus einem sehr großen Szintillator besteht, der direkt oberhalb der Probe angebracht ist.

Rückgestreute Elektronen werden fast im gesamten Wechselwirkungsbereich zwischen Strahl und Probe erzeugt, allerdings nur einige wenige in der obersten Wechselwirkungsschicht. Aus der Streuwahrscheinlichkeit folgt, daß nur eines von mehreren hundert Strahlelektronen derart gestreut wird, daß seine Richtung sich um 90° oder mehr ändert. Normalerweise muß ein Strahlelektron um mehr als 90° abgelenkt werden, damit es die Probe verlassen kann, was viele Streuereignisse mit großem Ablenkungswinkel erfordert. Die Wahrscheinlichkeit für mehrfache Streuung mit großem Ablenkungswinkel steigt mit der Probentiefe. Daher werden nur wenige rückgestreute Elektronen an der Probenoberfläche erzeugt.

Aufgrund ihrer hohen Energie werden rückgestreute Elektronen nur wenig absorbiert, und ein hoher Prozentsatz verläßt die Probe (vgl. Abb. 5.12). Die maximale Austrittstiefe (und -breite) ändert sich im umgekehrten Verhältnis zur mittleren Ordnungszahl der Probenatome; der Bereich liegt zwischen dem Bruchteil eines Mikrometers und mehreren Mikrometern. Wegen des großen Austrittsgebietes ist die Auflösung eines mit Rückstreuelektronen erzeugten Bildes geringer als die eines mit Sekundärelektronen erzeugten Bildes. Die garantierte Auflösung in einem REM liegt mit rückgestreuten Elektronen bei 15 nm, wohingegen die Auflösung eines Sekundärelektronenbildes bei 4 nm liegt. Die tatsächliche Auflösung eines Rückstreuelektronenbildes ist üblicherweise beträchtlich geringer als die garantierte Auflösung, da diese mit einer idealen Probe gemessen wird, wie beispielsweise mit auf einem Kohlenstoffsubstrat aufgedampften Goldpartikeln.

Die große Austrittstiefe der rückgestreuten Elektronen erzeugt ein Bild, das weniger empfindlich Unterschiede in der Oberflächentopographie wiederspie-

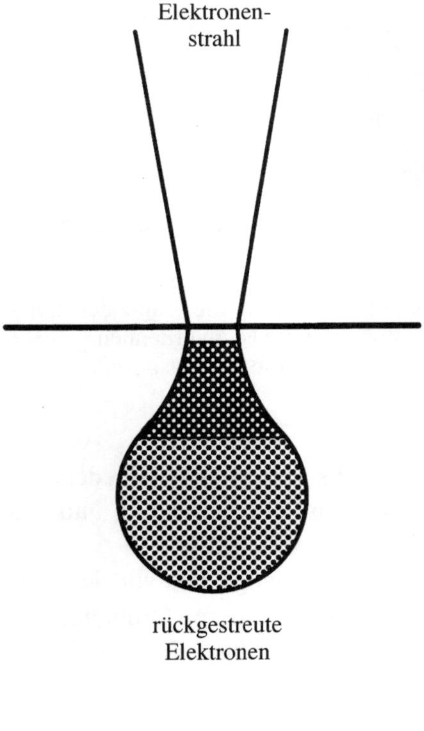

Abb. 5.12 Austrittstiefe rückgestreuter Elektronen
Rückgestreute Elektronen werden in dem gesamten Bereich der Strahl-Probe-Wechselwirkung erzeugt, außer in einem kleinen Bereich an der Probenoberfläche. Nur diejenigen jedoch, die in dem dunkel gezeichneten Bereich erzeugt werden, können die Probe verlassen und zur Bilderzeugung beitragen. Die einfallenden Elektronen müssen mehrere Atomschichten durchdringen, bevor die Wahrscheinlichkeit für mehrfache elastische Wechselwirkungen so groß ist, daß die Elektronen rückwärts streuen. Da die rückgestreuten Elektronen sehr energiereich sind, können sie die Probe aus größerer Tiefe als die Sekundärelektronen verlassen.

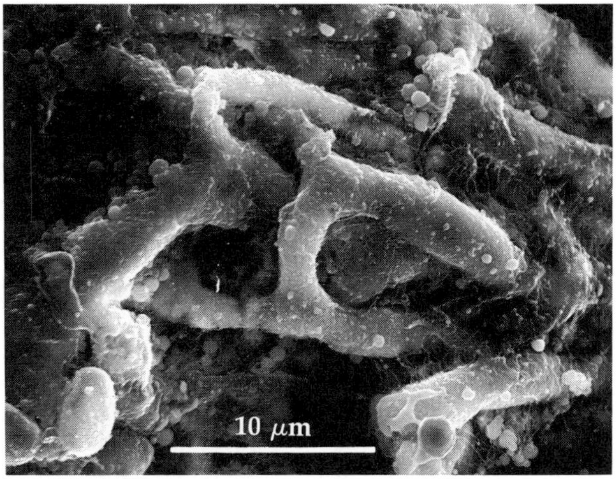

a

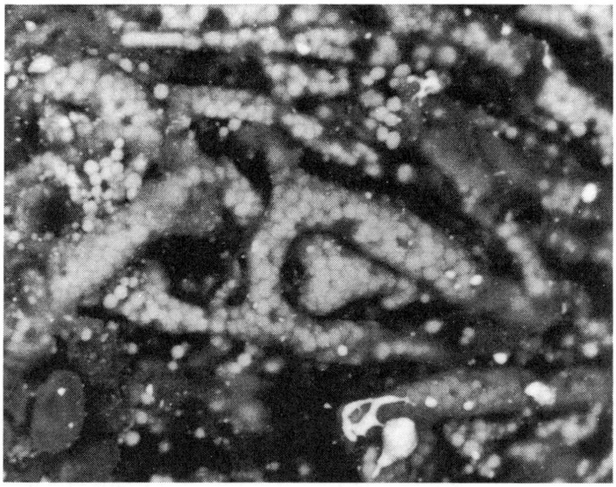

b

Abb. 5.13 Vergleich eines Sekundärelektronenbildes mit einem Rückstreuelektronenbild einer kontrastierten biologischen Probe
a) Sekundärelektronenbild von histochemisch kontrastierten Pilzhyphen
Durch die Kontrastierung wird Silber eingelagert und damit die Lage der Polysaccharide sichtbar gemacht. Nur die Oberflächentopographie ist zu erkennen.
b) Das Rückstreuelektronenbild zeigt klar die Lage des Kontrastierungsmittels.

gelt als das Sekundärelektronenbild, das von Absorptionsunterschieden der Oberfläche abhängt. Das Rückstreuelektronenbild ist ein Tiefenbild, und das Sekundärelektronenbild ist ein Oberflächenbild (vgl. Abb. 5.13).

Inwieweit rückgestreute Elektronen erzeugt werden hängt stark von der mittleren Ordnungszahl der Probe ab. Eine Probe mit einer mittleren Ordnungszahl von 7 (für viele biologischen Proben typisch) streut etwa 5% der Strahlelektronen zurück. Eine Probe mit einer mittleren Ordnungszahl von 47 (Silber) streut etwa 40 % der Strahlelektronen zurück. Rückgestreute Elektronen sind daher sehr nützlich, um Unterschiede in der mittleren Ordnungszahl der Probe nachzuweisen. Beispielsweise kann biologisches Gewebe mit Schwermetallen kontrastiert und das Rückstreuelektronenbild dazu verwendet werden, das Metall auf (oder in) der Probe zu lokalisieren.

Ebene Proben zeigen oftmals einen Ordnungszahlkontrast im Sekundärelektronenbild (vgl. Abb. 5.14). Dieser Effekt beruht darauf, daß die Sekundärelektronen vom Typ I in diesem Fall nur einen geringen Kontrast erzeugen (vgl. Abb. 5.11); das heißt, in einer ebenen Probe gibt es nur geringe Unterschiede in der Absorption und damit wenig Kontrast. In solch einer Probe sind die Unterschiede in der Ordnungszahl im Sekundärelektronenbild sichtbar, da ein großer Teil des Kontrasts von den Sekundärelektronen des Types II stammt, die von rückgestreuten Elektronen erzeugt werden.

Beitrag weiterer Produkte der unelastischen Streuung zur Bilderzeugung

Falls ein einfallendes Elektron ein Elektron aus einer tieferen Schale herausschlägt, kann das daraus resultierende Ungleichgewicht durch die Erzeugung eines Röntgenquants oder eines energiearmen Elektrons, eines sogenannten Auger-Elektrons, kompensiert werden. Durch Messung der Energie oder der Wellenlänge der resultierenden Röntgenquanten kann die Elementzusammensetzung der Probe im Bereich der Ordnungszahlen zwischen 8 und 99 bestimmt werden (vgl. Kap. 8); dieses Verfahren findet in der Biologie und den Werkstoffwissenschaften wichtige Anwendung. Die Röntgenmikroanalyse erfordert einen separaten Detektor und Röntgenanalysator, von denen mehrere unterschiedliche Typen verfügbar sind.

Desweiteren kann durch Messung der Energie der Auger-Elektronen die Zusammensetzung der oberen, 1 nm dicken Schicht der Probe bestimmt werden, dieses Verfahren ist besonders im Bereich der Ordnungszahlen von 2 bis 10 erfolgreich. Aufgrund der Einschränkung, daß die Probe leitend sein muß, besitzt die Auger-Elektronenanalyse in der Biologie nur eine geringe Bedeutung, im Gegensatz zur Metallurgie, den Werkstoffwissenschaften und der Chemie. Zum Nachweis der Auger-Elektronen muß ein spezielles, mit einem Hochvakuumsystem und einem speziellen Detektor ausgestattetes REM angeschafft werden. Solch ein System nennt man gewöhnlich Auger-Mikrosonde.

Ein drittes Produkt der unelastischen Streuung ist die Emission von Licht aus bestimmten Festkörpern, ein Prozeß, der Kathodolumineszenz genannt wird. Leiter, Halbleiter und Isolatoren können Licht emittieren. Die Lichterzeugung ist ein Ergebnis von Elektronenübergängen, entweder zwischen bestimmten verbotenen Energiebändern oder zwischen bestimmten Bandstrukturen, den soge-

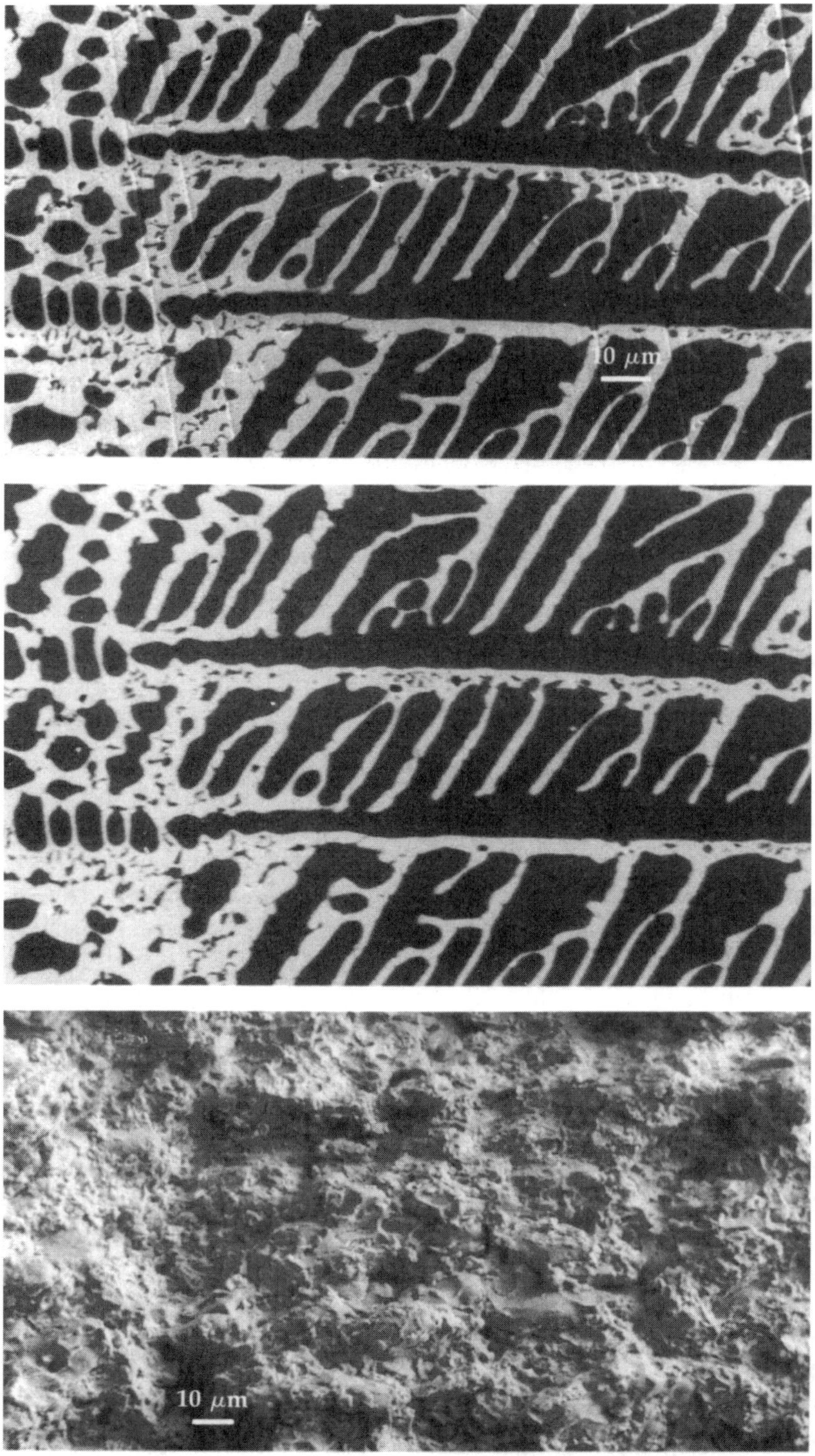

a

b

c

nannten Quantentöpfen (quantum wells). Die Kathodolumineszenz wird häufig in der Chemie und Mineralogie (vgl. Abb. 5.15) und begrenzt in der Biologie angewandt. Die biologischen Anwendungen betreffen den Nachweis von Herbiziden, verkalkten Bereichen in Blutgefäßen und histochemischen Kontrastierungsmitteln. Zum Nachweis der Kathodolumineszenz in der REM ist ein zusätzlicher Detektor nötig, der in verschiedenen Ausführungen erhältlich ist.

Anwendung von Beugungsverfahren

Drei Abbildungsverfahren beruhen auf dem Prinzip der Beugung: Elektronen-Channelling-Bilder nach der Feinbereichsmethode (selected-area electron-chanelling patterns; SACP), Elektronenrückstreu-Bilder (electron backscattered patterns; EBSP) und Kossel-Aufnahmen (micro-Kossel-X-ray diffraction patterns; MKXDP). All diese Methoden liefern Information sowohl über die Kristallorientierung und Kristallbaufehler als auch über Gitterparameter; daher sind diese Methoden für Chemiker, Physiker und Metallurgen von speziellem Interesse.

Elektronen-Channelling-Bilder nach der Feinbereichsmethode beruhen auf dem Effekt, daß Elektronen in Kristallen in bestimmten Richtungen tief eindringen können (Elektronen-Channelling). Trifft der Elektronenstrahl unter großen Einfallswinkeln auf ein kristallines Material (das heißt auf eine mit einer sehr kleinen Vergrößerung abgebildete Probe), wechselwirkt der Elektronenstrahl für die meisten Einfallswinkel mit Atomen nahe der Oberfläche, und eine große Zahl einfallender Elektronen wird rückgestreut. Da diese rückgestreuten Elektronen nahe der Oberfläche erzeugt werden, können fast alle die Probe verlassen. Trifft der Elektronenstrahl jedoch unter einem zu einer Netzebene parallelen Winkel auf die Probe, können die Elektronen tief in die Gitterstruktur eindringen, bevor sie rückgestreut werden (vgl. Abb. 5.16a). Aufgrund der Absorption durch die Probe können viel weniger Elektronen die Probe aus solcher Tiefe verlassen. Daher wird immer, wenn der Strahl unter bestimmten

◄

Abb. 5.14 Vergleich eines Sekundärelektronenbildes und eines Rückstreuelektronenbildes einer polierten und einer gebrochenen Metallprobe
a) Sekundärelektronenbild eines polierten Querschnittes einer antiken griechischen Münze von 300 v. Chr.
Das Sekundärelektronenbild zeigt in ebenen, glatten Proben Unterschiede in der Ordnungszahl. In diesem Beispiel sind die Bereiche der beiden Bestandteile der Legierung, Kupfer und Silber, sowie kleine oberflächliche Kratzer klar zu erkennen.
b) Das Rückstreuelektronenbild der Probe zeigt etwas mehr Kontrast als das Sekundärelektronenbild, aber nicht die Oberflächenkratzer.
c) Ein Sekundärelektronenbild der Bruchfläche derselben Probe zeigt nur die Oberflächentopographie und keine Unterschiede in der Ordnungszahl.

a

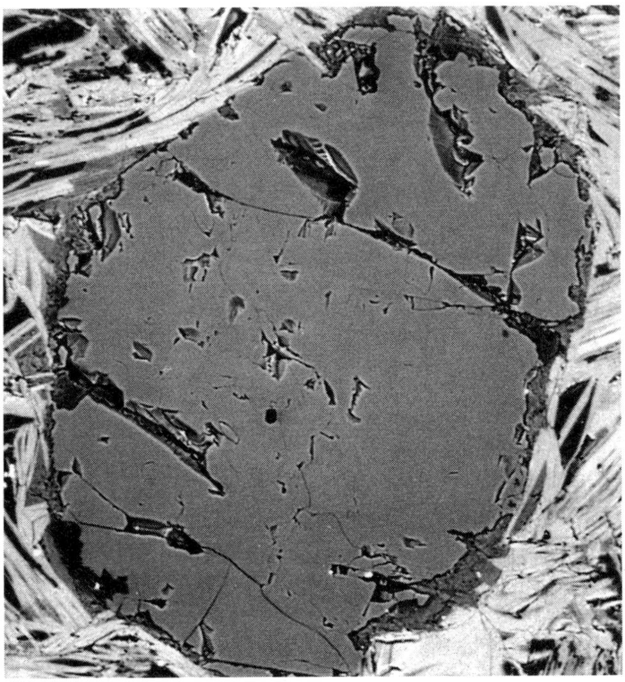

b

Abb. 5.15
Kathodolumineszenz
a) Eine Abbildung mittels Kathodolumineszenz einer polierten geologischen Probe mit einem Korundkorn in der Mitte, die die verschiedenen lichtemittierenden Bereiche innerhalb des Korns zeigt
b) Ein Rückstreuelektronenbild derselben Probe
Die Fotos wurden mit freundlicher Genehmigung von C. H. Nielson und des Japan Electronic Optics Laboratory (JEOL), USA, Inc., Peabody, MA zur Verfügung gestellt.

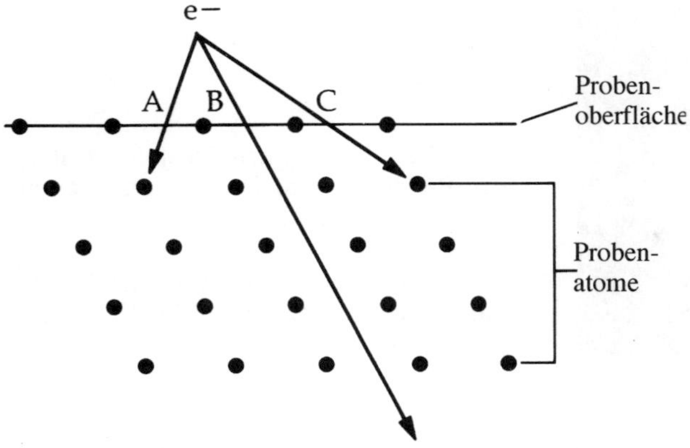

a

b

Abb. 5.16 Elektronen-Channelling
a) Unter bestimmten Einfallswinkeln gelangt der Elektonenstrahl tief in die Probe hinein
b) Elektronen-Channelling-Bild eines Siliciumkristalls mit einem Durchmesser von 10 mm
Das Foto wurde mit freundlicher Genehmigung von V. E. Robertson und des Japan Electronic Optics Laboratory (JEOL), USA, Inc., Peabody, MA zur Verfügung gestellt.

Winkeln, die den Netzebenen entsprechen, auf die Probe trifft, ein Kontrastunterschied erzeugt (vgl. Abb. 5.16b). Dieser Kontrast durch Elektronen-Channelling ist nur bei sehr geringen Vergrößerungen von Nutzen, wenn große Proben abgebildet werden (10 mm im Durchmesser), da bei höherer Vergrößerung die Winkelabweichung des Elektronenstrahls zu klein wird, um die Kanäle zu lokalisieren. Jedoch ist es mit dem Kontrast durch Elektronen-Channelling möglich, die Anwesenheit von Körnern, Zwillingskristallen und anderen kristallographischen Details aufzuzeigen. Bei den verschiedenen Körnern eines Metalls sind die Netzebenen unterschiedlich orientiert, und jedes Korn erzeugt einen Unterschied im Kontrast.

Elektronen-Channelling-Bilder nach der Feinbereichsmethode (SACP) sind eine deutlich nützlichere Form dieses Vefahrens. Für SACP wird das REM der-

Abb. 5.17 Elektronenrückstreu-Muster; EBSP-Bild einer kubisch raumzentrierten Eisen/Aluminium-Legierung mit Vorzugsorientierung
Das Foto wurde mit freundlicher Genehmigung von J. J. Stout und M. J. Crimp zur Verfügung gestellt.

art modifiziert, daß der Elektronenstrahl durch einen Kegel von Einfallswinkeln bei hoher Vergrößerung hin- und hergeführt werden kann; viele moderne Rasterelektronenmikroskope besitzen heutzutage diese Möglichkeit. Daher ist es mit Hilfe der SACP möglich, kleinere Bereiche kristallographisch zu untersuchen als es mit Channelling-Bildern nach der Standardmethode möglich ist; sie hat daher viel mehr potentielle Anwendungen.

Bei der Methode zur Gewinnung von Elektronenrückstreu-Bildern (EBSP) wird ein stationärer Elektronenstrahl auf eine stark geneigte Probe gerichtet. Ein elektronenempfindlicher Film (oder ein anderes elektronenregistrierendes Medium) wird dann in unmittelbarer Nähe der Probe und parallel zum Elektronenstrahl plaziert. Die innerhalb der Probe erzeugten unelastisch gestreuten Elektronen treffen auf die kristallograhischen Ebenen, werden nach außen gebeugt und treffen auf den Film (vgl. Abb. 5.17).

Bilder nach der Kosselmethode (MKXDP) werden ähnlich wie Elektronenrückstreu-Bilder erzeugt, außer daß ein Fenster aus einem röntgentransparenten Material, zum Beispiel ein dünner Film aus Beryllium, zwischen Probe und Film positioniert wird. Das Fenster läßt keine Elektronen, aber Röntgenstrahlen durch. Die innerhalb der Probe durch Bombardement des Elektronenstrahls erzeugte Röntgenstrahlung wird nach außen gebeugt und trifft auf den Film.

Jedes der eben beschriebenen Verfahren hat bestimmte Vorteile. Die EBSP besitzt eine räumliche Auflösung von 20 nm und eine Winkelauflösung von 1° bis 2°; die SACP eine räumliche Auflösung von 1 μm und eine Winkelauflösung von 0,1° bis 0,2° und die MKXDP eine räumliche Auflösung von 100 nm und eine Winkelauflösung von 0,01°. Bei EBSP und SACP werden sorgfältig polierte Proben benötigt; die MKXDP kann auch bei rauhen Proben eingesetzt werden.

Weitere Methoden zur Bilderzeugung

Es gibt vier weitere Methoden zur Erzeugung von Bildern mit einem REM: das Probenstrombild, den Potentialkontrast, die Abbildung mit internen Proben-

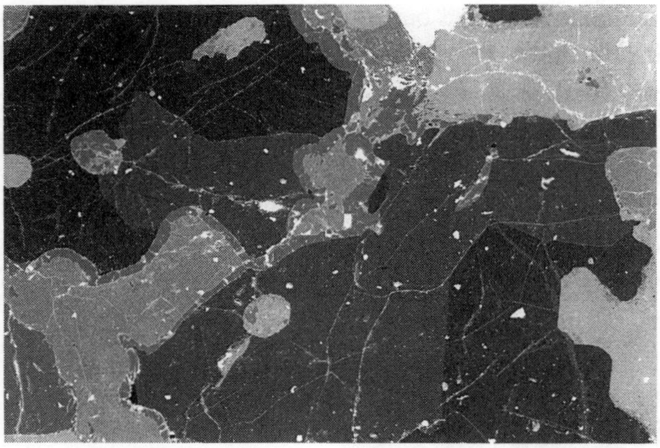

a

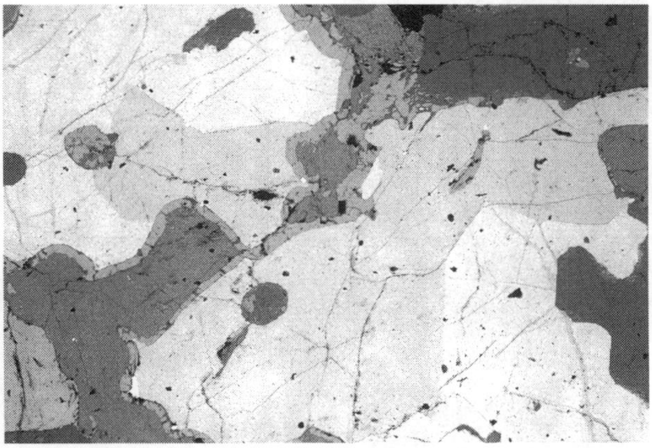

b

Abb. 5.18 Probenstrombild
a) Probenstrombild von poliertem Felsit
b) Rückstreuelektronenbild derselben Probe
Ein Probenstrombild ist normalerweise im Vergleich zum Rückstreuelektronenbild invers im Kontrast. Die Fotos wurden mit freundlicher Genehmigung von V. E. Robertson und des Japan Electronic Optics Laboratory (JEOL), USA, Inc., Peabody, MA zur Verfügung gestellt.

strömen und elektromotorischen Kräften (electron beam induced current; EBIC) und den magnetischen Kontrast.

Probenstrombilder beruhen auf Änderungen des Stromflusses in der Probe beim Abrastern (vgl. Abb. 5.18). Dieses Bild ist von Oberflächenänderungen relativ unabhängig; es werden hauptsächlich innere Änderungen sichtbar gemacht. Das Probenstrombild besitzt einige Anwendungen auf dem Gebiet der Werkstoffwissenschaften und Mineralogie, aber nur wenige in der Biologie. Zum Nachweis des Probenstroms ist ein spezieller Verstärker für das REM notwendig.

Die Abbildung mittels Potentialkontrast beruht auf der Wirkung einer an einem kleinen Bereich der Probe angelegten Spannung auf die Helligkeit dieses Bereichs. Wird eine positive Spannung an einen bestimmten Teil der Probe angelegt, können weniger Sekundärelektronen die Probe verlassen, und damit erscheint dieser Teil der Probe dunkler als die Umgebung. Umgekehrt bewirkt eine negative Spannung, daß ein Teil der Probe heller erscheint. Die Abbildung mit Hilfe des Potentialkontrasts ist speziell bei der Entwicklung von Halbleitern und integrierten Schaltungen hilfreich, da es hierbei möglich ist, die verschiedenen Leiterbahnen zu beobachten, während das Bauelement in Betrieb ist (vgl. Abb. 5.19).

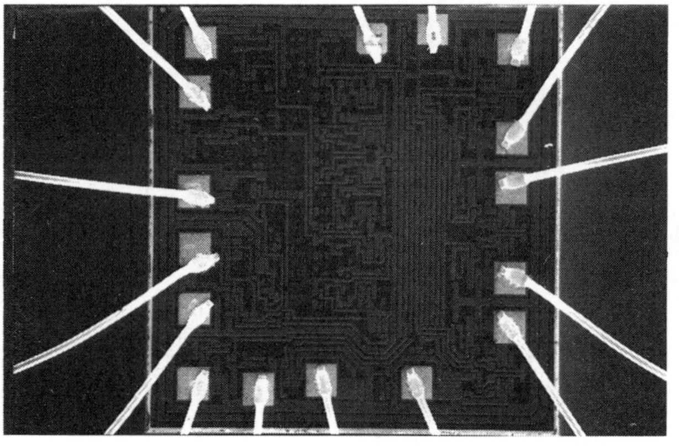

a

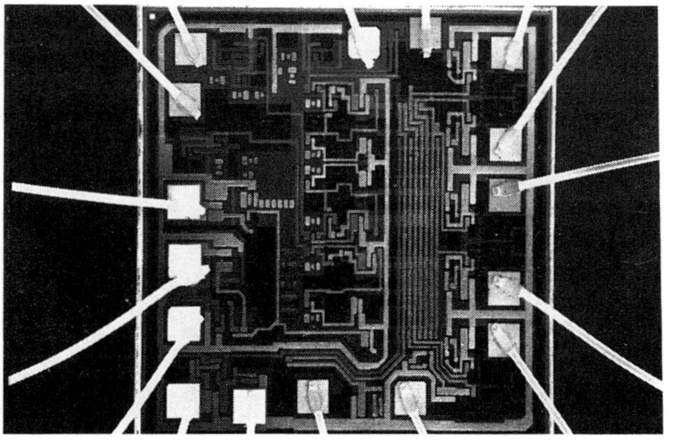

b

Abb. 5.19 Potentialkontrastabbildung
a) Sekundärelektronenbild eines integrierten Schaltkreises mit LS138 Multiplexer ohne angelegte Spannung
Die Leiterbahnen sind gleichförmig grau.
b) Das Bauelement mit angelegter Spannung
Die Leiterbahnen zeigen unterschiedliche Farbintensität in Abhängigkeit vom anliegenden Spannungspegel. Die Fotos wurden mit freundlicher Genehmigung von R. S. Cornell und des Japan Electronic Optics Laboratory (JEOL), USA, Inc., Peabody, MA zur Verfügung gestellt.

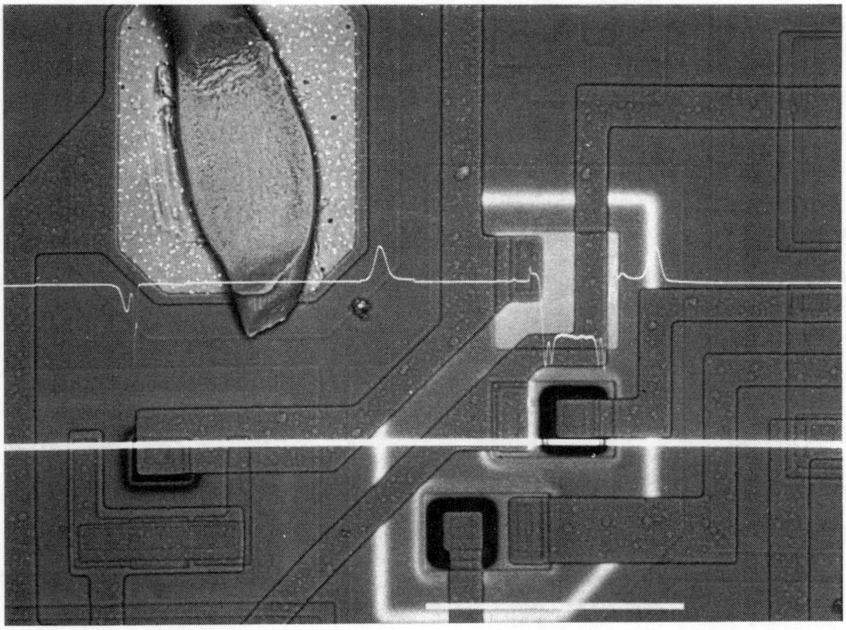

Abb. 5.20 Abbildung mit elektronenstrahlinduzierten Strömen (EBIC); EBIC-Bild eines integrierten Schaltkreises mit einem 741-Operationsverstärker
Die aktive Halbleiterregion erscheint als breites Band. Die dünne horizontale Linie zeigt das EBIC-Signal als Oszillogramm; die dicke horizontale Linie zeigt die Position der Grundlinie der Zeilenabtastung. Das Foto wurde mit freundlicher Genehmigung von R. S. Cornell und des Japan Electronic Optics Laboratory (JEOL), USA, Inc., Peabody, MA zur Verfügung gestellt.

Elektronenstrahlinduzierte Ströme (EBIC) erhält man, wenn ein Elektronenstrahl auf einen *pn*-Übergang fokussiert wird. Die einfallenden Elektronen erzeugen überschüssige Elektron-Loch-Paare, die einen Strom in diesem Übergang erzeugen. Der Strom kann für das Videosignal in dem REM und damit zur Bilderzeugung (vgl. Abb. 5.20) verwendet werden. Die EBIC wird hauptsächlich zur Abbildung und Untersuchung von Halbleitern eingesetzt.

Zur Abbildung können auch zwei Arten des magnetischen Kontrasts verwendet werden. Bei der ersten Variante werden die aus der Probe emittierten Sekundärelektronen durch ein Magnetfeld oberhalb der Probe abgelenkt und Änderungen im Kontrast erzeugt. Dieser Mechanismus wurde benutzt, um die magnetischen Domänen auf Tonband sichtbar zu machen. Der andere Typ des magnetischen Kontrasts tritt auf, wenn ein internes Magnetfeld die Streuung der einfallenden Elektronen beeinflußt. Mit den rückgestreuten Elektronen können in diesem Fall Unterschiede in den magnetischen Domänen aufgezeigt werden. Beide Methoden sind zur Untersuchung von Magnetspeichern aller Art geeignet.

Gerätevariablen

Einige Einstellungen auf dem REM, üblicherweise als Gerätevariablen bezeichnet, wirken sich stark auf die Ergebnisse aus. Die geeignete Wahl dieser Variablen bestimmt oft, ob das Endbild zur Gewinnung der erwünschten Information ausreichend ist. Es ist auch wichtig zu verstehen, wie durch Änderung der Variablen erwünschte und unerwünschte Effekte erzeugt werden. Wie bei der TEM müssen oftmals die Vor- und Nachteile gegeneinander abgewogen werden.

Der Einfluß der Kondensorlinseneinstellung auf die Auflösung

Die Objektivlinse erzeugt ein Crossover oder einem Brennfleck auf der Probe. Durch Erhöhen des Stromes in der Linse bewegt sich der Brennfleck die z-Achse hinauf, und durch Erniedrigen des Stromflusses bewegt sich der Brennpunkt die z-Achse hinunter. Der Crossover erzeugt keinen unendlich kleinen Brennfleck, sondern ein Strahlenbündel, dessen Durchmesser durch Änderung des Stromes in der Kondensorlinse gesteuert wird. Die Erhöhung des Stromes in der Kondensorlinse reduziert die Brennweite des zwischen der Kondensorlinse und der Objektivlinse erzeugten Crossovers und führt zu einem Brennfleck mit kleinerem Durchmesser auf der Probe. Die Erniedrigung der Brennweite der Kondensorlinse jedoch bewirkt, daß der Aperturwinkel des Elektronenstrahls größer wird und nur ein Teil des Strahls durch die Aperturblende der Objektivlinse gehen kann, was zu einem schwächeren Strahlstrom führt (vgl. Abb. 5.21).

Im allgemeinen ist die Auflösung umsobesser, je kleiner der Brennfleck ist (vgl. Abb. 5.22). Es ist nicht möglich, zwei Strukturen aufzulösen, deren Abstand voneinander kleiner als der Durchmesser des Elektronenstrahls ist. Wird jedoch der Durchmesser des Brennflecks verkleinert, verringert sich der Strahlstrom und damit die Menge der Sekundär- und rückgestreuten Elektronen, was zu einem schwächeren Signal vom Detektor führt. Um dieses Problem zu kompensieren, muß die Verstärkung des Photomultipliers erhöht werden, um genügend Kontrast zu erhalten. Diese Einstellung führt zu einem größeren elektronischen Rauschen des Photomultipliers, was als Körnigkeit in Bildern und Fotografien in Erscheinung tritt. Falls schließlich die Körnigkeit Überhand nimmt, begrenzt sie die Auflösung (vgl. Abb. 5.23). Der Brennfleckdurchmesser und ein angemessener Signalpegel müssen abgeglichen werden. Diese Einstellung variiert von Probe zu Probe und mit den anderen Gerätevariablen.

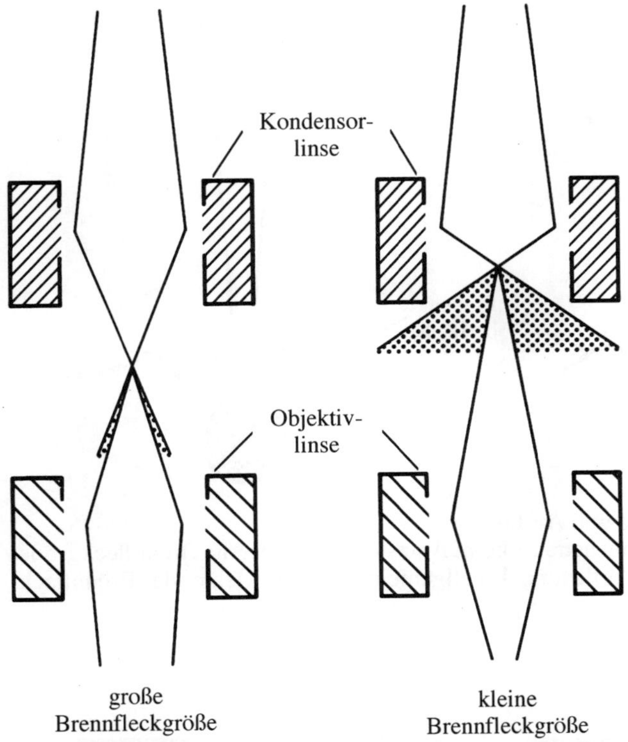

Abb. 5.21 Brennfleckgröße und Strahlstrom
Wenn der Kondensorlinsenstrom erhöht wird, um einen kleineren Crossover und damit eine kleinere Brennfleckgröße zu erzeugen, fängt die Objektivlinse weniger vom Elektronenstrahl ein (den gepunkteten Bereich nicht), was zu einem niedrigeren Strahlstrom führt.

Der Einfluß von Arbeitsabstand und der Größe der Aperturblenden auf die Schärfentiefe und die Auflösung

Wenn der Elektronenstrahl auf die Probe trifft, ist er kegelförmig. Der Öffnungswinkel des Kegels (der doppelte Aperturwinkel α, vgl. Abb. 2.9b) und die Breite des Kegels werden durch den Durchmesser der letzten Aperturblende und den Arbeitsabstand bestimmt. Bei den meisten Rasterelektronenmikroskopen ist es möglich, drei unterschiedliche Größen der letzten Aperturblende auszuwählen. Eine letzte Blende mit einem kleinen Durchmesser erzeugt einen engen Elektronenkegel, eine mit einem großen Durchmesser erzeugt einen weiten Kegel (vgl. Abb. 5.24). Als Arbeitsabstand wird der Abstand zwischen der Objektivlinse und der Probe bezeichnet. Die meisten Rasterelektronenmikroskope besitzen einen Arbeitsabstand, der zwischen 10 mm und 40 mm oder 50 mm variiert. Ein großer Arbeitsabstand führt zu einem engen Elektronenkegel, ein kleiner zu einem weiten Kegel (vgl. Abb. 5.25).

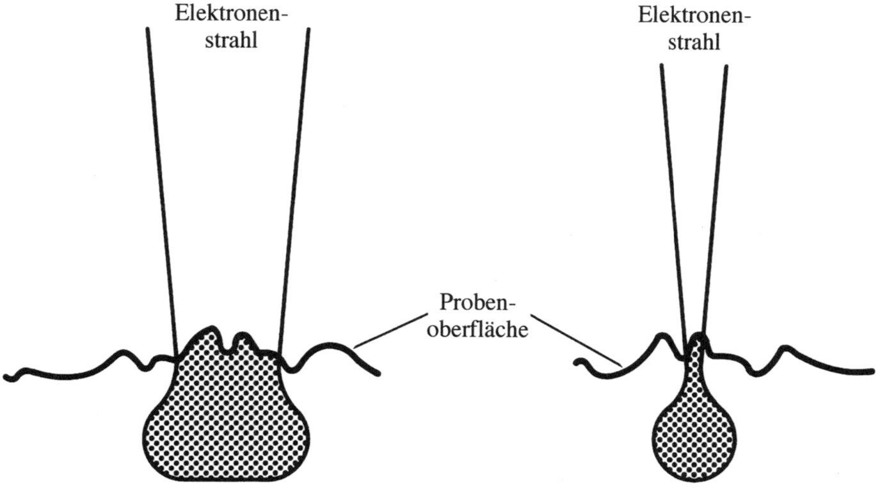

Abb. 5.22 Brennfleckgröße und Auflösung
Der Durchmesser des Elektronenstrahls beim Abtasten der Probe, die Brennfleckgröße, steht in direktem Bezug zur Auflösung. Im allgemeinen gilt: Je kleiner der Brennfleck, desto größer die Auflösung.

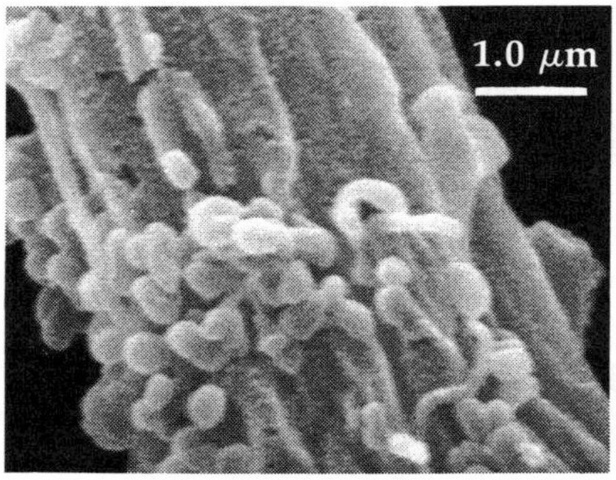

a

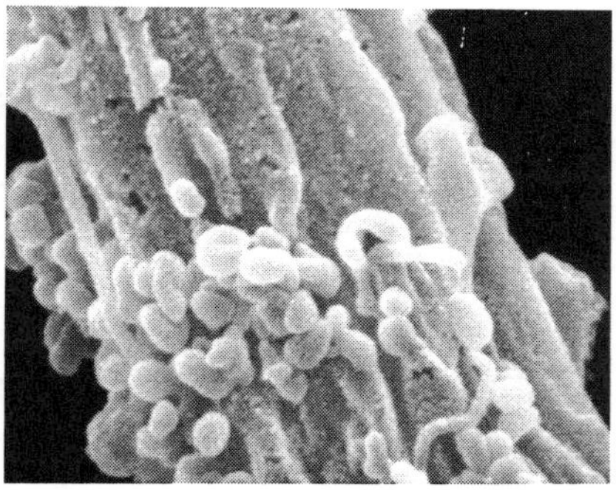

b

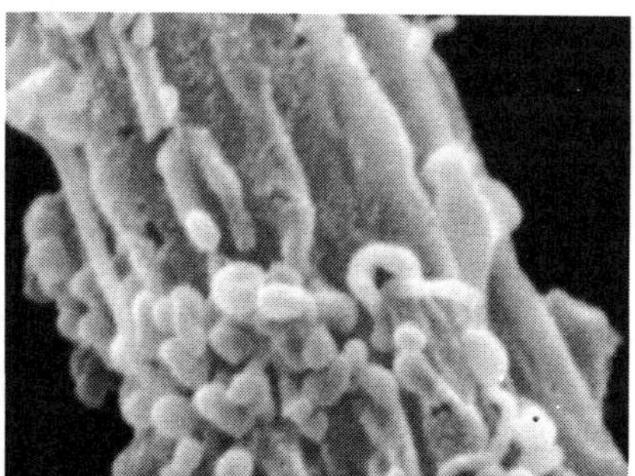

c

Abb. 5.23 Brennfleckgröße, Auflösung und Bildqualität
a) Eine mit der auf einem bestimmten REM kleinstmöglichen Brennfleckgröße fotografierte Makrophage (ein Blutzellentyp)
b) Dieselbe Zelle, nur mit einer etwas größeren Brennfleckgröße als im vorigen Beispiel fotografiert
Man beachte die verbesserte Auflösung.
c) Dieselbe Zelle, mit einer großen Brennfleckgröße fotografiert
Man beachte die schlechte Auflösung.

Der Öffnungswinkel des Kegels ist der wichtigste Faktor, der die Schärfentiefe bei jeder gegebenen Vergrößerung bestimmt. Die Schärfentiefe ist der Bereich der Probe, der annehmbar scharfgestellt ist. Die Wirkung des Öffnungswinkels des Kegels auf die Schärfentiefe beruht auf der Tatsache, daß der fokussierte Elektronenstrahl normalerweise keine ebene Probe abtastet, sondern eine Probe mit einer unregelmäßigen Oberfläche. Der Strahl jedoch wird auf einen festen Brennpunkt fokussiert. Der Durchmesser des Strahls, der auf jeden Punkt der Probe trifft, variiert mit der Topographie der Probe (vgl. Abb. 5.24 und 5.25). Beim Abrastern einer Probe mit großen topographischen Unterschieden werden die Bereiche weit ober- und unterhalb der Brennebene mit einem Strahl mit viel größerem Durchmesser abgebildet, was zu einer geringeren Auflösung führt. Ab einem gewissen Punkt erscheinen die Bereiche geringerer Auflösung unscharf. Man kann eine bestimmte, maximale Ausdehnung des Strahls definieren, die zu einer angemessenen Auflösung führt; daher sollten Berechnungen und Vergleiche zwischen Arbeitsabstand und Aperturblenden der Objektivlinse mit verschiedenen Durchmessern angestellt werden.

Eine letzte Aperturblende mit einem kleineren Durchmesser erzeugt mehr Schärfentiefe: Eine Halbierung des Durchmessers verdoppelt die Schärfentiefe

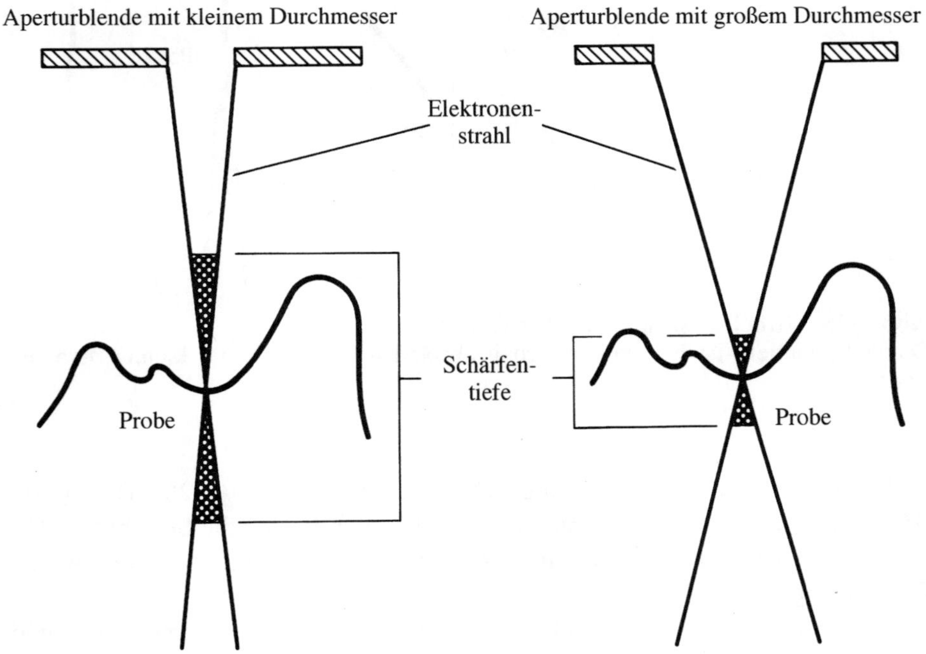

Abb. 5.24 Aperturblendengröße und Schärfentiefe
Wenn der Elektronenstrahl auf die Probe fokussiert wird, ist er kegelförmig. Man kann einen maximalen Kegel als den Bereich definieren, der akzeptabel scharfgestellt ist; dies nennt man die Schärfentiefe. Die Schärfentiefe ist bei einer letzten Aperturblende kleineren Durchmessers größer.

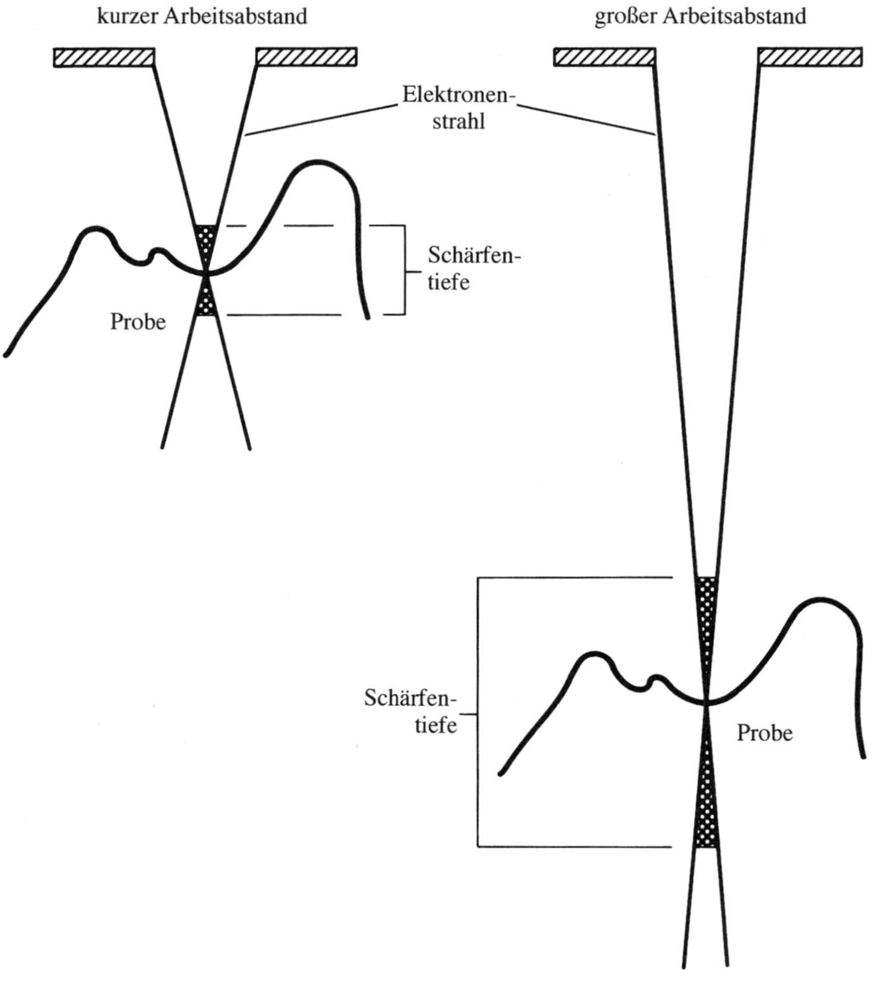

Abb. 5.25 Arbeitsabstand und Schärfentiefe
Die Schärfentiefe ist bei großen Arbeitsabständen größer als bei kleinen Arbeitsabständen.

und eine Verdopplung halbiert die Schärfentiefe (vgl. Abb. 5.26). Eine letzte Aperturblende kleineren Durchmessers reduziert aber auch die Strahlintensität, was zu schwächeren Signalen führt; in manchen Fällen stellt dies die wesentliche Begrenzung für die Qualität der Ergebnisse dar.

Ein größerer Arbeitsabstand verkleinert den Winkel des Strahlkegels und führt zu höherer Schärfentiefe. Eine Verdopplung des Arbeitsabstandes verdoppelt die Schärfentiefe, eine Halbierung halbiert die Schärfentiefe. Anders als wenn die Schärfentiefe mit der Objektivaperturblende erhöht wird, reduziert eine Erhöhung des Arbeitsabstandes die Signale nur geringfügig. Durch Variieren sowohl der Aperturgröße als auch des Arbeitsabstandes kann man die Schärfen-

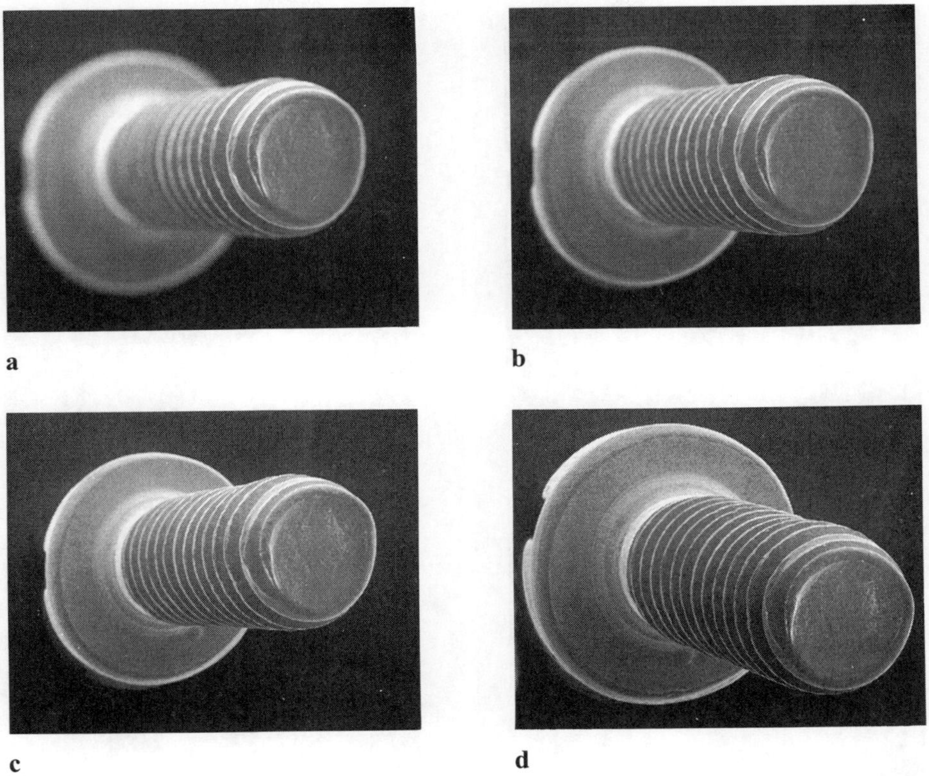

Abb. 5.26 Wirkung der Größe der Aperturblende und des Arbeitsabstandes auf die Schärfentiefe; eine mit unterschiedlichen Parametern fotografierte Schraube.
a) Ein Arbeitsabstand von 15 mm und eine Aperturblende von 600 µm
b) Ein Arbeitsabstand von 15 mm und eine Aperturblende von 200 µm
c) Ein Arbeitsabstand von 15 mm und eine Aperturblende von 100 µm
d) Ein Arbeitsabstand von 39 mm und eine Aperturblende von 100 µm
Die Schärfentiefe wird mit einer kleineren Aperturblende und mit einem größeren Arbeitsabstand größer. Die Kombination eines größeren Arbeitsabstand und einer kleineren Aperturblende liefert die größte Schärfentiefe. Die Spitze der Schraube erscheint im Verhältnis zum Schraubenkopf bei der Aufnahme mit einem Arbeitsabstand von 15 mm größer als bei der Aufnahme mit einem Arbeitsabstand von 39 mm. Dies ist ein Artefakt ähnlich der Verzerrung, die in einer Linse einer Weitwinkelkamera beobachtet wird, wenn gleichzeitig ein nahes und ein entferntes Objekt im Bild sind. Außerdem ist bei unterschiedlichen Arbeitsabständen eine leichte Drehung des Bildes zu erkennen.

tiefe beträchtlich erhöhen. Eine Änderung des Öffnungswinkels des Kegels durch Variation entweder des Arbeitsabstandes oder des Durchmessers der letzten Aperturblende beeinflußt die Auflösung, die mit dem REM erhalten werden kann. Die Linsen besitzen bei kurzen Arbeitsabständen eine geringere sphärische Aberration, was zu einem Brennfleck mit kleinerem Durchmesser und daher zu einer besseren Auflösung führt. Die meisten Rasterelektronenmikroskope lie-

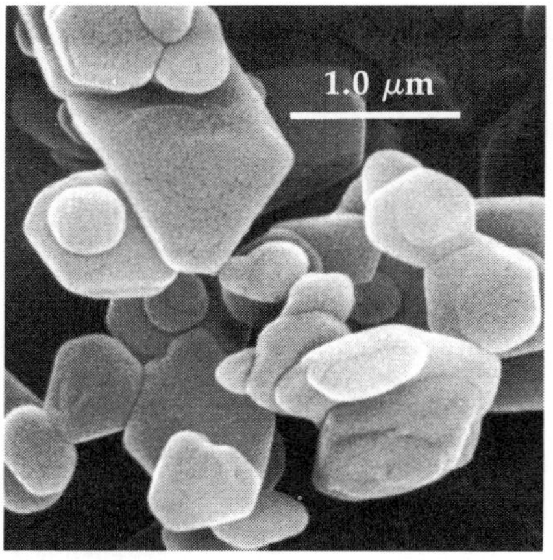

a

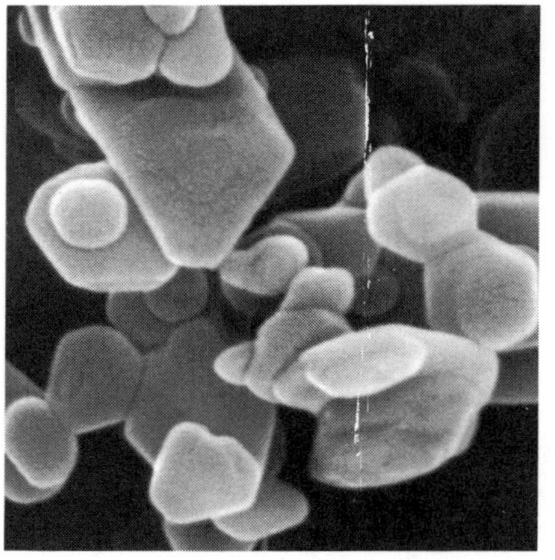

b

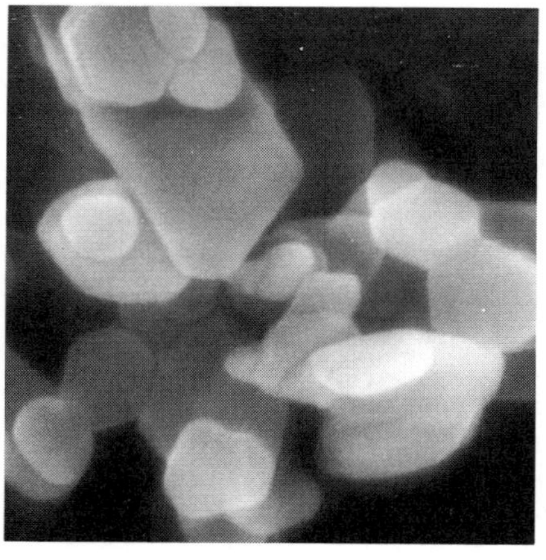

c

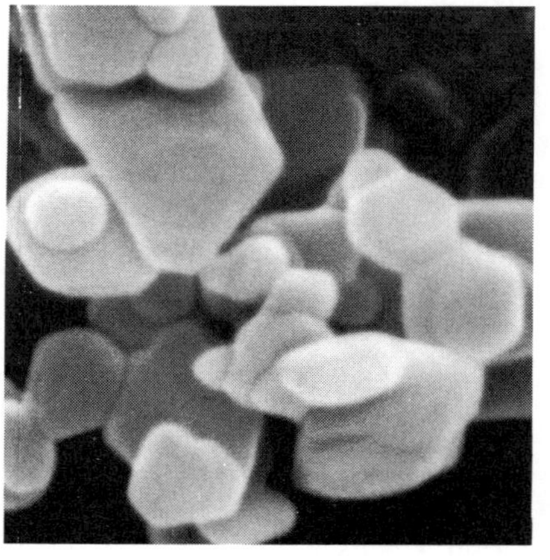

d

Abb. 5.27 Wirkung der Größe der Aperturblende und des Arbeitsabstandes auf die Auflösung
Mit einer organischen Beschichtung versehene Magnesiumhydroxidkristalle werden bei unterschiedlichen Parameterkombinationen fotografiert.
a) Ein Arbeitsabstand von 15 mm und eine Aperturblende von 100 μm
b) Ein Arbeitsabstand von 15 mm und eine Aperturblende von 200 μm
c) Ein Arbeitsabstand von 15 mm und eine Aperturblende von 600 μm
d) Ein Arbeitsabstand von 39 mm und eine Aperturblende von 200 μm
Die Auflösung ist bei einem kürzeren Arbeitsabstand besser, vor allem weil die sphärische Aberration der Linse gering ist. Die Auflösung ist mit einer Aperturblende von 100 μm und einem Arbeitsabstand von 15 mm am besten. Oft werden bessere Bilder bei dem Arbeitsabstand von 15 mm mit einer mittleren Aperturblendengröße erhalten, da die Strahlintensität mit einer kleineren Aperturblende reduziert wird, was zu einem Ansteigen des elektronischen Rauschens in den Bildern führt.

fern mit einer mittleren Größe der letzten Aperturblende eine bessere Auflösung. Theoretisch sollte wegen der Reduzierung der Linsenfehler die kleinste Aperturblende die beste Auflösung erzeugen. Jedoch reduziert die kleinste Aperturblende normalerweise so stark den Strahlstrom und damit die Sekundärelektronen, daß das elektronische Rauschen ein begrenzender Faktor wird. Daher führen die Bedingungen, die die größte Schärfentiefe liefern (eine Objektivaperturblende mit einem kleinen Durchmesser und ein großer Arbeitsabstand) auch zu der schlechtesten Auflösung (vgl. Abb. 5.27). Die geforderte Schärfentiefe und die Auflösung müssen miteinander in Einklang gebracht werden.

Beschleunigungsspannung

Die Beschleunigungsspannung in den meisten modernen Rasterelektronenmikroskopen variiert zwischen einigen hundert Volt und vierzigtausend Volt und wirkt sich enorm auf das erzeugte Bild aus. Theoretisch sollte eine höhere Spannung eine bessere Auflösung liefern, da die kleinere Wellenlänge des Elektronenstrahls einen Brennfleck kleineren Durchmessers ermöglicht. Im Gegensatz zu der TEM jedoch erstreckt sich beim Wechselwirken des Elektronenstrahls mit der gesamten REM-Probe der Wechselwirkungsbereich auch in die Probentiefe. Aufgrund der höheren Energie des Elektronenstrahls wird das Volumen dieses Bereiches mit steigender Beschleunigungsspannung größer (vgl. Abb. 5.7). Das Ausmaß dieser Vergrößerung hängt von der Dichte der Probe ab und ist bei Proben geringer Dichte, wie sie in der Biologie vorliegen, deutlich größer. Das größere Volumen des Wechselwirkungsbereiches führt zu einer geringeren Auflösung. In der Praxis muß bei der Wahl der optimalen Beschleunigungsspannung ein Kompromiß gefunden werden. Im allgemeinen profitieren harte Proben wie metallurgische Proben, Zähne und Knochen von höheren Spannungen (vgl. Abb. 5.28 a und b). Von den meisten biologischen Proben erzielt man bei kleineren Spannungen (5 kV bis 15 kV) bessere Bilder (vgl. Abb. 5.28 c und d). Wegen der Verbesserung der Elektronenkanonen und in der Anoden- und Linsenausführung können viele Rasterelektronenmikroskope heutzutage mit Beschleunigungsspannungen von einigen hundert Volt akzeptable Auflösungen erreichen. Die Analyse von biologischen und Polymerproben bei diesen niedrigen Spannungen wird immer wichtiger.

Ultrahochauflösende Rasterelektronenmikroskope

Die Auflösung der meisten Rasterelektronenmikroskope liegt bei etwa 4 nm bis 6 nm. Einige Geräte auf dem Markt erreichen jedoch eine viel bessere Auflösung. Eine Möglichkeit, die Auflösung zu verbessern, ist der Einsatz einer Feld-

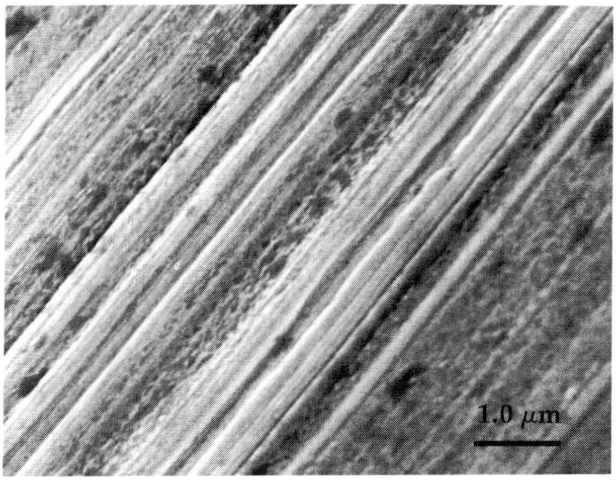

a

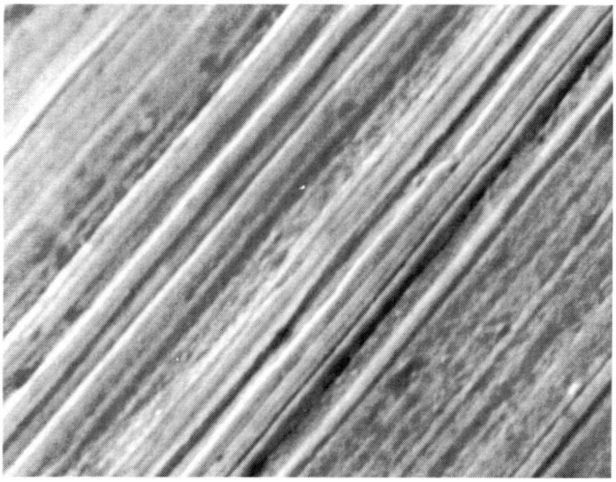

b

Abb. 5.28 Wirkung der Beschleunigungsspannung auf die Bildqualität
a) Drähte aus reinem Gold, mit einer 35-kV-Beschleunigungsspannung fotografiert
b) Derselbe Draht bei 10 kV fotografiert
In diesem Fall erhält man das beste Bild bei 35 kV.
c) Bei 35 kV Beschleunigungsspannung fotografierter Eichenpollen
d) Derselbe Pollen bei 10 kV fotografiert
Man beachte das ungemein verbesserte Bild mit viel mehr Details, die bei 35 kV nicht zu sehen waren.

emissionskathode. Die Vorteile dieser Elektronenkanone (vgl. Kap. 2), wie ihre niedrige Energiestreuung und große Helligkeit des Strahls, ermöglichen es, einen sehr kleinen Brennfleck mit reduzierter chromatischer Aberration zu erzeugen, was zu einer Auflösung von 1,5 nm bis 2 nm führt. Eine zweite Möglichkeit ist es, die Probe physikalisch innerhalb einer Spaltobjektivlinse unterzubringen, ähnlich wie sie in der TEM benutzt werden. Die speziellen Ein-

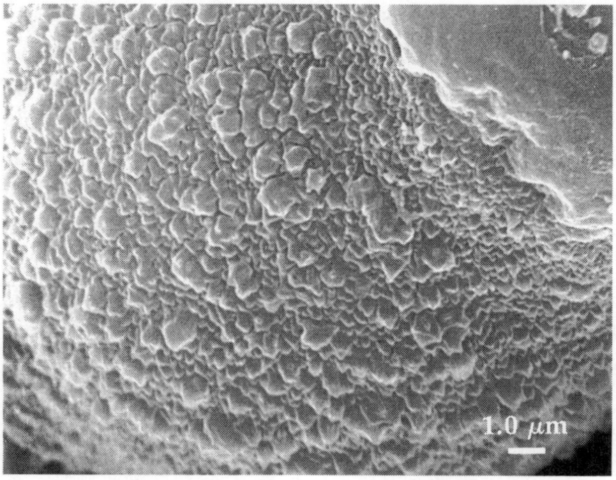

Abb. 5.28 c

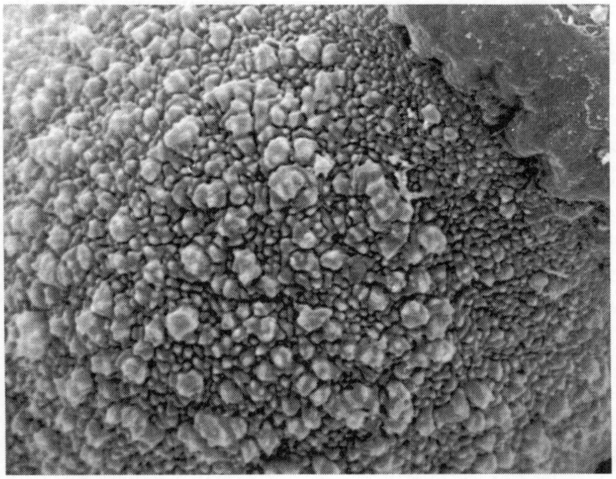

Abb. 5.28 d

zelheiten dieser Anordnung werden in diesem Kapitel in dem Abschnitt über das universelle STEM diskutiert. Die Auflösung liegt zwischen 1,5 nm und 2 nm. Die beste Auflösung erhält man bei Kombination der beiden eben beschrieben Methoden. Derart ausgerüstete Geräte können eine Auflösung von 0,8 nm erreichen, was der eines Transmissionselektronenmikroskops sehr nahe kommt.

Rasterelektronenmikroskopie unter Umgebungsbedingungen

Ein Nachteil des Rasterelektronenmikroskops ist es, daß es normalerweise nicht möglich ist, solche Proben im Vakuum zu untersuchen, die flüchtige Anteile besitzen. Aufgrund dieser Einschränkung müssen biologische Proben getrocknet werden und viele Proben wie Fette, Klebemittel, Flüssigkeiten, Nahrungsmittel, Gele und andere halbfeste Substanzen können nicht untersucht werden. Einige flüchtige Proben können mit Hilfe der Tieftemperatur-REM untersucht werden (vgl. Kap. 7). Jedoch auch mit der Tieftemperatur-REM kann man Vorgänge wie das Trocknen von Klebemitteln, das Abbinden von Zement, das Schmelzen von Legierungen oder die Kristallisation von Stoffen nicht beobachten.

Um diese Nachteile zu überwinden, machte die Perfektionierung der REM unter Umgebungsbedingungen in den letzten Jahren gewaltige Fortschritte. Bei dieser Methode werden in der Probenkammer fast Atmosphärenbedingungen aufrechterhalten, die der Untersuchung von feuchten Proben dienlich sind, während in der restlichen Säule völlig gegensätzliche Bedingungen herrschen (Hochvakuum).

Es ist nicht möglich, die gesamte Säule nur gering zu evakuieren, da große Mengen von Luftmolekülen den Elektronenstrahl behindern würden. Die Probenkammer jedoch kann bei einem viel niedrigeren Vakuum als der Rest der Säule gehalten werden. Der Elektronenstrahl kann kurze Entfernungen in einem geringen Vakuum ohne nachteilige Wirkung zurücklegen. Durch Anwendung einer Reihe kleiner Aperturblenden hintereinander (Differentialaperturblenden) in der Säule wird in einem REM für Umgebungsbedingungen im größten Teil der Säule ein Vakuum von $1{,}3 \times 10^{-5}$ Pa (10^{-7} Torr) und in der Probenkammer ein Vakuum von 1,3 Pa bis $2{,}7 \times 10^{3}$ Pa (10^{-1} Torr bis 20 Torr) aufrechterhalten.

Niedrige Vakua in dem Bereich von 1,3 Pa bis 2,7 Pa (10 Torr bis 20 Torr) erlauben es, viele biologische und Nahrungsmittelproben ohne merkliche Trocknung zu untersuchen. Soll bei bestimmten Proben der Trocknungsvorgang untersucht werden, kann das Vakuum erhöht werden. So kann leicht der Vorgang der Kristallisation und mit einer speziellen Probenheizung auch das Schmelzen oder Erstarren von Metallegierungen beobachtet werden.

Obwohl der Elektronenstrahl eine kurze Entfernung in einem geringen Vakuum zurücklegen kann, können das die Sekundärelektronen aufgrund ihrer niedrigen Energie nicht. Zusätzlich würde die positive Spannung von 12 kV auf dem Szintillator in der Umgebung mit niedrigem Vakuum Probleme verursachen; damit scheidet der Einsatz eines konventionellen Everhart-Thornley-Detektors aus. Ein Hersteller hat dieses Problem gelöst, indem er direkt oberhalb der Probe ein geladenes Plättchen angebracht hat. Das Plättchen trägt eine positive Spannung von 300 V bis 500 V. Dieses Plättchen fördert die Ionisation von Molekülen in der Kammer. Auf diese Weise bewirken die von der Probe freigesetzten Sekundärelektronen die Emission von Elektronen aus den Gasmolekülen, die dann kaskadenförmig weitere Emissionen von Elektronen bewirken. Es wurde festgestellt, daß in die Probenkammer eingebrachter Wasserdampf diesen Prozeß unterstützt. Ein großer Vorteil dieser Methode ist, daß die erzeugten freien, positiven Ionen dazu beitragen, eine negative Aufladung der Probe zu verhindern (vgl. Kap. 7), und daß nichtleitende Proben ohne Metallisierung untersucht werden können. Ein anderer Hersteller hat das Detektorproblem derart gelöst, daß nicht die Sekundärelektronen, sondern mit Hilfe eines Halbleiterdetekors die rückgestreuten Elektronen nachgewiesen werden, auf die wegen ihrer hohen Energie das niedrige Vakuum keinen Einfluß hat.

Das Raster-Transmissionselektronenmikroskop

Die Vorteile eines Raster-Transmissionselektronenmikroskops

Ein Raster-Transmissionselektronenmikroskop (scanning transmission electron microscope – STEM) ist ein Elektronenmikroskop, mit dem man Dünnschnitte und andere Proben in einem Abtastmodus untersuchen kann. Die einfallenden Strahlelektronen durchstrahlen die Probe auf fast dieselbe Art und Weise wie bei der TEM. Der Elektronenstrahl ist jedoch nicht im Abbildungs- oder Scheinwerfermodus, sondern wird als Sonde benutzt und tastet die Probe in derselben Weise wie in der REM ab. Normalerweise wird die Probe abgetastet und das durchstrahlte Bild wie in der REM auf dem Schirm einer Kathodenstrahlröhre erzeugt.

Im Vergleich zum TEM besitzt das STEM einige Vorteile: Es können dickere Schnitte untersucht werden, die analytische Auflösung in der Röntgenmikroanalyse ist aufgrund des kleineren Strahldurchmessers besser, und die Digitalisierung der Informationen ist erleichtert. Daß dickere Schnitte untersucht werden können, liegt darin begründet, wie das Bild erzeugt wird. Zu einem gegebenen Zeitpunkt wird die gesamte Energie des Strahls auf einen sehr kleinen Bereich fokussiert. Alle Elektronen, die die Probe auf der anderen Seite verlassen, aktivieren den Detektor. Dieser kann durch nicht abgelenkte, unelastisch oder elastisch gestreute Primärelektronen aktiviert werden. Daher können infolge der größeren Strahlintensität und der Fähigkeit, mehr Elektronentypen nachzuweisen, in der STEM dickere Proben als in der TEM untersucht werden. Der in einem STEM zugängliche Dickebereich hängt von der Beschleunigungsspannung und der Probe selber ab. Im allgemeinen liegt die Probendicke zwischen 100 nm und 0,5 µm bis 1 µm.

Oftmals ist es nicht nötig, die Schnitte zu kontrastieren, da in der STEM die Bilderzeugung empfindlicher als in der TEM auf Änderungen in der Probendichte und -zusammensetzung reagiert. Manchmal liefern kontrastierte und nicht kontrastierte Schnitte komplementäre Information, solange die genauen Details der Kontrastierreaktion bekannt sind. Dickere Schnitte können mehr Information liefern, da zu einem gegebenen Zeitpunkt einfach mehr Material untersucht wird.

Die Möglichkeit, dickere Schnitte zu untersuchen, wirkt sich in der energiedispersiven Röntgenmikroanalyse vorteilhaft aus. Die Stärke der erzeugten Röntgenstrahlung hängt direkt von der Anzahl der Atome ab, die durch den Strahl angeregt werden. Bei einer größeren Probendicke werden mehr Atome angeregt, daher wird mehr Röntgenstrahlung erzeugt, was zu einer einfacheren Analyse führt. Die größere Probendicke verschlechtert normalerweise nicht signifikant das analytische räumliche Auflösungsvermögen (das heißt, man kann die in unterschiedlichen Bereichen lokalisierten Elemente auflösen).

Ein weiterer Vorteil der STEM ist, daß die Information digitalisiert, verarbeitet und in einem Computer gespeichert werden kann, da das Bild in Bildelemente aufgelöst ist. Die meisten Anlagen benötigen zur Digitalisierung Zusatzgeräte, sogenannte digitale Strahlsteuerungen.

Das universelle STEM

Das am weitesten verbreitete STEM ist ein standardmäßiges TEM, das mit einem zusätzlichen Ablenkgerät versehen wurde. Dieser Gerätetyp ist für TEM und STEM-Untersuchungen geeignet und kann zusätzlich für standardmäßige REM-Messungen an kleinen ganzen Proben mit einer sehr hohen Auflösung eingesetzt werden. Dieses Gerät zeigt sowohl alle Vorteile des eben diskutierten STEM als auch die zusätzliche Möglichkeit zu REM-Untersuchungen.

Die Probengröße liegt in der REM üblicherweise bei 3 mm mal 8 mm, und die Bewegung der Probe ist eingeschränkt. Die REM-Auflösung des universellen STEM liegt im Bereich von 1,5 nm bis 2 nm und ist damit viel besser als die eines konventionellen REM. Die verbesserte Auflösung ist ein Ergebnis der Probenanordnung und der Art des Nachweises der Sekundärelektronen. Die REM-Probe wird im Feld einer Schlitzobjektivlinse positioniert, wie sie normalerweise für TEM-Proben verwendet wird. Diese Anordnung schränkt die sphärische Aberration der Objektivlinse ein und erhöht die Auflösung. Zusätzlich wird der Nachweisprozeß für zwei Typen von Sekundärelektronen reduziert, die in einem konventionellen REM die Auflösung begrenzen (vgl. den Abschnitt über Sekundärelektronen in diesem Kapitel). Da der Detektor aus Raummangel nicht direkt neben der Probe positioniert werden kann, werden die Sekundärelektronen durch das Magnetfeld der Linse durch die Bohrung der Objektivlinse nach oben gezogen, wo sie von einem oben auf der Linse angebrachten Detektor nachgewiesen werden. Mit dieser Anordnung wird die Anzahl der Sekundärelektronen vom Typ III und Typ IV stark eingeschränkt (vgl. Abb. 5.11). Somit werden zwei der die Auflösung begrenzenden Signale reduziert, und die resultierende Auflösung ist viel besser als die eines typischen Rasterelektronenmikroskops.

Das spezialisierte STEM

Das spezialisierte STEM ist für den Abtastmodus eingerichtet und kann kein standardmäßiges TEM-Bild erzeugen, da die abbildenden Linsen hinter der Probe fehlen. Diese hochspezialisierten Geräte sind mit einer Feldemissionskathode ausgestattet. Die Bilder werden bei der spezialisierten STEM grundsätzlich anders als bei den universellen Geräten erzeugt. Sie basieren auf der Art der speziellen Wechselwirkung zwischen den Strahlelektronen und den Probenatomen. Die Wechselwirkungsprodukte (nicht abgelenkte Elektronen, elastisch gestreute Elektronen und unelastisch gestreute Elektronen) werden getrennt nachgewiesen, und mit jedem kann ein Bild erzeugt werden. Unter einem großen Winkel elastisch gestreute Elektronen werden mit dem Ringdetektor nachgewiesen, mit dessen Output ein Dunkelfeldabbildung genanntes Bild erzeugt wird. Die Elektronen, die nicht unter einem großen Winkel gestreut wurden, gehen durch den Ringdetektor hindurch und passieren dann ein EELS.

Dieses Gerät enthält einen Magneten, der die Elektronen nach ihrer Geschwindigkeit, die vom Energieverlust abhängig ist, trennt. Ein hinter dem Spektrometer plazierter Detektor kann gezielt auf jeden gewünschten Energieverlustbereich eingestellt werden. Wird der Detektor nur auf Elektronen ohne Energieverlust eingestellt (der beim Passieren der Probe nicht abgelenkte Typ), heißt das erhaltene Bild Hellfeldabbildung. Wird der Detektor auf Elektronen mit größerem Energieverlust eingestellt, basiert das Bild auf dem Nachweis der unelastisch gestreuten Elektronen.

Die hohe Auflösung (0,1 nm) und die Möglichkeit zu wählen, auf der Basis welcher Wechselwirkung Strahl-Probe das Bild erzeugt werden soll, machen dieses Gerät für Physiker und Chemiker zur Untersuchung der Grundstruktur der Materie sehr nützlich. Bisher wurde das Gerät noch nicht ausgedehnt zur Untersuchung von dünnen, biologischen Schnitten eingesetzt, es wurde aber zur Aufzeichnung der Masseverteilung von Proteinen und Nukleinsäuren benutzt.

Das REM mit dem Detektor für Transmissionsmodus

Die meisten Rasterelektronenmikroskope können mit einer speziellen Probenhalterung für die Netze und zum Nachweis der erzeugten Signale mit einem besonderen, unterhalb der Netzhalterung positionierten Everhart-Thornley-Detektor ausgestattet werden, so daß sie zur STEM-Abbildung geeignet sind. Wegen des begrenzten Bereichs der Beschleunigungsspannung der meisten Rasterelektronenmikroskope können mit diesem Gerätetyp nicht so dicke Schnitte wie mit den anderen Typen der Raster-Transmissionselektronenmikroskope untersucht werden. Dieser Typ eines Raster-Transmissionselektronenmikroskops wird nicht sehr häufig eingesetzt.

Das Rastertunnelmikroskop und das Atomic Force Microscope

Das Rastertunnelmikroskop (RTM) und das Atomic Force Microscope (AFM), auch Kraftmikroskop genannt, sind zwei neue Arten von Mikroskopen, die erhebliches Potential zur komplementären Erweiterung der Möglichkeiten der REM besitzen. Weder das Tunnelmikroskop noch das Kraftmikroskop sind Elektronenmikroskope; anstatt die Probe mit einem Elektronenstrahl abzubilden, tastet eine sehr feine mechanische Sonde die Probenoberfläche ab. Bei keinem der beiden Geräten muß sich die Probe in einem Vakuum befinden. Normalerweise ist das Mikroskop nicht mehr als 15 cm bis 20 cm hoch und paßt leicht auf einen Tisch.

Im Rastertunnelmikroskop und auch im Kraftmikroskop wird die Oberfläche von ganzen, nicht geschnittenen Proben abgetastet, wie das auch in der REM der Fall ist. Die Vorteile des Rastertunnelmikroskops und des Kraftmikroskops sind die höhere Auflösung und die größere Empfindlichkeit bei der Bestimmung von Profilunterschieden in einer Probe. Die Auflösung in der Tunnel- und Kraftmikroskopie liegt im Bereich von 0,1 nm oder weniger, verglichen mit der Auflösung von 5 nm eines durchschnittlichen Rasterelektronenmikroskops. Die größere Empfindlicheit hinsichtlich Profilunterschieden bezieht sich auf vertikale (Höhen-) Änderungen in der Probe, im Vergleich zu den lateralen (Horizontal-) Unterschieden, die normalerweise zur Definition der Auflösung herangezogen werden. Aufgrund der Natur des Abbildungsprozesses sind das Tunnel- und das Kraftmikroskop viel empfindlicher gegenüber diesen Profilunterschieden. In der Tat gibt es Proben, die in einem REM kaum Höhenunterschiede erkennen lassen, aber in einem Tunnel- oder Kraftmikroskop ein exzellentes Bild erzeugen.

Sowohl in der Tunnel- als auch in der Kraftmikroskopie wird die Probenoberfläche mit einer feinen mechanischen Sonde abgetastet. In beiden Geräten wird zum Abrastern eine piezoelektrische Positioniereinrichtung benutzt. Der piezoelektrische Effekt besteht darin, daß einige Kristalle sich ausdehnen, wenn eine elektrische Spannung angelegt wird. Durch gezielte Kombination von Kristallen sind Bewegungen in x-, y- und z-Richtung möglich. In einem Rastertunnelmikroskop kann mit der piezoelektrischen Positioniereinrichtung entweder die Spitze oder die Probe bewegt werden. In einem Kraftmikroskop wird die Probe auf der piezoelektrischen Positioniereinrichtung angebracht und bewegt.

In einem Rastertunnelmikroskop wird sehr nahe der Oberfläche eine Metallspitze positioniert (vgl. Abb. 5.29). Der Abstand ist so gering, daß sich die Elektronenorbitale der Spitze mit denen der Probe überlappen. Wird zwischen Spitze und Probe eine Vorspannung angelegt, können einige der Elektronen zwischen Spitze und Probe tunneln und damit einen Stromfluß bewirken. Die

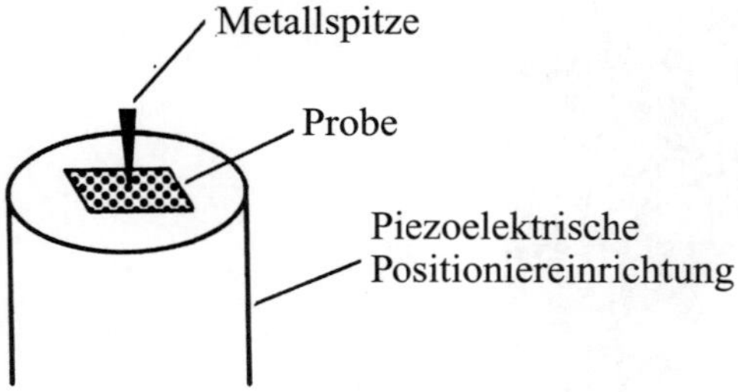

Abb. 5.29 Schematische Darstellung eines Rastertunnelmikroskops
Das von einem RTM erzeugte Bild basiert auf dem Tunnelstrom zwischen einer Metallspitze und der Probe

Stromänderung bei Bewegung der Spitze kann zur Erzeugung eines Bildes auf einer Kathodenstrahlröhre benutzt werden, das einem REM-Bild sehr ähnlich ist. Alternativ kann auch mit Hilfe eines Rückkoppelmechanismus die Spitze in z-Richtung bewegt werden, so daß der Tunnelstrom konstant gehalten wird, während die Spitze die Probenoberfläche abtastet. In diesem Fall wird mit der Spannungsänderung, die an die piezoelektrische Positioniereinrichtung angelegt werden muß, damit der Tunnelstrom konstant bleibt, das Bild auf der Bildröhre erzeugt. Da der Tunnelstrom auf Abstandsänderungen zwischen Spitze und Probe extrem empfindlich reagiert, zeigt das Bild einen hohen Kontrast mit sehr kleinen Höhenänderungen der Oberfläche. Für einen ordnungsgemäßen Betrieb des Rastertunnelmikroskops sind elektrisch leitende Proben erforderlich.

In einem Kraftmikroskop ist eine sehr feine Spitze auf einem dreieckigen Stück Metallfolie, dem Ausleger, angebracht (vgl. Abb. 5.30). Die piezoelektrische Positioniereinrichtung bewegt die Probe unter die Spitze. Die Variation der Anziehungskräfte zwischen den Bahnelektronen der Spitze und denen der Probe bewirkt eine Bewegung der Folie. Ebenfalls wird ein Laserstrahl unter

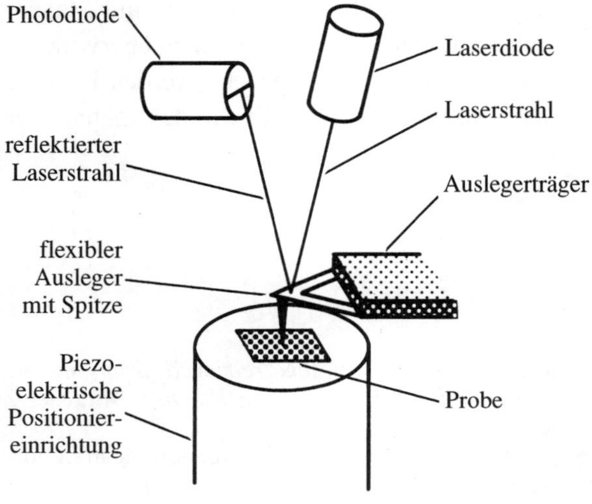

Abb. 5.30 Schematische Darstellung eines Kraftmikroskops (AFM)
Das von einem AFM erzeugte Bild basiert auf der Reflexion von Laserlicht durch die Oberfläche des Auslegers

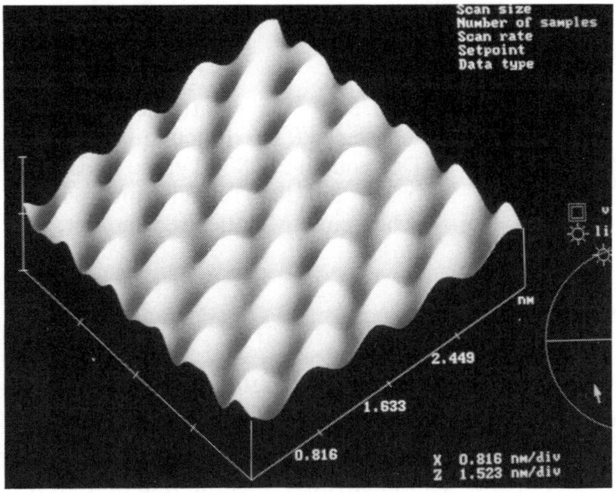

Abb. 5.31 AFM-Bild von Glimmeratomen Die Auflösung im atomaren Bereich ist ersichtlich.

einem Winkel auf die Oberfläche der Folie gerichtet. Der reflektierte Laserstrahl wird mit Photodioden nachgewiesen. Eine Bewegung der Folie bewirkt eine Stromänderung in der Photodiode. Mit dieser Stromänderung wird dann ein Bild auf einer Kathodenstrahlröhre erzeugt. Alternativ kann auch die Spitze bewegt werden, so daß der Strom in der Photodiode konstant gehalten wird, und mit der Spannungsänderung, die an die piezoelektrische Positioniereinrichtung angelegt wird, das Bild erzeugt werden. Ein wichtiger Vorteil der Kraftmikroskopie ist, daß die Proben nicht elektrisch leitend sein müssen.

Das Rastertunnelmikroskop und das Kraftmikroskop besitzen auf vielen Forschungsgebieten wichtige Einsatzmöglichkeiten, sowohl in der Biologie als auch in anderen Wissenschaften (vgl. 5.31). Ein Beispiel ist die Visualisierung von Versetzungen in Legierungen und der Gitterstruktur vieler Werkstoffe. In der Biologie wurden sie zur Abbildung von Aminosäuren, Proteinen und Makromolekülen eingesetzt. Es sind jedoch noch viel Schwierigkeiten zu überwinden, bevor diese neuen Mikroskope voll in der Biologie eingesetzt werden können. Die Situation entspricht der der Rasterelektronenmikroskope in den späten 60er Jahren.

Literatur

Barber, V. C. *SEM and X-ray microanalysis of artifacts retrieved from marine archaeological excavations in Newfoundland.* In: *Scanning Electron Microsc.* 2 (1979) S. 885 – 891. (Archäologie)

Baumgarten, N. *SEM for Imaging Specimens in Their Natural State.* American Laboratory, Shelton, CT. June 1990. (REM unter Umgebungsbedingungen)

Cole, E. I.; Bagnell, C. R.; Davies, B. G.; Neacsu, A. M.; Oxford, W. V. und Propst, R. I. *Advanced scanning electron microscopy methods and applications to integrated circuit failure analysis*. In: *Scanning Microsc.* 2 (1988) S. 133 – 150. (Potentialkontrast, Halbleitertechnik)

Czernuska, J. T.; Long, N. J.; Boyles, E. D. und Hirsch, P. B. *Imaging of dislocations using backscattered electrons in a scanning electron microscope*. In: *Philos. Mag. Letters* 62 (1990) S. 227 – 232. (Elektronen-Channeling)

DiMaio, V. J. M.; Dana, S. E.; Taylor, W. E. und Ondrusek, J. *Use of scanning electron microscopy and energy dispersive X-ray analysis (SEM-EDXA) in identification of foreign material on bullets*. In: *J. Forensic Sciences* 32 (1987) S. 38 – 47 (Gerichtsmedizin)

Dingley, D. J. *A comparison of diffraction techniques for the SEM*. In: *Scanning Electron Microsc.* 4 (1981) S. 273 – 286, 258. (Chanelling-Diagramme nach der Feinbereichsmethode, Elektronenrückstreu-Muster, Röntgenbeugung nach Kossel)

Doehne, E. und Stulik, D. C. *Applications of the environmental scanning electron microscope to conservation science*. In: *Scanning Microsc.* 4 (1990) S. 275 – 286. (Konservierung, REM unter Umgebungsbedingungen)

Gabriel, B. L. *SEM: A User's Manual for Materials Science*. Metals Park, OH. (American Society for Metals) 1985. (Anwendungen in der Metallurgie und den Werkstoffwissenschaften)

Goldstein, J. I; Newbury, P. E.; Echlin, P. E.; Joy, D. C.; Fiori, C. und Lifshin, E. *Scanning Electron Microscopy and X-Ray Microanalysis. A Text for Biologists, Materials Scientists, and Geologists*. New York (Plenum) 1981. (allgemeine Theorie)

Goldstein, J. I. und Yankowitz, H. *Practical Scanning Electron Microscopy*.
New York (Plenum) 1975. (allgemeine Theorie, Elektronen-Channeling, Channelling-Bilder nach der Feinbereichsmethode, EBIC; magnetischer Kontrast)

Holcomb, D. N. *Structure and rheology of dairy products: A compilation of references with subject and author indexes*. In: *Food Struct.* 10 (1991) S. 45 – 108. (Nahrungsmittelforschung)

Holt, D. B. *New directions in scanning electron microscopy cathodoluminescence microcharacterization*. In: *Scanning Microsc.* 6 (1992) S. 1 – 21. (Kathodolumineszenz)

Jahanmir, J.; Haggar, B. G. und Hayes, J. B. *The scanning probe microscope*. In *Scanning Microsc.* 6 (1992) S. 625 – 660. (Rastertunnelmikroskopie und Kraftmikroskopie)

Kiss , K. *Industrial problem solving with microbeam analysis*. In: *Scanning Microsc.* 1 (1987) S. 1515 – 1538. (Industrielle Anwendungen des Rasterelektronenmikroskops und verwandter Verfahren zur Problemlösung)

Kreindler, H. *The application of SEM for authentication of an important find of year five shekels of the Jewish war*. In: *Israel Numismatic J.* 9 (1986 – 1987) S. 38 – 45. (Numismatik)

Laschi, R. G. P. und Versura, P. *Scanning electron microscopy application in clinical research*. In: *Scanning Microsc.* 1 (1987) S. 1771 – 1795. (Das REM in der Medizin)

Leapman, R. D. und Andrews, S. B. *Analysis of directly frozen macromolecules and tissues in the field-emission STEM*. In: *J. Microsc.* 161 (1991) S. 3 – 19. (STEM-Abbildung von biologischen Makromolekülen)

Peters, K.-R. *Working at higher magnifications in scanning electron microscopy with secondary and backscattered electrons on metal coated biological specimens and imaging macromolecular cell membrane structures*. In: *Scanning Electron Microsc.* 4 (1985) S. 1519 – 1544. (hochauflösende Abbildung)

Pfefferkorn, G. E. *The early days of electron microscopy.* In: *Scanning Electron Microsc.* 1 (1984) S. 1 – 8. (Geschichte)

Robinson, V. N. E. *Materials characterization using the backscattered electron signal in scanning electron microscopy.* In: *Scanning Microsc.* 1 (1987) S. 107 – 117. (Charakterisieren von Werkstoffen)

Saglie, F. R. *Scanning electron microscope and intragingival microorganisms in periodontal diseases.* In: *Scanning Microsc.* 2 (1988) S. 1535 – 1540. (Zahnheilkunde)

Schmidt, D. G. *Electron microscopy of milk and milk products: Problems and possibilities.* In: *Food Microstruct.* 1 (1982) S. 151 – 165. (Nahrungsmittelforschung)

Versura, P. und Maltarello, M. C. *The role of scanning electron microscopy in ophthalmic science.* In: *Scanning Microsc.* 2 (1988) S. 1695 – 1723. (Augenheilkunde)

Wickramasinghe, H. K. *Scanned-probe microscopes.* In: *Sci. Am.* 261(4) (1989) S. 98 – 105. (Rastertunnelmikroskopie und Kraftmikroskopie)

Wilkinson, A. J.; Czernuszka, J. T.; Long, N. J. und Hirsch, P. B. *Electron channelling contrast imaging in the JSM-6400 scanning electron microscopy.* In: *JEOL News* 30 (1) (1992) S. 2 – 4. (Elektronen-Channeling)

Wischnitzer, S. *Introduction to Electron Microscopy.* New York (Pergamon) 1981. (allgemeine Theorie)

6 Probenpräparation für die TEM

Bevor die Proben in einem TEM untersucht werden können, müssen fast alle zu einem gewissen Grade präpariert werden. Der erste zu beachtende Faktor ist die letztendliche Größe der Probe, die im TEM untersucht werden kann. Der Standard für das TEM ist ein Probenträger, das sogenannte Netz, mit einem Durchmesser von 3 mm. Diese Netze bestehen im allgemeinen aus dünnem Kupfer (ungefähr 50 µm dick) und sind in einer Vielzahl von Ausführungen erhältlich (vgl. Abb. 6.1). Netze aus Gold, Nickel, Nylon und anderen Materialien stehen für spezielle Arbeiten wie die immunologische Markierung oder die Röntgenmikroanalyse zur Verfügung.

Bei der Präparation biologischer Proben muß die labile Molekülstruktur von lebendem Gewebe beachtet werden. Welches Verfahren ausgewählt wird, hängt von dem Untersuchungsziel und der Art der Probe ab. Um zusätzlichen unterscheidbaren Elektronenkontrast in elektronentransparenten biologischen Proben zu erzeugen, wird bei den meisten Verfahren der Probe eine elektronendichte Substanz zugesetzt. Unter Berücksichtigung dieser Verfahrensweise las-

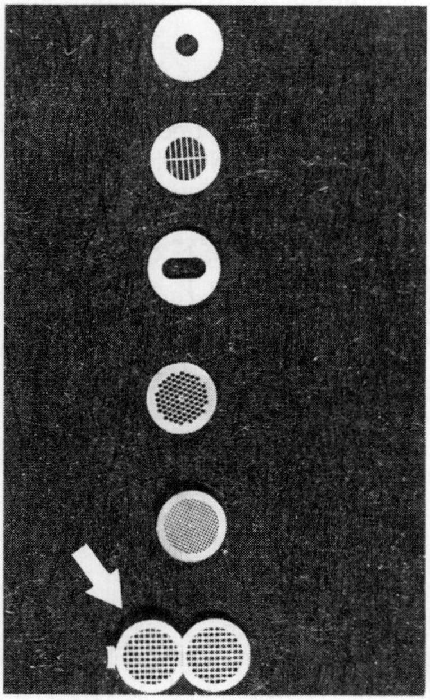

Abb. 6.1 TEM-Netze
TEM-Netze sind in vielen Maschenformen erhältlich. Alle haben einen Durchmesser von 3 mm. Welche Maschengröße oder welches Muster ausgewählt wird, hängt von der Art der Probenpräparation ab.

sen sich drei deutlich unterschiedliche Herangehensweisen bei der Präparation biologischer Proben für die TEM unterscheiden.

Kleine oder dünne Proben können als Ganzes aufgebracht werden, wobei die Probenumgebung eingefärbt wird (negative staining, Negativkontrastierung). Ist die Probe zu dick, um eine ausreichende Auflösung zu erreichen (im allgemeinen dicker als etwa 200 nm), dann kann mit einem Ultramikrotom ein Ultradünnschnitt (im allgemeinen dünner als 100 nm) hergestellt werden. Schließlich besteht die Möglichkeit, mit einem Material mit bekannten elektronenoptischen Eigenschaften einen Oberflächenabdruck der Probe herzustellen. In diesem Kapitel werden die allgemeinen Verfahren zur Probenpräparation für die TEM diskutiert; für weitere Details ist Literatur am Ende des Kapitels angegeben.

Die Negativkontrastierung kleiner Teilchen

Die Negativkontrastierung wird in der Probenpräparation für die TEM schon seit über dreißig Jahren angewandt. Mit ihrer Hilfe kann man kleine biologische Objekte (das heißt Viren, isolierte Organellen oder Makromoleküle) sichtbar machen; diese schnelle, hochauflösende Methode bietet die Möglichkeit, den Kontrast einer elektronentransparenten biologischen Probe zu verbessern. Ziel der Negativkontrastierung ist es, die Umgebung der Objekte mit einer Verbindung zu tränken, die stark Elektronen streut, wie Schwermetall-Salzlösungen. Wenn die Lösung eintrocknet, bildet sie eine glasartige Schicht auf der Trägerfläche, die von „Abdrucken" des elektronentransparenten biologischen Materials unterbrochen wird (vgl. Abb. 6.2). An den Kanten dieser Abdrucke ändert sich

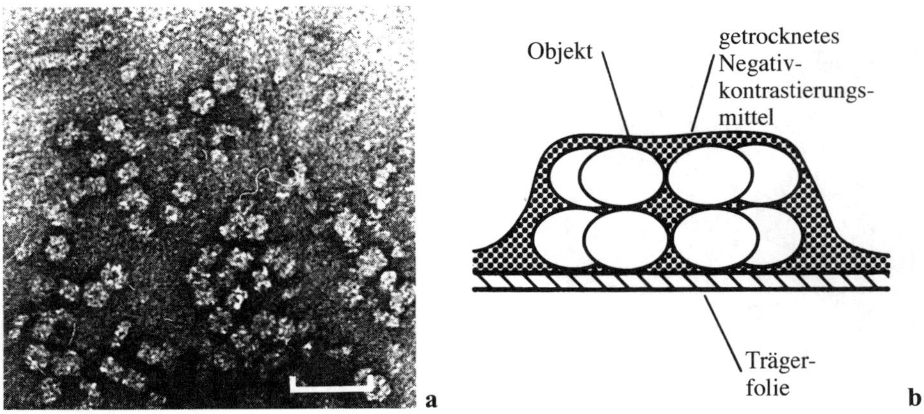

Abb. 6.2 Negativkontrastieren spezieller Proben
a) Das negativ kontrastierte Enzym Glutaminsynthetase
b) Schematische Darstellung des Schnittes durch eine negativ kontrastierte Probe
Die Massendicke des Kontrastierungsmittels ist direkt neben dem Objekt am größten.

die Dicke der Schicht entsprechend den Unregelmäßigkeiten der Objektoberfläche. Diese Bereiche unterschiedlicher Massendicke streuen die Elektronen unterschiedlich und tragen zu dem für die Betrachtung notwendigen Bildkontrast bei.

Negativkontrastierungsmittel mit Schwermetallen

Alle als Negativkontrastierungsmittel eingesetzten Materialien enthalten Schwermetallatome. Brauchbare Negativkontrastierungsmittel müssen gut löslich sein, einen hohen Schmelzpunkt besitzen (Strahlstabilität), eine kleine Molekülgröße aufweisen (zum guten Eindringen), in einer glatten (glasartigen) Schicht trocknen und nicht mit (dem positiven Kontrast erzeugenden Stoff) der Probe reagieren. Auf eine Reihe von Stoffen trifft diese Beschreibung zu.

Eines der am häufigsten verwendeten Negativkontrastierungsmittel ist Uranylacetat. Es wird auch zur Verbesserung des Kontrasts von Ultradünnschnitten eingesetzt (darauf wird später in diesem Kapitel eingegangen), ist für Arbeiten im sauren pH-Bereich geeignet und wird im allgemeinen als 0,5%ige gesättigte wäßrige Lösung verwendet.

Ein weiteres weit verbreitetes gutes Negativkontrastierungsmittel ist Phosphorwolframsäure (phosphotungstic acid; PTA). Man verwendet üblicherweise das Natriumsalz bei einem pH-Wert von 6 bis 8 und einer Konzentration von 0,5% bis 2% in Wasser. Es toleriert relativ hohe Mengen nichtflüchtiger Puffer, und es behält seine Wirksamkeit bei. Andere Kontrastierungsmittel mit ähnlichen Eigenschaften, wie Siliciumwolframsäure, liefern ebenfalls exzellente Ergebnisse.

Ammoniummolybdat, ein drittes Negativkontrastierungsmittel, in einer 1%igen bis 2%igen Lösung wirkt bei einem pH von 7 bis 7,4. Es ist zur Kontraststeigerung speziell bei Membransystemen wie Mitochondrien und anderen Organellen geeignet.

Zusätzliche Trägerfolien für kleine Partikel

Um kleine biologische Objekte negativ kontrastieren oder aus Partikeln bestehende werkstoffwissenschaftliche Proben sichtbar machen zu können, müssen sie auf ein Mikroskopiernetz präpariert werden. Wenn die Objekte viel kleiner als die Maschenabstände des Netzes sind, muß das Netz mit einem zusammenhängenden Überzug versehen werden. Es gibt drei Arten von beschichteten Netzen, die als Probenträger beim Negativkontrastieren eingesetzt werden.

Die klarsten Probenträger werden aus glattem aufgedampftem Kohlenstoff hergestellt, der in einem Vakuumverdampfer auf einer ebenen Glas- oder Glimmeroberfläche abgeschieden wird (dies wird später in diesem Kapitel besprochen). Nach Aufdampfen der Kohlenstoffschicht auf die Unterlage wird diese angeritzt und auf der Oberfläche einer Schale mit staubfreiem destilliertem Wasser von der Unterlage abgeflottet. Diese quadratischen Kohlenstoffolien werden mit Kupfernetzen hochgehoben, und das restliche Wasser wird vorsichtig entfernt. Sofern die Folie dünn genug ist, bleibt sie ohne weitere Behandlung auf dem Netz haften; ist sie zu dick, muß sie geklebt werden. Am besten stellt man die mit einer Kohlenstoffolie bedeckten Netze im allgemeinen direkt vor Gebrauch her.

Eine zweite Art von Probenträgern wird durch Gießen einer dünnen Kunststoffolie hergestellt. In diesem Fall löst man den Kunststoff, wie Formvar (Polyvinylformaldehyd), in einem geeigneten Lösungsmittel, wie Dichlorethan, bis man eine schwache Lösung erhält (beispielsweise 0,25%ig). Man taucht einen in der Lichtmikroskopie üblichen Glasobjektträger in diese Lösung ein und läßt ihn trocknen. Die resultierende dünne Folie wird von dem Träger auf die Oberfläche einer Schale mit destilliertem Wasser abgeflottet. Einige einzelne Kupfernetze werden unmittelbar auf diese auf der Wasseroberfläche schwimmende Formarfolie gelegt, und das Ganze wird mit einem Stück Papier aufgenommen. Kunststoffolien haften im allgemeinen gut an den Netzen und sind stabiler als reine Kohlenstoffolien. Jedoch sind sie bei Elektronenbeschuß weniger beständig und besitzen einen stärkeren Hintergrundkontrast.

Ein dritter Ansatz, Trägerfolien herzustellen, besteht darin, eine Kunststoffolie dünn mit Kohlenstoff zu bedampfen. Ein kleiner Zusatz Kohlenstoff wirkt sich nur gering auf den Hintergrundkontrast aus, stabilisiert aber die Trägerfolie erheblich. Das Verdampfen des Kohlenstoffs zur Folienerzeugung oder Stabilisierung einer Kunststoffolie wird später in diesem Kapitel diskutiert.

Drei gängige Verfahren zum Negativkontrastieren

Es gibt eine Anzahl von Verfahren zur Herstellung von Proben mit Negativkontrast. Da keine von ihnen besonders umständlich ist, ist es oftmals von Vorteil, bei einer gegebenen Probe mehrere Verfahren zu erproben und herauszufinden, welches die besten Resultate liefert.

Das einfachste Verfahren ist die Tropfenmethode. Bei diesem Verfahren bringt man die Probe (in einem geeigneten Medium mit einer Konzentration im allgemeinen kleiner als 0,1 mg/ml aufgelöst) auf ein beschichtetes Netz und läßt sie etwa eine Minute adsorbieren. Der größte Teil der Probe wird dann mit Filterpapier aufgenommen. Man gibt einen Tropfen des gelösten Kontrastierungsmittels hinzu, läßt es 30 Sekunden einwirken und nimmt es dann von der Seite mit Filterpapier auf. Die Probe ist dann zum Untersuchen fertig.

Anstatt die Probe auf das Netz zu bringen, kann man alternativ das Netz oder die Trägerfolie auf die Oberfläche eines kleinen Volumens der Probenmischung geben und die Probenteilchen für einige Minuten adsorbieren lassen. Das Netz oder die Trägerfolie wird dann zum Negativkontrastierungsmittel gebracht. Bei dieser Methode diffundiert nicht gebundenes Material in den Kontrastierungsmitteltropfen. Das Netz mit den anhaftenden Partikeln wird dann aufgenommen und getrocknet.

Ein drittes Verfahren besteht darin, gleiche Volumina der Probe und des Negativkontrastierungsmittels zu mischen und sie mit einem Zerstäuber oder einer modifizierten Sprühdose auf das beschichtete Netz zu sprühen. Die resultierenden feinen Tröpfchen kollidieren mit der Oberfläche des Netzes, wobei kleine Bereiche mit der richtigen Schichtdicke des Kontrastierungsmittels entstehen. Bei Verwendung einer modifizierten Sprühdose benötigt man hierfür nur weniger als 20 µl Probenlösung, was besonders nützlich ist, wenn nur kleine Probenmengen zur Verfügung stehen. Bei jedem Sprühverfahren sollten die Aerosoldispersion mit den Schwermetallen aus dem Kontrastierungsmittel und gefährliche Proben mit Vorsicht gehandhabt werden.

Ultramikrotomie größerer Proben

Die meisten Proben sind dicker als 100 nm, zur Untersuchung in einem TEM aber benötigt man eine dünnere Probe. Die Ultramikrotomie (das Ultradünnschnittverfahren) ist das in der Biologie am weitesten verbreitete Verfahren zur Probenpräparation. Ziel der Ultramikrotomie ist es, eine repräsentative Schicht der Probe zu erhalten, die ausreichend dünn zur Untersuchung in einem TEM ist. Obwohl die Ultramikrotomie das Präparationsverfahren ist, das eine Untersuchung der Probe in dem TEM erst ermöglicht, stellt es nur einen Schritt in einer Reihe von Präparationsschritten dar, von denen jeder von der erfolgreichen Ausführung des vorhergehenden Schrittes abhängt.

Die folgende Aufzählung zeigt, wo in der routinemäßigen Präparation biologischer Proben die Ultramikrotomie einzuordnen ist:

1. Isolieren der Probe
2. Abtöten und Fixieren
3. Entwässern
4. Tränken mit Kunstharz und Einbetten
5. Ultramikrotomie
6. Kontrastverbesserung
7. Interpretation.

Die Isolation der Probe als kritischster Schritt

Der Abbau einer biologischen Probe beginnt spätestens bei ihrer Entnahme aus dem Organismus. Daher sollte die Zeit zwischen Probenentnahme und Fixierung so kurz wie möglich sein. Tierisches Gewebe ist in der Regel empfindlicher gegen durch das Trauma der Isolierung bedingte Artefakte als Pflanzenmaterial. In vielen Fällen treten Änderungen der Ultrastruktur so schnell post mortem ein, daß sie das zu untersuchende Phänomen verschleiern oder verändern würden, wenn das Gewebe direkt aus dem Tier entnommen würde. In diesen Fällen bietet die in situ Primärfixierung über Gefäßdurchflutung (Vaskularperfusion – sie wird später in diesem Kapitel diskutiert) eine Alternative. Jedoch sogar bei diesem Verfahren lassen sich manchmal bei der Probenisolation unerwünschte Änderungen nicht vermeiden, und andere Ansätze (sie werden ebenfalls später in diesem Kapitel diskutiert) werden benötigt. Jede biologische Probe sollte in die Fixierflüssigkeit eingebracht sein, bevor sich Schäden durch Trocknen ausbilden können. Dies kann dadurch erreicht werden, daß eine größere Probe als erforderlich entnommen, sie in eine Puffer- oder Fixierlösung getaucht und dann aus ihrem Inneren das eigentliche Untersuchungsobjekt entnommen wird. Diffusionsgeschwindigkeiten spielen bei der Geschwindigkeit der chemischen Fixierung eine wichtige Rolle. Geschwindigkeit und Qualität der Fixierung sind daher vom Oberfläche-Volumen-Verhältnis der Probe abhängig. Es hat sich generell bewährt, die maximalen Endabmessungen der Probe bei der Anfangsfixierung entnommenen Gewebes und bei der Sekundärfixierung perfusionierten Gewebes auf 1 mm zu begrenzen. Diese maximale Größe erlaubt es, einige kleine Pflanzen und Tiere als Ganzes oder zumindest ganze Organe zu fixieren. Die Enden von Pflanzenwurzeln beispielsweise sind häufig im Durchmesser kleiner als 1 mm, so daß man sie einfach nur von der Pflanze abschneiden muß, um die richtige Probengröße zu erreichen. Für die in den nächsten Abschnitten diskutierte physikalische Fixierung werden sogar noch kleinere Proben benötigt.

Abtöten und Fixieren

Idealerweise sollte das TEM-Bild die Organisation der Zellkomponenten auf Molekülniveau wiedergeben, so wie sie vor Beginn der Probenpräparation vorlag. Da Leben durch Anordnung und Zustand der gleichen Moleküle definiert ist, besteht die Aufgabe des Abtötens und Fixierens darin, sie in einem naturgetreuen Zustand zu stabilisieren. Da ein exakt naturgetreuer Zustand jedoch bedeuten würde, daß das Gewebe lebendig ist, müssen eine Reihe von Kompromisse bezüglich der Struktur im Interesse der Stabilität eingegangen werden. In sorgfältig abgetötetem und fixiertem Gewebe müssen die Kompromisse im Hinblick auf die am meisten interessierende Information geschlossen werden.

Das Gewebe kann physikalisch oder chemisch fixiert werden. Das physikalische Fixierungsverfahren für TEM-Proben, das die beste Übereinstimmung mit dem Original liefert, ist die Gefrierfixierung, ein Verfahren, das ursprünglich für den Gefrierbruch entwickelt wurde, aber auch für die Gefriersubstitution geeignet ist. Am häufigsten wird die zweistufige chemische Fixierung mit Aldehyden und organometallischer Vernetzung angewandt. Obwohl die chemische Fixierung etwas einfacher auszuführen ist und keine extrem kleine Probe erfordert, besitzt das Gefrierfixieren entschiedene Vorteile, wenn kurzlebige Zellveränderungen untersucht oder wenn äußerst labile histochemische oder immunologische Eigenschaften beobachtet werden sollen.

Die erste Anforderung an das Fixieren besteht darin, die Zellkomponenten an ihrem Platz und in einem möglichst naturgetreuen Zustand zu stabilisieren (fixieren). Falls die Probe histochemisch oder immunologisch markiert werden soll, muß dieser naturgetreue Zustand bis auf Molekülniveau der Zielreaktion oder des Platzes des Antigens erhalten bleiben (obwohl nicht beteiligte ultrastrukturelle Details in diesen Untersuchungen geopfert werden können).

Eine zweite wichtige Funktion des Fixierens ist der Schutz der Probe vor Zerreißen, Änderungen in ihren Abmessungen und Materialverlust während der nachfolgenden Schritte. Proben, von denen Dünnschnitte gemacht werden sollen, müssen eingebettet und in einer Trägermatrix aufbewahrt werden und sind beim Einbetten einer Reihe von starken Extraktionsmitteln ausgesetzt.

Schließlich dient das Fixieren auch dazu, das Probenmaterial derart zu präparieren, daß es dem Elektronenstrahl ausgesetzt werden kann. Sogar nach der Ultramikrotomie muß die fixierte Probe noch der Strahlung eines Elektronenstrahls von mehreren Kilovolt widerstehen können, ohne daß sie sich schnell zersetzt.

Da beim Abtöten und Fixieren immer einige Kompromisse bezüglich des naturgetreuen Zustandes geschlossen werden müssen und einige Artefakte eingeführt werden, ist es problematisch, die Qualität der Fixierung zu beurteilen. Es gibt jedoch eine Reihe von Kriterien zur Bestimmung der Qualität:

1. Die Zellmembranen sollten durchgängig und glatt sein.
2. Im Zytoplasma sollten keine Leerräume sein (das Erscheinungsbild stimmt mit lichtmikroskopischen Vergleichsaufnahmen von entsprechendem lebendem Material überein).
3. Der Verlust von Zellmaterial sollte bei der Extraktion so gering wie möglich sein.
4. Die Erhaltung der Struktur sollte bei Anwendung der verschiedenen Methoden gleich ausfallen.

Chemische Fixierung

Für eine gute chemische Fixierung muß das Fixiermittel mehreren Anforderungen genügen. Erstens sollte das Fixiermittel schnell wirken, um die Lebensfunktionen einer Zelle zum Erliegen zu bringen. Eine Zelle, die langsam ihre Funktionen einstellt, wird ultrastrukturelle Veränderungen aufweisen. Im Extremfall könnte die Fixierung so langsam stattfinden, daß die endogenen Zellenzyme während der Fixierung damit beginnen könnten, die Zelle aufzulösen (Autolyse). Eine zweite, in enger Beziehung zur ersten Forderung stehende ist die, daß das Fixiermittel die feinen Details einer Zelle ohne Umordnung der Komponenten konserviert. Drittens sollten die Reaktionen zwischen den verschiedenen Klassen von Biomolekülen und dem Fixiermittel zu einem gewissen Grad bekannt sein, damit das resultierende Bild korrekt interpretiert wird. Die Fixierung sollte relativ wirtschaftlich und sicher sein. Letztendlich sollte das Fixiermittel bei brauchbaren Konzentrationen genügend Kapazität besitzen. Normalerweise ist ein Verhältnis Fixiermittel/Gewebe von etwa 5 : 1 oder größer am geeignetsten. Bis heute gibt es kein einzelnes Fixiermittel, das allen diesen Anforderungen genügt; die Antwort zu diesem Problem liegt in mehreren Fixierschritten.

Primärfixierung

Der größte Teil des biologischen Materials wird in einem mindestens zweistufigen Prozeß fixiert. Die beiden Schritte zielen auf die Fixierung unterschiedlicher Klassen von Biomolekülen ab, und im allgemeinen sind die unterschiedlichen Fixiermittel Synergisten (sie verstärken einander). Üblicherweise wird die Probe im ersten Schritt in einem Aldehyd oder einer Mischung von Aldehyden fixiert, da Aldehyde tiefer als Metalloxide in die Probe eindringen. Es gibt drei Aldehyde, die gewöhnlich zur Probenpräparation für die TEM verwendet werden.

Glutaraldehyd wird am häufigsten eingesetzt. Ein Großteil seiner Effizienz als Fixiermittel scheint aus der Tatsache herzurühren, daß er ein Dialdehyd (O=CH–C–C–C–CH=O) ist. Die Chemie der Fixierung von Biomolekülen mit Glutaraldehyd ist komplex. Bei der Reaktion zwischen Glutaraldehyd und den Proteinen scheinen vernetzte Komplexe von Polymeren auf Pyridinbasis zu entstehen, die sowohl aus löslichen als auch aus an Membranen gebundenen Proteinen gebildet werden, was für den hohen Grad der räumlichen Unversehrheit in mit Glutaraldehyd fixiertem Gewebe verantwortlich sein mag.

Bei der Reaktion von Glutaraldehyd mit Proteinen werden große Mengen von Wasserstoffionen in die Umgebung abgegeben und Sauerstoff (O_2) benötigt. Sauerstoffmangel und das Sinken des pH-Wertes während der Reaktion dürften gelegentliche Berichte über langsames Eindringen bei der Fixierung mit Glutaraldehyd erklären. Daher erfordert eine optimale Fixierung in der Regel irgendein pH-Puffersystem und profitiert von einer Belüftung oder einer anderen Sauerstoffquelle, wie beispielsweise Wasserstoffperoxid (H_2O_2). Obwohl Glutaraldehyd mit vielen Zellproteinen unlösliche Komplexe bildet, bleiben die Zellen osmotisch aktiv, und die Zugabe von isotonischen Lösungen ist allgemein zu empfehlen. Der pH-Puffer kann oft so modifiziert werden, daß er diese Funktion mitübernimmt.

Weniger Information existiert über die Reaktion von Glutaraldehyd mit den anderen Biomolekülen in der Zelle. Glutaraldehyd scheint Glykogen zu stabilisieren und sich vielleicht daran zu binden. Lipide werden von Glutaraldehyd nicht stabilisiert. Bei alleiniger Fixierung der Zellen mit Glutaraldehyd können über 90% der Lipide in der Zelle bei den nachfolgenden Entwässerungsschritten extrahiert werden.

Glutaraldehyd ist im allgemeinen als 8%ige, 25%ige oder 50%ige Lösung in Wasser erhältlich. Während der Lagerung können nichtreaktive Polymere gebildet werden, speziell bei höheren Temperaturen, so daß Glutaraldehyd zur Verlängerung der Lagerfähigkeit bei weniger als 4 °C aufbewahrt werden sollte. Obwohl kommerziell erhältlicher Glutaraldehyd für die meisten Anwendungen in der TEM ausreichend ist, kann er für kritische Arbeiten durch Destillation von den Polymeren befreit und spektrographisch untersucht werden. Gepufferte Lösungen sollten direkt vor Anwendung hergestellt werden und enthalten normalerweise 0,5-Volumen% bis 10-Volumen% Glutaraldehyd.

Reiner Formaldehyd (H–CH=O), der kleinste Aldehyd, ist bei Raumtemperatur ein Gas. Er ist der am zweithäufigsten verwendete Aldehyd in der Fixierung von TEM-Proben. Obwohl seine Fixierreaktionen hauptsächlich Proteine betreffen, kann Formaldehyd auch Nukleinsäuren fixieren. Die Produkte der Reaktion mit Proteinen scheinen sich gänzlich von denen der Fixierreaktionen von Glutaraldehyd zu unterscheiden. Es werden nicht so große, vernetzte Strukturen gebildet, und mehr Material wird ausgelaugt, besonders dann, wenn die Fixierung über einen langen Zeitraum geht. Formaldehyd fixiert Lipide oder Polysaccharide nicht gut. Trotz dieser Unzulänglichkeiten dringt Formaldehyd schnell in die Probe ein, was einige seiner nachteiligen Effekte aufwiegen kann, speziell bei großen oder dichten Proben. Wie später in diesem Kapitel diskutiert, wird er oft gleichzeitig mit anderen Aldehyden verwendet, normalerweise im Bereich von 1% bis 10% in einem gepufferten Medium.

Kommerziell erhältliche Formaldehydlösungen (Formalin) enthalten im allgemeinen etwa 15% Methanol zur Stabilisierung. Es hat sich aber gezeigt, daß das Vorhandensein von Methanol sich äußerst nachteilig auf das fixierte Gewebe auswirkt. Für TEM-Anwendungen wird der verwendete Formaldehyd üblicherweise durch Depolymerisation seines Polymeren, Paraformaldehyd, in heißem Wasser kurz vor Gebrauch hergestellt. Oftmals wird durch Zugabe von Natriumhydroxid (NaOH) der pH-Wert erhöht und somit die Auflösung begünstigt und danach wieder mit Salzsäure (HCl) auf physiologisches Niveau gebracht. Es sollten dabei der osmotische Effekt des resultierenden Salzes, Natriumchlorid (NaCl) und auch die krebserregenden Reaktionsprodukte von Formaldehyd- und HCl-Dämpfen beachtet werden.

Acrolein ist der dritte Aldehyd, der regelmäßig in der TEM-Präparation Anwendung findet. Auch als Acrylaldehyd bekannt (CH_2=CH–CHO) ist Acrolein ein sehr schnell eindringender Aldehyd, der für die Primärfixierung großer Proben oder solcher mit besonders dichten Zellwänden geeignet ist. Er ist ziemlich toxisch, hat einen äußerst unangenehmen Geruch (er wurde in Gasmischungen im Krieg eingesetzt), ist leicht polymerisierbar (besonders unter Lichteinwirkung) und entzündlich. Histologisch gesehen ist er auch der extraktivste der Aldehyde, er entfernt die Lipide umfassend. Acrolein zerstört auch den größten Teil der Enzymaktivität. Er wird üblicherweise in Konzentrationen von 1% bis 10% in Kombination mit anderen Aldehyden und Puffern verwendet, um die Anfangsfixierung zu beschleunigen.

Wie schon vorher erwähnt werden die Aldehyde oft in Mischungen eingesetzt, um die Fixiereigenschaften am besten zu kombinieren. Beispielsweise kann dem langsamen Eindringen von Glutaraldehyd entgegengewirkt werden, indem man ihn mit einem anderen Aldehyd mischt, der schneller in das Gewebe eindringt, es aber nicht so gut fixiert. Am häufigsten werden Glutaraldehyd und Formaldehyd kombiniert. Ursprünglich nahm man an, daß der schneller eindringende Formaldehyd temporär Strukturen stabilisiert, die dann von Glutaraldehyd dauerhafter vernetzt werden. Neuere Kenntnisse jedoch stützen das Modell, daß durch den Formaldehyd die gesamte Fixierchemie verändert wird; einige Verbesserungen beruhen auf dem veränderten O_2-Bedarf der Fixierung mit Glutaraldehyd und/oder der gebildeten Reaktionsprodukte.

Die Schritte der Primärfixierung reagieren im allgemeinen am empfindlichsten auf eine Temperaturänderung. Oftmals wird bei niedrigen Fixiertemperaturen gearbeitet, üblicherweise im Bereich von 0 °C bis 4 °C, um so autolytische Effekte zu unterdrücken. Da die Fixierreaktionen jedoch auch von der Thermodynamik bestimmt werden, ist es besser, bei gemäßigten oder physiologischen Temperaturen mit dem Fixieren zu beginnen. Am bemerkenswertesten ist, daß beim Fixieren bei niedrigen Temperaturen keine Mikrotubuli mehr vorhanden sind. Bei manchem Pflanzengewebe wird mehr Extraktion beobachtet, wenn die Fixierung bei tiefen Temperaturen begonnen wird.

Sekundärfixierung

Wie schon vorher diskutiert verbleiben bei der Aldehydfixierung einige Klassen von Biomolekülen nicht fixiert. In der Tat können bei ungeeigneter Dauer und Temperatur der Fixierung große Mengen Zellmaterial während der Primärfixierung ausgelaugt werden. Bei allgemeinen morphologischen Arbeiten wird eine Stunde bis über Nacht die Aldehydfixierung ausgeführt, gefolgt von einer Fixierung mit einem komplementären Sekundärfixiermittel, wobei Osmiumtetroxid (OsO_4) am verbreitetsten ist.

Osmiumtetroxid ist ein kristalliner Feststoff mit einem hohen Dampfdruck, der sich langsam in Wasser auflöst. Hauptsächlich greift es Lipide und andere Moleküle an ungesättigten Bindungen an und vernetzt sie. Es scheint auch mit einigen Strukturen zu reagieren (sich an sie zu binden), die mit Aldehyden fixiert wurden. OsO_4 allein war das erste üblicherweise eingesetzte Fixiermittel zur Probenpräparation für die TEM, aber aufgrund seiner geringen Eindringgeschwindigkeit ist es als Primärfixiermittel heutzutage nicht mehr so gefragt. Falls OsO_4 als Primärfixiermittel eingesetzt wird, darf die Probengröße 0,5 mm nicht überschreiten. Sogar bei so kleinen Proben ist es möglich, daß nicht fixierte Bereiche im Inneren der Probe verbleiben. OsO_4 ist als Sekundärfixiermittel geeignet (nachdem die Aldehydfixierung durchgeführt wurde), es fixiert die verbleibenden Zellkomponenten gut genug, so daß während der nachfolgenden Schritte der Probenpräparation kaum Zellinhalt ausgelaugt wird. Das Os (Ordnungszahl 76) aus dem OsO_4 streut effektiv Elektronen, so daß es auch als Kontrastierungsmittel wirkt und stark den Probenkontrast erhöht. Als ein Ergebnis der Fixierung mit Osmium verlieren die Zellmembranen ihre osmotischen Eigenschaften und sind in den nachfolgenden Schritten weniger empfindlich gegenüber ihrer Umgebung, so daß Puffer im allgemeinen nicht benötigt werden.

Osmiumtetroxid wird im allgemeinen dem zu fixierenden Gewebe mit einer Konzentration von 0,5% bis 2% in einer wäßrigen Lösung hinzugesetzt. Die Fixierreaktion verläuft bei Raumtemperatur schnell, und nach nicht mehr als zwei Stunden ist die Fixierung vollständig ohne deutlichen Unterschied, ob bei tieferen Temperaturen gearbeitet wurde.

Da OsO_4 sowohl in fester Form als auch in Lösung einen sehr hohen Dampfdruck besitzt, sollte immer unter einem Abzug gearbeitet werden; es hat einen erstickenden Geruch und kann schnell die Epithelzellen der Augen und die Membranen in der Nase fixieren. OsO_4 wird im allgemeinen mit einer Stammlösung hergestellt, die für Wochen stabil ist, sofern sie in einem sauberen Glas, bei niedrigen Temperaturen (4 °C), im Dunkeln und ohne Verunreinigungen aufbewahrt wird.

Eine Alternative als allgemeines Sekundärfixiermittel stellt Rutheniumtetroxid (RuO_4) dar. Seine Fixiereigenschaften ähneln stark denen von OsO_4, aber Berichten nach soll es im Vergleich zu OsO_4 weniger giftig sein, einen niedrigeren Dampfdruck besitzen und ein stärkeres Oxidationsmittel sein. Wie OsO_4 reagiert es mit ungesättigten Bindungen unverzweigter Kohlenstoffketten, noch stärker als dieses mit aromatischen Ringen, und es reagiert mit Proteinen, Glykogen und Monosacchariden. RuO_4 wurde aufgrund seiner geringeren Kosten pro Probe als potentieller Ersatz für OsO_4 eingeführt. Obwohl RuO_4 weniger toxisch als OsO_4 sein soll, besitzt es einen ziemlich hohen Dampfdruck. Angesichts dieser Eigenschaft und seiner offensichtlich höheren Reaktivität im Vergleich zu OsO_4 sollte RuO_4 mit denselben Vorsichtsmaßnahmen wie OsO_4 gehandhabt werden. In manchen Geweben scheint RuO_4 den Kontrast der Strukturen in größerer Tiefe als OsO_4 zu verbessern, was in der höheren Reaktionsgeschwindigkeit oder in der größeren Auswahl von chemischen Verbindungen in den Zellen begründet liegen kann, mit denen RuO_4 reagiert. Wie OsO_4 wird RuO_4 im allgemeinen der Probe in einer wäßrigen Lösung hinzugegeben, allerdings in einer niedrigeren Konzentration (zum Beispiel 0,1%ig). Seine schnelle Reaktion mit einigen organischen Puffern (beispielsweise PIPES) sollte vor Beginn in Betracht gezogen werden.

Gelegentlich werden auch andere Fixiermittel für TEM-Proben eingesetzt. Kaliumpermanganat ($KMnO_4$) und andere Permanganate wie $NaMnO_4$ und $LaMnO_4$ dringen schnell in die Probe ein; es sind oxidative Fixiermittel, die für Untersuchungen von Membranen oder wenn dicke Zellwände durchdrungen werden müssen, geeignet sind (beispielsweise in Hefe). Aufgrund ihres Eindringvermögens wurden Permanganate ausgedehnter eingesetzt, bevor die Fixierung mit Glutaraldehyd Verbreitung fand. Permanganate fixieren Lipide und Phospholipide gut und zu einem gewissen Teil auch Glykogen. Sie sind hochreaktiv, so daß auf die Einwirkzeit geachtet werden muß. Permanganate tendieren jedoch dazu, einen Großteil der restlichen Ultrastruktur der Zellen zu zerstören, so daß ihre Anwendung begrenzt ist (vgl. Abb. 6.3).

Einige Forscher führen einen dritten Schritt nach der Sekundärfixierung ein, die Fixierung mit Uranylacetat. Diese zusätzliche Fixierung stabilisiert Membranen und Kernmaterial, trägt zu dem Gesamtkontrast der Probe bei und macht die Kontrastierung mit Uranylacetat nach der Ultramikrotomie unnötig.

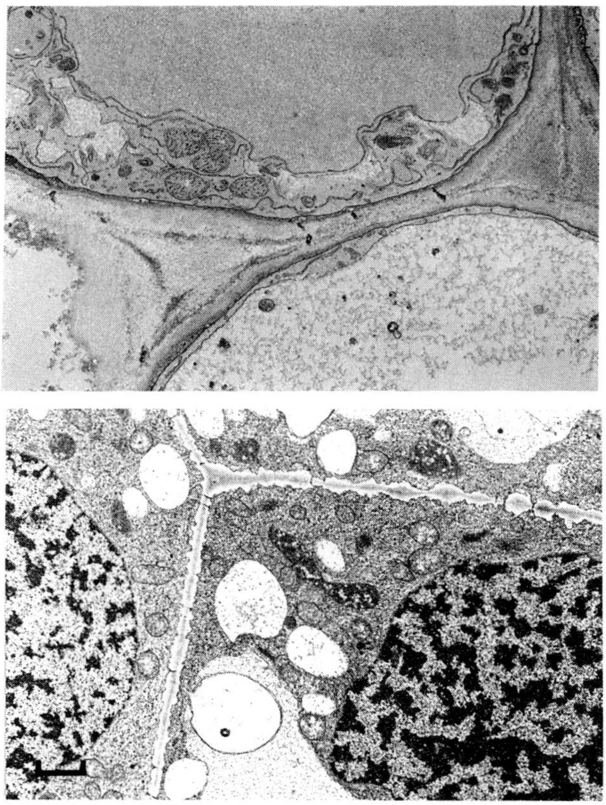

a

b

Abb. 6.3 Vergleich der chemischen Fixierverfahren
a) Ultradünnschnitt einer mit $KMnO_4$ fixierten Zelle einer Zwiebelwurzel
b) Ultradünnschnitt einer mit Glutaraldehyd und OsO_4 fixierten Zelle einer Zwiebelwurzel
Bei der Permanganatfixierung treten die Membranen deutlicher hervor, aber nur wenig. Die Fixierung mit Glutaraldehyd und Osmiumtetroxid ist viel gleichmäßiger. Balken = 1 µm.

Üblicherweise arbeitet man mit einer 0,5 %igen bis 2 %igen Lösung für etwa 15 Minuten, gefolgt von mehrmaligen Auswaschen mit Wasser.

Fixiermedien
Das Medium, in dem die chemische Fixierung stattfindet, stellt einen wichtigen Faktor bei der Erzeugung eines von unkontrollierten Artefakten freien fixierten Bildes dar. Die beiden wichtigsten Eigenschaften des Mediums sind der pH-Wert und das osmotische Potential. Der pH-Wert (und manchmal der Tonus) wird in der Regel mit einem Puffersystem gesteuert, das speziell bei der Primärfixierung wichtig ist, wenn die Zellmembranen osmotisch aktiv sind und viele Zellkomponenten ausgelaugt werden können. Außerdem entfernt man mit gepufferten Lösungen vor der Sekundärfixierung unverbrauchtes Aldehydfixiermittel aus der Probe und aus dem umgebenden Medium. Sie können auch bei der Sekundärfixierung eingesetzt werden.

Der pH-Puffer sollte per Definition Änderungen des pH-Wertes während des Fixierens verhindern. Besonders wichtig ist der Puffer bei der Fixierung mit Glutaraldehyd, weil bei der Vernetzungsreaktion viele Wasserstoffionen freigesetzt werden. Er sollte möglichst nicht mit dem Fixiermittel (oder anderen möglicherweise zugesetzten Chemikalien) reagieren. Der Puffer selber sollte keine Zellkomponenten extrahieren. Idealerweise sollte er auch für das fixierte Material nicht akut toxisch sein (oder für die Person, die das Material fixiert). Es gibt viele Arten von pH-Puffern, die in der Probenpräparation für die TEM verwendet werden. Innerhalb einer gegebenen Klasse basiert die beste Wahl vielleicht auf dem vermuteten (oder gemessenen) pH-Wert des in vivo Systems und dem pK_a-Wert (Dissoziationsgleichgewichtskonstante) des Puffers. Um die maximale Pufferkapazität zu erreichen, sollte der pK_a-Wert annähernd gleich dem pH-Wert des zu puffernden Systems sein.

Weit verbreitet in der Probenpräparation für die TEM sind Phosphatpuffer, da sie die meisten dieser Anforderungen erfüllen. Diese Puffer werden meistens aus Stammlösungen von Natriumhydrogenphosphat ($NaHPO_4$) und Natriumdihydrogenphosphat (NaH_2PO_4) zu einer Konzentration von 0,01 M bis 0,2 M hergestellt. Obwohl die Osmolarität des Puffers bis zu einem gewissen Grad über die Molarität eingestellt werden kann, wird aber in der Regel zur Aufrechterhaltung des vorhandenen osmotischen Potentials Sucrose oder Natriumchlorid (NaCl) benutzt, wenn eine Erhöhung der Konzentration der Phosphationen zu einer Fällung führen könnte.

Phosphatpuffer können aus Stammlösungen von einbasischen und zweibasischen Phosphaten hergestellt werden und den pH-Bereich von 6 bis 8 abdecken (obwohl sie bei einem pH $\geq 7{,}5$ schwach sind). Obgleich nicht toxisch und preiswert herzustellen, tendieren Phosphatpuffer dazu, mehr als die anderen hier beschriebenen Puffer auch extraktive Wirkungen zu zeigen, sie können weniger als Natrium lösliche Ionen ausfällen oder binden und werden leicht durch Mikroorganismen verunreinigt.

Cacodylat (oder Dimethylarsensäure), ein weiterer weit verbreiteter pH-Puffer, wird üblicherweise in Wasser zu einer 0,1 M bis 0,2 M Lösung aufgelöst und dann mit Salzsäure (HCl) auf den gewünschten pH-Wert eingestellt. Cacodylatpuffer werden im allgemeinen als weniger extraktiv als Phosphatpuffer betrachtet, obwohl dies nicht bei allen Proben zutrifft. Cacodylatpuffer unterbinden aufgrund der Arsenkomponente das Wachstum von Mikroorganismen. Sie sind unter Kühlung relativ stabil. Desweiteren fällen sie kaum die zweiwertigen Ionen (hauptsächlich Kalzium und Magnesium), die mit Phosphatpuffern gefällt werden können.

Eine dritte Klasse von Puffern sind die Zwitterionenpuffer (sie sind auch unter der Bezeichnung dipolare Ionen bekannt), eine Reihe von komplexen organischen Säuren, die dipolare Ionen sind (vgl. Tab. 6.1). Sie sind relativ ungiftig, reagieren nicht merklich mit Mineralkationen, decken den üblichen Bereich biologischer Proben ab und sind stabil. Diese Puffer können nicht fixierte biologische Membranen nicht durchdringen, so daß sie nur das die Zellen umgebende Medium puffern, nicht aber die Zellinhalte (wenigstens anfänglich). Einigen Berichten nach laugen sie nach der Glutaraldehydfixierung die Zellen weniger aus als Phosphatpuffer.

Das Fixiermedium muß nicht nur gepuffert sein, sondern es sollte sich auch annähernd im osmotischen Gleichgewicht mit dem Probenmaterial befinden, um große Verzerrungen auf ultrastrukturellem Niveau zu vermeiden. Man erhält das

Tabelle 6.1 In der Elektronenmikroskopie gebräuchliche Puffer und ihr pK_a-Wert

Die Puffer besitzen einen effektiven Bereich von etwa 2 pH-Einheiten auf jeder Seite ihres pK_a-Wertes.

Puffer	pK_a-Wert
Phosphorsäure	2,12 (pK_{a1}) 7,21 (pK_{a2}) 12,32 (pK_{a3})
Essigsäure	4,75
MES	6,15
Cacodylatsäure	6,19
PIPES	6,80
MOPS	7,20
HEPES	7,55
Barbital (Veronal)	7,43
TRIS	8,30

Die mit ihrem Akronym aufgelisteten Puffer stammen aus Good, N. E.; Winget, G. D.; Winter, W.; Connolly, T. N.; Innawa, S. und Singh, R. M. M. *Hydrogen ion buffers for biological research*. In: *Biochemistry* 5 (1966) S. 467–477.

Gleichgewicht oftmals, indem dem pH-Puffermedium Sucrose oder neutrale Salze hinzugefügt werden. Da Glutaraldehyd und Formaldehyd bei den im allgemeinen verwendeten Konzentrationen das osmotische Potential des gepufferten Fixiermittels signifikant ändern können, muß dieser Effekt beachtet werden.

Kryofixierung

Obwohl die chemische Fixierung zur Stabilisierung von biologischen Proben in der Probenpräparation für die TEM am verbreitetsten ist, weist sogar die beste chemische Fixierung beträchtliche Nachteile auf. Erstens müssen alle gegenwärtig verwendeten chemischen Fixiermittel vor Beginn der Fixierung erst durch die Zellmembran hindurchdiffundieren; die höchste Geschwindigkeit, mit der sie sich durch die Zelle bewegen können, beträgt lediglich einige Mikrometer pro Sekunde. Diese Verzögerung wird besonders bedeutsam, wenn die Aktivitäten der ephemeren Zellen untersucht werden sollen.

Zweitens werden bei den chemischen Methoden die verschiedenen Biomoleküle innerhalb der Zelle unterschiedlich schnell fixiert. In manchen Pflanzenzellen wurde eine Bewegung des Zytoplasmas noch einige Minuten nach Beginn des Fixierens beobachtet, sogar bei Gemischen, die Acrolein und Glutaraldehyd enthielten. Die Zellaktivität erlischt langsam, anstatt zu einem bestimmten Zeitpunkt eingefroren zu werden, was Artefakte durch Verschiebungen innerhalb der Zelle bewirkt. Für Untersuchungen, in denen ungebundene Ionen lokalisiert werden sollen, ist die chemische Fixierung von geringem Nutzen, da die gebräuchlichen Fixiermittel die Ionen nicht in ihrer ursprünglichen Lage fixieren. Auch bei einigen immunologischen und histochemischen Markierungen kann die vernetzende Natur der Aldehyd- und OsO_4-Fixiermittel die Aktivität der Zielmoleküle zerstören.

Ultraschnelles Gefrieren heißt die physikalische Alternative zur chemischen Fixierung. Bei der Gefrierfixierung werden die Zellinhalte so schnell gefroren, daß die gebildeten Eiskristalle kleiner als die Auflösungsgrenze entweder des Mikroskops oder der nachfolgenden Präparationsverfahren bleiben.

Es gibt vier allgemein gebräuchliche Verfahren zur ultraschnellen Gefrierfixierung. Hinzu kommt ein fünftes Gefrierverfahren, das Gefrieren unter hohem Druck, das qualitativ ähnliche Ergebnisse liefert wie das Gefrierfixieren, bei dem die Kristallisationsgeschwindigkeit des Zellwassers durch Überdruck geändert wird. Um biologisches Material bei Umgebungsdruck ultraschnell zu gefrieren, ist zur Unterdrückung der Eiskristallbildung eine Abkühlgeschwindigkeit in dem Bereich von $10^4\,°C \cdot s^{-1}$ bis $10^5\,°C \cdot s^{-1}$ notwendig. Bei den in den Hochdruckgefriergeräten verwendeten Drücken jedoch beträgt die erforderliche Abkühlgeschwindigkeit nur noch etwa $100\,°C \cdot s^{-1}$.

Das erste Gefrierfixierverfahren war das Eintauchgefrieren (vgl. Abb. 6.4a). Bei diesem Verfahren wird eine kleine Probe schnell in ein Kryogen, üblicher-

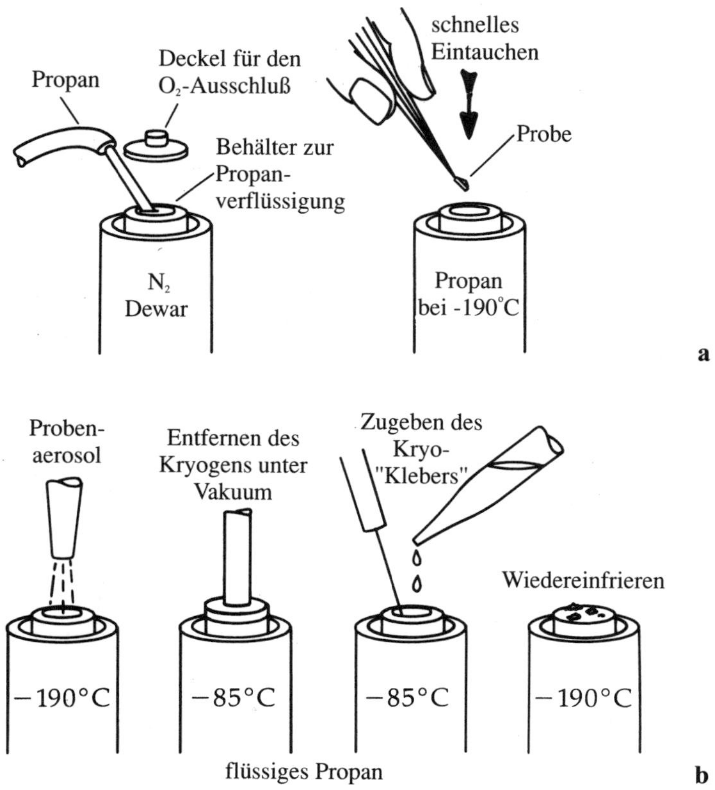

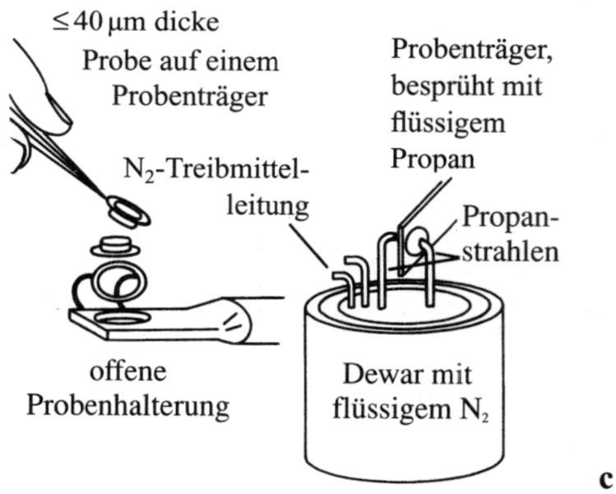

Abb. 6.4 Kryofixierverfahren
a) Das Eintauchverfahren: Die Probe wird auf einen Träger aufgebracht und schnell in das flüssige Kryogen getaucht.
b) Das Sprühgefrieren: Die Probe wird als Aerosol auf das Kryogen gesprüht. Man entfernt das Kryogen durch Evakuieren und erhält die gefrorene Probe als Pulver, das zur weiteren Handhabung mit einem Kryo-Bindemittel in eine Paste überführt wird.
c) Das Gefrieren mit Propanstrahlen: Die Probe wird zwischen zwei wärmeleitenden Trägern gehalten und auf beiden Seiten mit flüssigem Propan besprüht. Dies erhöht den Wärmefluß und die Dicke der Proben, die noch gut eingefroren werden können.
d) Bei dem Gefrieren mittels eines Metallspiegels können größere Gewebeteile gefrierfixiert werden, indem die Wärme mit einer polierten, auf sehr tiefe Temperaturen abgekühlten Metalloberfläche schnell abgeführt wird.
e) Das Gefrieren unter hohem Druck stellt eine zehnfache Verbesserung hinsichtlich der Dicke von Proben dar, die ultraschnell gefroren werden können, wobei die thermodynamischen Eigenschaften von Eis die Probendicke auf etwa 40 μm begrenzen. Gegenwärtig benötigt man zum Gefrieren unter hohem Druck eine sorgfältig entwickelte Stickstoffstrahl-Gefriermaschine, in der der Druck hydraulisch erzeugt wird.

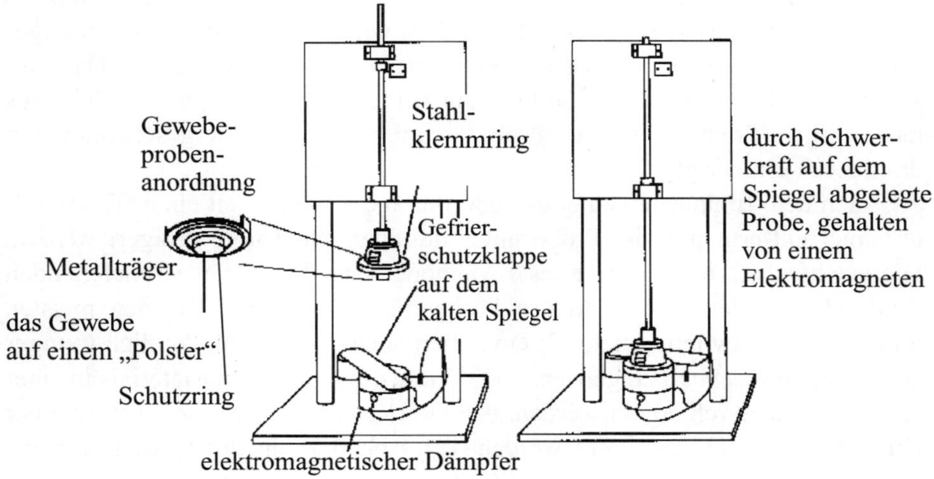
Gewebe-
proben-
anordnung
Stahl-
klemmring
durch Schwer-
kraft auf dem
Spiegel abgelegte
Probe, gehalten
von einem
Elektromagneten
Metallträger
Gefrier-
schutzklappe
auf dem
kalten Spiegel
das Gewebe
auf einem „Polster"
Schutzring
elektromagnetischer Dämpfer

d

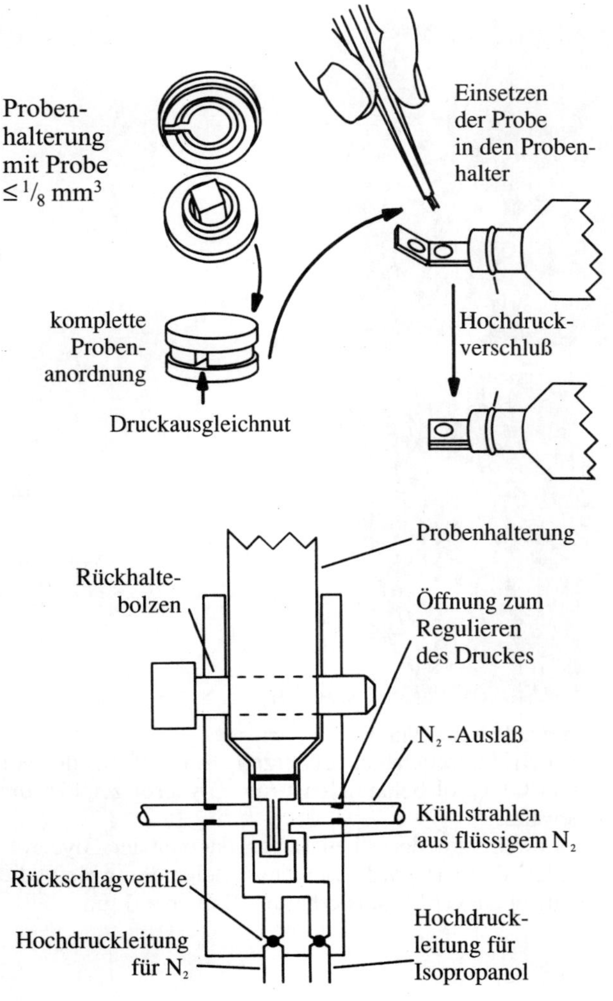
Proben-
halterung
mit Probe
≤ 1/8 mm3
Einsetzen
der Probe
in den Proben-
halter
komplette
Proben-
anordnung
Druckausgleichnut
Hochdruck-
verschluß
Probenhalterung
Rückhalte-
bolzen
Öffnung zum
Regulieren
des Druckes
N2 -Auslaß
Kühlstrahlen
aus flüssigem N2
Rückschlagventile
Hochdruckleitung
für N2
Hochdruck-
leitung für
Isopropanol

e

weise flüssiges Propan oder Freon, getaucht, das nahe seinem Gefrierpunkt in einem Bad aus flüssigem Stickstoff gehalten wird. Obwohl kälter als flüssiges Propan oder Freon, siedet flüssiger Stickstoff bei Atmosphärendruck. Das Einsetzen der relativ warmen Probe führt zur Bildung einer isolierenden Hülle aus gasförmigem Stickstoff um die Probe herum, was die Gefriergeschwindigkeit dramatisch erniedrigt.

Nach dem Eintauchen kann das überflüssige Kryogen mit einem Stück Filterpapier entfernt und die Probe unter flüssigem Stickstoff gelagert werden. Diese einfachste und preiswerteste Methode wird durch die wärmeleitenden Eigenschaften der Probe und des Probenträgers begrenzt. Bei den meisten Stoffen ist es schwierig, mehr als eine oberflächliche Schicht, deutlich weniger als 10 µm, ultraschnell zu gefrieren. Die Tiefe des gefrorenen Materials in einer Probe kann dadurch erhöht werden, daß Gefrierschutzmittel wie Glycerol oder Dimethylsulfoxid hinzugesetzt werden (vgl. Abb. 6.5), die den Gefrierpunkt er-

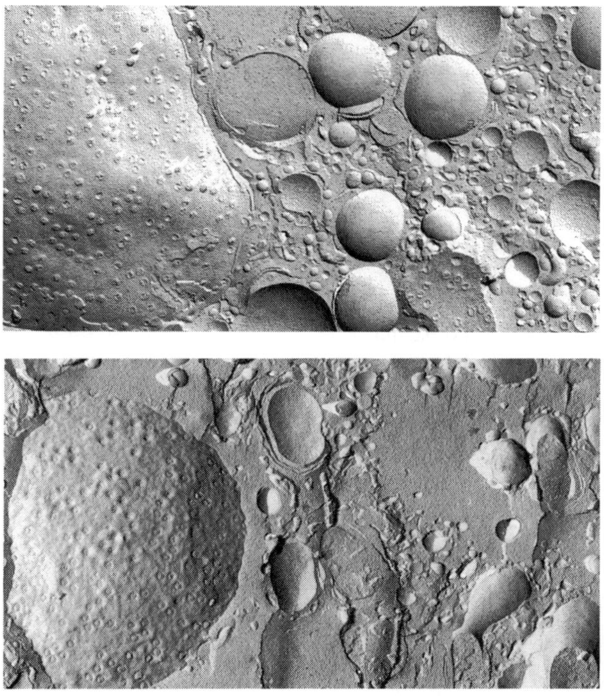

a

b

Abb. 6.5 Gefrierschutz der Leberzelle einer Maus
a) Ein Oberflächenabdruck einer gefriergebrochenen Leberzelle einer Maus, der vor dem Tauchgefrieren mit 30%igem Glycerol behandelt wurde. Glycerol zerstört die Membranen in nicht fixiertem Gewebe.
b) Ein Oberflächenabdruck von Gewebe aus derselben Leber, das vor der Glycerol-Behandlung mit 2%igem Glutaraldehyd fixiert wurde. Bei dieser Behandlung bleibt die laminare Struktur des endoplasmatischen Retikulums erhalten. Balken = 1 µm.

niedrigen und den Rekristallisationspunkt erhöhen. Die Additive selber jedoch können Artefakte erzeugen, die durch eine chemische Fixierung verhindert werden müssen, was einen der Hauptvorteile der Gefrierfixierung zunichte macht.

Ein zweites Verfahren, in der frühen Geschichte der Probenpräparation für die TEM entwickelt, ist das Sprühgefrieren (vgl. Abb. 6.4 b). Bei dieser Methode wird die Probe mit einer Sprühpistole in ein feines Aerosol überführt und auf die Oberfläche von flüssigem Propan in einem Behälter gesprüht. Durch Evakuieren entfernt man dann das Propan aus dem Behälter und erhält ein gefrorenes Pulver von Probentröpfchen, die man mit einem Kryo-Bindemittel wie Butylbenzin zu einer Paste verbinden und bei der Temperatur von flüssigem Stickstoff erstarren lassen kann. Dieses Verfahren funktioniert nur bei Proben, die in ein Aerosol überführt werden können, und zusätzlich wird es auf solche Proben beschränkt, die nicht durch die bei der Aerosolbildung auftretenden hohen Scherkräfte Schaden nehmen. Sofern die Probe gegenüber diesen Kräften beständig ist, erlaubt das hohe Oberflächen-Volumen-Verhältnis der Tröpfchen sehr hohe Wärmeübertragungsgeschwindigkeiten, was die Proben wunderbar gefrieren läßt.

Das Gefrieren im Propanstrahl ist die dritte Methode zum Gefrierfixieren (vgl. Abb. 6.4 c). In Propanstrahl-Gefriermaschinen wird auf beide Seiten der isolierten Probe ein flüssiges Kryogen gesprüht (üblicherweise Propan bei etwa $-190\,°C$). Der Vorteil dieser Methode besteht darin, daß die Wärme von beiden Probenseiten gleichzeitig abgeleitet wird. Ist die Probe dünn genug (im allgemeinen $\leq 40\ \mu m$, aber manchmal auch dicker, speziell bei einigen Pflanzenmaterialien), kann die gesamte Probe ultraschnell gefroren werden. Ist die Probe deutlich dicker, ist die Wirkung dieselbe, als wenn man von einer Seite sprüht, und die Dicke, die ultraschnell eingefroren wird, liegt bei 10 µm bis 15 µm. Da die Proben für dieses Verfahren üblicherweise auf 3 mm großen Trägern aufgebracht werden, sind die seitlichen Abmessungen der Proben entsprechend kleiner als es beim Gefrieren mit einem Metallblock möglich ist. Da jedoch auch dickere Proben gefroren werden können, sind Propanstrahl-Gefriermaschinen für viele Proben nützlich.

Das Gefrieren mittels eines kalten Metallblocks (oder „slam“-Frieren) ist das vierte Gefrierfixierverfahren (vgl. Abb. 6.4 d). Bei dieser Methode wird die Probe schnell mit einer sehr kalten, polierten Metalloberfläche in einen festen und ständigen Kontakt gebracht. Die Details des Kontaktmechanismus sind je nach Hersteller unterschiedlich, aber das wichtigste Charakteristikum ist der kontrollierte, stoßfreie Kontakt. Die Wärme aus der Probe wird schneller auf einen Metallblock aus einem hochleitenden Material, wie Kupfer, übertragen als es mit einem Kryogen möglich wäre. Sofern ein guter Kontakt hergestellt wurde, kann eine oberflächliche Schicht der Probe bis zu einer Tiefe von 10 µm bis 15 µm ultraschnell mit flüssigem Stickstoff als Kryogen gefroren werden. Theoretisch würde beim Gefrierfixieren die Einfriertiefe um 30% bis 40% steigen, wenn der Block mit flüssigem Helium auf etwa 18 K gekühlt wird, aber dieser

Nutzen muß gegen die höheren Kosten und die schwierige Handhabung des flüssigen Heliums abgewogen werden. Für große, flache Gewebestücke stellt dies wahrscheinlich die beste Methode zum Gefrierfixieren bei Umgebungsdruck dar. Es ist auch die einzige Methode, die wirklich mit Experimenten kompatibel ist, die die Reizung von Probengewebe direkt vor der Fixierung betreffen. Das Gefrieren mittels eines kalten Metallblocks kann auch an tragbare Einheiten angepaßt werden, die ein Gefrieren in situ ermöglichen. So können Untersuchungen auf andere Gewebearten ausgedehnt werden.

Letztendlich gibt es noch ein Verfahren zum Gefrieren von Proben, bei dem die Natur des Gefrierprozesses durch Druckerhöhung verändert wird (vgl. Abb. 6.4e). Bei Erhöhung des Druckes auf ungefähr 2100 atm wird der Gefrierpunkt von Wasser auf $-22\,°C$ erniedrigt und das Wachstum von Eiskristallen größtenteils unterbunden. Unter diesen Bedingungen wird die Gefriergeschwindigkeit, die zum kristallfreien Gefrieren benötigt wird, auf etwa $100\,°C \cdot s^{-1}$ erniedrigt, womit auch eine viel größere Gewebeprobe einwandfrei gefroren werden kann. Benötigt wird ein Gerät, ähnlich einer Propanstrahl-Gefriermaschine, das den Druck in der die Probe umgebenden Kammer schnell auf etwa 2100 atm erhöht, bevor die Probe mit flüssigem Stickstoff besprüht wird (das bei diesem Druck als Kryogen eingesetzt werden kann).

Ungeachtet der Methode der Gefrierfixierung wirkt sich die nachfolgende Handhabung der Probe ganz erheblich auf die Qualität des Endbildes in dem TEM aus. Mit am wichtigsten nach der Gefrierfixierung ist, wie die Probe vor dem nächsten Präparationsschritt aufbewahrt wird. Im allgemeinen können die Proben zwischen dem Gefrieren und den darauf folgenden Präparationsschritten unter flüssigem Stickstoff aufbewahrt werden. Bei einigen Untersuchungen wurde festgestellt, daß die Proben nach anhaltender Lagerung unter flüssigem Stickstoff oftmals brüchig wurden. Der Grund für dieses Phänomen ist nicht bekannt. Ein viel allgemeineres Problem scheint das Erwärmen der Proben über den Punkt hinaus zu sein, wo Eiskristalle rekristallisieren. Bei den meisten biologischen Materialien beginnt dies knapp über $-80\,°C$ und kann durch langsamen Transfer aus der Gefrierapparatur in das Bad mit flüssigem Stickstoff, durch schlechten Kontakt mit den kalten Oberflächen und durch Kontakt mit ungenügend gekühlten Ausrüstungsgegenständen bedingt sein.

Nachdem die Probe erfolgreich gefrierfixiert wurde, gibt es zwei allgemeine Wege zu ihrer Präparation. Es können ein Oberflächenabdruck (Gefrierbruch/Gefrierätzung) oder Ultradünnschnitte (Gefriermikrotomie oder Gefriersubstitution) angefertigt werden. Der Gefrierbruch wird später in diesem Kapitel diskutiert. Bei der Kryomikrotomie wird die Probe in ein Kryo-Ultramikrotom eingebracht, und dünne, gefrorene Gewebeschnitte werden hergestellt und bei sehr niedrigen Temperaturen im Kryobereich des Mikroskops untersucht. Verbreiteter, sogar als chemische Fixierverfahren, ist die Gefriersubstitution, sie liefert eingebettete Proben, von denen dann Ultradünnschnitte angefertigt werden.

Entwässern der Proben vor dem Einbetten

Wenn von einer Probe Ultradünnschnitte angefertigt werden sollen, muß sie vor dem Tränken mit den meisten Epoxyd-Einbettungsmaterialien von einem wasserhaltigen Zustand in einen wasserfreien Zustand überführt werden, unabhängig davon, mit welchem Verfahren sie vorher fixiert wurde. Obwohl andere Typen von Einbettungsmaterialien beträchtliche Mengen eingeschlossenen Wassers tolerieren, werden sie gewöhnlich in immunochemischen oder histochemischen Untersuchungen eingesetzt, bei denen die chemischen Eigenschaften des Epoxydharzes die gewünschten Reaktionen stören.

Gefriersubstitutionsverfahren

Bei der Probenpräparation durch Gefriersubstitution kann die Sekundärfixierung mit der Probenentwässerung kombiniert werden. Die gefrorene Probe wird bei einer Temperatur von weniger als – 80 °C in ein Lösungsmittelbad getaucht (wie Methanol, Ethanol oder Aceton). Nach dem Eintauchen wird sie dort für etwa drei Tage gelassen; während dieser Zeit werden die Eismoleküle gegen Moleküle des kalten Lösungsmittels ausgetauscht, ohne daß das Wasser flüssig wird (vgl. Abb. 6.6). Zur besseren Fixierung kann dem Lösungsmittel Osmiumtetroxid (OsO_4) zugesetzt werden, es stabilisiert die Strukturen, nachdem die Substitution stattgefunden hat. Nach der Substitution kann die Temperatur der Probe erhöht und sie mehrmals mit reinem Lösungsmittel gespült werden. Die Probe ist dann zum Tränken mit dem Einbettungsmaterial bereit.

Die konventionelle (flüssige) Probenentwässerung

Bei Materialien, die nicht mit Hilfe der Gefriersubstitution präpariert wurden (das heißt chemisch fixiert), wird das Wasser in dem System stufenweise durch ein Lösungsmittel ersetzt, das sich mit dem Einbettungsmaterial und Wasser mischt. Ethanol und Aceton sind die beiden gängigsten Entwässerungsmittel.

Nachdem das Probengewebe vollständig mit Glutaraldehyd und Osmiumtetroxid fixiert und überschüssiges Sekundärfixiermittel entfernt wurde, wird zur Entwässerung die Probe im allgemeinen in eine abgestufte Reihe von Lösungen überführt, die das Lösungsmittel und Wasser enthalten. Bei den meisten biologischen Materialien kann diese Reihe kurz gehalten werden, mit Steigerungen der Konzentration von 25 %, obwohl einige empfindliche Systeme behutsamer behandelt werden müssen, beispielsweise mit 10 %-Schritten. Üblicherweise wird zum Schluß zwei- oder dreimal mit wasserfreiem Lösungsmittel gewaschen, um sicherzustellen, daß alle Spuren von Wasser entfernt wurden.

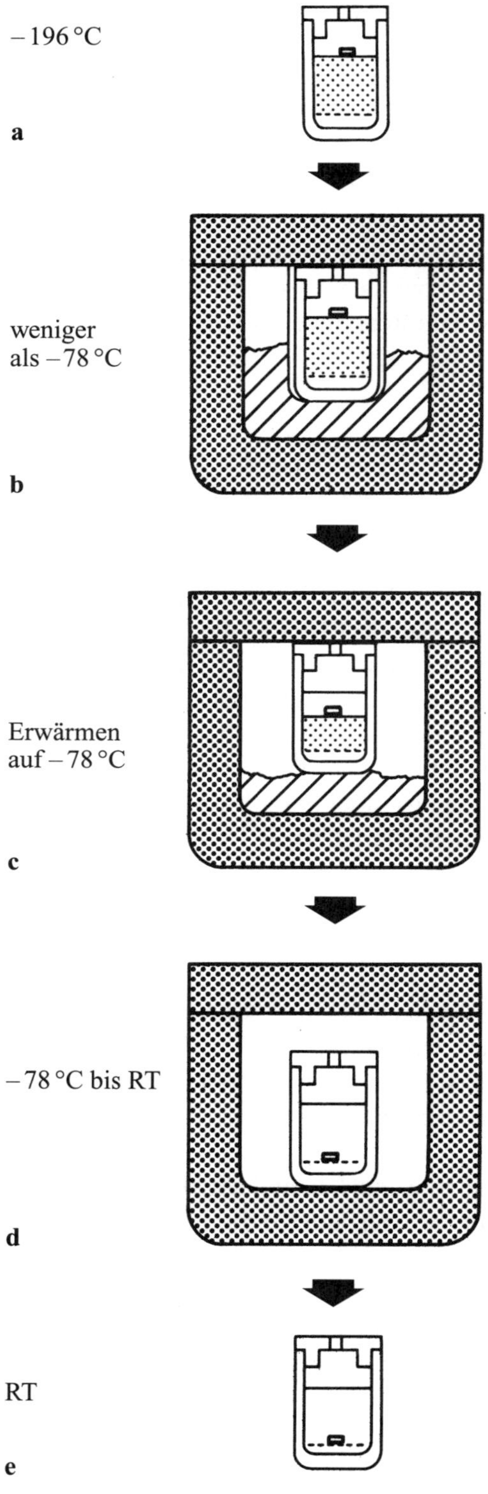

Abb. 6.6 Ein einfaches Gerät zur Gefriersubstitution
a) Ein belüftetes Substitutionsglas mit der bei der Temperatur von flüssigem Stickstoff aufbewahrten Probe
b) Das Glas, gefüllt mit gefrorenem Lösungsmittel und der Probe, wird auf Trockeneis-Temperatur gebracht.
c) Bei Schmelzen des Lösungsmittels geht die Substitution vonstatten.
d) Man läßt die Probe auf Zimmertemperatur aufwärmen.
e) Die substitutierte Probe wird vor der Infiltration mit dem Einbettungsmaterial mehrmals mit reinem Lösungsmittel gespült.
RT: Zimmertemperatur.

Obgleich sowohl Aceton als auch Ethanol geeignete Entwässerungsmittel für die TEM darstellen, soll Ethanol mehr Lipide als Aceton extrahieren. Desweiteren scheint Aceton eine geringere Schrumpfung des Gewebes zu bewirken. Es ist etwas teurer und hydrophiler als Ethanol, so daß darauf geachtet werden muß, daß die letzten Schritte wirklich trocken bleiben.

Die Entwässerung des Gewebes kann auch chemisch, mit den Hemiacetalen 2,2-Dimethoxypropan oder 2,2-Diethoxypropan, durchgeführt werden. Diese Stoffe reagieren mit Wasser zu Methanol und Aceton (im Falle des 2,2-Dimethoxypropans) oder zu Ethanol und Aceton (im Falle des 2,2-Diethoxypropans). Um das Tränken der Probe zu verbessern, wurde bei einigen Untersuchungen im letzten Entwässerungsschritt das Ethanol oder das Aceton durch Propylenoxid ersetzt, das sich im Vergleich zu Alkohol mit mehr Einbettungsmaterialien mischt und von diesen toleriert wird. Mit Propylenoxid sollte vorsichtig umgegangen werden, da es gefährlich und ein starkes Extraktionsmittel ist.

Tränken mit Kunstharz und Einbetten

Das Gewebe wird in Harz eingebettet, um ihm während der Ultramikrotomie Halt zu geben und die räumliche Anordnung des Probenschnittes auf dem TEM-Netz zu bewahren. Alle Einbettungsmaterialien für die TEM sind Polymere und in ihrer Endform vor der Mikrotomie mit der Probe vernetzt.

Bei einem Einbettungsmaterial sind unterschiedliche Eigenschaften erwünscht. Das unpolymerisierte Medium sollte in einem Lösungsmittel löslich sein, das die Probe nicht zerstört (beispielsweise Aceton oder Ethanol). Das Medium selber darf ebenfalls keine zerstörerische Wirkung auf die Probe haben und sollte das fixierte Gewebe innerhalb der zur Einbettung benötigten Zeit nicht auslaugen. Idealerweise sollte das Medium eine geringe Viskosität aufweisen, so daß es in einer vernünftigen Zeit in die Probe eindringen kann, und die Viskosität darf während der Präparationszeit nicht spürbar steigen (das heißt, es sollte genügend Topfzeit besitzen).

Die Schneideeigenschaften sind ein weiterer wichtiger Gesichtspunkt. Die Plastizität, die Elastizität, die Härte und die Scherfestigkeit des polymerisierten Einbettungsmaterials sind Faktoren, größtenteils durch die chemische Zusammensetzung des Mediums bestimmt, die das Ergebnis des Schneideprozesses beeinflussen und für die in der Regel verwendeten Medien meistens empirisch herausgearbeitet wurden. Da die resultierenden Dünnschnitte unterschiedlich kontrastiert werden können, müssen das Kontrastierungsmittel und das Einbettungsmedium miteinander verträglich sein. Oftmals können verschiedene Niveaus dieser Eigenschaften entsprechend variiert werden, um so das beste Medium für die augenblickliche Aufgabe zu erhalten. Zusätzlich muß das Einbettungsmaterial ausreichend beständig gegenüber der Bestrahlung mit Elektronen sein, um der Untersuchung im Mikroskop standzuhalten.

Epoxydharze
Für die meisten TEM-Proben werden Epoxydharze als Einbettungsmaterialien verwendet. Diese Verbindungen bieten eine weit überlegene Strahlstabilität und eine geringere Schrumpfung als Acrylate (sie werden im nächsten Abschnitt diskutiert). Die meisten, wenn nicht alle der in der TEM verwendeten Epoxydharze wurden ursprünglich als kommerzielle Klebemittel oder Polymere entwickelt, ihre Nützlichkeit als Einbettungsmedium wurde erst später festgestellt.

Die in der Probenpräparation für die TEM verwendeten Epoxydharzmischungen bestehen in der Regel aus vier funktionellen Klassen von Chemikalien. Dies sind das Harz, der Härter, das Modifiziermittel und der Beschleuniger, die vor dem Tränken und dem Einbetten in einem bestimmten Verhältnis zueinander gemischt werden. Das Epoxydharz ist die Hauptkomponente, die die zum Vernetzen notwendigen, endständigen Epoxydgruppen trägt. Dem Mikroskopierer steht eine breite Auswahl von Epoxydharzen zur Verfügung, und viele Mischungen wurden ausprobiert. Die drei am weitesten verbreiteten sind Epon 812, Araldit und Vinylcyclohexandioxid (VCD).

Bis zur Einstellung der Produktion durch Shell Chemical Company war Epon 812 das vielleicht am weitesten verbreitete Epoxydharz in der Elektronenmikroskopie. Es enthielt ein Harz mit einer relativ niedrigen Viskosität (150 cP bis 210 cP bei 25 °C). Da Shell die Herstellung aufgab, wurde von anderen Herstellern von Zubehör für die Elektronenmikroskopie Ersatz angeboten, der sich ähnlich zu verhalten scheint. In Epon oder Epon-ähnlichen Mischungen eingebettete Proben lassen sich leicht schneiden und liefern routinemäßig gute Ultradünnschnitte. Wie später diskutiert wird, hängt die Härte eines Probenblockes stark von dem Verhältnis Anhydrid zu Epoxyd in der Mischung und dem Typ des vorliegenden Anhydrids ab. Epoxydharze unterscheiden sich in dieser Hinsicht, und die korrekten Anteile können über das Epoxydäquivalent bestimmt werden (das Gewicht von Epon in Gramm, das 1-g-Äquivalent Epoxyd enthält), das üblicherweise auf dem Etikett des Produktes für die Elektronenmikroskopie angegeben ist. Da es ziemlich hygroskopisch ist, sollte darauf geachtet werden, das Epon (und die Probe) während des Präparationsprozesses wasserfrei zu halten.

Araldit, von der Ciba Products Corporation hergestellt, ist ein weiteres häufig in der Probenpräparation für die TEM verwendetes Epoxydharz. Es war eines der ersten Epoxydharze, die ausgedehnten Einsatz in der TEM fanden. Obgleich das nicht ausgehärtete Harz viskoser als Epon ist, sind seine Schnitte weniger körnig und thermisch stabiler. Spuren des zur Entwässerung eingesetzten nichtreaktiven Alkohols scheinen die Schneidequalitäten des Araldits negativ zu beeinflussen. Dieses Problem kann umgangen werden, indem man im letzten Entwässerungsschritt ein anderes kompatibles Lösungsmittel verwendet (wie Propylenoxid).

Ein neueres Einbettungsmaterial stellt Vinylcyclohexandioxid (VCD) dar. VCD (kommerziell unter dem Namen ERL 4206 bekannt) besitzt die niedrigste Viskosität (7,8 cP) von allen in der Elektronenmikroskopie verwendeten Epoxydharzen. Es ist speziell für Materialien geeignet, die schwer zu tränken sind (wie Pflanzengewebe mit nennenswerten Sekundärzellwänden). Es mischt sich ohne weiteres mit den standardmäßigen Entwässerungsmitteln. VCD wird oftmals in Verbindung mit anderen Epoxydharzen und Additiven in einer Reihe von Mischungen verwendet, so daß man, je nach zugesetzter Menge des Härtemodifizierers (DER 736), Blöcke stark unterschiedlicher Härte erhält. Schnitte dieses Materials sind sehr beständig gegenüber Strahlenschäden, lassen sich aber schwer mit wäßrigen Uranylacetatlösungen behandeln. Entweder muß das Kontrastierungsmittel en bloc vor der Ultramikrotomie oder in einer alkoholischen Lösung zugegeben werden. Einmal mit Uran behandelt lassen sich die Proben leicht mit Blei kontrastieren.

Die zweite Hauptkomponente in den Harz-Einbettungsmischungen ist der Vernetzer oder Härter, gewöhnlich ein Dianhydrid einer organischen Säure. Härter erfüllen in der Harzmischung zwei Funktionen. Die erste ist es, kovalente Bindungen zwischen den Epoxydmolekülen aufzubauen und somit eine unlösliche Copolymermatrix zu bilden. Die zweite Funktion besteht in manchen Fällen darin, die Härte und damit die Schneideigenschaften des Probenblockes zu modifizieren. In Epon-Harzmischungen beispielsweise werden der Harzmischung zwei Härter auf Anhydridbasis – Dodecenylsuccinicanhydrid (DDSA) und Nadicmethylanhydrid (NMA) – in unterschiedlichen Anteilen zugesetzt, um die Härte der Endpräparation zu steuern. Die längere nichtreaktive Kette des DDSA-Moleküles scheint mehr Flexibilität als das kompakte NMA-Molekül zu bewirken. Daher sind Mischungen mit einem relativ hohen Anteil von DDSA weicher. Durch Variation des Verhältnisses von DDSA zu NMA kann ein Einbettungsmaterial hergestellt werden, das ausreichend fest ist, eine Vielzahl von Geweben zu unterstützen, ohne unnötig hart zu sein.

Einige Harzmischungen beruhen auf nur einem Anhydridhärter. Die VCD-Mischung enthält Nonenylsuccinicanhydrid (NSA) als Härter und andere Komponenten zur Modifizierung der Härte. Analog enthalten die meisten Araldit-mischungen nur DDSA als Härter, zur Regulierung der Blockhärte werden andere Komponenten zugesetzt. Alle Anhydride müssen wasserfrei aufbewahrt werden, damit sie in der Harzmischung wie vorgesehen reagieren. Behälter mit fertigen Harzmischungen, die zur Verhinderung der Polymerisation im Kühlschrank aufbewahrt werden, sollten vor dem Öffnen über den Taupunkt erwärmt werden.

Die dritte Komponente in den Harzmischungen, die die Härte des Probenblockes modifiziert, kann nach der Art der Reaktion mit der Harzmischung unterteilt werden. Ein Weichmacher ist ein Stoff, der die Härte modifiziert und der zu dem Harzgemisch gegeben wird, um die Endhärte des Blockes zu erniedrigen, hauptsächlich indem er den Raum in der Endmatrix ausfüllt und den gesamten Vernetzungsgrad erniedrigt. Ein Weichmacher wird nicht Strukturbestandteil des Copolymersystems. Dibutylphtalat, oft in Aralditmischungen verwendet, ist ein Weichmacher. Wie bereits erwähnt, modifiziert das Verhältnis der beiden in der Epon-Harzmischung verwendeten Anhydride die Endhärte des Blockes.

Es gibt auch Stoffe, die die Härte modifizieren und dabei strukturelle Komponenten des polymerisierten Harzes sind. Um eine unterschiedliche Härte zu erreichen, kann man verschiedene Anhydride einsetzen, die Blockhärte kann aber auch durch Variation der Mengen der einzelnen Epoxyde modifiziert werden. Im Fall der VCD-Mischung wird eine kleine Menge Epoxydiglycidylether des Polypropylenglykols (DER 736) der Mischung hinzugesetzt, um den Block weicher zu machen. Dieses Epoxyd copolymerisiert und wird mit dem VCD und NSA Teil der Endmatrix. Die flexible aliphatische Struktur dieses Moleküls bewirkt hier die verringerte Härte in dem Endpolymer.

Zum Schluß wird der Harzmischung auch ein Beschleuniger zugesetzt. In der Regel sind Beschleuniger substituierte Amine und werden nicht Teil der Polymermatrix, sondern katalysieren die Vernetzungsreaktionen. Zwei häufig eingesetzte Beschleuniger sind S-1 (2-Methylaminoethanol) und DMP-30 (Dimethylaminomethylphenol).

Acrylharze und modifizierte Acrylharze

Die erste Gruppe von Harzen, die in der Elektronenmikroskopie verwendet wurden, waren Acrylharze. Polymethylmethacrylat (kommerziell als Plexiglas bekannt) ist ein hartes, transparentes Material, das sich nur unter einigen Schwierigkeiten schneiden läßt. Dieses Problem läßt sich lösen, indem man Butylmethacrylat hinzufügt, das den Block weicher macht.

Obwohl Methacrylatmischungen eine sehr niedrige Viskosität aufweisen, gut in die Probe eindringen und sich gut schneiden und kontrastieren lassen, weisen sie jedoch zwei schwerwiegende Nachteile bei der Probenpräparation für die TEM auf. Erstens schrumpfen sie stark bei der Polymerisation, was eine ernstliche Beschädigung der Zellkomponenten zur Folge hat. Zweitens zeigen die Methacrylatpolymere einen schnellen Substanzverlust im Elektronenstrahl (sie zersetzen sich), was zu Verunreinigungsproblemen in der Mikroskopsäule führen kann. Wenn eine in Methacrylat eingebettete Probe im Strahl dünner wird, wird sie auch verzerrt und somit das Bild verschlechtert. Hauptsächlich aus diesen Gründen verzichtet man heute in vielen TEM-Laboratorien auf unverzweigtes Methacrylat als Einbettungsmaterial.

Obgleich die unverzweigten Methacrylate in Routinearbeiten allgemein durch Epoxydharze ersetzt wurden, wird eine Klasse von modifizierten Acrylaten für spezielle Anwendungen immer wichtiger. Diese Verbindungen sind speziell bei immunocytochemischen Reaktionen wie dem Markieren von Antikörpern mit Gold von Nutzen (dies wird später in diesem Kapitel diskutiert). Zwei solche Harze sind Lowicryl- (K4M und HM 20) und das LR- (London Resin Company) (White and Gold) Harz. Diese Harze weisen die Vorteile einer niedrigen Viskosität, einer guten Mischbarkeit mit Lösungsmitteln und eine Polymerisation bei niedrigen Temperaturen (mit ultraviolettem Licht) auf. Außerdem scheinen sie die Tertiärstruktur der Proteine besser zu konservieren und zeigen eine niedrigere Hintergrundmarkierung als Epoxydharze. Details der Ultrastruktur jedoch werden oftmals nicht so gut aufgelöst.

Nach der Auswahl eines geeigneten Einbettungsmaterials besteht der nächste Schritt darin, das unpolymerisierte Medium in die Probe eindringen zu lassen, was oftmals mit einer abgestuften Reihe, ähnlich wie bei der Probenentwässerung, aber mit weniger Schritten vor sich geht. Wie lange jeder einzelne Schritt dauert, hängt von der Probe, dem Harz und der Art des Rührens ab. Normalerweise läßt man den Proben für jeden Tränkschritt von einer halben Stunde bis über Nacht Zeit. Wie bei jedem Medium, speziell bei den viskoseren, wird das Tränken durch leichtes Rühren beträchtlich erleichtert.

Nachdem die Probe vollständig in Harz überführt wurde, ist es im allgemeinen von Vorteil, sie noch ein- bis dreimal mit reinem Einbettungsmaterial zu tränken, um sicherzustellen, daß die Probe vollständig mit Einbettungsmaterial gefüllt ist und alle Lösungsmittelspuren entfernt wurden. Damit sollte der resultierende Probenblock gleichförmige Schneideigenschaften aufweisen. Man formt den Block, indem man die Probe in einem Volumen frischen Harzes in einer geeigneten Form einbettet, und zwar so, daß sich die interessierende Probenoberfläche in der Ecke des gehärteten Blockes befindet. Das Gußstück wird dann durch Beschleunigung der Polymerisation bei höheren Temperaturen (65 °C) bei Epoxyden oder durch Bestrahlen mit ultraviolettem Licht (360 nm) bei modifizierten Acrylaten gehärtet. Die Polymerisationsdauer liegt bei den meisten Medien in der Regel bei 8 bis 72 Stunden. Die Schneidequalitäten einiger Harzmischungen scheinen sich durch Nachpolymerisation von etwa einem Tag zu verbessern.

Ultramikrotomie

Nachdem die Probe in einen Harzblock eingegossen wurde, besteht der nächste Schritt bei der Probenpräparation in der Herstellung der Ultradünnschnitte. Die beste Auflösung erreicht man, wenn der in dem Mikroskop untersuchte Probenschnitt so dünn wie möglich ist. Zwei Gründe sind für die verbesserte Auflösung bei dünneren Proben verantwortlich: Erstens hat der Elektronenstrahl bei der in den meisten Transmissionselektronenmikroskopen verwendeten Beschleunigungsspannung nur ein begrenztes Eindringvermögen. Zweitens führt die Schärfentiefe der Objektivlinse in dem TEM zu einer Überlagerung von Probendetails in der elektronenmikroskopischen Aufnahme, wobei die einzelnen Merkmale mit konventionellen Mitteln schwer zu erkennen sind. Das Herstellen von guten Ultradünnschnitten wird in der Regel als der zeitaufwendigste und frustrierendste Aspekt der Probenpräparation für die TEM angesehen.

Für die meisten Anwendungen sollte der fertige Schnitt weniger als 100 nm dick sein (idealerweise etwa halb so dick), und für beste Ergebnisse sollte die Dicke so gleichmäßig wie möglich sein. Da bei der Herstellung eine Anzahl von starken Kräften auf den Schnitt wirkt, sollte mit besonderer Vorsicht darauf geachtet werden, physikalische Artefakte während des Schneideprozesses zu vermeiden. Der letzte Schnitt sollte frei von Stauchungen, Oberflächenfehlern, Ratter- und Messermarken sowie Verunreinigungen oder Niederschlägen vom Kontrastierungsprozeß sein. Ein guter Schnitt muß auch so lange von den Abmessungen her ein stabiles Bild bieten, wie man zur Herstellung einer elektronenmikroskopischen Aufnahme benötigt.

Ultramikrotome

Für Ultradünnschnitte benötigt man ein Ultramikrotom. Diese Geräte bewegen den Probenblock mit einem kleinen, vorher einstellbaren Vorschub in Richtung auf und über die Schneide eines außerordentlich scharfen Messers. Bei neueren Mikrotomen findet man zwei Arten von Probenvorschub (vgl. Abb. 6.7).

Die erste Methode beruht auf dem thermischen Ausdehnungskoeffizienten eines Metalls. In diesem System wird der Metallarm, auf dem die Probe angebracht ist, über einen sorgfältig geregelten elektrischen Widerstand aufgeheizt. Da Materialien sich im allgemeinen über einen Temperaturbereich in einem vorhersagbaren Verhältnis ausdehnen, kann diese thermische Ausdehnung in den Probenvorschub umgewandelt werden. Da das Aufheizen ein kontinuierlicher Prozeß ist, müssen die Perioden zwischen zwei aufeinanderfolgenden Schnitten ebenfalls genau gesteuert werden. In modernen Mikrotomen mit thermischem Vorschub werden diese beiden Aspekte beachtet.

Unabhängig vom Typ des verwendeten thermischen Vorschubes kann der Ausdehnungsprozeß nicht unendlich in die Länge gezogen werden. Die thermischen Ausdehnungseigenschaften der meisten Metallverbindungen erlauben eine etwas geringere Ausdehnung als 1 mm bei einer Temperaturänderung von 100 °C in einem Arm mit einer für ein Ultramikrotom praktischen Länge. Wurde dieser Bereich ausgeschöpft, muß der Arm abgekühlt werden, um das Gerät neu einzustellen.

Der zweite Typ von Probenvorschub in einem Ultramikrotom ist mechanisch. Hierbei wird der Probenarm mit einer Reihe von Hebeln durch den Vorschub einer Präzisionsmutter auf einer ähnlich genau bearbeiteten Feingewinde-Führungsschraube bewegt. In diesem System ist der Probenvorschub von der Einheitlichkeit des Schneidezyklus unabhängig und hängt nur von der Anzahl der von dem Mechanismus ausgeführten Drehungen ab. Wie beim thermischen Vorschub gibt es einen Punkt, an dem das System neu eingestellt werden muß, in diesem Fall muß der Vorschubmechanismus auf seine alte Position gebracht

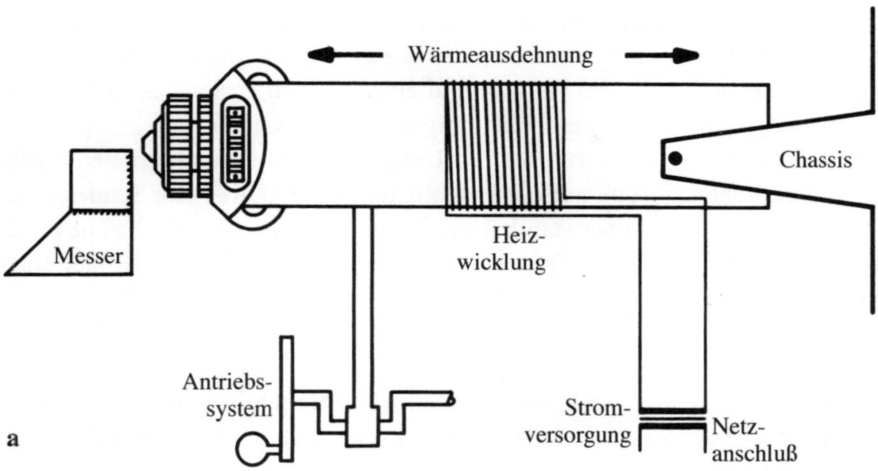

a

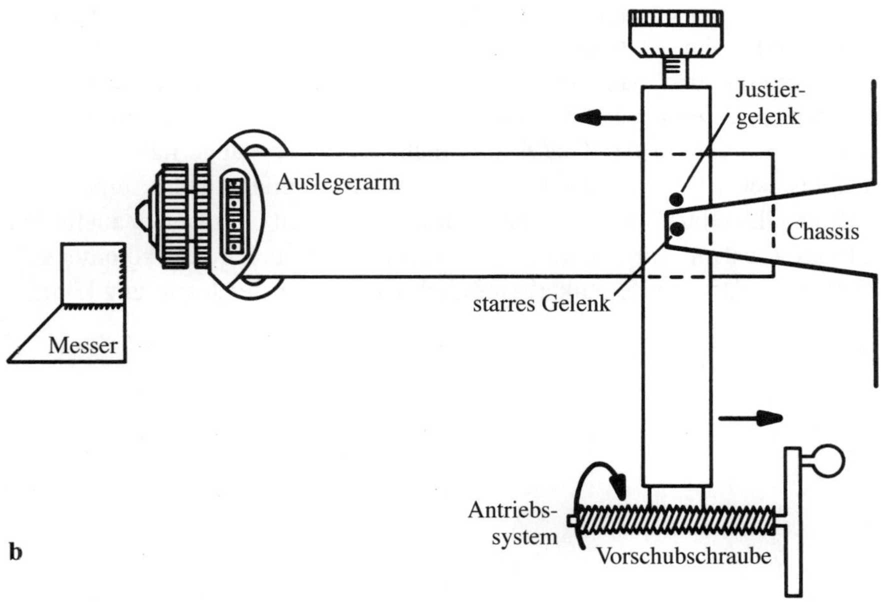

b

Abb. 6.7 Der Vorschub eines Ultramikrotoms
a) Schematische Darstellung eines Ultramikotoms mit thermischem Vorschub
b) Schematische Darstellung eines Ultramikotoms mit mechanischem Vorschub
Die modernen Ultramikrotome unterscheiden sich hauptsächlich in dem Grad ihrer Automatisierung; die grundlegenden Mechanismen sind dieselben. Da er weniger temperaturabhängig ist, ist der mechanische Vorschub die beste Wahl.

werden. Moderne Ultramikrotome mit mechanischem Vorschub sind mit Schrittmotoren und elektronischen Steuerungen ausgestattet, die die Probe durch den Schneidezyklus fahren, wobei sie während einer kleinen Periode des Abwärtshubs auf eine präzise Schneidegeschwindigkeit verlangsamen.

Bei jeder Art von Mikrotom hat die Umgebung, in der es betrieben wird, einen beträchtlichen Einfluß auf die Leichtigkeit und Qualität des Schneidens. Das Mikrotom sollte auf einer stabilen, schwingungsfreien Oberfläche (sie wird oft vom Hersteller mitgeliefert) in einem Raum ohne plötzliche Temperaturschwankungen und Zugluft aufgestellt werden.

Messer
Das zweite wichtige Ausrüstungsstück, das für die Herstellung von Ultradünnschnitten entscheidend ist, ist ein Messer mit einer extrem scharfen Schneide. Obwohl viele legierte Stähle hart genug sind, um als Messer in der Ultramikrotomie zu dienen, ist es bisher nicht gelungen, eine ausreichend scharfe Schneide zu bearbeiten. Zur Zeit gibt es drei Materialien, aus denen Messer für die Ultramikrotomie hergestellt werden.

Das als erstes verwendete Material (und es ist noch heutzutage in Gebrauch) ist Glas. Glatt poliertes Fensterglas, in Quadrate mit etwa 2,5 cm Kantenlänge geschnitten und dann diagonal gebrochen, bildet eine der schärfsten bekannten Schneiden (vgl. Abb. 6.8). Die Messerschneide selber wird durch die natürliche Spaltung des Glases und nicht durch eine angeritzte Linie gebildet. Dies heißt Freibrechen. Obgleich man dies vorsichtig mit einem gewöhnlichen Glasschneider und einem Paar modifizierten Glaszangen ausführen kann, ist es auch mit vorgeschnittenen Glasstreifen in einem der kommerziell erhältlichen Geräte („knife-maker“) möglich. Bei geeigneter Justierung können

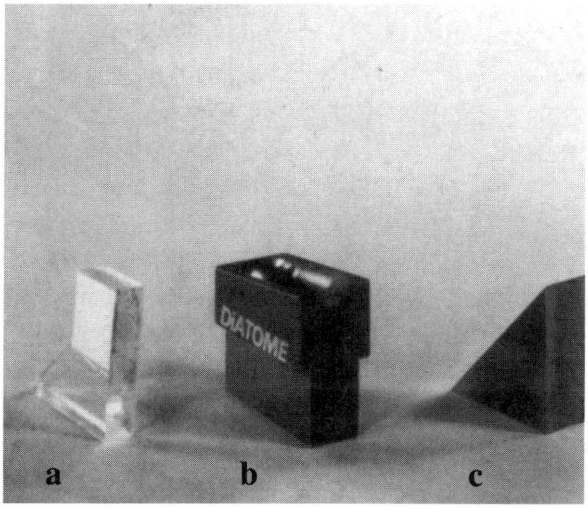

Abb. 6.8 Messer für das Ultramikrotom
a) Ein Glasmesser, das sowohl für dicke als auch für ultradünne Schnitte geeignet ist
b) Ein Diamantmesser mit Trog zum konventionellen Ultradünnschneiden
c) Ein Diamantmesser ohne Trog für die Kryo-Ultramikrotomie.

diese Geräte einen hohen Prozentsatz von Messern guter Qualität liefern und viel Zeit sparen.

Obwohl Glasmesser relativ preiswert und Wegwerfartikel sind, besitzen sie auch deutliche Nachteile. Sogar bei modernen Geräten zur Messerherstellung variiert die Qualität der hergestellten Messerschneiden beträchtlich, besonders wenn unerfahrenes Personal daran arbeitet. Zweitens ist die Messerschneide sehr empfindlich gegen Beschädigungen durch Kontakt mit einer Oberfläche, was leicht passieren kann, beispielsweise wenn der Trog zum Sammeln der Schnitte (dieser ist mit Wasser gefüllt, auf dem sich die Schnitte nach Ablösen von der Schneide sammeln) gegen das Messer abgesichert ist. Das Glas in der Nähe der Messerschneide, eine unterkühlte Flüssigkeit und kein echter kristalliner Feststoff, tendiert zum Fließen, und die Qualität der Messerschneide verschlechtert sich mit der Zeit. Schließlich, selbst wenn alles gut geht, ist die Lebensdauer eines Bereiches auf der Messerschneide begrenzt. Üblicherweise können 20 bis 30 Schnitte an einem Material gemacht werden, bevor die Schneide unakzeptabel stumpf wird.

Ein Messer für die Ultramikrotomie kann auch aus einem Stück polierten Saphirs gefertigt werden. Mit diesen Messern kann man über einen langen Zeitraum Schnitte guter Qualität herstellen. Sie werden in eine Halterung eingespannt, die auch einen Trog enthält, sofern sie für konventionelle TEM-Schnitte verwendet werden sollen. Die Oberfläche der mit diesen Messern hergestellten Schnitte ist glatter als bei Proben, die mit einem Glasmesser geschnitten wurden, was die Gesamtauflösung der Ultradünnschnitte verbessert. Saphirmesser kosten in der Regel einige hundert Mark, sparen aber beträchtlich Zeit gegenüber der Herstellung von Glasmessern. Zur Zeit gibt es kein ökonomischen Verfahren, sie nachzuschärfen.

Zur Herstellung von sehr vielen Ultradünnschnitten, besonders über einen längeren Zeitraum, ist ein Diamantmesser eine gute Investition. Diamantmesser erzeugen durchweg gute Ultradünnschnitte und, mit Vorsicht benutzt, liefern sie noch auf Jahre hinaus gute Schnitte. Die hervorragende Härte des Diamanten, kombiniert mit der Fähigkeit, ihn zu einer feinen Schneide zu polieren, machen ihn zum optimalen Material für Messer in der Ultramikrotomie (vgl. Abb. 6.8).

Im Vergleich zu allen anderen erwähnten Messern erfordert die Diamantschneide die kürzeste Zeit zur Einrichtung des Ultramikrotoms und zur Herstellung guter Schnitte. Sie erzeugt auch die glatteste Schnittoberfläche. Obwohl die Anschaffungskosten pro Millimeter nutzbare Schneide am höchsten sind, werden sie durch die besseren Ergebnisse und die eingesparte Zeit im allgemeinen aufgewogen. Obgleich fest und scharf, ist die Schneide eines Diamantmessers brüchig und kann durch einen Fehler ruiniert werden. Diamantmesser ohne größeren Schaden an der Schneide lassen sich wenigstens einige Male erneut schärfen, was in der Regel halb so teuer wie ein neues Messer entsprechender Länge ist.

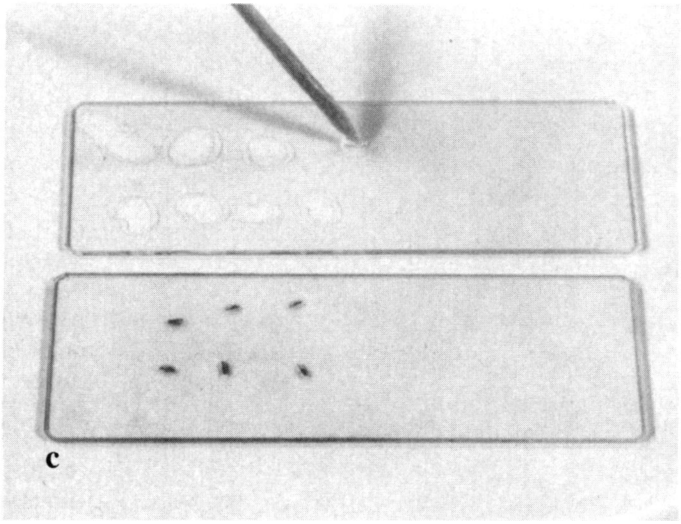

Abb. 6.9 Die einzelnen Schritte bei der Präparation von Schnitten für die Lichtmikroskopie
a) Ein für Schnitte für die Lichtmikroskopie getrimmter Probenblock
b) Mit einem Glasmesser geschnittene 1-µm-Schnitte (auf der Wasseroberfläche)
c) Die auf einen Glasträger überführten Schnitte
Mit Hilfe der dicken Schnitte kann man den Bereich des Gewebes bestimmen, wo am besten die folgenden Ultradünnschnitte gemacht werden, was Zeit spart.

Obwohl Diamant- und Saphirmesser die besten Ultradünnschnitte erzeugen, sind Glasmesser in jedem Labor immer noch zum groben Beschneiden der Proben (dem Trimmen), zum Herstellen dickerer Probenschnitte für die Lichtmikroskopie und zum Üben für neuere Mikroskopierer (vor dem Arbeiten mit einem Diamantmesser) wichtig.

Schritte bei der Herstellung von Ultradünnschnitten
Als erstes wird der Probenblock soweit getrimmt, daß die Probe an der Oberfläche sichtbar wird. Dazu wird der Probenblock in der Regel in das Spannfutter des Mikrotoms eingespannt und unter einem Stereomikroskop mit geringer Vergrößerung das Kunstharz mit einer entfetteten, einseitigen Rasierklinge abgeschnitten. Wenn einige Schnitte für die Lichtmikroskopie gemacht werden sollen (ein Verfahren, mit dem man gut die Qualität der Fixierung und den Bereich der Probe für die Ultramikrotomie feststellen kann), sollte die Stirnfläche der Probe zu einer abgeschnittenen Pyramide mit einer Stirnfläche von etwa 1 mm^2 getrimmt werden (das heißt etwa die ganze Probe). Dieser Block wird dann in das Mikrotom eingespannt, und einige etwa 1 µm dicke Schnitte werden hergestellt, dem Trog entnommen und auf einem Glasträger für die Lichtmikroskopie getrocknet (vgl. Abb. 6.9).

Nachdem die Qualität der Fixierung und der interessierende Bereich bestimmt wurden, sollte zum erfolgreichen Ausführen des Ultradünnschneidens die Stirnfläche des Blockes auf Trapezgestalt mit weniger als 0,5 mm Kantenlänge verkleinert werden. Der Block wird dann wieder in das Mikrotom eingespannt, eine frische Messerschneide zentriert (oder ein Diamant- oder Saphirmesser montiert), und das Ultradünnschneiden kann beginnen.

Ist der Block gut und das Mikrotom einwandfrei eingerichtet, sammelt sich an der Schneide des Messers ein Band von aufeinanderfolgenden Schnitten, die auf dem Wasser in dem Trog abschwimmen. Die Schnitte hängen aneinander, da jeder von der Stirnfläche des Blockes hergestellte Schnitt an der Messerschneide haftet, bis der nächste Schnitt hergestellt ist. Jeder neue Schnitt haftet an dem vorhergehenden und drückt ihn von der Messerschneide weg auf das Wasser (vgl. Abb. 6.10).

Jedes Mikrotom besitzt eine Dickensteuerung, mit der die gewünschte Dicke eingestellt werden kann. Die Anzeigen auf dem Gerät sind jedoch im allgemeinen nur relativ, und Änderungen treten von Schnitt zu Schnitt auf. Man muß also auf andere Weise die Probendicke beurteilen. Am häufigsten wird die Schnittdicke über die durch Reflexion des Lichtes an der Schnittoberseite und an der Grenzfläche Schnitt-Wasser auftretende Interferenzfarbe abgeschätzt. Diese Farbe gibt die Dicke mit einer Toleranz von 10% an (vgl. Tab. 6.2).

Je nach Messertyp und Konsistenz des geschnittenen Blockes können die Schnitte auf der Wasseroberfläche vertikal gestaucht ankommen, was durch Zerren des Schnittes über die Messerschneide hervorgerufen wurde. Da diese Eigenschaft jede Messung an dem Endbild verzerren und sichtbare Wellen in dem

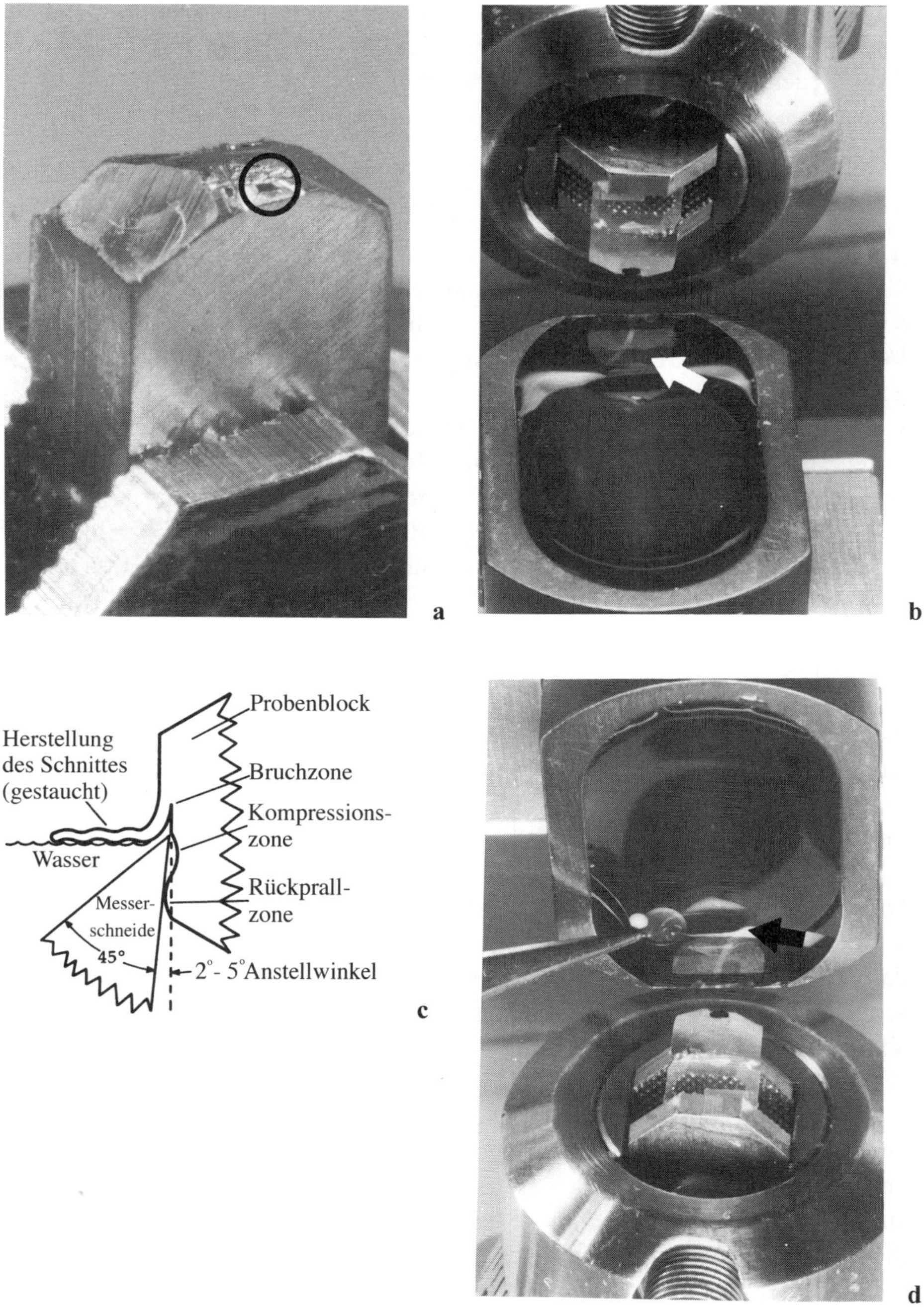

Abb. 6.10 Die einzelnen Schritte bei der Präparation von Ultradünnschnitten für die TEM
a) Ein für die Ultradünnschnitte getrimmter Probenblock
b) Ultradünnschnitte auf der Wasseroberfläche
Die Dicke kann über die Interferenzfarbe beurteilt werden. Ein goldfarbener Schnitt ist 80 nm bis 100 nm dick.
c) Die Mechanik des Ultradünnschneidens
d) Aufnehmen der Schnitte mit einem Netz.

Tabelle 6.2 Bestimmung der Dicke von Kunstharzschnitten anhand von Interferenzfarben

Das von der Wasseroberfläche und das von der Oberfläche der Ultradünnschnitte reflektierte Licht legen unterschiedliche Weglängen zurück. Dies führt zu Interferenz und zu der Verstärkung gewisser Wellenlängen, proportional zur Probendicke.

Wellenlänge in nm	Farbe
≤60	grau
60–90	silber
90–150	gold
150–190	purpurrot
190–240	blau
240–280	grün
280–320	gelb [1]

[1]) Bei einer Schnittdicke von über etwa 300 nm erscheinen die Schnitte zuerst mit einem Anflug von rot, beginnen aber schnell wie ein Stück auf dem Wasser liegendes Zellophan auszusehen.

Schnitt erzeugen würde, muß die Stauchung beseitigt werden. Ein Verfahren, die Stauchung des Probenschnittes wieder rückgängig zu machen, besteht darin, die Oberfläche einer kleinen Menge Lösungsmitteldämpfe auszusetzen, indem man vorsichtig ein mit Xylol getränktes Papier über die fertigen Schnitte hält. Bei einer zweiten Methode, bei der das Personal nur begrenzt Xyloldämpfen ausgesetzt wird, wird eine aufgeheizte Drahtschleife benutzt. Ob chemisch oder thermisch behandelt, die Schnitte werden durch diese Maßnahme erweicht, und die auf die hydrophoben Teile des Schnittes wirkende Oberflächenspannung des Wassers beseitigt die Stauchung. Normalerweise bringt die Beseitigung der Stauchung eine sichtbare Verschiebung der Interferenzfarbe zu einem dünneren Bereich mit sich.

Nachdem die Schnitte von Stauchungen befreit sind, werden sie mit einem beschichteten oder einfachen Netz aufgenommen. Danach sollten sie bis zu ihrer weiteren Behandlung in einem sauberen, trockenen Behälter aufbewahrt werden.

Kontrastieren von Ultradünnschnitten

Da biologisches Material in der Regel einen geringen Elektronenkontrast aufweist, werden die Schnitte üblicherweise mit einem elektronendichten Kontrastierungsmittel (das heißt mit einem Stoff mit hoher Elektronenstreuung wie ein Schwermetallsalz) behandelt, nachdem sie auf die Netze aufgebracht wurden. Ein effektives Kontrastierungsmittel muß die Harzoberfläche durchdringen können. Werden mehr als ein Kontrastierungsmittel verwendet, müssen diese kompatibel oder Synergisten sein und die verschiedenen Zellkomponenten mit unterschiedlichem Kontrast versehen werden. Die beiden gängigsten Kontrastierungsmittel für die elektronenmikroskopische Untersuchung biologischer Proben enthalten Blei oder Uran und werden oft dem Schnitt als Uranylacetat und Bleizitrat zugeführt.

Uranylacetat
Mit Uranylacetat in einer 1%igen wäßrigen oder alkoholischen Lösung werden die Schnitte als erstes behandelt. Die notwendige Zeit hängt hauptsächlich von der Trägerflüssigkeit (Alkohol ist schnell) und dem verwendeten Harz (VCD ist langsam) ab. Nach der empirisch bestimmten Kontrastierungsdauer wird das Netz mehrmals mit destilliertem Wasser gewaschen und vorsichtig getrocknet. Uranylacetat verbessert den Kontrast proteinreicher Strukturen und Nukleinsäuren und erhöht den Gesamtkontrast der restlichen Zellkomponenten (vgl. Abb. 6.11).

Bleicitrat
Blei, gewöhnlich in einer Form wie Bleicitrat, in einer Lösung mit einem hohen pH-Wert (etwa 12) ist das am meisten eingesetzte Kontrastierungsmittel für allgemeine Untersuchungen im Elektronenmikroskop. Es verbessert den Kontrast von Glykogen, der SH-Gruppen einiger Proteine, Nukleotide (über die Phosphatgruppen) und Verbindungen, die mit Osmiumtetroxid (OsO_4) reagieren. Die Kontrastierung mit Blei verläuft besser, wenn das Material vorher mit Uranylacetat behandelt wurde, da die beiden Kontrastierungsmittel Synergisten zu sein scheinen. In Pflanzen verbleiben die Zellwände größtenteils nach Vorbehandlung sowohl mit OsO_4 als auch Uranylacetat elektronentransparent, werden aber durch Bleicitrat dunkel gefärbt, obwohl es keine bekannte Reaktion mit Cellulose gibt. Das Kontrastieren mit Blei ist anfällig für Verunreinigungen durch Bleicarbonat, das mit atmosphärischem CO_2 gebildet wird. Diese Kontamination kann verringert werden, indem man die Behandlung in einer Kammer vornimmt, in der das CO_2 mit Natriumhydroxidpillen (NaOH) entfernt wurde. Im Gegensatz zur Kontrastierung mit Uranylacetat dauert die Kontrastierung mit Blei in der Regel nur 1 bis 5 Minuten, unabhängig von dem verwendeten Kunstharz. Der Bildkontrast wird besser, wenn die Schnitte nach dem Kontrastieren kurz in einer schwachen NaOH-Lösung gewaschen werden. Dieser Schritt dient auch zur Verhinderung der Fällung (hoher pH). Nach dieser Spülung sollen die Schnitte noch mehrmals gespült werden, um alle Spuren von nicht verbrauchtem Kontrastierungsmittel zu entfernen. Sind sie trocken, können sie direkt in dem TEM untersucht werden oder mit einer stabilisierenden Kohlenstoffschicht (dies wird später in diesem Abschnitt diskutiert) als zusätzlichem Schutz überzogen werden.

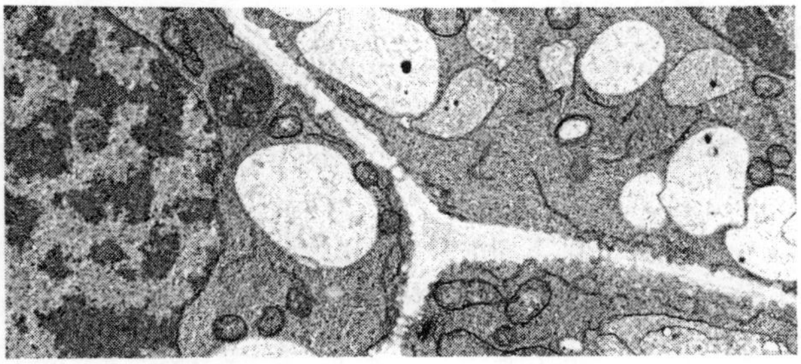

a

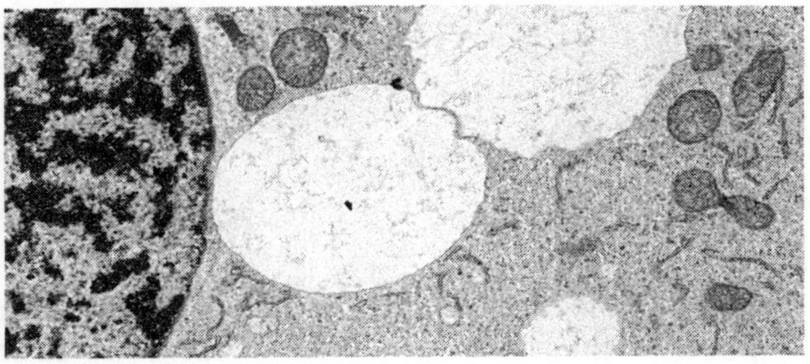

b

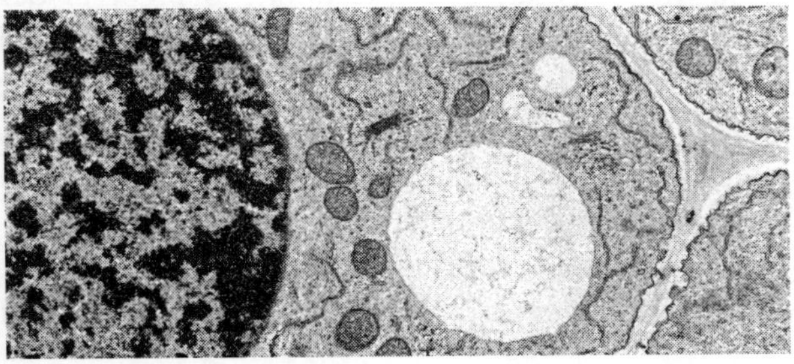

c

Abb. 6.11 Die Wirkung gebräuchlicher Kontrastierungsmittel auf Ultradünnschnitte
a) Ein Ultradünnschnitt durch die Zelle einer Zwiebelwurzel, mit Glutaraldehyd und OsO_4 fixiert und in Epoxydharz eingebettet
b) Dasselbe Gewebe mit gesättigtem, wäßrigem Uranylacetat kontrastiert
c) Dasselbe Gewebe mit Uranylacetat und Bleicitrat kontrastiert
Man beachte, wie sich die gesamte Ultrastruktur immer deutlicher abhebt. Besonders die Zellwände gewinnen durch die Bleikontrastierung nach dem Kontrastieren mit Uranylacetat beträchtlich an Kontrast.

Andere Kontrastierungsmittel

Obgleich Uran und Blei die am häufigsten verwendeten Kontrastierungsmittel für die TEM darstellen, gibt es für speziellere Anwendungen noch einige andere. Phosphorwolframsäure, eines der ersten verwendeten Kontrastierungsmittel, verbessert den Kontrast solcher Komponenten wie Mitochondrienmatrizen und Muskel-Z-Bänder besonders intensiv. Es bildet auch einen Komplex mit polymerisierten Kohlehydraten. (Die Chemie der Reaktion ist noch nicht bekannt.) Rutheniumverbindungen, auch in der Lichtmikroskopie verwendete Kontrastierungsmittel, können aufgrund der Elektronenstreuung des Rutheniumatoms (Ordnungszahl 44) in der Elektronenmikroskopie eingesetzt werden. Es verbessert den Kontrast von Pektiden, besonders nach der Fixierung mit OsO_4. Es reagiert ebenfalls mit Mucopolysacccharide, einigen Lipiden und wahrscheinlich einigen Proteinen.

Zusätzlich zu den elektronendichten Kontrastierungsmitteln, die unterschiedlich, aber im allgemeinen mit Zellkomponenten reagieren, werden heutzutage mehr und mehr hochspezifische Immunolokalisations- und Enzymverfahren (sie werden später in diesem Kapitel diskutiert) eingesetzt.

Vakuumbedampfungsanlagen und Verdampfungsverfahren

Einer der wichtigsten Ausrüstungsbestandteile in jedem Elektronenmikroskopie-Laboratorium ist eine Vakuumbeschichtungsanlage. Dieses Gerät heißt auch Vakuumbedampfungsanlage, da der Überzug oder die dünne Schicht in der Regel durch Bedampfen erzeugt werden. Die Vakuumbedampfungsanlage wird für eine Anzahl von Präparationsverfahren sowohl in der REM als auch der TEM eingesetzt, was die Herstellung von Trägerfolien, Kohlenstoffüberzügen, Glimmentladung, Oberflächenabdrücke und Schrägbedampfen von Partikeln sowie, bei besonderer Ausrüstung, die Probenpräparation durch Gefrierätzen einschließt. Viele der grundlegenden Schritte beim Bedampfen sind die gleichen, egal was die letztendliche Aufgabe ist; daher ist es angebracht, sie als erstes und zusammen zu diskutieren.

Es gibt mehrere Typen von Vakuumbedampfungsanlagen (vgl. Abb. 6.12). Oftmals, wenn mehr als eine im Laboratorium vorhanden ist, haben sie spezielle Aufgabenbereiche. Das erste ist ein freistehendes Gerät mit einer großen Glasglocke auf einer Metallplatte, durch die eine Anzahl von vakuumdichten Durchführungen für die elektrische Stromzuführung und, in manchen Fällen, zur Kühlung und Bewegung des Mediums gehen. In diesen Geräten wird das Endvakuum üblicherweise mit einem zweistufigen System mit einer Öldiffusionspumpe (vgl. Kap. 3) erzeugt. Nach Warmlaufen (nach etwa 30 Minuten) und Einbringen der Probe benötigen diese Geräte 5 bis 15 Minuten, um ein Vakuum von 10^{-3} Pa zu erreichen, wo das Bedampfen beginnen kann.

Eine zweite Verfahrensweise bei der Anwendung der Vakuumbedampfung in einem Elektronenmikroskopie-Laboratorium besteht im Einsatz von Hochgeschwindigkeitspumpstationen in Bankmontage, die oft nach einem Baukastensystem mit angeflanschten Arbeitskammern minimalen Volumens aufgebaut sind. Die auswechselbaren Flansche sind auf spezielle Aufgaben zugeschnitten. Da diese Verdampfer mit Kammern kleinen Volumens und oftmals mit sauberen Hochvakuumpumpen wie Turbomolekularpumpen ausgestattet sind, sind sie

a b c

Abb. 6.12 Übliche Vakuumbedampfungsanlagen
a) Der Glasglockentyp
b) Modulare Anlage in Bankform
c) Eine der ersten Gefrierätzmaschinen
All diese Geräte können zu Routinebedampfungen im Elektronenmikroskopie-Laboratorium herangezogen werden. Die Gefrierätzmaschine besitzt Einrichtungen zum Brechen, Ätzen und Drehen der Probe sowie zur präzise gesteuerten Schrägbedampfung bei Temperaturen von – 196 °C bis Raumtemperatur.

nach etwa 10 Minuten zum Bedampfen in einem Vakuum von 10^{-4} Pa ohne Aufwärmen bereit.

Eine dritte Art von in Elektronenmikroskopie-Laboratorien verwendeten Bedampfern sind Gefrierätzmaschinen. Diese Geräte liegen in der Konstruktion zwischen den Bedampfern mit einer Glasglocke, die leicht für diese Aufgabenstellung modifiziert wurden, und Kleinkammergeräten speziell für den Gefrierbruch und das Gefrierätzen. Gefrierätzmaschinen sind mit Öldiffusionspumpen, Turbomolekularpumpen und Kryopumpen sowie mit zahlreichen Präparationstrukturen und -möglichkeiten ausgestattet erhältlich.

Anforderungen an die Vakuumbedampfung

Unabhängig von der Bedampfungsanlage oder der bevorstehenden Aufgabe stellt die Präparationstechnik einige allgemeine Anforderungen. Wie bereits erwähnt, wird als erstes ein Vakuum benötigt, um dünne Schichten aus festen Stoffen zu erzeugen, indem sie aus einer Quelle verdampft und dann als Schicht auf dem Präparat abgeschieden werden. In manchen Fällen ist das Vakuum auch erforderlich, um die Verschmutzung der Probenoberfläche während des Bedampfens zu vermindern.

Innerhalb der Vakuumkammer wird ein Mechanismus zum Ausführen des Bedampfungsprozesses benötigt, der einen gewöhnlich stabilen Feststoff mit einem hohen Schmelzpunkt auf kontrollierte Weise in Dampf überführen kann. Das Material, das mit einer dünnen Schicht versehen werden soll, muß selber im Vakuum stabil sein. Daher muß es frei von anhaftenden, eingeschlossenen oder adsorbierten Gasen oder Substanzen mit niedrigem Dampfdruck sein. Bei manchen Anwendungen jedoch können diese Substanzen toleriert werden, wenn ihr Einfluß durch Regulierung der Temperatur herabgesetzt werden kann. Ist beispielsweise Wasser in dem Vakuumbedampfersystem enthalten, benötigt das Pumpsystem beträchtliche Zeit dazu, es als Dampf abzupumpen. Wäre das Wasser aber gefroren und könnte bei einer sehr niedrigen Temperatur gehalten werden, könnte das Hochvakuum viel schneller erreicht werden.

Die Wärmeregulierung ist bei einigen Proben wichtig. Obwohl durch Konvektion keine nennenswerte Wärmemenge die Probe erreichen (oder verlassen) kann (das vorliegende Vakuum ist viel besser als das der besten Thermosflaschen), ist ein gewisser Wärmefluß durch Leitung durch den Probenträger möglich. Das Aufheizen durch Strahlung, speziell während des Bedampfungsprozesses, stellt in der Regel den Hauptfaktor dar. Die Kühlung einer Probe oder das Aufrechterhalten einer niedrigen Temperatur kann mit Hilfe eines temperaturgeregelten Probenträgers in der Vakuumkammer realisiert werden.

Schließlich ist es bei vielen Anwendungen wichtig, die Dicke der auf der Probe abgeschiedenen Schicht zu kennen. Diese Dicke zu bestimmen kann einfach durch Beobachten eines Farbwechsels auf einem bekannten Substrat oder komplex mit speziellen elektronischen Überwachungsgeräten, die in das Bedampfersystem integriert sind, erfolgen.

Verdampfungsmethoden

Die älteste Methode zur Verdampfung in einer Vakuumbedampfungsanlage ist das Aufheizen mittels eines elektrischen Widerstandes. Dabei wird ein einzelner Faden, ein Drahtkörbchen oder eine dünne Metallwanne mit einem hohen Schmelzpunkt (in der Regel Wolfram) um die zu verdampfende Substanz (üblicherweise ein Metall mit einem niedrigeren Schmelzpunkt) gewunden oder mit ihr gefüllt (vgl. Abb. 6.13 a). Die Fadenanordnung wird zwischen zwei elektrischen Kontakten mit einer von der Probe vorgegebenen Geometrie plaziert, und der Strom angeschaltet. Bei Stromdurchfluß heizen sich die Trägerdrähte auf, und das Verdampfungsmetall verdampft. Die Methode kann auch zum Bedampfen mit Kohlenstoff eingesetzt werden, indem eine geflochtene Kohlenstoffschnur anstatt eines Metallfadens verwendet wird.

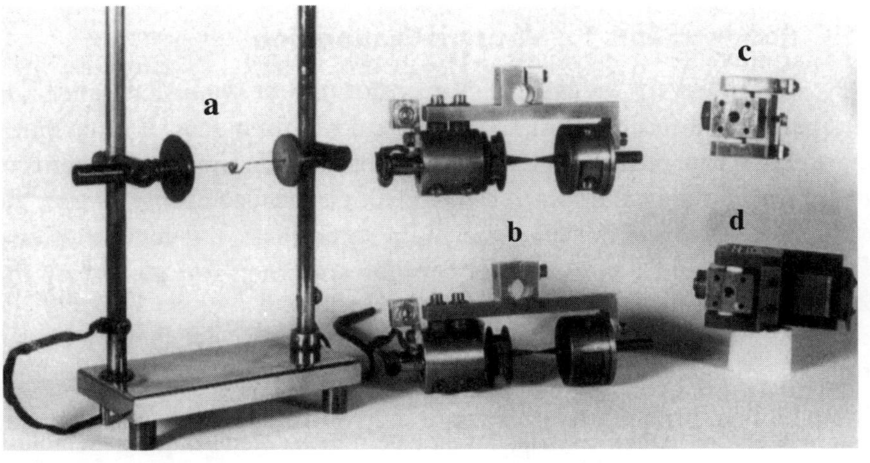

Abb. 6.13 Verdampfungsquellen zur Herstellung dünner Schichten
a) Quellen, bei denen ein Wolframdraht über einen Widerstand aufgeheizt wird, sind preiswert, aber sie lassen sich schwerer steuern und müssen nach jeder Anwendung neu aufgebaut werden.
b) Quellen mit Lichtbogen-Kohleelektroden zum Bedampfen mit reinem Kohlenstoff oder mit Platin und Kohlenstoff
Sie sind besser als die ersteren Methoden speziell zur Platinbedampfung geeignet.
c) Elektronenstrahlkanone
d) Die Elektronenstrahlkanone (mit entferntem Deckel) zeigt die die Elektronen emittierende Spule und die Platin-Kohle-Elektrode zum Bedampfen. Diese Verdampfungsquelle bietet die beste Kombination aus Zuverlässigkeit, Wärmeschutz, Wirkungsgrad und Schichtqualität.

Dieses Verdampfungsverfahren ist das einfachste und im allgemeinen auch das preiswerteste. So können dünne Gold-, Gold/Palladium-, Platin/Palladium- und, indem der Faden allein aufgeheizt wird, Wolframschichten abgeschieden werden. Die Hauptnachteile dieser Methode sind die, daß die Verdampfungsanordnung nach jeder Benutzung neu zusammengebaut werden muß, die Probe beim Bedampfungsprozeß durch den Glühfaden einer großen Wärmebelastung ausgesetzt wird und es schwierig ist, die Schichtdicke von einem Mal zum anderen akkurat zu reproduzieren. Ein weiteres Problem besteht darin, Platin mit Hilfe eines Wolframdrahtes zu verdampfen. Da die Schmelzpunkte der beiden Metalle so nahe beieinander liegen, schmilzt das Platin oftmals zu einem Tropfen zusammen, der mit dem Wolframdraht eine Legierung bildet. Der Draht brennt dann an den auf beiden Seiten des Tropfens gebildeten heißen Stellen durch, bevor viel des Platins verdampft werden kann.

Eine zweite Methode zum Verdampfen von Stoffen bei der Probenpräparation für die Elektronenmikroskopie sind Lichtbogen-Kohleelektroden (vgl. Abb. 6.13 b). Diese Verdampfer arbeiten mit einem Starkstrom durch die Stirnflächen zweier Kohlestäbe bei niedriger Spannung, die federnd miteinander in Kontakt stehen. Durch Anlegen des Stromes wird der Kohlenstoff dort verdampft, wo sich die Kohlenstoffstäbe berühren, und ein elektrischer Lichtbogen hoher Temperatur gebildet, der das Substrat aus Kohlenstoff verdampft, der sich dann auf dem Target niederschlägt.

Zur Herstellung einer Metallschicht wird eine Spule aus dem gewünschten Material (in der Regel Platin oder eine Platinverbindung) um das Ende einer der Kohleelektroden gewickelt und durch die Hitze des Bogens schnell verdampft. So erzeugte Schichten sind Mischungen aus Kohlenstoff und Metall, aber bei geeigneter Ausführung ist der Kohlenstoffgehalt gewöhnlicherweise so gering, daß er sich nicht wesentlich auswirkt. Mit dieser Art des Verdampfens lassen sich Platinschichten deutlich schneller als beim direkten Aufheizen über einen Widerstand niederschlagen, was die Wärmebelastung der Probe beträchtlich reduziert. Bei vorsichtiger Ausführung ist mehr als ein Durchgang möglich, bevor die Anordnung neu eingerichtet werden muß. Dies gilt speziell für reine Kohlenstoffverdampfer. Die Verdampfer selber sind relativ preiswert, aber wie beim Aufheizen über einen Widerstand ist eine präzise Steuerung der Schichtdicke schwierig.

Eine dritte Art von Bedampfungsgerät ist die Elektronenstrahlkanone (vgl. Abb. 6.13 c). Diese Verdampfer arbeiten nach einem ähnlichen Prinzip wie die thermischen Elektronenemitter einer Elektronenkanone mit Wolframfaden eines Elektronenmikroskops. Die von einem spulenförmigen Glühfaden emittierten Elektronen werden mit einer Spannung von mehreren Kilovolt in Richtung des zu verdampfenden Materials beschleunigt. Beim Aufprall wird der Verlust an kinetischer Energie in Wärme umgewandelt, die das Ende der aus dem Schichtsubstrat bestehenden Anode zum Verdampfen bringt. Der Körper der Verdampfer-Elektronenkanone wird oft mit mehreren geerdeten Ionenkollektoren ausgestattet, die geladene Partikel aus dem Dampf entfernen. Elektronenstrahlverdampfer sind zur Herstellung von dünnen Schichten aus Platin, Wolfram/Tantal und Kohlenstoff geeignet. Wie bei den Geräten mit Lichtbogen-Kohleelektroden enthalten die so hergestellten Platinschichten etwas Kohlenstoff, etwa um die 5%.

Die Elektronenstrahlkathoden besitzen einige besondere Vorteile gegenüber den Verfahren, die mit einem Widerstand oder einer Lichtbogen-Kohleelektrode arbeiten. In der Regel können sie sechsmal oder öfter benutzt werden, bevor sie neu eingestellt oder neu bestückt werden müssen. Sind erst einmal die Beschleunigungsspannung und der Emissionsstrom für eine gegebene Anwendung optimiert, ist die Ablagerungsrate ziemlich stabil, und es lassen sich einheitlich dünne Schichten herstellen, indem die Brenndauer der Elektronenkanone gesteuert wird. Da sich das Aufheizen auf die Spitze innerhalb der Elektronenkanonenanordnung beschränkt, ist die thermische Belastung der Probe niedriger als bei den anderen Verdampfern. Wie bei den in der Mikrotomie verwendeten Diamantmessern werden die höheren Anschaffungskosten des Elektronenstrahlverdampfers durch die höhere Produktivität bei fast allen Anwendungen aufgewogen.

Anforderungen an die Probe beim Vakuumbedampfen

Wenn eine Probe im Vakuum bedampft werden soll, muß sie bestimmte Eigenschaften besitzen. Als erstes sollte die Probe im Vakuum stabil sein. Sie sollte so wenig Gase wie möglich enthalten, damit keine Probleme hinsichtlich der Stabilität der Abmessungen auftreten und auch eine Verschlechterung des Vakuums durch Ausgasen vermieden wird, was das Evakuieren der Vakuumkammer auf ein Arbeitsvakuum drastisch verlängern würde. Eine Hauptquelle von Restgasen in einer Bedampfungsanlage für die Probenpräparation stellt Wasserdampf dar. Die Proben und die Ausrüstung zum Bedampfen sollten so trocken wie möglich gehalten werden. Eine weitere Verunreinigung, auf die geachtet werden muß, ist Öl mit einem niedrigen Siedepunkt (wie Hautöl), das aus dem System abgepumpt werden muß. Außer zur Erhöhung der Pumpdauer können kondensierbare Dämpfe in der Glasglocke zu einer Verunreinigung der Probe führen. Dies ist speziell bei Anwendungen wichtig, wo die Probe bei tiefen Temperaturen gehalten wird, wie beim Gefrierbruch, da die kalte Probenoberfläche (von der ein Abdruck gemacht werden soll) als Kühlfalle für diese Restgasdämpfe wirkt. Das Benutzen von Handschuhen beim Handhaben der Materialien zum Bedampfen hilft, diese Öle zu reduzieren.

Die für Trägerschichten verwendeten Materialien (wie Formvar und Parlodion) stellen im allgemeinen keine Probleme dar und lassen sich in einem Vakuumbedampfer leicht mit Kohlenstoffschichten überziehen. Zur Erhöhung der Stabilität gegenüber dem Elektronenstrahl können die Dünnschnitte in

Epoxydharzen nach dem Kontrastieren in dem Vakuumbedampfer ebenfalls mit einer Kohlenstoffschicht überzogen werden. Die am kritischen Punkt getrockneten Materialien (vgl. Kap. 7) für die REM oder TEM sind in der Regel genügend Fixier- und Lösungsmittelschritten unterzogen worden, so daß auch sie in einer Vakuumbedampfungsanlage behandelt werden können. Einige Materialien, wie Molekülproben, die vor der Schrägbedampfung (sie wird später in diesem Kapitel diskutiert) auf dem Substrat aufgebracht werden, können direkt in das Vakuum eingebracht werden, da der Gesamtwassergehalt unbedeutend ist.

Die Bedeutung der Schichtdicke für kritische Arbeiten in der Elektronenmikroskopie

Wie die Beurteilung der Schnittdicke ein wichtiger Aspekt in der Ultramikrotomie ist, so ist das Messen der Schichtdicke ein wichtiger Aspekt der Bedampfungsverfahren. Die Schichtdicke bestimmt die Festigkeit und die Qualität der Kohlenstoffschichten und die Auflösung und den Kontrast von schräg bedampften Proben. Es gibt mehrere Methoden zum Messen der Schichtdicke bei der Probenpräparation für die TEM.

Die erste und einfachste Methode ist die des einfachen Beobachtens. Dünne Metall- oder Kohlenstoffschichten zeigen einen sichtbaren Farbwechsel der Probe oder des Targets. Ein gleichzeitig mit den Proben mitbedampftes, kleines Stück weißen Papieres bietet eine geeignete Oberfläche, um die Schichtdicke optisch abzuschätzen. Mit viel Erfahrung kann so nicht nur die Schichtdicke beurteilt werden, sondern auch durch die Farbe der aufgedampften Schicht ihre Zusammensetzung (in dem Fall der Platin/Kohlenstoff-Bedampfung).

Ein zweites Verfahren zur Bestimmung der Schichtdicke ist das quantitative Verdampfen. Sofern der Abstand zwischen Verdampfungsquelle und Probe, die Dichte des zu verdampfenden Metalls und die Masse des verwendeten Metalls bekannt sind, kann die Schichtdicke theoretisch berechnet werden, wenn man annimmt, daß das verdampfte Metall sich auf einer kugelförmigen Oberfläche mit der Quelle als Zentrum niederschlägt. Da am Faden noch einiges vom Metall hängenbleibt und andere Unwägbarkeiten existieren können, stimmen diese Werte selten mit der gemessenen Schichtdicke überein. Ist jedoch einmal die Angemessenheit einer gewissen Metallmenge bei einem gegebenen Satz von Verdampfungsvariablen bestimmt, ist die Reproduzierbarkeit gewöhnlich gut.

Quantitative Messungen der Schichtdicke während der Anwendung können auf mindestens zwei Arten durchgeführt werden. Die erste Methode macht von der Leitfähigkeit der aufgedampften Schichten Gebrauch. Eine nichtleitende Oberfläche mit zwei Elektroden festen Abstandes mit einer vorherbestimmten Spannung wird in die Verdampfungsbahn eingebracht. Bei Zunahme der Schichtdicke während des Bedampfungsprozesses verringert sich der Scheinwiderstand, und es fließt ein der Schichtdicke proportionaler Strom. Dieser Strom kann zur Fernüberwachung benutzt werden.

Obwohl dieses Verfahren funktioniert, ist die kurze Lebensdauer des Detektors ein schwerwiegender Nachteil. Da die Schichten hochleitend sind, fällt der Widerstand mit ansteigender Schichtdicke schnell und die Empfindlichkeit (die Widerstandsänderung) nimmt ab. Ein zweites Problem ist, daß die Dicke für jeden Widerstandswert empirisch hergeleitet werden muß. Das System ist jedoch einfach und preiswert zu bauen und kann in die Steuerschaltung der Verdampfung einbezogen werden.

Ein zweites indirektes Verfahren zum Messen der Schichtdicke verwendet die Änderung der elektrisch induzierten Schwingung eines Quarzkristalls, um die Menge und die Geschwindigkeit der Schichtabscheidung zu beobachten. Der Quarzkristallmonitor mißt die Schichtdicke, indem die Frequenz eines Referenzkristalles mit der eines entsprechenden, der aufgedampften Schicht ausgesetzten verglichen wird. Mit steigender Schichtdicke nimmt die Eigenfrequenz des Kristalls ab. Diese Änderung ist über einen erheblichen Bereich gleichmäßig, und auf dem Monitor kann eine Differenz so klein wie eine einzelne Atomschicht nachgewiesen werden. Kommerzielle Quarzkristallmonitore sind bei einer Anzahl von Herstellern erhältlich, und wenn sie als Regler mit Elektronenstrahlkanonen gekoppelt werden, bieten sie eine zuverlässige Methode zur Erzeugung von durchgängig gleichmäßigen Schichtüberzügen.

Schrägbeschatten und Oberflächenabdrücke

Das Schrägbeschatten mit Metallen ist eines der ältesten und noch heutzutage sehr nützliches Verfahren zur Probenpräparation für die TEM. Hierbei findet die vorher beschriebene Vakuumbedampfungsanlage Verwendung, um den Kontrast topographischer Details der Ultrastruktur in elektronentransparenten, biologischen Materialien zu verbessern, indem sie ungleichmäßig mit einem Schwermetall bedampft werden. Die Dicke des Metalls ist auf der der Dampfquelle zugewandten Seite einer topographischen Erhebung größer. Daher streut sie mehr Elektronen und erscheint dunkler als die von der Verdampfungsquelle abgewandte Seite. Natürlich muß die Probe bei diesem Verfahren einige interessante Oberflächenmerkmale aufweisen. Das Schrägbedampfen ist ideal für kleine biologische Materialien geeignet, wie Makromoleküle und Viren, und stellt ein ziemlich schnelles Präparationsverfahren dar, das eine außerordentlich stabile Probe liefert. Falls die Probe für eine direkte Schrägbedampfung zu groß oder zu elektronendicht ist, kann oftmals ein elektronentransparenter Oberflächenabdruck angefertigt werden, mit dem dann die Information über die Oberfläche erhalten werden kann.

Schrägbeschatten

Wenn man eine Probe mittels Schrägbeschatten präparieren will, muß sie erst auf ihre Eignung diesbezüglich untersucht werden. Die Probe muß den oben erwähnten Stabilitätsanforderungen in einem Vakuum genügen. Sie muß elektronentransparent sein, wie auch die Proben im Fall der Negativkontrastierung (sie wurde bereits diskutiert). Natürlich müssen die Proben interessante Oberflächendetails oder -morphologie aufweisen. Schließlich müssen die Proben auf einer Trägerfolie präpariert sein.

Die Proben können für die Schrägbedampfung auf vielfältige Weise präpariert werden. Besteht eine Probe aus einem trockenen Pulver, kann sie einfach auf eine Trägerfolie gestäubt werden. (Kunststoffolien scheinen geeigneter als Kohlenstoff- oder kohlenstoffbeschichtete Folien zu sein). Ist es wasserhaltig, kann das Material tropfenweise in einer wäßrigen Lösung auf die Trägerfolie gegeben werden, ähnlich wie schon vorher bei der Negativkontrastierung beschrieben. Nach Eintrocknen des restlichen Lösungsmittels kann die Probe in den Vakuumbedampfer eingesetzt werden (oder die Probe kann dort schnell getrocknet werden). Die Probe wird nach Erreichen des Arbeitsvakuums mit einer der vorher erwähnten Verdampfungsquellen schattiert. Diese Methode ist einfach, besitzt aber einige Nachteile. Falls die Probe einen Puffer benötigt, damit die gewünschte Morphologie aufrechterhalten wird, muß der Puffer flüchtig sein (zum Beispiel Ammoniumformat oder Pyridinacetat), oder die Probe wird durch Kristalle des Puffersalzes verdunkelt oder dekoriert. Jede Verunreinigung in der Probenlösung überdeckt ebenfalls die Details. Schließlich, falls die Probe lang und hochflexibel ist, wie viele Biomoleküle, verbleibt sie beim Eintrocknen wahrscheinlich nicht in der gewünschten Konfiguration, sondern trocknet zu einer unbestimmbaren Masse.

Eine Möglichkeit, die Details eines sehr ausgedehnten Makromoleküls sichtbar zu machen, besteht in der Anwendung eines Molekülspreizverfahrens. Ein gängiges Beispiel ist das Kleinschmidt-Verfahren zum Spreizen der hochflexiblen und langen DNA-Moleküle. Bei diesem Verfahren wird die DNA (in dem flüchtigen Puffer Ammoniumacetat) mit einem Protein (Zytochrom *c*) gemischt und die Mischung vorsichtig auf eine saubere Wasseroberfläche gegeben. Das denaturierte Zytochrom *c* bildet an der Grenzfläche Luft/Wasser eine Schicht, an der die gesamte Länge der DNA haftet. Die DNA ist somit in einer einzigen Ebene orientiert und kann mit einem beschichteten Netz aufgenommen und schräg bedampft werden, um ihre Länge und andere Details wie Einschnitte, Schleifen und eine Anzahl von Strängen zu zeigen. Die Größenbestimmung des Moleküls sollte mit Vorsicht vorgenommen werden, da es mit dem Zytochrom *c* bedeckt ist.

Bei einem weiteren Verfahren wird die Probe mit einem Zerstäuber oder einer modifizierten Sprühpistole auf die Trägerfolie gesprüht. Dieses Verfahren ist in seiner Anwendung präziser und kann einige der Adsorptionsprobleme überwinden, die es bei der direkten Anwendung auf dünne Schichten gibt. Bei diesem Verfahren wird die Probe (in Lösung) in Form eines Nebels kleiner Tropfen auf die Trägeroberfläche aufgebracht und dann in die Bedampfungsanlage überführt. Bei einer Variante dieses Verfahrens wird eine Lösung der Probe in Glycerol verwendet, die auf eine frisch hergestellte (das heißt gespaltene) Glimmeroberfläche gesprüht wird. Beim Auftreffen der Tropfen auf die Oberfläche werden die Moleküle auf die Glimmeroberfläche gedrückt, was eine bemerkenswert saubere Präparation darstellt. In diesem Fall wird das gesamte Glimmerstückchen schräg bedampft und durch Herstellen einer durchgehenden Kohlenstoffschicht auf der diskontinuierlichen Schattierungsschicht eine Trägerfolie erzeugt. Dieses kohlenstoffverstärkte Präparat kann in Quadrate geschnitten, auf Wasser abgeflottet und, wie schon früher bei dem Verfahren mit reinen Kohlenstoffolien beschrieben, auf Netze aufgebracht werden.

Nachdem die Probe auf dem beschichteten Netz oder Substrat in den Verdampfer überführt und ein geeignetes Arbeitsvakuum (idealerweise kleiner als $5 \cdot 10^{-4}$ Pa) erzeugt worden ist, kann das Schrägbedampfen beginnen. Angewandt werden können für die Schrägbedampfung für die TEM eine ganze Reihe von Metallen (vgl. Tab. 6.3); am geeignetsten haben sich Platin, Chrom, Gold, Wolfram und Legierungen von Wolfram/Tantal oder Platin/Palladium erwiesen.

Es gibt verschiedene Beschattungsgeometrien. Die erste und einfachste besteht darin, die Probe unter einem Winkel von 45° von einer punktförmigen Quelle mit einem der vorher erwähnten Verdampfer schräg zu bedampfen. Hierbei reichert sich das Metall auf der der Bedampfungsquelle zugewandten Seite an, wobei Bereiche höherer Elektronendichte entsprechend der Höhenunter-

Tabelle 6.3 Gebräuchliche Stoffe beim Schrägbedampfen und Beschichten für die TEM und ihre Siedepunkte und Verdampfungstemperaturen

Die Vakuumumgebung in einer Bedampfungsanlage erniedrigt die zum Bedampfen erforderliche Temperatur, bewirkt eine große mittlere freie Weglänge des abzuscheidenden verdampften Stoffes und verhindert chemische Reaktionen des verdampften Stoffes mit den Gasen der Luft.

Metall	Siedepunkt in °C bei 10^5 Pa	ungefähre Verdampfungstemperatur in °C bei 10^{-2} Pa
Platin (Pt)	4530	2020
Wolfram (W)	5900	3030
Gold (Au)	2700	1405
Kohlenstoff (C)	4827	3367
Wolfram/Tantal (W/Ta)	≈5500	3030
Chrom (Cr)	2672	1800

schiede und Schatten (Lichtbereiche) auf der der Verdampfungsquelle abgewandten Oberflächen erzeugt werden. Der Winkel von 45° erzeugt ein leicht interpretierbares Bild und vereinfacht Konturnäherungen, da die Höhe in etwa der Schattenlänge gleich ist (vgl. Abb. 6.14). Für Proben mit geringem vertikalem Relief ist es oft vorteilhafter, mit einem kleineren Winkel zu arbeiten. Für Untersuchungen an Makromolekülen zum Beispiel werden oft kleine Winkel wie 2° bis 5° verwendet.

Im allgemeinen sollte die durchschnittliche Dicke der kontrastbildenden Metallschicht 1 nm bis 2 nm betragen, damit Kontrast und Auflösung optimal sind, obwohl bei einigen Metallen mit dünneren Schichten eine höhere Auflösung erreicht werden kann. Daher muß die Schichtdicke bei Messungen an der Auflösungsgrenze für schräg bedampfte Präparationen (die bei etwa 2 nm bis 3 nm für die meisten Materialien liegt) unbedingt berücksichtigt werden. Mit zwei auf der vertikalen Probenachse um 90° versetzt angeordneten Metallverdampfern ist die Portrait-Beschattung möglich, die Details enthüllt, die bei Verfahren mit

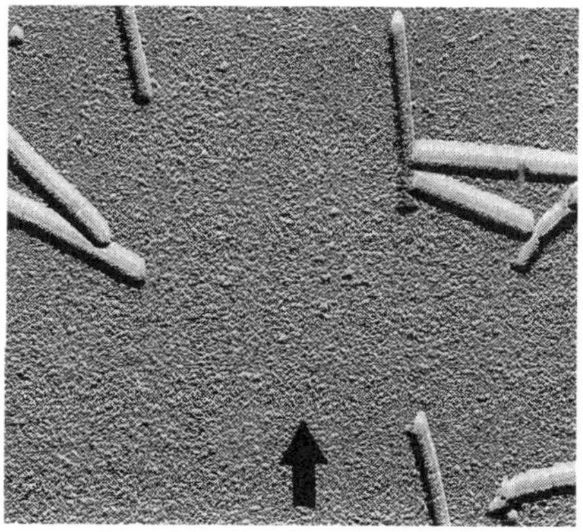

a

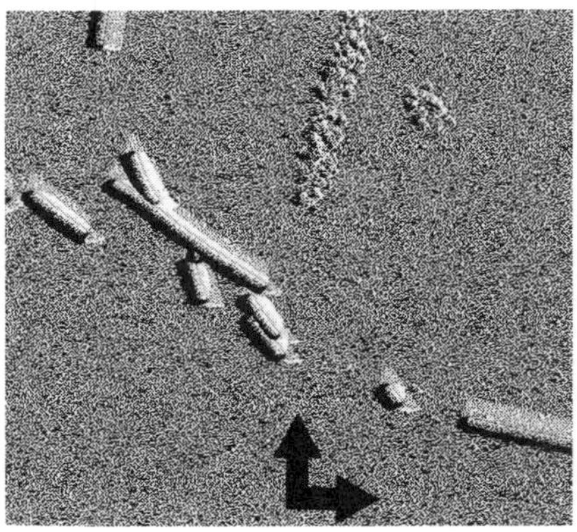

b

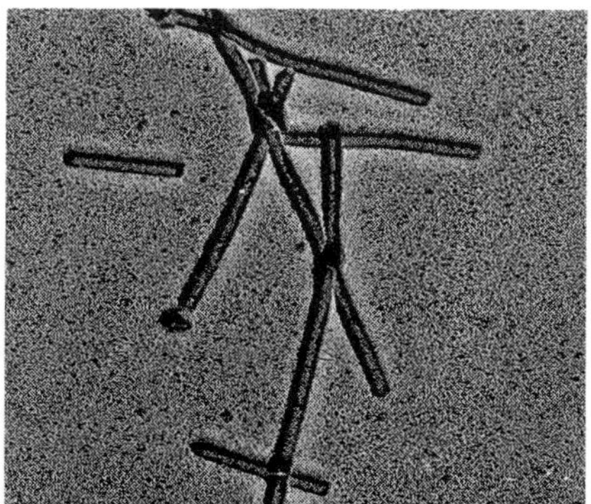

c

Abb. 6.14 Effekte der Beschattungsgeometrie
a) Aus einer Richtung unter einem Winkel von 45° mit Platin schräg bedampfter Tabakmosaikvirus (TMV)
b) Der TMV nach dem Portrait-Beschatten
c) Der TMV bei rotierender Probe bedampft
Die Portrait-Beschattung und das Schrägbedampfen bei rotierender Probe zeigen mehr Details der Probenoberfläche als das Beschatten aus einer Richtung, erzeugen aber weniger scharfe Schatten.

einer Einfallsrichtung im Schatten verdeckt bleiben. Dieses Verfahren kann bei Proben mit vielen winkligen Oberflächen (wie ikosaedrische Viren) oder langen Molekülen (wie die DNA) sehr informativ sein.

Ein weiteres Verfahren beinhaltet die Rotation der Probe während des Bedampfungsprozesses (Kegelbedampfung). Durch die Rotation lassen sich leicht Zusammenhänge von fasrigen Proben bestimmen und solche Details nachweisen, die bei der Bedampfung aus einer einzigen Richtung nicht sichtbar sind. Wird mit sehr kleinen Winkeln gearbeitet, kann man durch Rotation der Probe beim Bedampfen die Höhe und Breite von Molekülen ohne viel zusätzlichen Hintergrundkontrast aufbauen (vgl. Abb. 6.14).

Befand sich die Probe schon vor dem Schrägbedampfen auf einem beschichteten Netz, kann sie nach dem Schattieren direkt in dem TEM untersucht werden. Wurde die Probe auf einem anderen Substrat schattiert, wie beispielsweise Glimmer, kann sie direkt in der Verdampfungsapparatur mit einer Kohlenstoffolie (Trägerfolie) überzogen werden, indem der Kohlenstoff aus einer Quelle direkt über der Probe verdampft wird.

Oberflächenabdrücke

Viele TEM-Proben mit interessanten Oberflächendetails sind zu dick (dicker als 100 nm bis 200 nm), um nach einem der eben beschriebenen Schrägbeschattungsverfahren behandelt zu werden. In vielen Fällen kann die gewünschte Information dennoch erhalten werden, indem man eine genaue Kopie der Oberfläche herstellt. Dafür gibt es mehrere Möglichkeiten. Oberflächenabdrücke können direkt oder indirekt angefertigt werden, je nach den Probeneigenschaften und der gewünschten Information. Für die meisten biologischen Anwendungen und einige Anwendungen in den Werkstoffwissenschaften wird das einstufige Verfahren angewandt.

Einstufige Oberflächenabdrücke werden direkt von der Oberfläche der biologischen Probe hergestellt. Das sorgfältig getrocknete Probenmaterial wird in den Bedampfer mit der interessierenden Oberfläche nach oben eingebracht. Ist die Probe zu klein, um sie direkt zu handhaben, kann sie zuerst auf ein Stück Glimmer aufgebracht werden. Nachdem ein Vakuum in dem Bereich $\geq 10^{-4}$ Pa erreicht ist, wird die Probe, wie in dem Abschnitt über das Schrägbeschatten beschrieben, in der Regel mit Platin bedampft. Direkt nach Aufbringen der Metallschicht wird die gesamte Probe mit einer Kohlenstoffschicht versehen, die üblicherweise zwischen 5 nm und 20 nm dick ist. Diese Verstärkungsschicht trägt die unterschiedlich dicke Metallschicht, die mit der Probe in Kontakt ist.

Die Probe mit dem auf ihrer Oberfläche haftenden Abdruck wird auf eine Wasseroberfläche abgeflottet und dann in ein Ablösebad überführt. Das Ablösebad hängt von der Natur des Probenmaterials und der Art des Beschattungsmetalls ab. Platin/Kohlenstoff-Abdrücke können fast jedem chemischen Ablöser widerstehen. Gängige Ablöser sind flüssiges Bleichmittel (Natriumhypochloridlösung), Wasserstoffperoxid und Chromsäurelösungen. Bei Proben, die eine merkliche Mineralkomponente enthalten oder auf Glas aufgebracht wurden, kann der Oberflächenabdruck mit Flußsäure (HF) freigestellt werden. Empfindliche Oberflächenabdrücke sollten vorsichtig behandelt werden; es kann nötig sein, die Ablöseflüssigkeit zu verdünnen, um chemische Reaktionen weitestgehend zu verhindern. Nach Ablösen wird der Oberflächenabdruck mehrmals mit destilliertem Wasser gewaschen und auf ein (beschichtetes oder unbeschichtetes) Kupfernetz aufgebracht und ist dann für die Untersuchung in dem TEM fertig. Das einstufige Abdruckverfahren ist für Zelloberflächen mit einer einzigen Schicht geeignet, wie Blätteroberflächen oder Kulturzellen, die auf einem ebenen Substrat gewachsen sind.

Indirekte Abdruckverfahren finden in der Biologie seltener Anwendung als die direkten Methoden. Sie können von Nutzen sein, falls die Originalprobe nicht zerstört werden kann, sie zu groß für die Vakuumkammer ist oder unter den Vakuumbedingungen nicht stabil ist. In der Regel wird die erste Abdruckstufe mit einer 3%igen bis 4%igen Lösung von Cellulosenitrat (beispielsweise Kollodium) in Amylacetat angefertigt. Man gibt diese Lösung auf die Originalprobe, läßt sie trocknen und zieht sie dann ab. Von der Oberfläche kann ein Kohlenstoffabdruck angefertigt werden, der dann schräg bedampft wird, oder sie kann direkt schattiert und dann mit Kohlenstoff bedampft werden und so den Endabdruck zur Untersuchung im TEM liefern. Dieser Endabdruck wird mit einem geeigneten Lösungsmittel vom Kunststoff gereinigt.

Gefrierbruch und Gefrierätzen

Eine letzte Variante der Schrägbeschattungs- und Oberflächenabdruckverfahren ist der Gefrierbruch. Hierbei wird eine durch Tiefgefrieren stabilisierte Probe zerteilt und gleich danach die frische Oberfläche schräg bedampft. Das Gefrierätzen stellt eine leichte Modifikation dieses Verfahrens dar, bei der eine kleine Menge Eis von der frisch gebrochenen Oberfläche weg sublimiert, so daß die unter der Bruchebene versteckten Details freigelegt werden. Mit Hilfe des Gefrierbruches kann man innere Zelldetails dreidimensional untersuchen, wobei der Bruch einzigartig durch die Mitte von Membranen von biologischen Gewebeproben gehen kann, die in der Bruchebene aufeinandertreffen. Daher ist das Verfahren speziell zur Charakterisierung und Lokalisierung von membrangebundenen, makromolekularen Strukturen geeignet. Da der Oberflächenabdruck direkt von dem gefrorenen, wasserhaltigen Material hergestellt wird, kann so das durch keine chemische Fixierung beeinflußte Material untersucht werden, wenn geeignete ultraschnelle Gefrierverfahren genutzt werden. Obwohl der Ablauf und die Interpretation der resultierenden Bilder wenigstens ein oberflächliches Verständnis der zugrundeliegenden Vakuumeigenschaften und der Erzeugung von dünnen Schichten, der Gefrierprozesse und des Verhaltens von Biomolekülen bei diesen tiefen Temperaturen erfordern, liefert der Gefrierbruch Informationen, die sonst nicht erhältlich sind.

Voraussetzungen für den Gefrierbruch
Wie bei anderen Abdruckverfahren muß auch bei der Anwendung des Gefrierbruches und des Gefrierätzens die Ausrüstung zur Probenpräparation einigen Anforderungen genügen. Diese Anforderungen sind für das Gefrierätzen zwingender als für die meisten anderen Abdruckverfahren.

Da die Probe, von der ein Oberflächenabdruck hergestellt werden soll, Wasser enthält, ist eine Stabilisierung durch Gefrieren erforderlich, sowohl um die Probe zu fixieren als auch um sie in die Vakuumumgebung einbringen zu können. Eines der oben beschriebenen Gefrierfixierverfahren sollte derart angewandt werden, daß die Eiskristalle kleiner als die Auflösungsgrenze der kontrasterzeugenden Metallschicht sind.

Eine zweite wichtige Überlegung betrifft das Niveau und die Qualität des Vakuums in dem Vakuumsystem. Da die Probe kälter als $-100\,°C$ ist, kann sie als Kühlfalle wirken und Öl und in dem Restgas vorhandenen Wasserdampf adsorbieren. Das Vakuum muß mindestens in dem Bereich von 10^{-4} Pa liegen.

Die Probe muß entlang einer interessanten Ebene brechen. Bei den meisten biologischen Proben geht der Materialbruch durch die Mitte (den hydrophoben Bereich) der Membran. Die Probe sollte mit einem Minimum an plastischer Deformation brechen, was oftmals von der Probentemperatur abhängig ist. Manchmal sind die Ergebnisse besser, wenn die Probe bei niedrigen Temperaturen gebrochen und dann vor dem Beschichten leicht erwärmt wird.

Ist Information über Membranoberflächen (oder andere wasserhaltige Oberflächen) gewünscht, muß die Probe ätzbar sein (das heißt, die gefrorene wäßrige Phase muß sublimieren können, damit Details unter der Bruchebene enthüllt werden können).

Da die Probe so kalt und für eine Verunreinigung durch Kondensation anfällig ist, muß sie schnell beschichtet werden, ohne die gebrochene Oberfläche der Probe signifikant aufzuheizen. Um ein Überheizen zu verhindern und, was noch wichtiger ist, das Überdecken wertvoller Details zu verhindern, muß die Schichtdicke akkurat beurteilt werden können. Elektronenstrahlverdampfer zum Beschichten und ein Quarzmonitor zum Beurteilen der Schichtdicke bieten dabei einen großen Vorteil.

Schließlich muß es möglich sein, den Oberflächenabdruck zu reinigen. Es sind Ablösemittel notwendig, die Probenreste von dem Abdruck entfernen, ohne ihn zu ruinieren.

Gefrierbruchprozeß
Der Prozeß des Gefrierbruches besteht aus drei wichtigen Schritten (vgl. Abb. 6.15). Die Schritte entsprechen denen, die vorher bei der Fixierung von

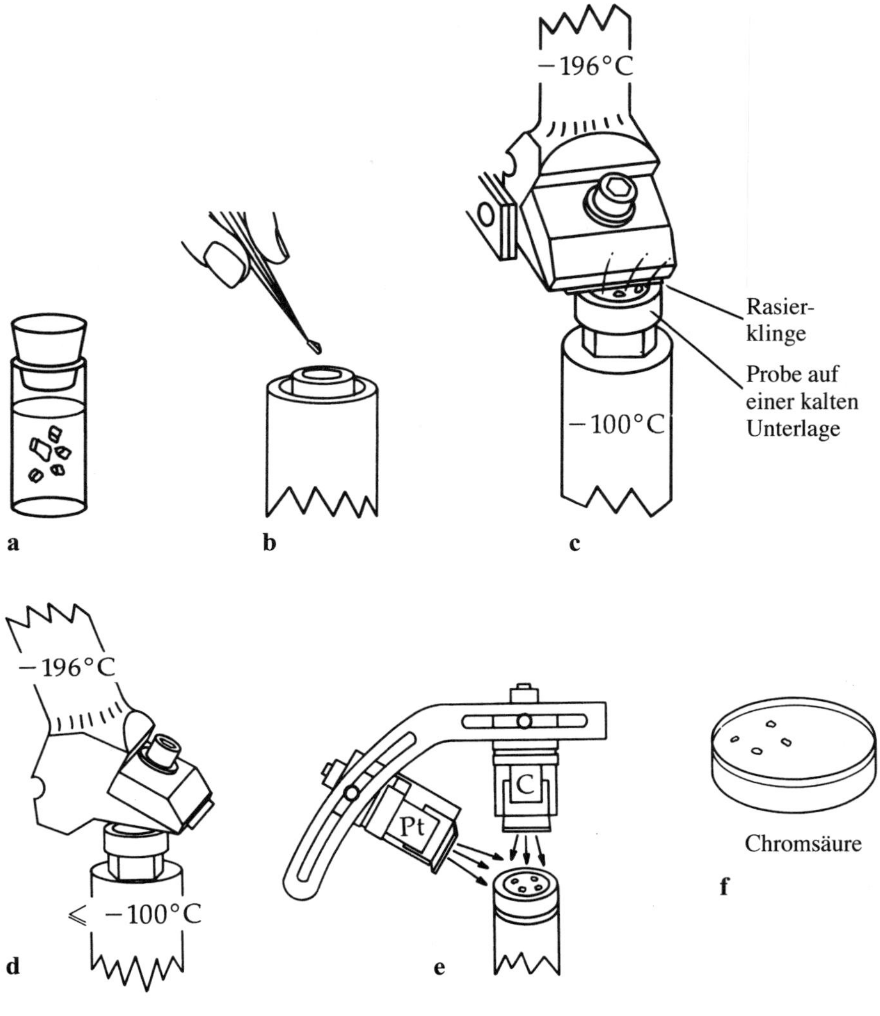

Abb. 6.15 Sechs wesentliche Schritte beim Gefrierätzen
a) Die Probenisolierung und -vorbehandlung
Die Qualität des letztendlichen Oberflächenabdruckes hängt von diesem kritischen Schritt ab.
b) Gefrierfixieren
Falls die Probe mit einem Gefrierschutzmittel versehen wurde, funktioniert die Eintauchmethode gut bei Proben mit einer Größe von knapp 1 mm^3.
c) Gefrierbruch
Dieser Schritt kann mit einem Messer bei – 196 °C oder durch Zugspannung ausgeführt werden.
d) Ätzen (Sublimation von Wasser von der Bruchoberfläche mit dem Mikrotommesser als Kühlfalle)
e) Schrägbedampfen und Kohlenstoffbeschichten
f) Ablösen des Oberflächenabdruckes
Alles biologische Material muß entfernt werden, damit in dem TEM ein klares Bild erzeugt wird.

TEM-Proben und den Abdruckverfahren beschrieben wurden, und werden hier nur kurz behandelt, aber ihre Bedeutung sollte nicht unterschätzt werden. Der erste Schritt besteht darin, ein repräsentatives Stück aus der Probe zu isolieren. Da die letztendliche Größe der Probe klein sein wird, sollten die Warnungen hinsichtlich der Vorfixierung unbedingt beachtet werden. Eines der allgemeinsten Probleme bei der Probenpräparation betrifft die Entwässerung der Probe zwischen Isolierung und Einfrieren. Das Entfernen des Wassers aus der Probe kann zu Ergebnissen führen, die auf den ersten Blick besser erscheinen als sie wirklich sind, da die Bildung von Eiskristallen bei den höheren Lösungskonzentrationen in dem trocknenden Gewebe unterdrückt wird. Es ist wichtig, daß der gesamte Isolationsprozeß Schritt für Schritt herausgearbeitet wird, bevor irgendeine Probe eingefroren wird, von der ein Oberflächenabdruck angefertigt werden soll.

Es gibt verschiedene Verfahren zum Gefrierfixieren. Welches Verfahren angewandt wird, hängt davon ab, inwiefern es für die Probe geeignet ist und welche Ausrüstung zur Verfügung steht. Alle Gefrierverfahren, die bei Atmosphärendruck arbeiten, können nur Proben mit sehr begrenzter Dicke ultraschnell einfrieren. Um diese Einschränkung zu umgehen, wird manchmal ein Gefrierschutzmittel eingesetzt. (Oftmals ist dies Glycerol, mit dem die Probe bis zu einer Endkonzentration von etwa 30% abgestuft getränkt wird.) Um große Brüche in der Ultrastruktur zu vermeiden, wird die Probe vor dem Tränken mit Glycerol im allgemeinen leicht mit Glutaraldehyd fixiert (0,5% bis 2,5% für 30 Minuten). Soll die Probe geätzt werden, darf kein Glycerol eingesetzt werden, da Glycerollösungen sehr langsam ätzen.

Nachdem die Probe isoliert und vorbehandelt worden ist, wird sie für den Gefrierprozeß auf einen Träger aufgebracht. Die Art des verwendeten Trägers ist durch die Gefrierapparatur und die Ausrüstung zum Gefrierbruch vorgegeben. Für das Eintauchverfahren werden in der Regel kleine Goldscheibchen mit einer erhöhten Probenstützwand verwendet. Die Probe wird in die Mitte plaziert und die Anordnung, wie vorher beschrieben, in das Kryogen getaucht. Es können auch andere Träger für diesen Vorgang benutzt werden, wie ein Probenträger aus dünnem (etwa 80 µm) Kupfer. Die Wärmeleitfähigkeit reinen Kupfers ist exzellent.

Ähnliche dünne Kupferträger werden beim Einfrieren im Propanstrahl eingesetzt, wobei sich aber die Probe (die dünner als etwa 40 µm sein muß, damit ein optimaler Effekt erreicht wird) zwischen einem oberen und einem unteren Träger befindet. Die beim Einfrieren mittels eines Metallblockes verwendeten Träger haben einen Durchmesser von etwa 10 mm, sind aus Kupfer oder Aluminium gefertigt und oftmals so konstruiert, daß sie ganz genau in die Gestelle für das Gefrierätzen hineinpassen.

Nachdem die Probe gefrierfixiert wurde, wird sie gewöhnlich unter flüssigem Stickstoff aufbewahrt, bis sie in die Gefrierbruchmaschine überführt werden kann. Die Zeitspanne zwischen dem Einfrieren und der Lagerung unter flüssi-

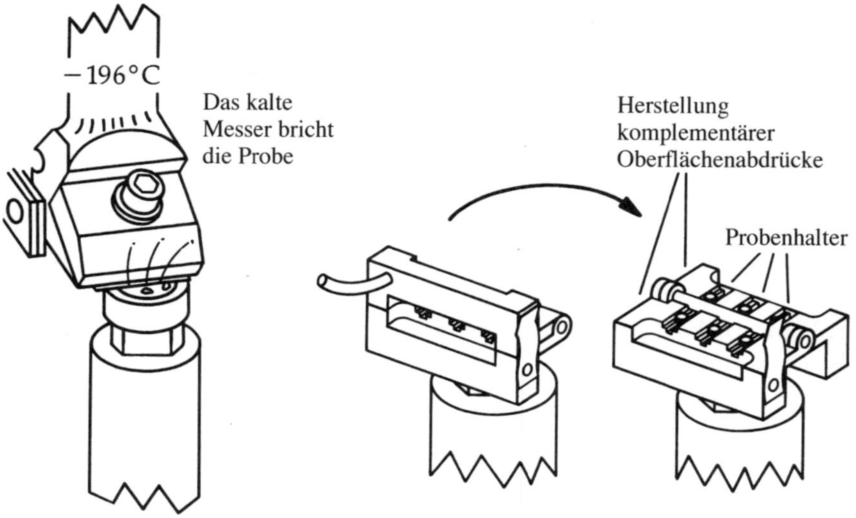

Abb. 6.16 Die einzelnen Bruchverfahren beim Gefrierbruch
a) Mit einem kalten Mikrotommesser
b) Mit Zugspannung
Es werden zwei Oberflächen erzeugt, von denen komplementäre Oberflächenabdrücke hergestellt werden können.

gem Stickstoff sollte so kurz wie möglich gehalten werden (nicht mehr als etwa eine Sekunde), um eine Rekristallisation zu verhindern.

Nach Überführen der Probe in das Gerät zum Gefrierbrechen kann der eigentliche Bruchvorgang auf zweierlei Arten durchgeführt werden. Das klassische Verfahren besteht darin, mit einem auf die Temperatur von flüssigem Stickstoff gekühlten mikrotom-ähnlichen Messer dünne Schichten vom oberen Teil der Probe abzuschälen (vgl. Abb. 6.16).

Diese Methode funktioniert in der Regel gut, aber einige Proben sind so brüchig, daß durch einen Arbeitsgang mehrere Brüche in der Probe erzeugt werden, die mit Wasserdampf verunreinigt werden können. Anstatt dünne Schichten von der Probe abzuschälen, kann eine große Scheibe geschnitten werden, wobei dieser Typ von Artefakt reduziert wird. Die beste Technik bestimmt man gewöhnlich empirisch. Wurde die Probe mit einer Methode eingefroren, in der sie sich zwischen zwei Trägern befindet, kann sie auch durch Zugspannung gebrochen werden. Die Probe wird einfach abgezogen. Viele Probengestelle erlauben diese Praxis. Die beiden erzeugten Oberflächenabdrücke sind komplementär. Das Analysieren von komplementären Abdrücken liefert nicht nur Information über Partikel innerhalb der Membranen, sondern auch über einige der feinen Artefakte, die erzeugt werden können.

Nachdem die Probe gebrochen wurde, können die freigelegten Oberflächen sofort schräg beschattet werden, oder sie können leicht geätzt werden, wobei nur einige Nanometer Eis von der Oberfläche durch Sublimation entfernt werden.

Beim Ätzen heizt man den Probentisch auf eine Temperatur über der von flüssigem Stickstoff (–196 °C) aber unterhalb der Rekristallisationstemperatur von Eis (etwa –80 °C) auf. Die Sublimationsgeschwindigkeit ist ebenfalls vom Vakuum abhängig: Je höher das Vakuum, desto größer die Sublimationsgeschwindigkeit (vgl. Tab. 6.4). Diese beiden Bedingungen müssen derart ausbalanciert werden, daß eine akzeptable Geschwindigkeit erreicht wird, in der Regel um 2 nm · s^{-1}. Um die Sublimation voranzutreiben und zu verhindern, daß Wasser auf der Probenoberfläche rekondensiert, wird gewöhnlich während der Dauer des Ätzens (1 bis 3 Minuten) das kalte Mikrotommesser oberhalb der Probe positioniert.

Nach dem Brechen und wahlweise einem Ätzschritt wird die Probenoberfläche mit einem Schwermetall (in der Regel Platin) mit Hilfe eines Elektronenstrahlverdampfers schräg bedampft. Das Vakuum dafür sollte höher als $2 \cdot 10^{-3}$ Pa sein, um einen geeigneten Oberflächenabdruck zu erhalten. Dem Schrägbeschatten folgt sofort eine Beschichtung mit Kohlenstoff wie bereits bei den Abdruckverfahren beschrieben. Um Oberflächenabdrücke mit höchster Auflösung zu erreichen, sollte das Beschattungssystem mit Elektronenstrahlkanonen mit Wolfram/Tantal-Elektrode ausgestattet sein, die Probentemperatur erniedrigt und das Vakuum erhöht werden.

Der letzte Schritt in der Probenpräparation ist das Ablösen des Oberflächenabdruckes. Die Probe mit dem Oberflächenabdruck wird der Vakuumkammer entnommen und der Oberflächenabdruck, üblicherweise mit anhaftendem Probenmaterial, auf die Oberfläche eines Wasserbades abgeflottet. Der Oberflächenabdruck wird mit einer Schlinge oder ähnlichem in eine Reihe von Ab-

Tabelle 6.4 Die Sublimation von reinem Eis im Vakuum

Die Regelung der Probentemperatur ist beim Gefrierätzen entscheidend. Eine Änderung der Temperatur von 10 °C kann zu einer Verzehnfachung der Ätzgeschwindigkeit führen.

Temperatur in °C	Ätzgeschwindigkeit in mm · s^{-1}	Dampfdruck von Eis in Pa
– 90	14,0	$6{,}7 \cdot 10^{-5}$
–100	2,3	$1{,}0 \cdot 10^{-5}$
–110	0,26	$1{,}2 \cdot 10^{-6}$
–120	0,02	$9{,}4 \cdot 10^{-8}$
–130	0,001	$5{,}6 \cdot 10^{-9}$

Die Werte stammen aus *Köhler, J. K. The techniques and applications of freeze-etching in ultrastructure research.* In: *Lawrence, J. und Gofman, J. W.* (Hrsg.) Advances in Biological Medical Physics *12* (1968) S. 1–84. New York (Academic Press) lösebädern überführt, wie schon in dem Abschnitt über die Oberflächenabdrücke beschrieben. Nach dem letzten Waschen mit Wasser wird der Oberflächenabdruck auf ein bloßes oder beschichtetes Netz aufgebracht.

Die Interpretation der gefriergeätzten Bilder
Als erstes wird die Gesamtqualität des Oberflächenabdruckes einer durch Gefrierbruch erzeugten Probe betrachtet. Ein gut mit Platin schattierter Oberflächenabdruck sollte eine Punkt-zu-Punkt-Auflösung von etwa 2 nm bis 3 nm aufweisen. Etwas höhere Auflösungen können bei Oberflächenabdrücken erreicht werden, die in einem Ultrahochvakuum und bei einer sehr niedrigen Temperatur hergestellt wurden. Außer einer hohen Auflösung sollte ein guter Oberflächenabdruck einen guten Kontrast besitzen. Es sollte so viel Metall auf der Probe abgeschieden worden sein, so daß auch feine topographische Unterschiede zu erkennen sind; die Metallschicht sollte aber nicht so dick sein, daß sie Details überdeckt.

Weitere Faktoren können die Qualität des Oberfächenabdruckes beeinflussen. Falls in den Ablöseschritten nicht alle Spuren der Probe entfernt wurden, wird das Bild durch diese Ablagerungen verunreinigt. Verschiebt sich der Platin-Oberflächenabdruck bezüglich der Kohlenstoffschicht, besitzt das Bild einen speziellen Schatten. Das Kondensieren von Wasser auf dem Oberflächenabdruck nach der Platinbedampfung, aber vor der Kohlenstoffbeschichtung kann für dieses Phänomen verantwortlich sein.

Die Qualität des Gefrierens und die Umgebung zwischen Einfrieren und Schrägbeschatten kann die Bildqualität auf verschiedene Art beeinflussen. Wenn die Gefriergeschwindigkeit zu niedrig ist, erscheinen die an die Membranen gebundenen Organellen klumpig, im Gegensatz zu den glatten Konturen, die beobachtet werden, wenn das Wachsen von Eiskristallen unterdrückt wird. Die Partikelverteilung innerhalb der Membran sollte gleichmäßig oder organisiert angeordnet sein, nicht fleckig. Erscheint das Eis um die Probe herum warzig, ist es möglich, daß sich zu viel Wasserdampf in dem System befindet, das sich auch auf der Probenoberfläche niederschlagen kann, was ein zusätzliches Artefakt darstellt.

Der Oberflächenabdruck sollte mit Vorsicht interpretiert werden, selbst wenn er allgemein frei von physikalischen Artefakten ist. Beim Gefrierbruch tendiert die Bruchebene dazu, Membranen zu folgen und sie zu spalten. Falls die Probe geätzt ist, sieht man auch Oberflächenbereiche. Daher gibt es vier Ansichten jeder Membran (vgl. Abb. 6.17).

Eine der einzigartigen und wirksamen Eigenschaften des Gefrierätzens ist es, daß direkte Messungen der Höhe von Ultrastrukturen möglich sind. Obgleich die Gefrierbruchverfahren aufwendig sind und einer Reihe von Einschränkungen bezüglich der Probengröße unterliegen, bieten sie eine einzigartige Sicht biologischen Materials und Zugang zu Information, die auf jeden Fall schwieriger, wenn nicht unmöglich über andere Verfahren erhalten werden könnte. Da das

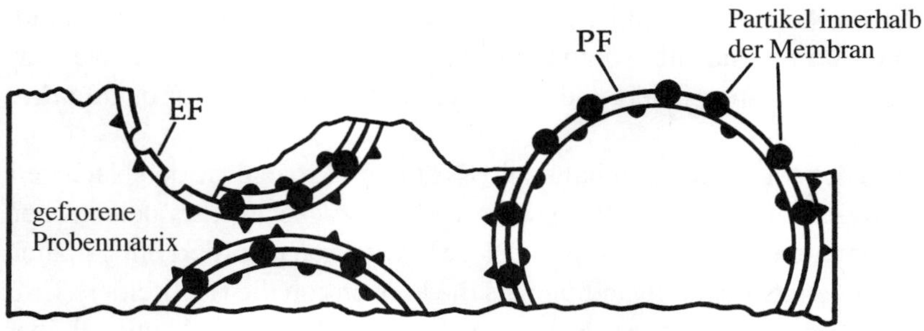

a

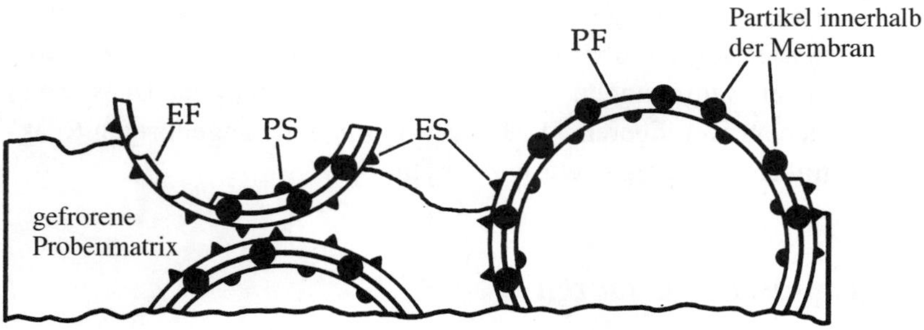

b

Abb. 6.17 Durch Gefrierbruch und Gefrierätzen erschließbare Membraneigenschaften
a) Zeichnung eines Gefrierbruchbildes
b) Zeichnung eines Gefrierätzbildes
EF: exoplasmatische Ansicht (innere Bruchebene), ES: exoplasmatische Oberfläche, PF: protoplasmatische Ansicht, PS: protoplasmatische Oberfläche
Das Interpretieren von Membranen, speziell von Organellen, erfordert viel Praxis. Um Membranoberflächen sichtbar zu machen, benötigt man das Gefrierätzen.

Probenendbild in der TEM gänzlich anders erzeugt wird, bietet das Gefrierbruchverfahren eine gute Methode zur Erhärtung anderer Verfahren zur Herstellung von Schnitten.

Zytologische Verfahren

Die TEM von gut konservierten biologischen Materialien hat sich als eine bestätigende und einsichtsreiche Ergänzung zu den biologischen Untersuchungen von lebenden Systemen erwiesen. Obgleich immer noch zum Erklären und Vergleichen der Details von Ultrastrukturen nützlich, wird die TEM bei der Untersuchung der Biochemie innerhalb der Zelle immer wichtiger. Es wurden mehrere Verfahren zur Charakterisierung der chemischen Natur der Probe entwickelt. Die Autoradiographie, die Zytochemie der Enzyme, die immunologische Markierung und die Röntgenmikroanalyse sind weit verbreitete Verfahren. Jedes ist hochspezifiziert und besitzt ein hohes Potential für quantitative Untersuchungen.

Wie schon der Name sagt beinhaltet die Röntgenmikroanalyse den Nachweis und die Analyse der durch die Wechselwirkungen zwischen Strahlelektronen und Probe erzeugten Röntgenstrahlung. Dieses Verfahren erfordert ein gänzlich anderes System zur Signalumwandlung als die konventionelle (Hellfeld-) TEM; dieses wird in Kapitel 8 diskutiert. Bei jedem dieser Verfahren sind einige Präparationsschritte zusätzlich zu denen für allgemeine Ultrastrukturarbeiten nötig. Für die erfolgreiche Anwendung dieser Methoden in der TEM ist es entscheidend, daß so viel wie möglich über die Reinheit der Bestandteile und die vorhandenen technischen Bedingungen bekannt ist. Besonders nützlich ist es, wenn vor den beträchtlich aufwendigeren TEM-Präparationen die zugehörigen Reaktionen auf Lichtmikroskopniveau getestet werden.

Autoradiographische Verfahren

Die Autoradiographie ist ein Verfahren, bei der man mit Ultradünnschnitten einer radioaktiv markierten Probe ein Mikroradiogramm erzeugt, das die örtliche Verteilung der in die Probe eingebrachten Radionuklide sichtbar macht. Die elektronenmikroskopische Autoradiographie ist ein direkter Abkömmling der für die Lichtmikroskopie entwickelten Verfahren und unterscheidet sich von diesen hauptsächlich hinsichtlich der zeitlichen und räumlichen Skala.

Der erste Schritt in einer radiographischen Untersuchung besteht darin, die Biochemie des zu untersuchenden Systems so vollständig wie möglich zu verstehen. Da das Radioisotop in lebende Zellen eingeschleust werden muß, müssen das Schicksal des das Isotop tragenden Moleküls und mögliche vom Zielort abweichende Wege bekannt sein. Wie bei jedem gefährlichen Verfahren ist ein geeignetes Training (und Bescheinigung) und eine Entsorgung des entstehenden Abfalles unerläßlich.

In dem radiographischen Prozeß werden die Bilder im wesentlichen auf dieselbe Weise erzeugt wie in der Elektronenmikroskopie. Im Fall der Autoradiographie können die Elektronen eine viel höhere Energie als in der Mikroskopie aufweisen. Ein Teil der emittierten Strahlung wechselwirkt mit Silberhalogenidkristallen, die in einer Emulsion auf der Seite der Emission in dem Schnitt aufgebracht sind, und sensibilisiert sie. Die darauf folgende Entwicklung führt zu stabilen Silberkörnern in der Nachbarschaft des Zerfallsortes des Radionuklids.

Die Auswahl des Radionuklids hängt von mehreren Faktoren ab. Als erstes sollte das Isotop eine Strahlung mit einer geringen Energie emittieren, um einen hohen Auffangwirkungsgrad zu sichern. Energiereiche Teilchen können die für eine gute räumliche Auflösung benötigten dünnen Emulsionen leicht durchdringen, ohne ein Silberatom zu sensibilisieren. Da nur eine begrenzte Menge der radioaktiv markierten Chemikalie in das System eingeschleust werden kann, ist zweitens eine relativ kurze Halbwertszeit wünschenswert, da sie eine hohe spezifische Aktivität erlaubt (das heißt $mc \cdot mmol^{-1}$). Die Halbwertszeit darf jedoch nicht so kurz sein, so daß das Experiment (das heißt von der Synthese der radioaktiv markierten Verbindung bis zur Entwicklung des Radiogramms) nicht ausgeführt werden kann. In der Regel ist eine Halbwertszeit von mehr als einem Monat erforderlich. Schließlich muß das Nuklid in eine biologisch nützliche Verbindung in einer so hohen Konzentration eingebaut werden können, daß die kleine Menge in einem Ultradünnschnitt für eine ausreichende Belichtung der Emulsion ausreicht. Hauptsächlich finden ^{14}C und ^{3}H Verwendung. Da der Einbau von Tritium in ein Molekül im Vergleich zu seiner Synthese mit ^{14}C relativ einfach ist, ist die Markierung von Verbindungen mit Tritium am gebräuchlichsten.

Nachdem ein geeignetes und stabil markiertes Trägermolekül hergestellt wurde, ist dessen Einbau der nächste Schritt. Die markierte Verbindung kann durch Injektion, Inkubation des Gewebes oder Eintauchen in die Probe eingebracht werden. Soll die Dynamik der Bewegung des Trägermoleküls innerhalb der Zelle untersucht werden, kann das Experiment mit einer großen Menge unmarkierten Trägers beendet werden, damit der Einbau der markierten Moleküle zu einem genau bekannten Zeitpunkt beendet wird.

Der Arbeitsablauf Fixieren, Entwässern, Einbetten für markiertes Gewebe ist grundsätzlich derselbe wie für konventionelle Ultradünnschnitte. Worauf geachtet werden muß, ist, daß keiner der Schritte gerade die Klasse von Molekülen auslaugt oder zerstört, die Gegenstand der Untersuchung sind. Ist der Träger ein Protein, kann es von Vorteil sein, einen Aldehyd zu verwenden (zum Beispiel Formaldehyd), der bei der Fixierung weniger stark vernetzend wirkt als Glutaraldehyd, damit nicht eingebauter Träger ausgelaugt wird.

Wie schon für morphologische Untersuchungen empfohlen, kann es beträchtlich Zeit sparen, das Gewebe vor der TEM-Präparation mit dem Lichtmikroskop zu untersuchen. Die so gewonnenen Autoradiogramme sollten untersucht werden, ob es sich lohnt, das Experiment auf elektronenmikroskopischem Niveau fortzusetzen. Es können dicke Schnitte (1 µm bis 2 µm) auf einen mit Gelatine beschichteten Objektträger aufgebracht, mit der für die Radiographie notwendigen Emulsion versehen und in viel kürzerer Zeit als für eine Präparation für die Elektronenmikroskopie erforderlich belichtet werden, in der Regel weniger als einen Monat.

Die Autoradiogramme für die Elektronenmikroskopie können durch Aufstreichen einer dünnen Radiographieemulsion auf dünne (mit einer Dicke von etwa 100 nm arbeitet es sich im allgemeinen gut), auf einem Netz aufgebrachte Schnitte präpariert werden. Eine weitere Möglichkeit besteht darin, die Dünnschnitte auf einen mit Kunststoff (Formvar oder Parlodion) beschichteten Träger aufzubringen, sie dann für allgemeine morphologische Untersuchungen zu kontrastieren, sie mit einer dünnen Kohlenstoffschicht zu bedampfen und dann die Radiographieemulsion aufzutragen. Danach läßt man in einer kühlen, trockenen Umgebung die in den Schnitt eingebauten Radioisotope für einige Wochen die Emulsion belichten. Wie lange belichtet wird, kann über die Zeit aus den Untersuchungen im Lichtmikroskop abgeschätzt werden. Für mit Tritium markierte Materialien erhöht man die Belichtungszeit bei der Präparation für die Elektronenmikroskopie um den Faktor zehn.

Nach der erforderlichen Belichtungszeit kann das latente Bild mit konventionellen Filmentwicklern (zum Beispiel D-19 oder Microdol-X von Kodak) entwickelt werden. In der Regel ist die Entwicklungszeit kurz, und nach einem kurzen Säurebad (als Unterbrecher) wird die Emulsion mit einem nichthärtenden Fixierbad, wie reinem Natriumthiosulfat fixiert.

Wurden die Radiogramme auf einem Träger aufgenommen, wird die Schicht vorsichtig in destilliertes Wasser schräg eingetaucht, und der gesamte Schichtkomplex abgeflottet. Manchmal kann eine Behandlung mit Flußsäure (HF) notwendig sein, damit der Film abgelöst wird, wonach dann mehrmals nachgespült werden muß. Die Netze werden dann auf die Schnitte gelegt und der Film mit einem Papier aufgenommen.

Bei der Interpretation der Autoradiogramme müssen zahlreiche Faktoren beachtet werden, unter anderem die Chemie des Systems und die Physik des radioaktiven Zerfalls und des radiographischen Prozesses. Die Auflösung beispielsweise hängt davon ab, wie weit die ionisierende Strahlung sich lateral durch die Probe bewegen muß, bevor sie auf einen Silberhalogenidkristall trifft. Sogar nach der Sensibilisierung des Kristalls kann der getroffene Bereich auf dem Kristall sich von der schließlichen Lage des Silberkornwachstum unterscheiden. Die Silberkörner auf der resultierenden Mikrofotografie stellen daher eher Punkte auf Wahrscheinlichkeitskreisen als einen exakten Ort dar.

Immunologische Verfahren

Immunologische Verfahren können in der Probenpräparation für die TEM sowohl bei Schnitten als auch bei Oberflächenabdrücken oder Kombinationen der beiden angewandt werden. In den meisten dieser Verfahren werden mit Kolloidgold gekoppelte spezielle Immunoglobuline (zum Beispiel IgG) oder Enzyme verwendet. Bei den immunologischen Verfahren ist das Kolloidgold mit sekundären Antikörpern oder Protein-A, einem bakteriell hergestellten Polypeptid, das mit vielen IgGs der Säugetiere reagiert, gekoppelt. Unter entsprechender Kontrolle erlauben diese Verfahren die zytologische Lokalisierung und die Mengenbestimmung sehr spezieller Verbindungen. Außerdem können sie so empfindlich sein, daß sogar ein einzelnes Zielmolekül sichtbar gemacht wird. Die dazu eingesetzten Verfahren sind höchst aufgabenspezifisch und können Modifikationen eines oder aller Präparationsschritte erfordern.

Die Herstellung immunologischer Reagenzien

Unabhängig von der Art der Probenpräparation für die TEM beginnen die immunologischen Verfahren mit der Gewinnung von Antikörpern zu der Zielverbindung. Dazu muß die Chemikalie (oder funktionelle Gruppe) isoliert werden, die bei der Präparation für die TEM markiert werden soll, und ein Säugetier (oder eine Zellinie) auf diese Verbindung allergisch gemacht werden. Das Resultat ist eine Gruppe von Serum-Proteinen (Antikörpern), die eine starke Bindungsaffinität für spezifische chemische Stellen (Epitope) auf dem Zielmolekül aufweisen. In der Natur hilft dem Tier dieser Prozeß, eindringende Krankheitserreger abzuwehren; in vitro erlaubt er, Reagenzien mit sehr speziellen Affinitäten zu gewinnen. Die Spezifizität und Qualität des Antikörpers muß sichergestellt werden, was nicht genug betont werden kann, da die immunologische Markierung sehr zeitaufwendig ist. Die anfängliche Bewertung der Antikörper mit ELISA (enzymelike immunosorbent assay), Immunodiffusion, Immunoelektrophorese, RIA (radioimmuno assay) oder anderen biochemischen Verfahren ist viel effizienter als die Benutzung von Gewebedünnschnitten.

Angenommen, man kann eine genügende Menge gereinigter Antigene gewinnen, dann können polyklonale und monoklonale Antikörper erzeugt werden. Man verwendet ganze Sera oder Immunoglobinfraktionen, oder die Antikörper können chromatographisch weiter gereinigt werden. Polyklonale und monoklonale Antikörper zu einer steigenden Zahl von Verbindungen sind bei Anbietern von biochemischem Zubehör erhältlich. Unter allen Umständen ist es sinnvoll, sich absolut sicher über die Immunoreaktion zu sein, bevor man sich zur immunologischen Markierung für die TEM entschließt. Bei der Experimentplanung sollte auch berücksichtigt werden, daß Protein A sich nicht an alle Typen oder Spezies von Säugetierantikörpern bindet; bemerkenswert unter diesen Ausnahmen sind IgM (Anfangsreaktion), Ziegen- und Rattenantikörper. Protein A besitzt ebenfalls nur eine schwache oder gar keine Affinität zu manchen Klassen von IgGs (beispielsweise die meisten IgG_1), dies stellt einen bedeutenden Faktor dar, falls monoklonale Antikörper verwendet werden sollen.

Visualisierung der Produkte immunologischer Reaktionen im TEM

Nachdem die Chemie der immunologischen Reaktion gut charakterisiert ist, existiert immer noch das Problem, wie diese in-situ bei der Gewebepräparation für die TEM sichtbar gemacht werden soll. Da die von der Antigen-Antikörper-Reaktion betroffenen Biomoleküle, so groß sie auch sind, in den meisten Präparaten für die TEM (insbesondere in Schnitten) nicht aufgelöst werden können, ist es üblich, eine elektronendichte Markierung in die Reaktion einzubauen und sie somit sichtbar zu machen. Die momentan am häufigsten verwendete Markierung stellt Kolloidgold dar. Diese kleinen Kügelchen aus metallischem Gold mit Durchmessern von einigen Nanometern bis mehr als 100 nm können gekauft oder in dem Labor hergestellt werden. Es ist leicht, sie relativ gleich groß zu machen, und unterschiedliche Antigenstellen können mit verschiedenen, mit Gold markierten Antikörpern versehen werden (Mehrfachmarkierung). Unabhängig von der Größe erscheint Kolloidgold als eindeutig schwarze Partikel in der konventionellen elektronenmikroskopischen Aufnahme des TEM.

Kolloidgold kann direkt an die Antikörper für ein spezielles Antigen oder an Sekundärantikörper zu den Primärantikörpern (zum Beispiel Ziegenantikörper zu Mausantikörpern) gebunden werden. Ein weiteres einfaches Verfahren besteht darin, die Bindung von Protein A mit nichtantigen-spezifischen Stellen auf den Antikörpern der meisten Säugetiere auszunutzen. Protein A kann mit Gold markiert und diese Kombination an den Antikörper gebunden werden. Sorgfältig hergestellt und aufbewahrt ist der Protein A-Gold-Komplex in der Pufferumgebung, die für die Antigen-Antikörper-Reaktion benötigt wird, ziemlich stabil.

Die Probenpräparation für die Markierung mit Gold

Da per Definition die chemische Fixierung der Proben Reaktionen beinhaltet, die die Gestalt und die Reaktivität der Biomoleküle in den Zellen ändern, muß der Ablauf der Fixierung besonders sorgfältig gestaltet werden. Ziemlich oft unterbindet die standardmäßige Doppelfixierung (Aldehyd/Osmium) die gewünschte Antigen-Antikörper-Reaktion. Im allgemeinen verhindert das Sekundärfixiermittel (Osmium) die Reaktion. Dieses Problem kann entweder vermieden (das heißt, indem die Sekundärfixierung nicht ausgeführt wird) oder umgekehrt werden (indem das Osmium chemisch von der Probenoberfläche entfernt wird). Bei ersterem Verfahren gibt es im allgemeinen Probleme bezüglich der Unversehrtheit der Ultrastruktur, während bei der zweiten Methode nicht genügend Antigene auf der Schnittoberfläche wiederhergestellt werden können.

Die Wahl des Einbettungsmaterials stellt einen weiteren Faktor dar, der die Qualität der immunologischen Markierung auf dünnen Schnitten beeinflussen kann. Obwohl das Einbettungsmaterial der Wahl in morphologischer Hinsicht, erhalten Epoxyde in der Regel am schlechtesten die Antigene auf der Probe. Epoxydharze sollten jedoch nicht gänzlich unberücksichtigt bleiben, da die Wirkung des Einbettens auf die Antigene beträchtlich variieren kann. Eine weitere Möglichkeit ist die Verwendung eines modifizierten Acrylats, wie LR White oder LR Gold. Modifizierte Acrylate verhalten sich im allgemeinen weniger zerstörerisch gegenüber Antigenen, und einige können sogar bei niedrigen Temperaturen eingesetzt werden, was die Möglichkeit der thermischen Zerstörung der Antigenstellen vermeidet. Vom Standpunkt der Erhaltung der Ultrastruktur und der Schneidbarkeit jedoch sind modifizierte Acrylate weniger wünschenswert als Epoxydharze.

Nach dem Fixieren und Einbetten der Probe wird sie auf dieselbe Art und Weise wie bei der morphologischen Präparation geschnitten. Man erhält bessere Ergebnisse, wenn die Probenoberfläche glatt ist (ohne Einschnitte vom Messer, Rattermarken oder Schmutz) und die Schnitte auf relativ inerte Netze (Nickel oder Gold) aufgebracht werden.

Das allgemeine Markierungsverfahren
Das Anbringen der Goldmarkierung ist nicht schwierig. Das Gold kann entweder vor dem Fixieren oder nach der Herstellung der Schnitte auf die Probenoberfläche aufgebracht werden. Die grundlegenden Schritte entsprechen denen für irgendeine spezielle Antikörperreaktion. Als erstes werden die nicht spezifischen Bindungsstellen auf der Probe blockiert, in der Regel mit gepuffertem Ovalbumin oder ähnlichem. Dann gibt man die Antikörper auf die Oberfläche und läßt sie eine empirisch bestimmte Zeit reagieren (üblicherweise etwa eine Stunde). Nach der Antigen-Antikörper-Reaktion werden die Schnitte oder die Probenoberfläche gut mit Pufferlösung gewaschen, und man läßt sie mit der Protein A-Gold- oder Sekundärantikörper-Gold-Lösung reagieren. Nach dieser letzten Inkubation werden die Netze gründlich gewaschen, um alle nicht verbrauchten Reagenzien zu entfernen. Danach kann die konventionelle Kontrastierung mit Uranylacetat und Bleizitrat durchgeführt werden (vgl. Abb. 6.18).

Die immunologische Markierung mit Gold muß kontrolliert werden. Es gibt drei grundlegende Kontrollen:

1. Die Inkubation mit der Sonde allein (Protein A/Gold oder Sekundärantikörper/Gold), um die nichtspezifischen Bindungsstellen der Sonde an die Probe oder an das Harz aufzufinden (dies ist besonders dann wichtig, wenn Protein A verwendet wird, da es sich an jede endogene Quelle von IgG in einer Probe binden kann),
2. die Inkubation mit einem Primärantikörper, der einem Überschuß an Antigen ausgesetzt wurde, um die Spezifizierung zu bestätigen und
3. die Inkubation mit vorimmunisiertem Serum oder Serum, aus dem die spezifischen Antikörper entfernt wurden, um anstelle der Sonde die Spezifizität des IgG zu bestimmen.

Das Markieren von Oberflächenabdrücken gefriergebrochener Proben
Obgleich das immunologische Markieren für die TEM meistens an Schnitten durchgeführt wird, können auch nützliche Meßwerte durch Markieren der Oberflächenabdrücke von gefriergebrochenem Material gewonnen werden. Während für morphologische Untersuchungen eine vollständige Ablösung des biologischen Materials von dem Oberflächenabdruck als Standardpraxis betrachtet wird, kann man einige Verfahren zur immunologischen Markierung so gestalten, daß genügend biologisches Material auf dem Abdruck verbleibt, um die Antigen-

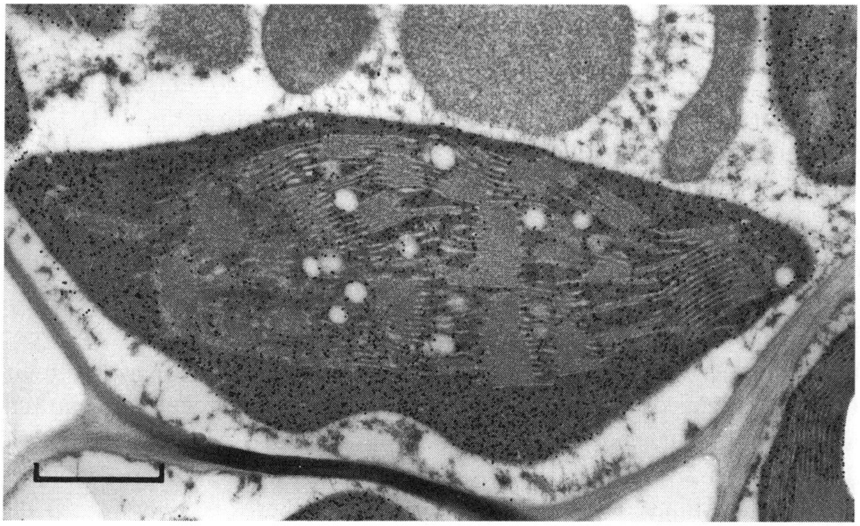

Abb. 6.18 Die immunologische Markierung mit Protein A und Gold
Dieser Ultradünnschnitt durch eine Zelle eines Sellerieblattes zeigt die örtliche Verteilung von Ribulose 1,5-Biphosphatcarboxylase in dem Stroma des Chloroplasten. Der Kaninchenantikörper wird an die Antigenstellen des Schnittes angekoppelt, gefolgt von einer Reaktion mit kolloidalem Gold, das an Protein A gebunden ist. Nach der Markierung wird der Schnitt kontrastiert, um die Morphologie der markierten Strukturen hervorzuheben. Balken = 1 μm. Das Foto wurde mit freundlicher Genehmigung von J. D. Everard und B. A. McFadden zur Verfügung gestellt.

stellen zu erhalten. Oberflächenantigene auf Zellen oder Organellenpräparationen können durch die immunologische Reaktion mit dem Gold markiert werden. Oberflächliche Antigenstellen können auch durch leichtes Beschatten der gebrochenen Oberfläche der gefriergebrochenen Probe mit Platin markiert werden und danach durch eine immunologische Reaktion mit Gold. Obwohl sie ziemlich neu sind, öffnen diese Verfahren aufregende Möglichkeiten, durch Anwendung der TEM die Wechselbeziehung zwischen Struktur und Funktion auf molekularem Niveau zu erkennen.

Die Interpretation markierter TEM-Präparate
In dem letzten Jahrzehnt wurden große Fortschritte bezüglich Einfachheit und Zuverlässigkeit des immunologischen Markierens für die Elektronenmikroskopie erreicht. Goldpartikel jeder beliebigen Größe aufzulösen, ist aufgrund ihres hohen Elektronenstreuvermögens nicht schwierig. Das wichtigste bei solchen Arbeiten ist oftmals, die Spezifizität der Bindung des Goldes an das Zielantigen zu betrachten. Gleichzeitige Präparationen mit den oben erwähnten geeigneten Kontrollbedingungen sind für eine eindeutige Untersuchung unerläßlich.

Ein sorgfältig geplantes Experiment erlaubt die örtliche qualitative und quantitative Charakterisierung spezieller biochemischer Untersuchungsobjekte bei einer Auflösung, die mit anderen Mitteln nicht zu erreichen ist.

Präparation nichtbiologischen Materials

Nichtbiologische Proben und Proben aus den Werkstoffwissenschaften können andere als die drei bisher diskutierten Verfahren erforderlich machen. Bei manchen Anwendungen jedoch können die in der Biologie verwendeten Verfahren modifiziert werden. Umgekehrt kann ein in den Werkstoffwissenschaften eingesetztes Präparationsverfahren zur Präparation besonders schwer bearbeitbarer biologischer Materialien, wie zum Beispiel Knochen, nützlich sein.

Das Ultradünnschneiden, am häufigsten bei biologischen Proben angewandt, kann auch auf eine Vielzahl von Proben aus den Werkstoffwissenschaften angewandt werden. Das Ultradünnschneiden von Polymerproben ist in der Regel einfach. Falls sich die mechanischen Eigenschaften der einzelnen Komponenten stark unterscheiden, bietet die Kryo-Ultramikrotomie eine enorme Hilfe, da die weniger harten Komponenten nahe ihrer Übergangstemperatur in den Glaszustand fester werden. Mit Hilfe von Ultradünnschnitten können die Größe, Verteilung und Grenzen von Phasen oder Strukturen in dem Material untersucht werden.

Wenn die Elektronendichte in der Probe relativ gleichmäßig ist, kann der Kontrast zwischen unterschiedlichen Komponenten und Strukturen mit Verfahren entsprechend dem bei biologischen Proben verwendeten Kontrastieren verbessert werden. Verbundwerkstoffe mit Doppelbindungen können mit Osmiumtetroxiddampf (OsO_4) behandelt werden, indem die Schnitte einfach für etwa eine Stunde auf einem trockenen Träger in einem dichten Gefäß, das einige Tropfen OsO_4-Lösung enthält, aufbewahrt werden. Rutheniumtetroxid (RuO_4), das sowohl mit aromatischen als auch nichtaromatischen Doppelbindungen reagiert, kann sich als nützliches Kontrastierungsmittel für Verbundwerkstoffe mit einer aromatischen Komponente, wie beispielsweise Styrol, erweisen.

Die Ultramikrotomie ist nicht auf organische Proben beschränkt und wird immer häufiger in der Werkstofforschung angewandt. Die Ultramikrotomie ist eine nützliche Methode zur Präparation von Querschnitten dünner Schichten. Metallschichtstrukturen können genauso wie biologische Proben in ein Harz eingebettet und dann ultradünn geschnitten werden. Die wichtigsten Unterschiede in der Präparation biologischen Materials und einer Probe aus den Werkstoffwissenschaften liegen in den Details des Verfahrens und nicht in der Herangehensweise. Für einige Proben beispielsweise kann ein Metall mit einem niedrigen Schmelzpunkt, wie Indium oder Gallium, ein besserer Träger als ein in der Biologie verwendetes Harzsystem sein. Die Schneideausrüstung und -verfahren entsprechen denen für biologische Proben.

Das chemische oder das Elektropolierverfahren sind die am häufigsten angewandten Methoden, um anorganisches Material für die TEM zu dünnen. Bei den chemischen Polierverfahren wird die Probe in eine chemische Lösung getaucht, die ausreichend gleichmäßig und glatt für die TEM Material von der Oberfläche abträgt. In der Regel wird ein Oxidationsmittel (wie Perchlorsäure oder Salpetersäure) zusammen mit anderen modifizierenden Stoffen gelöst, das das Abtragen von Oberflächenmaterial bewirkt, ohne die Oberfläche zu ätzen oder anzufressen. Für leitende Proben kann die abtragende Wirkung stark erhöht werden, indem an das System eine elektrische Spannung mit der Probe als Anode angelegt wird, und man den Prozeß bei tieferen Temperaturen ablaufen läßt. Bei dem letzten und gebräuchlichsten Verfahren zum Dünnen von Proben wird durch eine als Kathode wirkende Düse ein Strom aus Elektrolyt auf die Probenoberfläche gerichtet (Strahlpolieren).

Das Ionenätzen ist eine weitere Methode, eine Probe hinreichend dünn für eine Abbildung in der TEM zu machen. Für einige brüchige, nichtleitende Stoffe (wie Mineralien und Keramiken) ist das Ionenätzen die einzige Methode, die eine hinreichend dünne Probe mit einem Minimum von Deformationen erzeugt. Es kann zur Reinigung von Probenoberflächen herangezogen werden, die mit Hilfe anderer Verfahren erzeugt wurden. Das Ionenätzen ist speziell für zweiphasige Proben von Nutzen, die beim elektrolytischen Polieren unterschiedlich schnell abgetragen werden (obwohl es einige mehrphasige Materialien gibt, die unterschiedlich auf das Ionenätzen reagieren).

Beim Ionenätzen wird ein Argonstrahl (oder ein anderes Edelgas) mit 4 keV bis 6 keV auf beide Seiten der Probe gerichtet. Beim Auftreffen der Ionen auf die Probe werden die Oberflächenatome abgestäubt, was zum Dünnen der Probe führt. Die Probe rotiert während der Behandlung auf einem Probenträger; der Einfallwinkel des Strahls kann zwischen 5° und 30° variiert werden, den optimalen Winkeln zum Zerstäuben. Die Zerstäubungsrate variiert mit der Zusammensetzung und der Struktur der Probe, der Energie des Ionenstrahls und dem Winkel, unter dem der Strahl auf die Probe trifft. Ionenätzanlagen besitzen im allgemeinen ein mit einer Diffusions- oder einer Turbomolekularpumpe ausgestattetes Vakuumsystem (vgl. Kap. 3), mit dem Raumluft entfernt und das Gas für den Ionenstrahl gereinigt wird (vgl. Goodhew (1973) und Sawyer und Grubb (1987) bezüglich weiterer Details und anderer Verfahren).

Wie bei den anderen in diesem Kapitel diskutierten Probenpräparationsverfahren muß auch beim Ionenätzen erst mit jedem Probentyp experimentiert werden, um die korrekten Variablen auszuwählen. Anorganische Proben sind nicht weniger anfällig gegenüber Präparationsartefakten als biologische Proben, obwohl die Gründe unterschiedlich sein können. Artefakte durch Belastungen, Deformationen und thermische und chemische Veränderungen können in den meisten Schritten der Probenpräparation eingebracht werden. Von allergrößter Bedeutung ist die Übereinstimmung der Darstellung der Endprobe des Objektes im TEM mit dem Original oder wenigstens ein Erkennen der Artefakte.

Literatur

Aldrich, H. C. und Todd, W. J. *Ultrastructure Techniques Microorganisms*. New York (Plenum) hrsg. 1986. (Präparation von Bakterien, Viren und Nukleinsäuren; immunologische Markierung)

Bullock, G. R. und Petruz, P. *Techniques in Immunocytochemistry*. Bd. 4, New York (Academic Press) hrsg. 1989. (Fixier- und Markierverfahren für die immunologische Markierung)

Goodhew, P. J. *Specimen Preparation in Materials Science*. Amsterdam (North-Holland) 1973. (Ionendünnen)

Hayat, M. A. *Positive Staining for Electron Microscopy*. New York (Van Nostrand Reinhold) 1975. (Positivkontrastieren für Ultradünnschnitte)

Hayat, M. A. *Principals and Techniques of Electron Microscopy*. Bd. 3, Boca Raton, FL. (CRC Press) 1989. (Allgemeine Probenpräparation)

Hayat, M. A. *Colloidal Gold: Principles, Methods, and Applications*. 3 Bd., San Diego (Academic Press) hrsg. 1991. (Immunologische Markierung für TEM und REM)

Hayat, M. A. und Miller, S. E. *Negative Staining*. New York (McGraw-Hill) 1989. (Negativkontrastieren)

Polak, J. M. und Varnell, I. M. *Immunolabelling for Electron Microscopy*. Amsterdam (Elsevier) hrsg. 1984. (Immunologische Markierung)

Rash, J. E. und Hudson, C. S. *Freeze Fracture: Methods, Artifacts and Interpretations*. New York (Raven) 1979. (Einführung in den Gefrierbruch)

Robards, A. W. und Sleyter, U. B. 1985. *Low Temperature Methods in Biological Electron Microscopy*. New York (Elsevier) (Kryo-Präparationsverfahren)

Rogers, A. W. *Techniques of Autoradiography*. Amsterdam (Elsevier) 1973. (TEM und Licht-Autoradiographie)

Sawyer, L. C. und Grubb, D. T. *Polymer Microscopy*. London (Chapman and Hall) 1987. (Ionendünnen)

Sommerville, J. und Scheer, U. *Electron Microscopy in Molecular Biology*. Washington, DC. (IRL Press) hrsg. 1987. (Präparation von Nukleinsäuren, Chromatin, Autoradiographie, immunologische Markierung)

7 Probenpräparation für die REM

Die Probenpräparation für die REM ist oftmals weniger komplex und zeitaufwendig als für die TEM, da nicht Schnitte sondern ganze Proben untersucht werden. Die Möglichkeit, viele unterschiedliche Arten von Proben im REM untersuchen zu können, führte zu einer raschen Entwicklung in einem weiten Bereich der Präparationsverfahren. Viele dieser Methoden werden in diesem Kapitel behandelt; in der Literatur am Ende des Kapitels sind Quellen über zusätzliche Details aufgeführt.

Fast alle Proben benötigen vor der Untersuchung im REM irgendeine Art von Präparation. Die Proben müssen frei von Wasser, Lösungsmitteln oder anderen Stoffen sein, die im Vakuum gasen und die Säule verunreinigen oder Vakuumprobleme verursachen könnten. Sie müssen sicher montiert werden und elektrisch leitend sein. Die meisten biologischen Proben erfüllen keines der drei Kriterien und benötigen daher eine umfangreiche Präparation. Die meisten Metalle und Halbleiter erfüllen das erste und dritte Kriterium und müssen nur montiert werden. Nichtleitende nichtbiologische Proben wie Kunststoffe, Verbundwerkstoffe und Keramiken erfüllen nur das erste Kriterium und müssen montiert und elektrisch leitend gemacht werden.

Montage der Präparate

Die meisten REM-Proben werden auf Metallhalterungen montiert. Diese variieren in Ausführung und Größe und sind in der Regel aus Aluminium gefertigt (vgl. Abb. 7.1). Für die meisten Rasterelektronenmikroskope paßt nur eine bestimmte Art und Größe von Metallhalterung.

Die Proben müssen auf den Halterungen befestigt werden; Kleber und Klebefolien sind dazu am verbreitetsten. Das Material zum Montieren sollte die folgenden Eigenschaften aufweisen: Es muß stabil gegenüber dem Bombardement durch die Strahlelektronen sein und darf auf der REM-Aufnahme das Erscheinungsbild und die Morphologie der Probe nicht überlagern. Es darf nur minimal Luft oder Lösungsmittel in das Vakuum der Säule abgeben (ausgasen) und muß mechanisch stabil sein. Wenn es für die Röntgenmikroanalyse eingesetzt werden soll, muß es einen akzeptablen chemischen Elementhintergrund aufweisen. Eine möglichst hohe elektrische Leitfähigkeit trägt zur Reduzierung von Aufladungsproblemen bei.

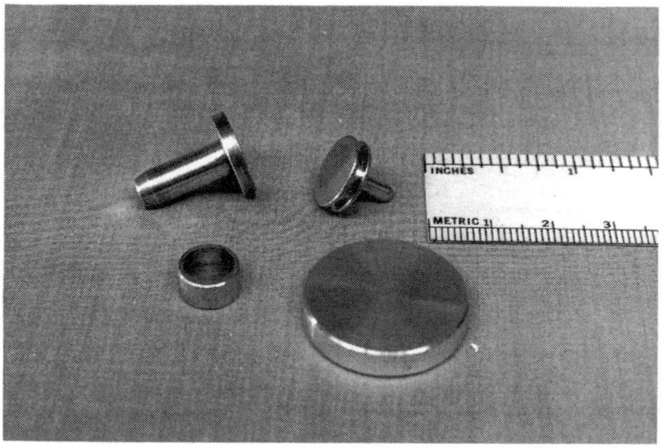

Abb. 7.1 Die Halterungen zum Montieren der REM-Proben gibt es in einer Vielzahl von Größen und Formen. Verschiedene Rasterelektronenmikroskope und Experimente erfordern unterschiedliche Ausführungen.

Viele Kleber, über einhundert Typen, wurden als nützlich zum Montieren von REM-Proben beschrieben. Zusätzlich zu den eben beschriebenen Eigenschaften der Materialien zum Montieren sind Trocknungszeit und Viskosität wichtige Kriterien. Ist der Kleber extrem dünn und wäßrig, wirken manche Proben wie ein Schwamm und absorbieren so viel Kleber, daß interessante Details der Probe dadurch überdeckt werden können. Generell sollte der Kleber relativ viskos sein. Bei einer zu kurzen Trocknungszeit kann zu wenig Zeit zur Verfügung stehen, die Probe ausreichend sorgfältig zu montieren. Falls das Trocknen zu lange dauert, ist es wahrscheinlicher, daß die Probe den Kleber absorbiert. Außerdem kann der Kleber noch nicht vollständig trocken sein, wenn die Probe letztendlich in das REM eingebracht wird.

Die schnelltrocknenden Epoxydharze stellen exzellente Kleber dar. Sie sind viskos, trocknen schnell, besitzen eine gute mechanische Festigkeit, sind stabil gegenüber dem Strahl und gasen nur minimal aus. Jedoch sind sie Nichtleiter. Silberkleber und Graphitbindemittel sind etwas weniger viskos als Epoxydharze, aber sie teilen viele der erwünschten Eigenschaften der Epoxydharze und besitzen den zusätzlichen Vorteil elektrisch leitend zu sein.

Zur Montage der REM-Proben gibt es eine Reihe von unterschiedlichen Klebefolien, und sie besitzen einen wichtigen Vorteil gegenüber Klebern. Da sie nicht flüssig sind, kann die Probe niemals durch Absorption geschädigt werden. Desweiteren kann die Probe besser bewegt und einfacher manipuliert werden. Klebefolien sind speziell zum Montieren kleiner Partikel nützlich, wie Kristalle oder Pollen, da die Proben auf die Folie gestäubt werden können; in der Regel bleibt so ein hoher Prozentsatz haften. Einige Folien mit einem leitfähigen Kleber sind elektrisch leitend (zum Beispiel eine Kupfer- oder Aluminiumverstärkung mit einem leitfähigen Kleber). Befestigt man die Rückseite der

Folie mit einem leitenden Kleber auf der Metallhalterung, verbleibt der leitende Kleber oben auf der Folie, wo dann die Probe aufgebracht werden kann. Es sind auch spezielle Klebeschildchen erhältlich, die wie die doppelseitig klebenden Folien verwendet werden, aber weniger ausgasen.

Bestimmte Arten von Proben möchte man nicht auf Metallhalterungen montieren, dazu gehören forensische Proben, Proben, die nach der REM-Untersuchung noch anders weiter untersucht werden sollen, und seltene oder wertvolle Proben, die durch den Kleber oder Klebstoff geschädigt oder verändert werden könnten. Einige Proben, wie Metallstücke oder Münzen können direkt auf die Probenhalterung ohne Metallhalterung plaziert werden. Solche Proben besitzen gewöhnlich genügend Masse, so daß die Bewegung kein Problem darstellt. Es gibt kleine Schraubstöcke, die die Probenhalterung ersetzen und für Proben verwendet werden können, die eine feste Montage benötigen.

Das Aufbringen elektrisch leitender Schichten

Eine Probe, die im REM untersucht werden soll, muß in der Regel elektrisch leitend sein. Metalle sind Leiter, und die meisten Halbleiter stellen kein Problem dar. Proben jedoch, die nichtleitend sind oder nichtleitende Teile aufweisen, können bei der Abbildung und der Fotografie ernsthafte Probleme verursachen.

Wenn ein nichtleitender Teil einer Probe im REM untersucht wird, baut sich durch das Bombardement durch den Elektronenstrahl nach und nach eine negative Ladung auf diesem Bereich auf. Der Aufbau einer negativen Ladung auf der Probe kann eine oder mehrere der drei Erscheinungen erzeugen, die gewöhnlich der Aufladung zugeschrieben werden (vgl. Abb. 7.2): Linien auf dem Leuchtschirm oder der Fotografie, abnormaler Kontrast oder Brüche in dem Bild, die wirken, als ob das Bild gespalten worden sei. Die Linien werden durch die negative Ladung auf der Probe bewirkt, die die aus der Probe emittierten Sekundärelektronen ablenkt. Diese Ablenkung ist für eine plötzliche Änderung in dem Sekundärelektronensignal an der betreffenden Stelle verantwortlich. Diese Änderung erscheint als dunkle Linie auf dem Bild, als ob es dort eine Signalabschwächung gäbe, oder als helle Linie auf dem Bild, als ob es dort eine Signalverstärkung gäbe. Der abnormale Kontrast rührt von einer ungleichmäßigen Verteilung der negativen Ladung auf der Probe her, da die stärker negativ geladenen Bereiche mehr Sekundärelektronen erzeugen als die Bereiche mit geringerer negativer Ladung. Die Brüche oder Spalten in dem Bild werden durch eine sehr hohe negative Ladung auf der Probe erzeugt, die den Elektronenstrahl ablenkt, was zu einer plötzlichen Verschiebung führt, so daß das Bild aus unterschiedlichen Bereichen erzeugt wird.

Obwohl die Aufladung in allen Abbildungsmodi Probleme verursachen kann, stellt sie in dem normalen Sekundärelektronen-Modus ein besonderes Problem dar, da die Sekundärelektronen aufgrund ihrer niedrigen Energie leicht abzu-

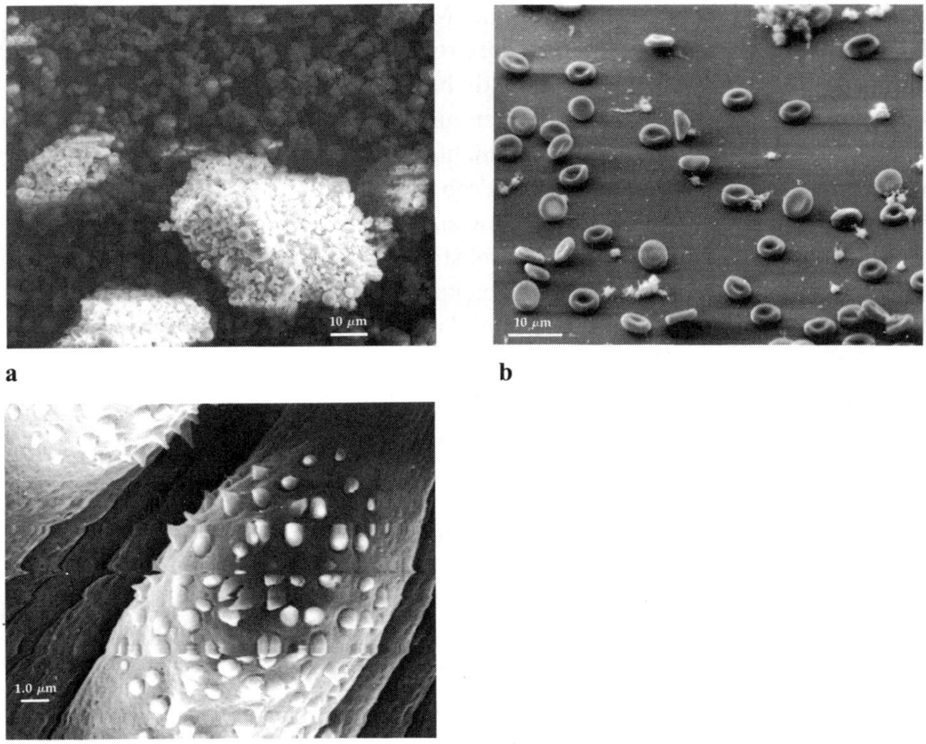

a b c

Abb. 7.2 Das Aufladen von Proben im REM
a) Flugasche, das Nebenprodukt eines Kraftwerkes mit Kohlefeuerung
Die Art der Aufladung führt zu anormalem Kontrast. Die größeren Partikel sind zu hell, die kleineren Partikel zu dunkel.
b) Die Linien erzeugende Art der Aufladung wird an menschlichen roten Blutzellen illustriert.
c) Die Oberfläche eines Schistosoms, einer Art des Trematodenwurms, der schwere Krankheiten örtlich begrenzt in Teilen Asiens, Afrikas und Südamerikas auslöst. Die Aufladung mit Ablenkung des Strahls ist gezeigt.

lenken sind. Der Rückstreuelektronen-Modus ist aufgrund der hohen Energie der rückgestreuten Elektronen viel weniger anfällig gegenüber Aufladungseffekten.

Beschichten der Proben mit Gold

Die meisten nichtleitenden REM-Proben werden mit einer sehr dünnen Metallschicht versehen, um die Oberfläche leitend zu machen und eine negative Aufladung zu verhindern. Die gängigste Methode zum Bedampfen einer Probe arbeitet mit Gold in einem Kathodenzerstäuber. Die Kathodenzerstäubung fand in den frühen 70er Jahren Verbreitung, als ihre Vorteile offensichtlich wurden und es kommerzielle Ausrüstung zu kaufen gab.

a

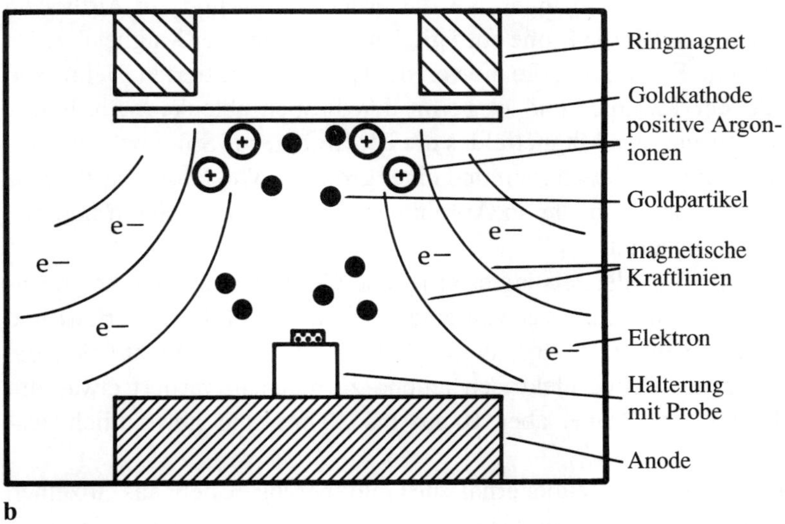

b

Abb. 7.3 Kathodenzerstäuber
Die meisten REM-Proben werden in einem Kathodenzerstäuber mit Gold überzogen.
a) Ein typischer Kathodenzerstäuber
b) Schematische Darstellung eines Kathodenzerstäubers
Argonionen treffen auf die Goldkathode, wobei Goldatome herausgeschlagen werden, die eine elektrisch leitende Schicht auf der Probe erzeugen.

Ein Kathodenzerstäuber ist eine kleine Apparatur, die auf einen Tisch paßt (vgl. Abb. 7.3). Sie benötigt eine zweistufige Transportpumpe, die sich in der Regel außerhalb des Gerätes befindet. Eine kleine Vakuumkammer enthält einen Ringmagneten, der mit einer Goldschicht bedeckt ist, oder in manchen Modellen ist das Gold ein konzentrischer Ring zwischen den Polen. Das Gold dient als Kathode und eine Metallplatte am Boden der Kammer als Anode. Die montierten Proben werden auf die Anode gelegt.

Während des Betriebes wird die Kammer auf ein niedriges Vakuum evakuiert. Dann wird mit kontrollierter Geschwindigkeit Argon in die Kammer eingebracht, was zu einem höheren Druck und zu einem konstanten Spülen mit dem Gas führt. Eine zwischen Anode und Kathode angelegte Spannung von 100 V bis 2 000 V ionisiert das Argon in positive Argonionen und freie Elektronen. Die Elektronen werden in Richtung der positiven Anode (wo die Proben plaziert sind) und die Argonionen in Richtung der negativen Kathode beschleunigt. Beim Auftreffen der Argonionen auf die Goldkathode wird die kinetische Energie des Zusammenstoßes auf die Atome in der Goldgitterstruktur übertragen, wobei Goldatome und Elektronen herausgeschlagen werden. Die herausgeschlagenen Goldatome kollidieren mehrmals mit den Argonionen, was dazu führt, daß sie aus allen Richtungen auf die Probe treffen.

Die Elektronen aus der Kathode würden normalerweise zur Anode hin gelenkt werden, wo viele von ihnen auf die Probe treffen und ein Aufheizen bewirken würden, was für die Probe abträglich sein könnte. Der Magnet erzeugt jedoch magnetische Kraftlinien, die die von der Kathode emittierten Elektronen nach außerhalb der Kammer und weg von den Proben ablenken. Zusätzlich bewegen sich aufgrund des Magnetfeldes die Elektronen auf Spiralbahnen, was zu einer Abbremsung der Elektronen und einer größeren Weglänge führt. Diese führt zu einer höheren Ausbeute an Argonionen und damit zu einem höheren Zerstäubungswirkungsgrad.

Der mit einem Kathodenzerstäuber erhaltene Goldüberzug ist sehr gleichmäßig mit wenigen Schatten, da er von einer breiten Metallplatte herrührt und weil die Goldatome mit den Argonionen kollidieren. Die Schichtdicke, die benötigt wird, um die Probe elektrisch leitend zu machen, variiert etwas mit der Beschaffenheit der Probe, aber 10 nm bis 30 nm sind gewöhnlich ausreichend.

Der mit einem Kathodenzerstäuber erhaltene Goldüberzug besteht aus einzelnen Goldpartikeln einer bestimmten Größe. Die meisten modernen Kathodenzerstäuber erzeugen Partikel von weniger als 3 nm im Durchmesser, eine Größe, die kleiner als die Auflösung der meisten Rasterelektronenmikroskope ist. Wichtiger wird eine kleinere Partikelgröße des zerstäubten Goldes, wenn die Auflösungsgrenze der Rasterelektronenmikroskope verbessert wird. In der Zukunft werden die Metallüberzüge vielleicht anders erzeugt, wie mit der Ionenstrahlzerstäubung und Elektronenstrahlbedampfung, wobei kleinere Partikelgrößen erreicht werden können.

Kohlenstoffüberzüge für Proben für die Röntgenmikroanalyse oder Elektronenrückstreubilder

Proben, die mit rückgestreuten Elektronen oder mittels Röntgenmikroanalyse untersucht werden sollen, dürfen nicht mit einem Schwermetall wie Gold überzogen werden, da es die Unterschiede in den Ordnungszahlen für die rückgestreuten Elektronen überdeckt und Röntgenstrahlung aus der Probe absorbiert. Stattdessen wird mit Kohlenstoff beschichtet, da Kohlenstoff einen sehr kleinen Absorptionskoeffizienten für Röntgenstrahlen aufweist und die für die rückgestreuten Elektronen notwendigen Unterschiede in den Ordnungszahlen nicht überdeckt.

Eine der besten Methoden zum Kohlenstoffbeschichten arbeitet mit Strängen aus Kohlenstoffasern. Das Gerät ähnelt in seiner äußeren Form und seiner Arbeitsweise einem Kathodenzerstäuber. Die Proben werden in einer kleinen Vakuumkammer plaziert. Ein Strang aus Kohlenstoffasern wird zwischen zwei Halterungen im oberen Teil der Kammer angebracht und die Kammer dann lediglich mit einer Rotationspumpe auf ein niedriges Vakuum evakuiert; es wird kein Argon verwendet. Beim Arbeitsvakuum wird plötzlich ein Strom an den Strang angelegt, wodurch er aufblitzt oder sehr schnell verdampft. Die Kohlenstoffatome kollidieren miteinander und mit den Restgasmolekülen in der Kammer, was dazu führt, daß die Probe aus allen Richtungen bedampft wird. Die Dicke des Überzuges kann durch Ändern des Durchmessers des Stranges variiert werden.

Untersuchung nichtleitender Proben ohne elektrisch leitenden Überzug

Fast alle nichtleitenden Proben werden mit einer Metall- oder Kohlenstoffschicht versehen, damit sie elektrisch leitend sind, aber es gibt zwei Situationen, in denen eine Beschichtung nicht erwünscht sein kann. Wenn einer ersten Untersuchung im REM noch eine weitere Analyse derselben Probe mit anderen Verfahren folgen soll, würde fast jede analytische Methode durch die Überzüge behindert werden. Es gibt ein Verfahren, bei dem die Probe mit Silber überzogen wird, das dann mit fotografischen Chemikalien entfernt werden kann. Diese Chemikalien jedoch können sich auf einige Proben nachteilig auswirken. Eine zweite Situation, in der ein Überzug nicht erwünscht ist, betrifft die forensische Analyse, da das Gesetz in der Regel vorschreibt, daß forensische Proben auf keinerlei Weise verändert werden dürfen.

Die meisten nichtleitenden Proben lassen sich ohne elektrisch leitende Überzüge und ohne daß Artefakte durch Aufladung auftreten untersuchen, sofern die Beschleunigungsspannung geeignet gewählt wird, ein Vorgang, bei dem man den Elektronenemissionskoeffizienten kennen muß. Der Elektronenemissionskoeffizient ist die Summe aller Sekundärelektronen, Auger-Elektronen und

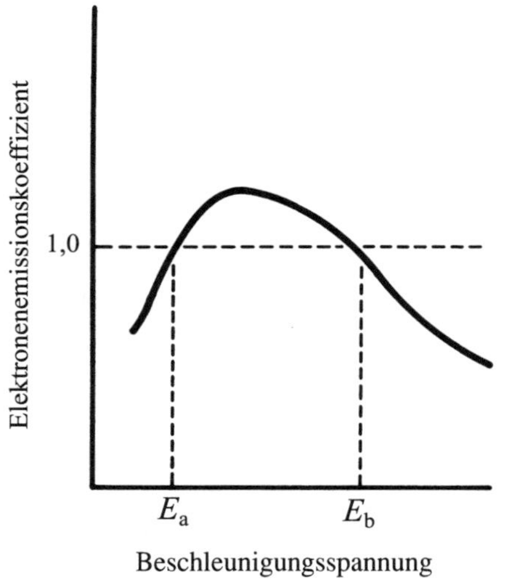

Abb. 7.4 Der Elektronenemissionskoeffizient als Funktion der Beschleunigungsspannung
Die Proben können bei Beschleunigungsspannungen zwischen E_a und E_b untersucht werden, ohne daß Aufladungsartefakte auftreten.

rückgestreuten Elektronen, die von der Probe emittiert werden, geteilt durch die Summe aller Elektronen in dem Elektronenstrahl. Der Elektronenemissionskoeffizient ist in Abbildung 7.4 als Funktion der Beschleunigungsspannung für eine nichtleitende Probe aufgetragen. Bei sehr geringen Beschleunigungsspannungen (kleiner als E_a) ist der Koeffizient kleiner als eins; es werden weniger Elektronen aus der Probe emittiert als in sie hinein gelangen, und daher baut sich auf der Probe eine negative Ladung auf. Bei mittleren Beschleunigungsspannungen (zwischen E_a und E_b) ist der Koeffizient größer als eins; es werden mehr Elektronen aus der Probe emittiert, und daher baut sich auf der Probe eine positive Ladung auf. Bei höheren Beschleunigungsspannungen (über E_b) baut sich wieder eine negative Ladung auf. Wird die Beschleunigungsspannung entsprechend zwischen E_a und E_b gewählt, kann eine Probe ohne elektrisch leitenden Überzug und ohne daß Artefakte durch negative Aufladung auftreten untersucht werden (vgl. Abb. 7.5). Bei Beschleunigungsspannungen zwischen E_a und E_b ist die Probe positiv aufgeladen. Die positive Aufladung auf der Probe jedoch wirkt sich nur gering in einer leichten Verminderung der Sekundärelektronenemission aus, was sich nur minimal auf das Bild auswirkt. Die Werte für E_a liegen im Bereich von mehreren hundert Volt und die für E_b im Bereich von 1 kV bis 5 kV. Die tatsächlichen Werte ändern sich je nach Probentyp und können sich auch von einem zu einem anderen Punkt auf der Probe unterscheiden.

a

b

c

Abb. 7.5 Bei unterschiedlichen Beschleunigungsspannungen untersuchte Salzproben ohne leitende Oberflächenschicht
a) Bei einer Untersuchung bei 1 kV sind Aufladungsartefakte vorhanden.
b) Bei 5 kV sind keine Aufladungsartefakte vorhanden.
c) Bei 15 kV sind Aufladungsartefakte vorhanden.

Spezielle Methoden für verschiedene Probentypen

Oberflächenabdrücke sind oftmals nützlich

In manchen Fällen ist es nicht möglich, direkt die Probe im REM zu untersuchen – beispielsweise falls die Probe zu groß ist, um in das REM zu passen, und nicht in kleinere Stücke zerteilt werden kann, da sie zu wertvoll oder einzigartig ist. Ein weiteres Beispiel stellt die Untersuchung des Wachstums von Pflanzenstengeln dar, in der dieselben Zellen in Intervallen untersucht werden müssen. Generell gilt: Jede Untersuchung, bei der elektronenmikroskopische Aufnahmen in Intervallen benötigt werden oder wenn die Probe nicht zerstört werden kann, ist ein Fall, in dem mit Oberflächenabdrücken gearbeitet werden kann.

Einige Zeit lang wurden für Proben in den Werkstoffwissenschaften oder für geologische Proben, die oftmals zu groß für die Untersuchung im REM sind, Oberflächenabdruckmethoden eingesetzt. Oberflächenabdruckmethoden mit Dentalabdruckmaterialien lieferten exzellente Ergebnisse für eine Reihe biologischer und nichtbiologischer Proben; es können so Oberflächendetails bei einer Vergrößerung von mehreren tausendmal nachgebildet werden. Ein negativer Oberflächenabdruck der Probe, der mit dem Dentalabdruckmaterial hergestellt wurde, wird mit Epoxydharz gefüllt. Das Harz härtet aus und bildet den positiven Oberflächenabdruck, der dann montiert, beschichtet und im REM untersucht wird.

Polieren metallurgischer Proben

Die REM kann zur Untersuchung von metallurgischen Proben sehr nützlich sein. Es können Dendritstrukturen, Körner, Zwillinge und die Bestandteile von Legierungen beobachtet werden (vgl. Abb. 5.14). Solche Proben müssen in der Regel poliert und manchmal geätzt werden. Bei Kunststoffen, Siliciumkristallen, Siliciumchips, Kohle, Keramiken und mehrschichtigen Materialien kann ebenfalls ein Polieren notwendig sein.

Die Poliermethoden stellen Standardverfahren in der Metallurgie dar. Zuerst wird die Probe geschnitten und mit Schmirgelpapier vorpoliert. Beim weiteren Polieren verwendet man Schmirgel auf der Polierscheibe mit nach und nach feiner werdender Körnung. Einige Proben machen auch ein anderes Verfahren erforderlich, das sogenannte Elektropolieren. Schließlich gibt es einige Proben, bei denen die Korngrenzen mit Ätzchemikalien sichtbar gemacht werden müssen. (Weitere Information bezüglich dieser Verfahren ist in der Literatur am Ende des Kapitels gegeben.)

Kryo-Verfahren für spezielle Proben

Viele Proben können nicht chemisch fixiert und dann im REM untersucht werden. Solche Proben sind Öle, Fette, einige Klebstoffe, nasse Chemikaliengemische und verschiedene Nahrungsmittel wie Eis und Milch. Die standardmäßigen Präparationsverfahren funktionieren bei diesen Proben nicht, und jede dieser Proben würde die REM-Säule verunreinigen und ernsthafte Vakuumprobleme verursachen. In anderen Fällen funktionieren die chemischen Fixiermethoden, wirken sich aber schädlich auf die Probe aus. Beispielsweise lassen sich Pflanzenblätter mit den Standardmethoden präparieren, die Wachsstruktur der Blätter aber wird in der Regel verändert oder zerstört. Falls kein REM für Umgebungsbedingungen zur Verfügung steht, bieten die Kryo-Verfahren für die REM bei speziellen Proben eine sehr nützliche Alternative. Die Probe wird in der REM-Kammer bei einer hinreichend tiefen Temperatur gehalten (etwa $-130\,°C$ oder niedriger), so daß kein Wasser oder andere organische Materialien verdampfen können.

Es werden zwei Komponenten zur Untersuchung von Proben im gefrorenen Zustand benötigt: eine Präparationseinheit, die das Gefrieren und Beschichten von Proben erlaubt, und eine Einrichtung, die die Probe gefroren hält, während sie im REM untersucht wird. Mehrere Hersteller bieten heute Kryo-Anlagen an.

Die Präparation biologischer Proben

Die meisten biologischen Proben lassen sich in Lösung fixieren, entwässern, am kritischen Punkt trocknen, montieren und mit Gold überziehen.

Fixieren

Die Prinzipien beim Fixieren für die REM sind die gleichen wie die für die TEM (vgl. Kap. 6). Im Gegensatz zu denen in der TEM müssen die Proben für die REM gereinigt werden, da in der Regel die Oberflächen der Gegenstand des Interesses sind. Es ist allgemein wünschenswert, daß die Probe in einer Dimension höchstens 2 mm groß ist, so daß die Fixier- und Entwässerungslösungen das Gewebe durchdringen können. Die andere Dimension kann viel größer sein, bis zu 10 mm oder 15 mm. Gewöhnlich reicht die Primärfixierung für viele Proben aus. Die Sekundärfixierung in Osmiumtetroxid (OsO_4) verringert häufig die Aufladungsprobleme (vgl. auch den Abschnitt über die Goldbeschichtung am Anfang des Kapitels) und kann für einige isolierte Zellen benötigt werden, um Löcher in den Membranen zu vermeiden.

Entwässern

Die Probe muß in einem Lösungsmittel entwässert werden, da das in den Fixier- und Pufferlösungen enthaltene Wasser sich nicht mit dem flüssigen CO_2 mischt, das beim Trocknen am kritischen Punkt verwendet wird (diese Methode wird im nächsten Abschnitt beschrieben). Viele Lösungsmittel sind sowohl mit Wasser als auch mit flüssigem CO_2 mischbar.

Ethanol und Aceton sind die beiden gängigsten Lösungsmittel. Beide sind geeignet, obwohl Ethanol einige Vorteile für REM-Proben aufweist: Es ist weniger toxisch, und es besitzt einen geringeren Dampfdruck, so daß es unwahrscheinlicher ist, daß die Probe während der Überführung in die Apparatur zur Trocknung am kritischen Punkt trocken wird. Es wäscht gebundene Lipide nicht so stark aus wie Aceton, und es verursacht eine geringere Schwellung bei Beginn der Entwässerung und eine geringere Schrumpfung am Ende. In der Regel werden große Abstufungen von 25%, 50%, 75%, 95% und 100% Ethanol oder Aceton in Wasser verwendet, wobei für jeden Schritt bei Zimmertemperatur etwa 10 bis 20 Minuten benötigt werden. Das bei den meisten Geweben auftretende Anschwellen bei Beginn der Entwässerung wird etwas durch das Schrumpfen bei höheren Lösungsmittelkonzentrationen ausgeglichen. Es ist empfehlenswert, das Gewebe mehrmals in 100%igem Lösungsmittel zu spülen, um sicherzustellen, daß die Entwässerung vollständig ist.

Trocknen am kritischen Punkt

Wenn man eine Probe in ihrem natürlichen Zustand an der Luft trocknen würde, nach der Fixierung oder nach der Lösungsmittelentwässerung, würde die Oberflächenspannung des Wassers oder des Lösungsmittels, wenn es aus den Zellen verdampft, eine ausgedehnte Schädigung hervorrufen. Eine Apparatur zum Trocknen am kritischen Punkt ist ein Gerät zum Trocknen einer Probe ohne Oberflächenspannung. Es besteht aus einer Metallkammer mit dicken Wänden, die hohen Drücken widerstehen können, und besitzt ein Einlaß- und ein Auslaßventil, einen abnehmbaren Deckel und in der Regel ein Sichtfenster (vgl. Abb. 7.6). Ein CO_2-Siphon ist mit dem Einlaßventil verbunden. Dieser enthält ein Rohr, das das flüssige CO_2 vom Boden der Flasche fördert, und nicht das gasförmige CO_2 aus dem oberen Teil.

Das Trocknen am kritischen Punkt beginnt mit dem Abkühlen der Kammer auf rund 5° bis 10 °C, um sicherzustellen, daß das flüssige CO_2 eine Flüssigkeit bleibt, wenn es in die Kammer eingelassen wird. Die Proben werden in die Kammer eingelegt, und der Deckel wird geschlossen. Die Kammer wird dann mit flüssigem CO_2 gefüllt. Das flüssige CO_2 ersetzt nach und nach das Lösungsmittel in der Probe, und in der Kammer bildet sich ein Gemisch aus Lösungsmittel und flüssigem CO_2. Um das Ziel zu erreichen, daß nur flüssiges CO_2 in der Kammer und in der

a

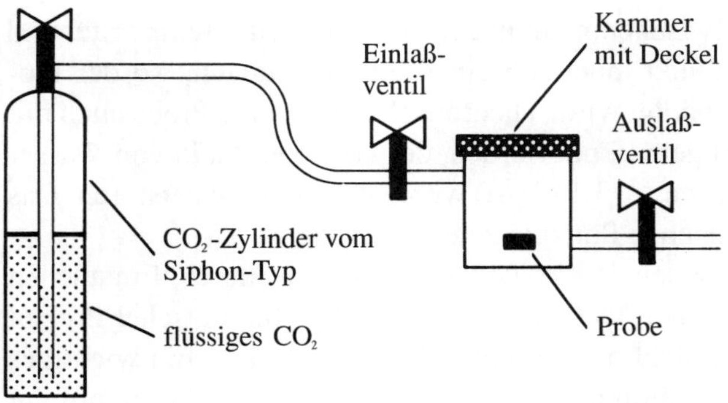

b

Abb. 7.6 Apparatur zum Trocknen am kritischen Punkt
a) Apparatur zum Trocknen am kritischen Punkt
Unterschiedliche Ausführungen sind von verschiedenen Herstellern erhältlich.
b) Schematische Darstellung einer Apparatur zum Trocknen am kritischen Punkt
Beim Trocknen am kritischen Punkt wird die Probe in der Kammer mit flüssigem CO_2 infiltriert. Mit steigender Temperatur steigt auch der Druck, schließlich gibt es keinen Unterschied zwischen Gas und Flüssigkeit mehr, die Probe ist trocken, und das CO_2 kann aus der Kammer abgelassen werden.

Probe vorliegt, wird die Kammer üblicherweise einige Male gespült, indem das Auslaß- und das Einlaßventil für einen kurzen Moment geöffnet werden.

Der nächste Schritt ist die Aufheizphase. Der Flüssigkeitsspiegel in der Kammer ist etwa halb voll eingestellt, und sowohl das Einlaß- als auch das Auslaßventil sind geschlossen. (Wenn die Kammer vollständig mit Flüssigkeit gefüllt wäre, würde der Druck im Verhältnis zur Temperatur zu schnell ansteigen, ein Phänomen, bezeichnet als „den kritischen Punkt umgehen“, das eine Verzerrung in der Probe hervorruft.) Nach Regulierung des Flüssigkeitsspiegels wird die Kammer erwärmt. Dabei nimmt die Dichte der flüssigen Phase ab, weil sich die Moleküle weiter voneinander entfernen, und die der Gasphase wird größer, da es sich um ein geschlossenes System handelt. Beim kritischen Punkt wird die Dichte der flüssigen Phase der der Gasphase gleich. Die Probe wird nun in einem sehr dichten Gas gehalten. Sie ist trocken und wurde nicht verzerrt, da am kritischen Punkt keine Oberflächenspannungen vorhanden sind. Der kritische Punkt für CO_2 beträgt 31,3 °C bei 75,5 kg · cm^{-2} Druck (1,072 psi). In der Regel läßt man die Temperatur und den Druck etwas über diese Werte steigen, um sicherzustellen, daß keine Kondensation auftritt.

Die Entspannungsphase beginnt nach Erreichen der gewünschten Temperatur und des gewünschten Druckes. Das Auslaßventil wird langsam geöffnet, und um zu verhindern, daß die Probe explodiert, läßt man über eine Zeitspanne von mehreren Minuten den Druck nach und nach auf Null abfallen. Das Trocknen ist an diesem Punkt beendet. Um die Absorption von Feuchtigkeit zu verhindern, sollten die Proben in einer Vakuumkammer zusammen mit einem Trockenmittel aufbewahrt werden.

Flüssiges CO_2 wird als Zwischenmedium eingesetzt, da seine Temperatur und sein Druck am kritischen Punkt innerhalb eines Bereichs liegen, wo das biologische Material nicht geschädigt wird. Theoretisch könnte eine Probe auch mit Wasser am kritischen Punkt getrocknet werden, der kritische Punkt von Wasser jedoch, 374 °C bei 223,9 kg · cm^{-2} (3,184 psi) würde das Gewebe zerstören. Das flüssige CO_2 besitzt am kritischen Punkt akzeptable Werte.

Das Trocknen am kritischen Punkt von Gewebe, das durch Eintauchen fixiert wurde, ist die verbreitetste Methode zur Präparation biologischer Proben für die REM. Sie ist jedoch nicht ohne Probleme und Artefakte. Ein wichtiges Artefakt entsteht durch Schrumpfen des Gewebes. Eine lineare Schrumpfung von 25% ist nicht ungewöhnlich. Bei manchen Geweben, wie zum Beispiel Lunge, kann sie bis zu 50% betragen. Die Werte werden kleiner, manchmal viel kleiner, wenn Proben mit einem harten äußeren Skelett oder harten Zellwänden verwendet werden, wie Insekten und Pflanzen. Es hat sich gezeigt, daß die Sekundärfixierung mit Osmiumtetroxid die Schrumpfung etwas verringert.

Alternative Methoden für biologische Proben

Unter bestimmten Umständen sind einige alternative Methoden den bisher beschriebenen Präparationsverfahren vorzuziehen.

Die Art der Probe und die experimentellen Bedingungen können es erforderlich machen, die chemische Fixierung, gefolgt von einer Trocknung am kritischen Punkt, der Anfertigung eines Oberflächenabdrucks oder der Kryo-REM nicht anzuwenden.

Lufttrocknen

Ein sehr altes und einfaches Verfahren ist es, die Probe an der Luft zu trocknen, sie dann zu montieren und mit einem Metall zu überziehen. Das Lufttrocknen wurde in den Anfängen der REM mit schlechten Resultaten eingesetzt. Bei den meisten Proben trat eine extreme Verzerrung und Schrumpfung auf. Die Methode ist für gewisse Beispiele exzellent, in denen die Probe eine große innere Festigkeit oder Härte aufweist. Einige Beispiele sind Zähne, Knochen, Pollen, Außenskelette, Holz, Muscheln, Nierensteine und Pflanzenstengel mit einem hohen Siliciumgehalt und so weiter.

Trocknen aus einem Lösungsmittel

Eine Variation des Lufttrocknens besteht darin, die Probe aus einem Lösungsmittel an der Luft zu trocknen, sie dann zu montieren und mit einem Metall zu überziehen. Die am häufigsten verwendeten Lösungsmittel, wie Alkohol oder Aceton, weisen eine viel geringere Oberflächenspannung als Wasser auf, so daß geringere Verzerrungen als bei der alleinigen Lufttrocknung auftreten. Die gesamte Konservierung ist in der Regel jedoch beim Trocknen am kritischen Punkt weitaus besser.

Fixieren in Dämpfen

Das Fixieren in Dämpfen besitzt einen speziellen Wert bei der Präparation von Proben, die durch Lösungen geschädigt werden könnten, wie bestimmte Pilze, die lange Sporenketten erzeugen, und bei denen die Ketten im allgemeinen entzweibrechen, wenn die Proben mit Fixierlösungen und Entwässerungsmedien behandelt werden. Ein weiteres Beispiel betrifft die Bestimmung von Pollentypen, die an unterschiedlichen Stellen von Insekten haften. Die Lösungen bei einer normalen Fixierung könnten viele der Pollenkörner wegwaschen.

Beim Fixieren durch Dämpfe wird die Probe in einen kleinen, geschlossenen Behälter mit einer kleinen Menge wäßrigen Osmiumtetroxids (1% bis 4%) eingebracht. Eine Petrischale mit einem Deckglas stellt eine effektive Dampfkammer dar. Die Proben werden in die geschlossene Kammer eingebracht und verbleiben dort für 72 bis 96 Stunden in einer Dampfumgebung. Osmiumtetroxid (OsO_4) erzeugt sehr wirksame, durchdringende Dämpfe, die mit der Probenoberfläche reagieren und sie fixieren, härten und stabilisieren. Nach dem Fixieren wird die Probe entnommen, an der Luft getrocknet, montiert und beschichtet. Der Erfolg des Dampffixierens hängt von der Art des zu fixierenden Gewebes ab. Oftmals muß man einen Qualitätsverlust beim Fixieren hinnehmen, um die interessierenden Strukturen untersuchen zu können. Beispielsweise können in dem Beispiel mit den Pilzen die Hyphenzellen teilweise zusammenfallen, während die Sporenketten intakt bleiben.

Vorfixieren in Dämpfen

Eine Variation des Dampffixierens besteht darin, die Probe kurz (etwa 30 Minuten) in OsO_4-Dampf vorzufixieren und sie dann normal zu fixieren (durch Eintauchen in Glutaraldehyd), zu entwässern, am kritischen Punkt zu trocknen, zu montieren und zu beschichten. Dieses Verfahren führt zu einem besseren Erhalt der Pilzstrukturen und hat sich ebenso in anderen Fällen als wertvoll erwiesen.

Gefriertrocknen

Das Gefriertrocknen erzeugt in manchen Fällen exzellente Ergebnisse. Die Probe wird in einem gefrorenen Zustand in einem Hochvakuum gehalten, während die Sublimation stattfindet (der direkte Wechsel vom festen zum dampfförmigen Zustand, ohne die flüssige Phase zu durchlaufen). Es wirken keine Oberflächenspannungen auf die Probe, wie es bei der Lufttrocknung der Fall wäre. Eine Probe kann aus Wasser oder anderen Lösungsmitteln gefriergetrocknet werden.

Das Gefriertrocknen besitzt einige Vorteile gegenüber dem normalen Fixieren und dem Trocknen am kritischen Punkt: Die Schrumpfung tierischen Gewebes ist geringer, Wachs- und Kutikulaüberzüge von Pflanzen werden besser konserviert, aber nur, wenn nicht aus Lösungsmitteln gefriergetrocknet wurde. Die Lage der chemischen Elemente innerhalb der Zelle wird nicht so stark verändert, so daß sich das Gefriertrocknen als geeignete Präparationsmethode für Proben für die Röntgenmikroanalyse erweist (vgl. Kap. 8).

Das Gefriertrocknen weist aber auch einige Nachteile auf: Die Bildung von Eiskristallen kann zu sowohl inneren als auch äußeren Zellschäden führen. Die Konservierung von morphologischen Eigenschaften unterscheidet sich in der Regel nicht von der, die man beim Trocknen am kritischen Punkt erhält. Der Prozeß ist schwieriger, da die Verfahren und die Ausrüstung nicht wie beim Trocknen am kritischen Punkt standardisiert sind, und der Prozeß erfordert wesentlich mehr Zeit. Aus diesen Gründen ist das Gefriertrocknen bei der Präparation von REM-Proben nicht so weit verbreitet wie das Trocknen am kritischen Punkt.

Das Poly-L-Lysinverfahren

Die Präparation kleiner Partikel, besonders solcher in Lösung, für die REM kann schwierig sein. Beispiele sind Blut, Bakterien, Einzeller, Pilzsporen und

Organellensuspensionen. Eine Methode, solche Proben zu präparieren, ist die Verwendung von Poly-L-Lysin als biologischer Kleber zum Beschichten von Deckgläschen. Man läßt die Partikel sich auf die beschichteten Deckgläschen absetzen, die dann bearbeitet, montiert und beschichtet werden. Man vermutet, daß der Klebeeffekt aufgrund der negativen Ladung auf der Zelloberfläche kombiniert mit der positiven Ladung des Poly-L-Lysins zustande kommt. Auch nicht in Suspension befindliche Partikel lassen sich mit dieser Methode bearbeiten. Beispielsweise können Pollen in Suspension fixiert und dann als Partikel behandelt werden. Die Vorteile dieses Verfahrens sind, daß die Zellen gut erhalten und dispergiert bleiben und die Deckgläschen einen schönen glatten Hintergrund für Fotografien abgeben.

Die Analyse von wasserhaltigen Proben

Einige Proben lassen sich erfolgreich in ihrem normalen wasserhaltigen Zustand in einem konventionellen REM untersuchen. Pflanzenmaterialien scheinen bessere Ergebnisse als die meisten anderen Proben zu liefern, da die Zellwände eine gewisse Festigkeit besitzen, so daß die Probe nur minimal schrumpft und ein Wasserverlust im Vakuum verhindert wird. Diese Methode bricht einige der Regeln der Elektronenmikroskopie, da normalerweise keine nassen Proben in ein Elektronenmikroskop eingebracht werden. Aufgrund der Hochvakuumumgebung erhöhen nasse Proben die Gefahr einer Verunreinigung der Säule. Die meisten Proben lassen sich nicht im wasserhaltigen Zustand untersuchen. Das REM für Umgebungsbedingungen (vgl. Kap. 5) jedoch ermöglicht im Gegensatz zu einem konventionellen REM die Untersuchung fast jeder nassen Probe.

Nasse Proben sollten schnell montiert werden, der Kleber elektrisch leitend sein und nur eine kleine Menge Kleber verwendet werden. Nach dem Montieren müssen die Proben gewöhnlich einer Kathodenzerstäubung unterworfen werden. Das im Gewebe vorhandene Wasser verleiht eine gewisse Leitfähigkeit. Obwohl in der REM nur sehr geringe Beschleunigungsspannungen verwendet werden, laden sich die meisten Proben auf, wenn sie nicht mit einem elektrisch leitenden Überzug versehen wurden. Die Proben sollten dann so schnell wie möglich im REM untersucht und fotografiert werden. Die Probe verliert unter den Vakuumbedingungen schnell Wasser und beginnt zusammenzufallen und zu schrumpfen. Die Zeitspanne, die zum Untersuchen zur Verfügung steht, variiert mit der Art der Probe und ihrem speziellen Zustand. Zeiten zwischen zwei und zehn Minuten sind üblich.

Ein großer Nachteil dieser Methode ist, daß sie die REM-Säule und das REM-Vakuumsystem verunreinigt. Bestimmte Pflanzenarten mit einem sehr hohen Wachsgehalt, wie Kohl, können ernsthafte Verunreingungsprobleme verursachen. Laboratorien, die routinemäßig wasserhaltige Proben analysieren, müssen die REM-Säule alle paar Tage reinigen. Die Konsultation des Kundendienstes vor einer solchen Untersuchung ist empfehlenswert, da in vielen Fällen die Garantie, die Reparatur und Reinigung durch den Hersteller einschließt, dadurch aufgehoben wird.

Chemische Leitfähigkeit

Eine Alternative zum Beschichten der Proben mit einem Metall besteht darin, die Probe chemisch leitfähig zu machen; es wird dann keine Metallschicht mehr benötigt. Das Probengewebe wird durch Imprägnieren mit Osmiumtetroxid (OsO_4) leitfähig gemacht, das man entweder mit einem Thiocarbohydrazid oder Gerbsäure zu einem leitenden Komplex reagieren läßt, der im Gewebe zurückbleibt. Man nimmt an, daß es sich um eine Beiz- oder Ligandenreaktion handelt, und viele Variationen existieren.

Ein Vorteil dieses Verfahrens ist, daß man von manchen Probenarten Bilder mit einer besseren Feinstruktur erhält als von metallbeschichteten. Ein zweiter Vorteil ist der, daß bei einigen Probenarten weniger Aufladungsprobleme auftreten, da das Gewebe der Probe selbst elektrisch leitend ist.

Kryostat-Präparation

Oftmals möchte man mit Hilfe der Rasterelektronenmikroskopie das Innere eines Organs, eines Organismus oder einer Struktur betrachten (beispielsweise die innere Struktur einer Niere, eines Pilzes oder die Knospe einer blühenden Pflanze). Um an den interessierenden Bereich zu gelangen, muß die Probe zerlegt werden. Eine Freilegung per Hand mit einer Rasierklinge oder einem Skalpell führt oft dazu, daß die Probe durch ungleichmäßiges Schneiden, Zerreißen oder Zerbrechen an der Oberfläche beschädigt wird. Eine Alternative bietet ein Kryostat, ein Mikrotom in einer gekühlten Kammer.

Die Proben können als Ganzes auf einer Halterung in den Kryostat eingebracht und dann eingefroren werden. Nachdem die Probe eingefroren ist, kann sie geschnitten werden. Sofern sie nicht zur Bestimmung der Schnittiefe benötigt werden, können die Schnitte weggeworfen werden. Mit dem Kryostat wird dann ein präziser, sauberer Schnitt an der gewünschten Stelle in der Probe ausgeführt. Danach wird der gesamte nichtgeschnittene Teil der Probe entnommen, zum Auftauen in eine Pufferlösung überführt, einige Male gespült, um restliches Einbettungsmaterial zu entfernen und dann fixiert, in einem Lösungsmittel entwässert, am kritischen Punkt getrocknet, montiert und beschichtet. Diese Methode ist besonders dann nützlich, wenn man große Proben zerlegen und eine gewisse Kontrolle über die Schnittebene behalten will.

Gefrierbruch

Der Gefrierbruch ist ein sehr nützliches Verfahren zur Präparation kleiner Proben, bei denen feine Details der inneren Struktur untersucht werden sollen. Die fixierten und entwässerten Proben werden in flüssigem Stickstoff gefroren und mit einer gekühlten Rasierklinge geschnitten. Die Klinge schneidet nicht tatsächlich die Probe, sondern bricht sie eher, wobei eine sehr saubere Oberfläche erzeugt wird, die frei von den vielen Artefakten ist, die mit dem einfachen Schneiden mit einer Rasierklinge bei Raumtemperatur verbunden sind. Die Methode funktioniert in der Regel am besten, wenn die Probe nach dem Entwässern, aber vor dem Trocknen am kritischen Punkt gebrochen wird. Der Gefrierbruch ist ein einfaches Verfahren; sein einziger wichtiger Nachteil ist der, daß eine präzise Kontrolle über den Ort des Bruches schwierig ist. Bei homogenen Proben stellt dies kein Problem dar. Bei anderen Proben kann es nötig sein, mit alternativen Methoden zu arbeiten, wie dem Einbetten in Harz mit anschließendem Entfernen oder der Kryostat-Präparation.

Das Einbetten in Harz und das Entfernen

Gelegentlich ist es notwendig, die innere Struktur einer sehr kleinen Probe zu untersuchen. Das Schneiden der Probe mit einer Rasierklinge könnte Artefakte erzeugen und würde nicht so präzise wie notwendig sein. Die Verwendung eines Kryostaten würde nicht die bei sehr kleinen Proben erforderliche Präzision liefern, und beim Gefrierbruch hat man nur eine sehr geringe Kontrolle über die Schnitt- oder Bruchebene. Fixiert man die Probe jedoch und bettet sie in ein Epoxydharz, wie es bei TEM-Proben üblich ist, kann sie in ein Ultramikrotom eingebracht und 1 µm bis 4 µm dicke Schnitte mit den in einem Ultramikrotom vorhandenen präzisen mechanischen und Beobachtungseinrichtungen hergestellt werden. Der nicht geschnittene Teil wird in spezielle Lösungsmittel gebracht, die das Harz herauslösen. Das Gewebe wird dann in Ethanol oder Aceton gewaschen, am kritischen Punkt getrocknet, montiert und zur Untersuchung im REM beschichtet. Ein zusätzlicher Vorteil dieser Methode ist, daß sie dicke Schnitte liefert, die angefärbt und in einem Lichtmikroskop untersucht werden können, oder auch Ultradünnschnitte, die mit einem Kontrastierungsmittel getränkt und in einem TEM untersucht werden können. Dadurch kann man REM-, TEM- und lichtmikroskopische Untersuchungen eines einzelnen Gewebestückes korrelieren. Alternativ können die dicken Schnitte auch, wie im nächsten Abschnitt beschrieben, im REM untersucht werden.

Die Untersuchung von Schnitten im REM

Mit dem REM können auch dicke Schnitte eingebetteten Materials mit einer Auflösung zwischen der des Lichtmikroskops und der des Transmissionselektronenmikroskops untersucht werden. Aus einem einzigen Gewebeblock können Schnitte für die REM, die TEM und das Lichtmikroskop angefertigt werden und damit die aus den drei Geräten erhaltenen Informationen korreliert werden. Zusätzlich können Serienschnitte im REM untersucht werden, und dieselben Schnitte können dann in einem Lichtmikroskop betrachtet werden. Die dicken Schnitte in Harz werden mit Uranylacetat und Bleizitrat kontrastiert, auf einem Netz oder einer Kohlenstoffhalterung montiert, mit Kohlenstoff beschichtet und im REM untersucht. Im allgemeinen sollten Schnitte mit einer Dicke von 200 nm oder mehr verwendet werden, damit der Kontrast im REM ausreichend ist.

Untersuchung intrazellulärer Strukturen

Das REM ist in der Regel als ein Gerät zur Untersuchung der äußeren Eigenschaften von Zellen oder Gewebe und das TEM als ein Gerät zur Untersuchung der inneren Komponenten der Zellen gedacht. Das REM jedoch kann bedeutsame Information über innere Komponenten liefern, sofern geeignete Präparationsverfahren angewandt werden. Ein solches Verfahren heißt Tanaka-Verfahren. Eine Besonderheit dieser Methode ist, daß das Zytoplasma aus der Zelle entfernt wird, indem es längere Zeit verdünntem Osmiumtetroxid (OsO_4) ausgesetzt wird, so daß man danach die inneren Organellen sehen kann. Der komplette Vorgang besteht aus einer Fixierung in OsO_4 oder Aldehyden, gefolgt von einer Behandlung mit Dimethylsulfoxid (als Gefrierschutzmittel), gefolgt von einem Gefrieren in flüssigem Stickstoff und einem Aufbrechen des Gewebes auf einem kalten Metallblock. Die Probe wird dann für 24 bis 72 Stunden in verdünntem OsO_4 eingeweicht, um das Zytoplasma zu entfernen, und dann mit Gerbsäure behandelt, gefolgt von OsO_4 zur Steigerung der Leitfähigkeit. Schließlich wird die Probe entwässert, am kritischen Punkt getrocknet, in einer hochauflösenden Apparatur mit einer Metallschicht versehen und im REM untersucht.

REM-Histochemie für biologische Proben

Die Histochemie (oder Zytochemie), die Chemie der Zellen, bezieht sich normalerweise auf Verfahren, die die Identifikation der Zusammensetzung oder Funktion von Zellkomponenten ermöglichen.

Das Vermögen, Strukturen mit Funktionen zu verbinden, kann sich als extrem nützlich erweisen. Die REM-Histochemie kann ein mächtiges Werkzeug sein, da sie die Vorteile der REM (beispielsweise die Schärfentiefe, hohe und geringe Vergrößerung) mit den Lokalisierungseigenschaften der histochemischen Verfahren kombiniert.

Abbildung

Histochemische Verfahren werden schon seit Jahren in der Lichtmikroskopie angewandt, und es gibt hunderte von Verfahren in der Literatur, von denen die meisten auf der Ablagerung eines Farbstoffes als Endprodukt basieren. Der Farbstoff wird dann unter dem Lichtmikroskop untersucht. Die mit der REM kombinierten histochemischen Verfahren beruhen auf der Ablagerung eines Metalls als Endprodukt, das elektronendicht ist und daher auf dem Schirm dunkel erscheint. Diese Schwermetall enthaltenden Endprodukte werden in der Regel in einem REM durch rückgestreute Elektronen sichtbar gemacht, da diese Unterschiede in Ordnungszahlen aufzeigen können. Da sie aus tieferen Schichten innerhalb der Probe stammen, können die rückgestreuten Elektronen kontrastierte innere Zelldetails sichtbar machen (vgl. Abb. 5.13). Nachteilig wirkt sich beim Arbeiten mit rückgestreuten Elektronen aus, daß die Auflösung viel geringer als die von Sekundärelektronen ist.

Die Röntgenmikroanalyse kann ebenfalls zum Nachweis der die Schwermetall enthaltenden histochemischen Endprodukte eingesetzt werden. Die Röntgenmikroanalyse weist den Vorteil auf, daß die Elemente in dem Endprodukt positiv identifiziert werden können. Im Rückstreuelektronenbild ist dies nicht möglich; es kann nur davon ausgegangen werden, daß es ein Ergebnis des metallischen Endprodukts ist, wenn Bereiche heller erscheinen. Daher ist es angebracht, bei jedem histochemischen Verfahren sowohl mit Rückstreuelektronenbildern als auch mit der Röntgenmikroanalyse zu arbeiten. Ein Nachteil der Röntgenmikroanalyse ist, daß kein wahres Bild erzeugt werden kann, das auf Röntgenstrahlen basiert; sogenannte Punktedichtebilder können jedoch ein Bild simulieren (vgl. Kap. 8). Desweiteren ist die Auflösung von Röntgenstrahlen geringer als die von rückgestreuten Elektronen.

Kontrastverbesserung

Bei den Kontrastierungsverfahren wird auf der Probe für eine spezifische Funktion ein Metall abgelagert (zum Beispiel um einen Organellentyp oder ein Enzym zu lokalisieren oder die chemische Natur einer Ablagerung zu identifizieren). Beispiele sind Verfahren, die ein Silberendprodukt ablagern und so Polysaccharide nachweisen, Verfahren, die Silber ablagern und so Zellkerne und

Kernkörperchen kontrastieren sowie Verfahren, die einige Schwermetalle ablagern und dadurch Peroxidase- oder Phosphatase-Aktivitäten lokalisieren.

Autoradiographie

Die Autoradiographie ist ein Verfahren zur Lokalisierung radioaktiv markierter Substanzen. Man läßt die Zellen die radioaktive Markierung aufnehmen und bedeckt sie dann mit einer flüssigen fotografischen Emulsion. Nach der Bearbeitung bleiben Silberkörner, die durch die radioaktive Markierung aktiviert wurden, als metallisches Silber zurück. Die spezifische Ablagerung des Silbers kann dann mit der Lage der markierten Originalsubstanz korreliert werden. Die Autoradiographie wird in der REM nicht extensiv eingesetzt, obwohl es ein beträchtliches Potential für ihre Entwicklung gibt. (Vgl. auch Kapitel 6 für Details ihres Einsatzes in der TEM.)

Immunozytochemie

Die Immunozytochemie ist für die REM sehr nützlich. Mit diesem Verfahren lokalisiert man bestimmte Oberflächen-Zielmoleküle (Antigene, Lectine, Enzymsubstrate) mit spezifischen Identifikationsmolekülen (Antikörpern, Polysacchariden, Enzymen), die das Ziel erkennen und sich daran binden. An die Identifikationsmokeküle sind Stoffe gebunden (Gold, Latexkugeln), die man dann im REM sehen kann. Dieses mit der REM verknüpfte Verfahren wurde extensiv bei tierischen Zellen und Hefen sowie in geringerem Ausmaß bei Pflanzenzellen angewandt. Kolloidgold als Markierung wird wahrscheinlich am häufigsten zum Sichtbarmachen eingesetzt, und diesbezüglich gibt es viel Literatur. Das Gold ist in dem Rückstreuelektronenbild sichtbar oder manchmal im Sekundärelektronenbild. Latexkugeln können auch zum Sichtbarmachen eingesetzt werden, und sie besitzen den Vorteil, daß sie im Sekundärelektronen-Modus erkannt werden können. Latexkugeln und Kolloidgold sind bei einer Reihe von Lieferanten von Elektronenmikroskopiezubehör erhältlich. (Vgl. Kap. 6 für Details der Verwendung von Gold in der TEM.)

Literatur

Barnes, S. H. und Blackmore, S. *Plant ultrastucture in the scanning electron microsope.* In: *Scanning Electron Microsc.* 1 (1986) S. 281–289. (Intrazelluläre Strukturen)

Becker, R. P. und Geoffroy, J. S. *Backscattered electron imaging for the life sciences: Introduction and index to applications – 1961 to 1980.* In: *Scanning Electron Microsc.* 4 (1981) S. 195–206. (Histochemische Kontrastierungsmittel)

Beckett, A. und Read, N.D. *Low-temperature scannig electron microscopy*. In: *Ultrastructure Techniques for Microorganisms*. H.C. Aldrich und W.J. Todd (Hrsg.) New York (Plenum) 1986. (Tieftemperaturverfahren)

Boyd, A. *Histological and cytochemical methods for the SEM in biology and medicine*. In: *Scanning Electron Microscopy*, von O. C. Wells. New York (McGraw-Hill) 1974. (Gefrierbruch)

Boyd, A. *Pros and cons of critical point drying and freeze drying for SEM*. In: *Scanning Electron Microsc.* 2 (1978) S. 303–314. (Gefriertrocknen)

Boyd, A.; Bailey, E.; Jones, S.J. und Tamarin, A. *Dimensional changes during specimen preparation for SEM*. In: *Scanning Electron Microsc.* 1 (1977) S. 507–518. (Trocknen am kritischen Punkt)

Boyd, A. und Maconnachie, E. *Morphological correlations with dimensional change during SEM specimen preparation*. In: *Scanning Electron Microsc.* 4 (1981) S. 27–34. (Trocknen aus einem Lösungsmittel)

Echin, P. *Recent advances in specimen coating techniques*. In: *Scanning Electron Microsc.* 1 (1981) S. 79–90. (Kathodenzerstäubung)

Echlin, P.B.; Chapman, B.; Stoter, L.; Gee, W. und Burgess, A. *Low voltage sputter coating*. In: *Scanning Electron Microsc.* 1 (1982) S. 29–38. (Kathodenzerstäubung)

Flegler, S.L. und Baker, K.K. *Use of scanning electron microscopy in plant pathology*. In: *Scanning Electron Microsc.* 4 (1983) S. 1707–1718. (Histochemische Kontrastierungsmittel, Autoradiographie)

Flegler, S.L. und Hooper, G.R. *Ultrastructure and development of Nidularia pulvinata*. In: *Mycologia* 72 (1980) S. 472–482. (Kryostat)

Gabriel, B.L. *SEM: A User's Manual for Materials Science*. Metals Park, OH. (American Society for Metals) 1985. (Polier- und Ätzmethoden)

Gamliel, H. 1985. *Optimum fixation conditions may allow air drying of soft biological specimens with minimum cell shrinkage and maximum preservation of surface features*. In: *Scanning Electron Microsc.* 4 (1985) S. 1649–1664. (Lufttrocknen, Trocknen aus einem Lösungsmittel)

Goldstein, J.I.; Newbury, D.E.; Echlin, P.; Joy, D.C.; Fiori, C. und Lifshin, E. *Scanning Electron Microscopy and X-ray Microanalysis*. New York (Plenum) 1981. (Unbeschichtete Proben)

Hizume, M.; Sato, S. und Tanaka, A. *A highly reproducible method of nucleolus organizing regions staining in plants*. In: *Stain Technology* 55(2) (1980) S. 87–90. (Histochemische Kontrastierungsmittel)

Hodges, G.M.; Carbonell, A.W.; Muir, M.D. und Grant, P.R. *Uses and limitations of scanning electron microscope autoradiography*. In: *Scanning Electron Microsc.* 1 (1974) S. 159–166. (Autoradiographie)

Hodges, G.M.; Southgate, J. und Toulson, E.C. *Colloidal gold – a powerful tool in scanning electron microscopy immunocytochemistry: An overview of bioapplications*. In: *Scanning Microsc.* 1 (1987) S. 301–318. (Immunocytochemie)

Horiguchi, T.; Sasaki, F.; Takahama, H. und Watanabe, K. *Identification of cells by backscattered electron imaging of silver stained bulk tissues in scanning electron microscopy*. In: *Stain Technol.* 59 (1984) S. 143–148. (Histochemische Kontrastierungsmittel)

Humphreys, W.J.; Spurlock, B.O. und Johnson, J.S. *Critical point drying of ethanol-infiltrated, cryofractured biological specimens for scanning electron microscopy*. In: *Scanning Electron Microsc.* (1974) S. 275–282. (Gefrierbruch)

Klomparens, K.L.; Flegler, S.L. und Hooper, G.R. 1986. *Procedures for Transmission and Scanning Electron Microscopy for Biological and Medical Science*. 2. Aufl. Ladd Research Industries, Burlington, VT. (Poly-L-Lysine, Harzeinbettung und -entfernung)

Klomparens, K.L.; Peterson, M.A.; Ramsdell, D.C. und Chaney, W.G. *The use of scanning electron microscope autoradiography to localize the blueberry shoestring virus in its aphid vector.* In: *J. Electron Microsc. Technique* 4 (1986) S. 47–54. (REM-Autoradiographie)

Krause, C.R.; Ichida, J.M. und Dochinger, L.S. 1986. *Osmium vapor pretreatment of Gnomia infected leaves.* In: *Scanning Electron Microsc.* 4 (1986) S. 975–978. (Dampfvorfixierung)

Ledbetter, M.C. 1976. *Practical problems in observation of unfixed uncoated plant surfaces by SEM.* In: *Scanning Electron Microsc.* 2 (1976) S. 453–460. (Analyse bei Anwesenheit von Wasser)

McCormack, S.M.; Tormo, F.J. und Featherstone, J.D.B. *A straightforward scanning electron microscopy technique for examining non-metal coated dental hard tissues.* In: *Scanning Microsc.* 5 (1991) S. 269–272. (Unbeschichtete Proben)

Mills, A.A. *Silver as a removable conductive coating for scanning electron microscopy.* In: *Scanning Microsc.* 2 (1988) S. 1265–1271. (wieder entfernbare Silberfilme)

Molday, R.S. *Immunolatex spheres as cell surface markers for scanning electron microscopy.* In: *Principles and Techniques of Scanning Electron Microscopy. Biological Applications*, Band 5. 1976. M.A. Hayat (Hrsg.) New York (Van Nostrand Reinhold) (Immunocytochemie)

Murakami, T.N.I.; Taguchi, T.; Ohtani, O.; Kikuta, A.; Ohtsuka, A. und Itoshima, T. *Conductive staining of biological specimens for scanning electron microscopy with special reference to ligand-mediated osmium impregnation.* In: *Scanning Electron Microsc.* 1 (1983) S. 235–246. (Verfahren ohne Beschichtung)

Murphy, J.A. *Non-coating techniques to render biological specimens conductive/1980 update.* In: *Scanning Electron Microsc.* 1 (1980) S. 209–220. (Verfahren ohne Beschichtung)

Murphy, J.A. *Considerations, materials und procedures for specimen mounting prior to scanning electron microscopic examination.* In: *Scanning Electron Microsc.* 2 (1982) S. 657–696. (Präparatmontage)

Nockholds, C.E.; Moran, K.; Dobson, E. und Phillips, A. 1982. *Design and operation of a high efficiency sputter coater.* In: *Scanning Electron Microsc.* 3 (1982) S. 907–915. (Kathodenzerstäubung)

Parameijer, C.H. 1979. *Replication techniques with new dental impression materials in combination with different negative impression materials.* In: *Scanning Electron Microsc.* 2 (1979) S. 571–574. (Oberflächenabdrücke)

Quattlebaum, E.C. und Corner, G.R. *A technique for preparing Beauveria spp. for scanning electron microscopy.* In: *Canad. J. Bot.* 58 S. 1700–1703. (Dampffixierung)

Sargent, J.A. *Application of cold stage scanning electron microscopy to food research.* In: *Food Microstruct.* 7 (1988) S. 123–135. (Kryo-REM in der Nahrungsmittelforschung)

Scala, C.; Cenacchi, G.; Preda, P.; Vici, M.; Apkarian, R. P. und Pasquinelli, G. *Conventional and high resolution scanning electron microscopy of biological sectioned material.* In: *Scanning Microsc.* 5 (1991) S. 135–145. (Betrachtung von Schnitten)

Soligo, D.; Pozzoli, E.; Nava, M.T.; Polli, N.; Lambertenghi-Deliliers, G. und Harven, E. de. *Cytochemical methods for the backscattered electron imaging mode of scanning electron microscopy: Further applications to the study of human leukemic cells.* In: *Scanning Electron Microsc.* 4 (1984) S. 1795–1802. (Histochemie)

Spicer, S.S.; Schulte, B.A. und Shelburne, J.D. *Carbohydrate cytochemistry by transmission and scanning electron microscopy.* In: *Scanning Electron Microsc.* 4 (1983) S. 1827–1834. (Histochemie)

Tanaka, K. und Mitsushima, A. *A preparation method for observing intracellular structures by scanning electron mircroscopy*. In: *J. Microsc.* 133 (1984) S. 213–222. (Intrazelluläre Strukturen)

Winborn, W. B. *Removal of resins from specimens for scanning electron microscopy*. In: *Principles and Techniques of Scanning Electron Microscopy. Biological Applications*, Band 5. 1976. M. A. Hayat (Hrsg.) Van Nostrand Reinhold, New York. (Harzeinbettung und -entfernung)

Witcomb, M. J. *The suitability of various adhesives as mounting media for scanning electron microscopy I: Epoxies, sprays and tapes*. In: *J. Microsc.* 121 (1981) S. 289–308. (Präparatmontage)

Witcomb, M. J. *The suitability of various adhesives as mounting media for scanning electron microscopy. II. General purpose glues*. In: *J. Microsc.* 139 (1984) S. 75–114. (Präparatmontage)

8 Röntgenmikroanalyse

Aufgrund der Wechselwirkungen zwischen Probe und Elektronenstrahl wird in allen Elektronenmikroskopen (REM, TEM und STEM) Röntgenstrahlung erzeugt. Der Nachweis und die Analyse der Röntgenstrahlung mit Hilfe von Zusatzgeräten erlaubt es, Existenz, Menge und Verteilung von Elementen in der Probe zu bestimmen. Von Vorteil bei der Röntgenmikroanalyse ist, daß sie die Probe nicht zerstört und daß sie raumbezogen ausgeführt wird; die Zusammensetzung eines Teiles einer Probe kann mit der eines benachbarten Teiles verglichen werden.

Die Möglichkeit, mit der Röntgenmikroanalyse die räumliche Verteilung der Zusammensetzung zu unterscheiden, stellt wahrscheinlich den größten Vorteil gegenüber anderen Methoden zur Elementanalyse dar. Die analytische räumliche Auflösung (das heißt die Fähigkeit, die örtliche Verteilung zweier oder mehrerer Elemente zu unterscheiden) ist jedoch nicht so hoch wie die abbildende Auflösung eines Rasterelektronenmikroskops, Transmissionselektronenmikroskops oder Raster-Transmissionselektronenmikroskops. Beispielsweise könnte die Auflösung eines Transmissionselektronenmikroskops 0,2 nm betragen, wohingegen seine analytische räumliche Auflösung nur 0,1 µm betrüge. Die Auflösung eines Rasterelektronenmikroskops könnte 4 nm und seine analytische räumliche Auflösung nur 5 µm bei einer Metallprobe und 30 µm bei einer biologischen Probe betragen.

Wie die Sekundärelektronen, rückgestreuten Elektronen und Auger-Elektronen werden Röntgenstrahlen in dem gesamten Wechselwirkungsbereich zwischen Elektronenstrahl und Probe erzeugt. Jedoch sind die Photoneneigenschaften bei Röntgenstrahlen viel stärker wirksam als bei Elektronen, und die Wahrscheinlichkeit, daß sie ihre Energie aufgrund inelastischer Streuung verlieren, ist viel geringer. Die Austrittstiefe der Röntgenstrahlen ist somit im wesentlichen gleich der Tiefe des Wechselwirkungsbereichs zwischen Elektronenstrahl und Probe. Die größere analytische räumliche Auflösung in einem Dünnschnitt beruht auf der kleineren Breite und Tiefe des Wechselwirkungbereichs (vgl. Abb. 8.1).

Die Röntgenmikroanalyse ist nicht so empfindlich wie viele andere analytische Verfahren, zum Beispiel die Neutronenaktivierung, Atomabsorption und induktiv gekoppelte Plasmaspektroskopie, deren Nachweisgrenzen im ppm-Bereich (parts per million) oder besser liegen. Bei der Röntgenmikroanalyse mißt man in „parts per thousand“. Eine typische Konzentration für ein gegebenes

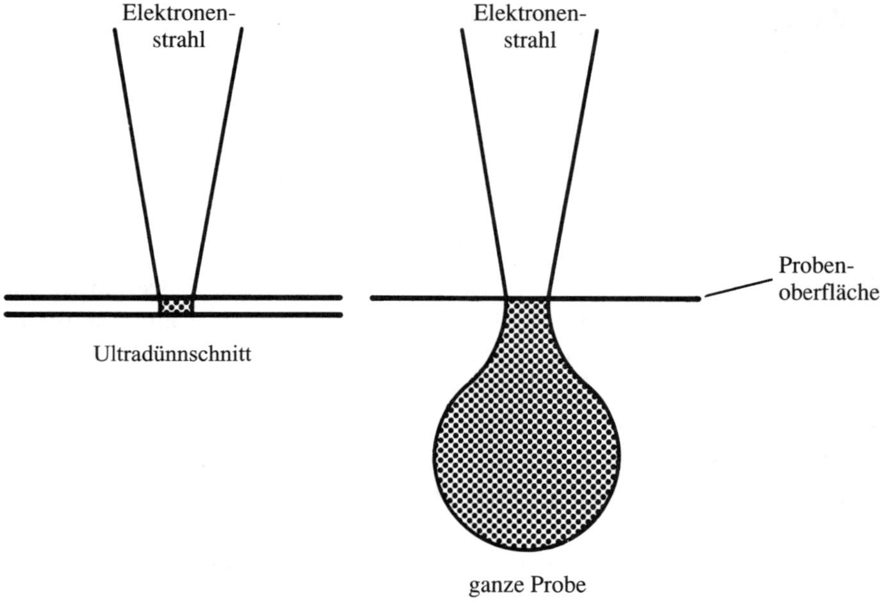

Abb. 8.1 Wechselwirkungen zwischen Elektronenstrahl und Probe in einem Dünnschnitt und in einer ganzen Probe
Die analytische räumliche Auflösung ist aufgrund des kleineren Wechselwirkungsbereichs in Dünnschnitten besser als in ganzen Proben.

Element, die für eine ganze Probe in einem REM nachgewiesen werden kann, liegt bei 0,08Gewichts-% und für einen Dünnschnitt in einem TEM bei 0,004Gewichts-%. Die höhere Empfindlichkeit bei einem Dünnschnitt ist in der geringeren Absorption der Röntgenstrahlen und dem kleineren Anteil von Nachweis und Erzeugung von Hintergrundstrahlung begründet.

Die Erzeugung von Röntgenstrahlen und ihre Bezeichnungen

Röntgenstrahlen sind ein Ergebnis der inelastischen Streuung der Elektronen (vgl. Kap. 4 und 5). Es entsteht dabei eine Lücke in einer inneren Schale der Elektronenhülle, sie wird durch ein Elektron aus einer Schale höherer Energie aufgefüllt. Die Energiedifferenz zwischen den Schalen kann in Form von Röntgenstrahlung emittiert werden. Energie und Wellenlänge der erzeugten Röntgenstrahlen sind für das Element charakteristisch und über die Gleichung

$$\lambda = 1{,}2398/E$$

verknüpft, wobei λ die Wellenlänge in Nanometer und E die Energie in keV ist. Die tatsächliche Energie der Röntgenstrahlung kann aufgrund der Heisenbergschen Unschärferelation um 2 bis 3 eV variieren.

Die Bezeichnung der erzeugten Röntgenstrahlung basiert auf den Bezeichnungen der Schalen (K, L, M, N), in denen die Lücke erzeugt wurde, und der Anzahl der Schalen, die das Elektron beim Auffüllen der Leerstelle übersprungen hat. Kommt das auffüllende Elektron aus der nächsten Schale, wird die Strahlung daher mit dem Index α versehen, kommt es aus der übernächsten Schale, ist der Index β, stammt es aus der drittnächsten Schale, ist der Index γ und so weiter. Beispielsweise würde eine durch ein Elektron aus der M-Schale aufgefüllte Lücke in der K-Schale eine K_β-Röntgenstrahlung erzeugen. Da es Untergruppen der einzelnen Elektronenschalen, unterschiedliche Elektronenspins und Quantenenergieniveaus (das heißt, nur bestimmte Übergänge zwischen Untergruppen der Elektronenschalen sind möglich) gibt, kann die Nomenklatur sehr komplex werden; zum Beispiel gibt es $L_{\alpha 1}$, L_{III1}, $M_{III\gamma}$ und so weiter. In der Praxis sind die am häufigsten verwendeten Röntgenstrahlen die $K_{\alpha 1}$, $K_{\beta 1}$, $L_{\alpha 1}$, $L_{\beta 1}$ und M_α.

Ein Element erzeugt oftmals mehrere Typen von Röntgenstrahlung. Wenn mehrere Strahlelektronen auf die Probe treffen, kann jedes von ihnen eine andere Art der Wechselwirkung oder eine Kaskade von Wechselwirkungen erzeugen. Beispielsweise kann eine Lücke in der K-Schale durch ein Elektron aus der L-Schale aufgefüllt werden, wodurch $K_{\alpha 1}$-Röntgenstrahlung erzeugt wird; die Lücke in der L-Schale kann dann durch ein Elektron aus der M-Schale aufgefüllt werden, wodurch $L_{\alpha 1}$-Röntgenstrahlung erzeugt wird und so weiter.

Die Röntgenstrahlungstypen werden Linie genannt. Wurden genügend Röntgenquanten einer Linie erzeugt, erscheint ein Peak in dem Spektrum der analysierten Röntgenstrahlen. Jede Röntgenlinie besitzt eine charakteristische Energie und Wellenlänge. Die einer bestimmten Schale zuzuordnenden Röntgenlinien werden Serien genannt (das heißt der K-Serie, der L-Serie und so weiter).

Der Elektronenstrahl muß eine bestimmte Energie aufweisen, die sogenannte kritische Anregungsenergie, damit ein Elektron aus einer bestimmten Schale entfernt werden kann; falls die Energie nicht ausreichend ist, werden keine Röntgenlinien aus dieser Schale (oder Untergruppe) erzeugt. Die Energie des Strahls wird durch die Beschleunigungsspannung des Elektronenmikroskops bestimmt. Zum Beispiel besitzt die K-Schale von Silber eine kritische Anregungsenergie von 25,517 keV. Beträgt die Beschleunigungsspannung 25 kV, so wird keine Röntgenstrahlung der K-Linie erzeugt; beträgt die Beschleunigungsspannung 26 kV, werden $K_{\alpha 1}$- und $K_{\alpha 2}$-Röntgenstrahlen mit den charakteristischen Energien von 22,162 keV beziehungsweise 24,942 keV erzeugt. Die kritische Anregungsenergie ist immer etwas höher als die charakteristischen Energien. In dem eben beschriebenen Beispiel würde bei einer Beschleunigungsspannung von 26 kV K-Linien-Röntgenstrahlung erzeugt werden, aber nur eine geringe. Um eine für eine genaue Analyse ausreichende Menge von Röntgenquanten zu erzeugen, muß mit Spannungsüberschuß gearbeitet werden; normalerweise wird eine Beschleunigungsspannung entsprechend dem Anderthalb- bis Dreifachen der kritischen Anregungsenergie als ausreichend betrachtet.

Die unterschiedlichen kritischen Anregungsenergien der Elemente führen zu Unterschiede in der analytischen räumlichen Auflösung, wenn nach diesen spezifischen Elementen gesucht wird. Beispielsweise beträgt die kritische Anregungsenergie für die Natrium-K-Schale 1,08 keV, die für die Kupfer-K-Schale 8,98 keV. Wenn die einfallenden Elektronen auf die Probe treffen, verlieren sie aufgrund der auftretenden Streuung nach und nach Energie. Je größer die Entfernung, die sie in der Probe zurücklegen, desto größer der Energieverlust. Aufgrund der niedrigeren kritischen Anregungsenergie von Natrium im Vergleich zu der von Kupfer (vgl. Abb. 8.2) können die Strahlelektronen aus Natrium in viel größerem Abstand von der Probenoberfläche eine Röntgenstrahlung erzeugen als aus Kupfer. Die Unterschiede in der analytischen räumlichen Auflösung der verschiedenen Elemente sind bei ganzen Proben ausgeprägter als bei Dünnschnitten, da in ganzen Proben die Strahlelektronen ihre gesamte Energie verlieren können, wohingegen in Dünnschnitten nur ein kleiner Prozentsatz der Energie verloren geht. Daher erzeugen die stärkeren Unterschiede in der Energie der Strahlelektronen in ganzen Proben größere Unterschiede in der analytischen räumlichen Auflösung für verschiedene Elemente.

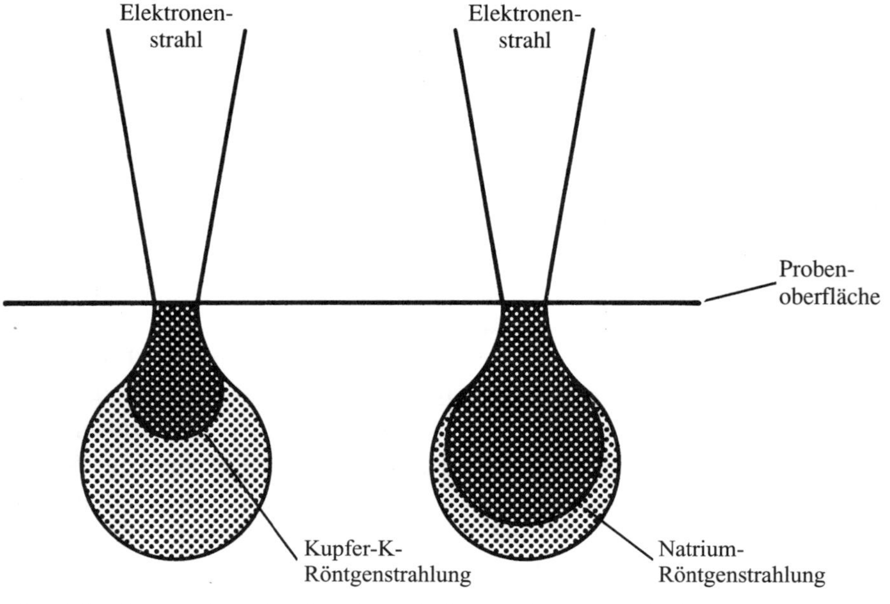

Abb. 8.2 Die analytische räumliche Auflösung in ganzen Proben
Die analytische räumliche Auflösung in ganzen Proben kann mit dem nachgewiesenen Element und der speziellen Röntgenlinie variieren.

Zusätzlich zur charakteristischen Röntgenstrahlung (das heißt Röntgenstrahlung, deren Energie oder Wellenlänge für das Element charakteristisch ist) wird auch nichtcharakteristische Röntgenstrahlung erzeugt. Diese Röntgenstrahlung wird unterschiedlich Untergrund, Kontinuum oder Bremsstrahlung genannt und ist ein Ergebnis der Abbremsung der Strahlelektronen beim Eindringen in das Coulomb-Feld zwischen dem Kern und den fest gebundenen Elektronen. Die Energie der Bremsstrahlung liegt zwischen null und der Energie des Elektronenstrahls. Ein normales Spektrum weist eine Überlagerung der charakteristischen Röntgenpeaks mit der Bremsstrahlung auf.

Die Messung von Energie und Wellenlänge der Röntgenstrahlung

Die Elemente in einer Probe können dadurch bestimmt werden, daß entweder die Energie oder die Wellenlänge der erzeugten Röntgenstrahlung untersucht wird. Mißt man die Energie, spricht man von der energiedispersiven Spektroskopie (EDS), und mißt man die Wellenlänge, spricht man von der wellenlängendispersiven Spektroskopie (WDS).

Die EDS besitzt einige Vorteile gegenüber der WDS. Die Gesamtkosten eines EDS-Systems betragen etwa ein Viertel der eines WDS-Systems. Mit der EDS können in einem Spektrum alle in dem untersuchten Bereich auftretenden Elemente bestimmt werden. Mit der WDS kann man üblicherweise nicht mehr als vier Elemente gleichzeitig nachweisen. Jeder Detektor muß einzeln auf die korrekte Wellenlänge jedes der vier Elemente eingestellt werden, und die meisten Systeme besitzen nicht mehr als vier Detektoren. Eine komplette Suche nach den Elementen des Periodensystems erfordert einige Minuten mit der EDS und mehrere Stunden mit der WDS. Die EDS besitzt eine größere Empfindlichkeit bei geringen Strahlströmen, da ein größerer Anteil der erzeugten Röntgenstrahlung nachgewiesen wird. Bei den geringen Strahlströmen, die für viele Polymere und biologische Proben eingesetzt werden müssen, kann die Empfindlichkeit bis auf das Fünffache verbessert werden. Die WDS besitzt eine größere Empfindlichkeit bei hohen Strahlströmen. Viele Polymere und biologische Proben würden durch den hohen Strahlstrom zerstört werden.

Der wichtigste Vorteil der WDS gegenüber der EDS ist ihre spektrale Empfindlichkeit – das heißt die Fähigkeit, die Röntgenstrahlung zweier Elemente zu trennen, deren Energien und damit Wellenlängen sehr nahe beieinander liegen. Die spektrale Empfindlichkeit für die WDS liegt typischerweise bei 10 eV, verglichen mit 135 eV für die EDS. Überlappungen von Peaks treten in der EDS oftmals auf. Zum Beispiel ist eine häufig in der EDS auftretende Überlappung die von Calcium und Kalium. Der Kalium-K_β-Peak (3,589 keV) überlappt mit dem Calcium-K_α-Peak (3,690 keV), da die Linien sich nur um 101 eV unterscheiden;

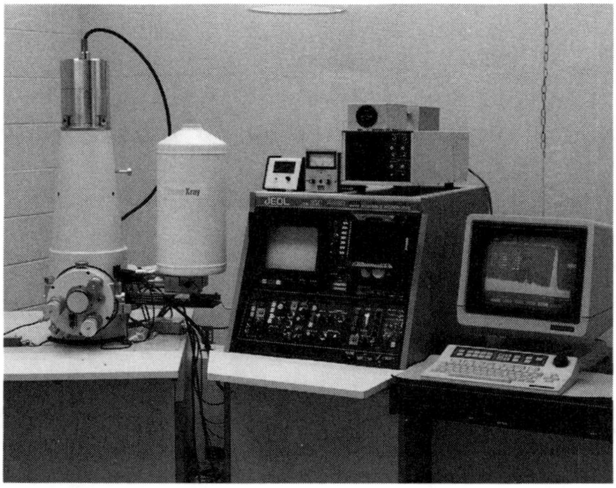

Abb. 8.3 Ein an ein REM angeschlossenes EDS-System
Das EDS-System besteht aus zwei Hauptteilen, dem Detektor und dem Analysator. Der Detektor ist die große Anordnung rechts von der Säule; der Analysator ist das Gerät ganz rechts auf dem Foto.

die Analyse von Calcium ist unmöglich, wenn große Mengen Kalium und nur geringe Mengen Calcium vorhanden sind, außer es wird mit anderen Verfahren gearbeitet (vgl. die Abschnitte Intensitätsmessung und Entfaltung von Peaks in diesem Kapitel). Bei einer Analyse mit der WDS gäbe es in diesem Beispiel keine Überlappung.

Wegen ihrer Vorteile ist die EDS viel weiter verbreitet als die WDS. Ein EDS-System ist häufig an ein REM, TEM oder STEM angeschlossen (vgl. Abb. 8.3). Ein WDS-System kann an ein REM angeschlossen sein, aber es wird viel öfter für ein REM angeschafft, das speziell für die WDS konzipiert wurde, eine sogenannte Mikrosonde. WDS-Systeme sind selten an ein TEM oder STEM angeschlossen. Da das EDS viel weiter verbreitet ist, wird es hier als einziges System detaillierter beschrieben.

Der Aufbau des EDS-Detektors

Der EDS-Detektor ist an die Säule eines Elektronenmikroskops angeschlossen und besteht aus mehreren Komponenten: Kollimator, Fenster, Detektorkristall, Feldeffekt-Transistor und Dewar mit flüssigem Stickstoff (vgl. Abb. 8.4).

Der Kollimator befindet sich im vorderen Teil einer Metallröhre am Boden des Detektors. Der Kollimator reduziert die Streustrahlung, indem er sie physikalisch und durch die Wirkung seiner Wände, die mit Kohlenstoff belegt

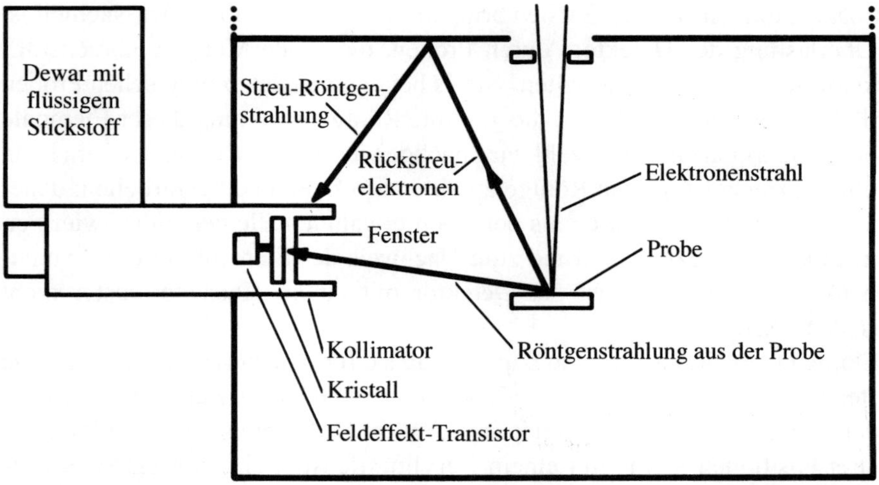

Abb. 8.4 Schematische Darstellung eines an ein REM angeschlossenen EDS-Systems Es sind die Hauptkomponenten des Detektors und der Mechanismus des Röntgenstrahlungsnachweises aufgeführt. (Die einzelnen Komponenten sind nicht in ihrem richtigen Größenverhältnis zueinander dargestellt.) Der Kollimator reduziert die Streustrahlung, und das Fenster erhält eine physikalische Barriere zwischen der Mikroskopumgebung und dem Detektorkristall aufrecht. Der Kristall selber wandelt jedes Röntgenquant in einen Spannungsimpuls um, der durch den Feldeffekt-Transistor (FET) verstärkt wird.

sind, abfängt; nicht geradlinig einfallende Röntgenstrahlen und rückgestreute Elektronen treffen auf den Kohlenstoff und werden absorbiert.

Das nahe dem Kollimator angeordnete Fenster trennt physikalisch die Umgebung der Säule des Elektronenmikroskops von der Umgebung des Detektorkristalls. Das Fenster schützt den Detektorkristall vor Dämpfen, die auf der kalten Oberfläche des Kristalls kondensieren und dadurch seine Fähigkeit zum Nachweis der Röntgenstrahlung beeinträchtigen würden. Die meisten Fenster sind aus einer dünnen, etwa 7 µm dicken Berylliumfolie gefertigt.

Ein großer Nachteil des Berylliumfensters ist, daß es Röntgenstrahlung mit einer Energie von 1 keV und weniger absorbiert, wodurch nur begrenzt Elemente mit niedrigen Ordnungszahlen, die nur Röntgenstrahlung niedriger Energie emittieren, nachgewiesen werden können. Beispielsweise wird 44 % der Natrium-K_α-Strahlung von 1,04 keV absorbiert und etwa 99 % der Sauerstoff-K_α-Strahlung von 0,52 keV. Die untere Nachweisgrenze des Detektors mit Berylliumfenster wird üblicherweise als Natrium, Ordnungszahl 11, angesehen.

Es sind verschiedene Kunststoffenster und Fenster aus dünnen Diamantfilmen erhältlich, die den Vorteil besitzen, weitaus weniger Röntgenstrahlung niedriger Energie als Berylliumfenster zu absorbieren; eine typische untere Analysegrenze ist die Atomzahl 5, Bor. Einige der alternativen Fenster besitzen Nachteile; so sind einige leicht zerbrechlich, und Änderungen des Vakuums im

Mikroskop können sie zum Bersten bringen. Ein weiterer möglicher Nachteil ist die Überlastung des Detektors durch Proben, die große Mengen Kohlenstoff, Stickstoff und Sauerstoff enthalten, wie es bei den meisten biologischen Proben und Polymeren der Fall ist. Fast die gesamte Röntgenstrahlung dieser Elemente mit einer niedrigen Ordnungszahl wird nachgewiesen. Das Röntgensystem kann nur eine begrenzte Zahl von Röntgenquanten pro Zeiteinheit verarbeiten; daher ist der Nachweis von anderen als den eben erwähnten Elementen schwieriger. Wenn es keinen speziellen Grund zum Nachweis der Elemente mit einer niedrigen Ordnungszahl gibt, ist der Detektor mit einem Kunststoffenster nicht wünschenswert.

Einige Detektoren sind so konzipiert, daß sie für eine kurze Zeitspanne ohne Fenster arbeiten können. Ein Ventil vor dem Detektorkristall kann geöffnet werden, wenn die Analyse beginnen soll. Andere Detektoren haben ein Magazin mit drei Positionen – eine mit einem Berylliumfenster, eine mit einem Kunststoffenster und eine ohne Fenster – wobei jede, wenn benötigt, ausgewählt werden kann. Der Betrieb ohne Fenster sollte so kurz wie möglich sein, um Verunreinigungen zu vermeiden, außer der Detektor ist an ein Elektronenmikroskop mit einem ultrasauberen Vakuumsystem angeschlossen.

Der Detektorkristall wandelt jedes Röntgenquant in einen kurzen Spannungsimpuls um. Der Kristall besteht aus einer 3 mm dicken Siliciumscheibe mit einem Durchmesser von 3 mm bis 6 mm, die mit Lithium dotiert ist, um einen Halbleiterbereich zu erzeugen. Trifft ein Röntgenquant auf diesen Bereich, werden ein freies Elektron und ein Loch erzeugt. An den Kristall wird eine Vorspannung von etwa 1 000 V angelegt, um einen Elektron-Loch-Verarmungsbereich aufrechtzuerhalten und das freie Elektron und das Loch anzuziehen, das bei jedem Röntgenimpuls erzeugt wird. Im Mittel werden jeweils 3,8 eV Energie des Röntgenquants in ein Elektron-Loch-Paar umgewandelt. Zum Beispiel würde ein Nickel-K_α-Röntgenquant von 7,471 keV etwa 1,966 Elektronen-Loch-Paare erzeugen. Die aus dem Einfall eines Röntgenquants resultierende Ladung wird in Form eines kurzen Impulses zu der Vorspannung hinzuaddiert, deren Spannung oder Höhe der Energie des Röntgenquants proportional ist.

Auch andere Energie als Röntgenstrahlung kann Elektron-Loch-Paare erzeugen; besonders geeignet sind rückgestreute Elektronen. Radioaktive Bestrahlung des Halbleiters kann als Eichmaß beim Testen der Detektorauflösung benutzt werden. Beipielsweise kann ^{55}Fe bekannter Intensität in einer gemessenen Entfernung vom Detektor plaziert werden; die Strahlung simuliert die Mangan-K_α-Strahlung.

Die Detektorkristalle sind mit aktiven Bereichen von entweder 10 mm^2 oder 30 mm^2 erhältlich. Die Empfindlichkeit des Kristalls gegenüber Röntgenstrahlung ist der Fläche des aktiven Bereichs direkt proportional. Die spektrale Empfindlichkeit oder Selektivität der Detektorkristalle mit größerer Fläche ist geringer; typisch ist eine 10% geringere Selektivität als bei 10 mm^2 großen Kristallen.

Der Kristalldetektor muß bei der Temperatur von flüssigem Stickstoff gehalten werden, um eine Neuverteilung des Lithiums zu verhindern, das elektronische Rauschen vom Kristall zu reduzieren und zu verhindern, daß der Kristall infolge seines kleinen elektrischen Widerstandes bei höheren Temperaturen die Vorspannung kurzschließt. Die größte Komponente des Detektors, das Dewar mit dem flüssigen Stickstoff, muß ein- bis zweimal die Woche wieder aufgefüllt werden.

Der Feldeffekt-Transistor (FET), die erste Verstärkerstufe für den Spannungsimpuls vom Detektorkristall, befindet sich direkt hinter dem Detektorkristall in derselben Metallröhre, und wie der Kristall wird er bei der Temperatur von flüssigem Stickstoff gehalten, um das elektronische Rauschen zu reduzieren. Der FET trennt den Spannungsimpuls von der Vorspannung. Die Ausgangsspannung des FET ist eine Rampe (vgl. Abb. 8.5 a), die mit einer internen elektronischen Schaltung periodisch auf Null zurückgesetzt werden muß.

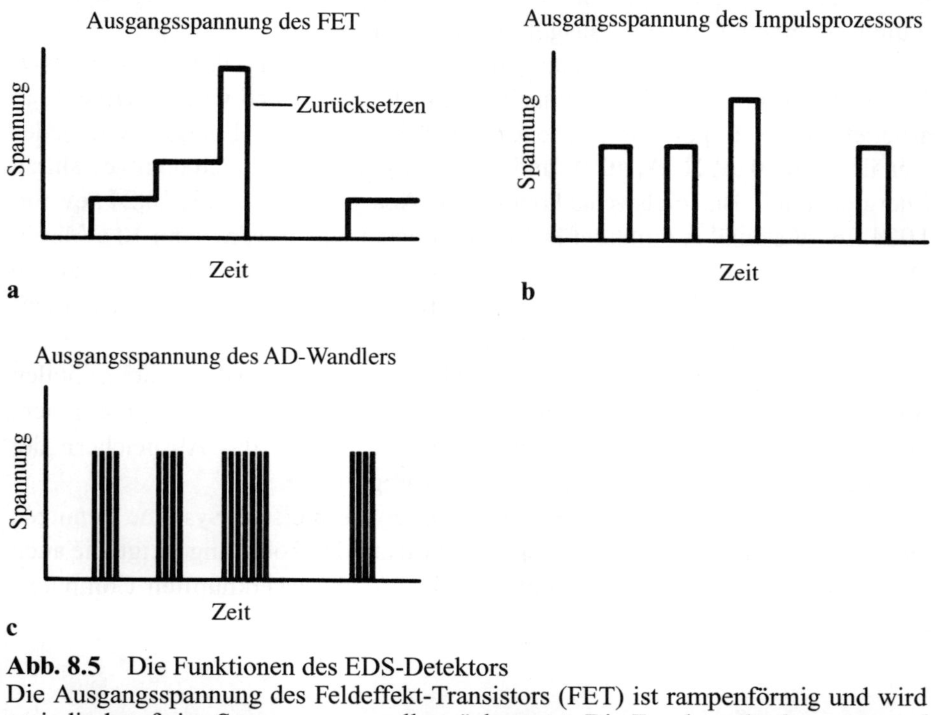

Abb. 8.5 Die Funktionen des EDS-Detektors
Die Ausgangsspannung des Feldeffekt-Transistors (FET) ist rampenförmig und wird periodisch auf eine Spannung von null zurückgesetzt. Die Zunahme der Spannung auf jeder Stufe der Rampe ist der Energie der einfallenden Röntgenquanten proportional. Die Ausgangsspannung des Impulsprozessors ist eine Reihe von Impulsen. Die Spannung jedes Impulses ist der Energie der einfallenden Röntgenquanten proportional. Die Ausgangsspannung des AD-Wandlers besteht aus einer Gruppe von Impulsen gleicher Spannung. Die Zahl der Impulse in jeder Gruppe ist der Energie der einfallenden Röntgenquanten proportional.

Der Aufbau des EDS-Röntgenanalysators

Die übrigen Komponenten des EDS-Systems – der Impulsprozessor, der Analog-Digital-Umsetzer (AD-Wandler), der Vielkanalanalysator, der Computer und das Display – sind in einem getrennten Geräteschrank in einiger Entfernung vom Detektor untergebracht (vgl. Abb. 8.3).

Der Impulsprozessor wandelt die rampenförmige Ausgangsspannung des Vorverstärkers in getrennte Spannungsimpulse um, deren Höhe proportional der Energie der sie erzeugenden Röntgenquanten ist (vgl. Abb. 8.5 b). Folgen aufgrund der großen Zahl der einfallenden Röntgenquanten die Impulse zu dicht aufeinander, sperrt der Impulsprozessor für eine kurze Zeitspanne. Dies ist ein Grund für die sogenannte Totzeit, eine wichtige Komponente der EDS-Analyse.

Der AD-Wandler wandelt jeden Impuls aus dem Impulsprozessor in eine Reihe von Impulsen gleicher Höhe um, deren Anzahl der Höhe des ursprünglichen Impulses und der Energie der Röntgenstrahlung entspricht (vgl. Abb. 8.5 c). Die anlogen Signale müssen in digitale umgewandelt werden, damit die komplexe Analyse des gesamten Bereichs der gesammelten Röntgenquanten digital mit einem Computer ausgeführt werden kann.

Der Vielkanalanalysator übernimmt die digitalen Impulse aus dem AD-Wandler und sortiert sie in die einzelnen Kanäle unterschiedlicher Energie. Man arbeitet in der Regel mit 512 oder 1 024 Kanälen; die Energiebreite jedes Kanals kann 10 eV, 20 eV, 40 eV und so weiter betragen, je nach dem gewählten Energiebereich. Beispielsweise könnte eine Analyse von null bis 10,24 keV mit 1 024 Energiekanälen durchgeführt werden; jeder Kanal wäre dann 10 eV breit. Die Natrium-K_α-Röntgenstrahlung von 1,04 keV würde in den Energiekanal von 1 keV bis 1,1 keV fallen. Der Vielkanalanalysator ist in der Lage, alle Röntgenquanten zu zählen, die in diesen Kanal fallen.

Der Computer unterstützt den Vielkanalanalysator dabei, die digitalen Impulse zu zählen und zu sortieren und erfüllt außerdem andere Funktionen, die mit dem Röntgenanalysator zusammenhängen, wie das Abspeichern der Spektren und das Verarbeiten der Computerprogramme.

Das Display ist eine Kathodenstrahlröhre; die meisten Systeme benutzen einen Farbmonitor. Das Energiespektrum wird auf der Röhre angezeigt, die auch zum Lesen der verschiedenen, mit der EDS-Analyse verknüpften Computerprogramme verwendet wird.

Ausgaben

Mit der EDS-Ausrüstung können unterschiedliche Ausgaben oder Meßdatenarten gewonnen werden. Dazu gehören qualitative Ausgaben, wie eine Auflistung der vorhandenen Elemente (ein Ausdruck des Spektrums), oder Fotografien des

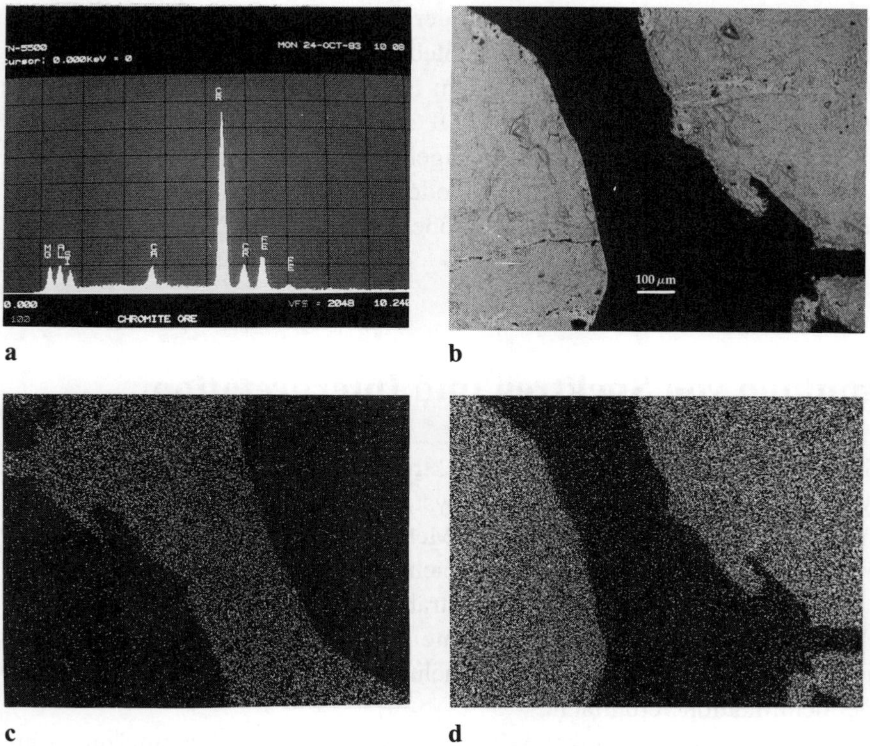

Abb. 8.6 EDS- und REM-Analyse von Chromiterz
a) Ein EDS-Spektrum von Chromiterz zeigt die Peaks für Magnesium, Aluminium, Silicium, Calcium, Chrom und Eisen.
b) Rückstreuelektronenbild des Chromiterzes
Dieses Bild liefert die Zusammensetzung aufgrund der Ordnungszahl.
c) Ein Punktedichtebild von Silicium (niedrige Ordnungszahl), das den dunklen Bereichen auf dem Rückstreuelektronenbild entspricht
d) Ein Punktedichtebild von Chrom (hohe Ordnungszahl), das den hellen Bereichen auf dem Rückstreuelektronenbild entspricht

Bildes auf der Kathodenstrahlröhre, das das Spektrum mit den identifizierten Peaks zeigt (vgl. Abb. 8.6 a).

Ein weiterer Ausgabetyp wird ROI (region of interest) oder Energiefenster genannnt. Ein ROI ist ein Bereich des Spektrums, der der Umgebung eines einem bestimmten Element entsprechenden Peaks zugeordnet ist. Die Ausrüstung summiert die Gesamtzahl der Röntgenquanten in allen Kanälen innerhalb dieses Bereichs. Sie setzt auch eine Untergrundlinie zwischen den Energiegrenzen fest und subtrahiert alle Zählimpulse unterhalb dieser Linie als Untergrund. Für Vergleichszwecke können die Werte aus dieser Ausgabe sehr nützlich sein.

Das Spektrum aus der Abtastung einer Probe liefert Information über die in dem gesamten Untersuchungsbereich vorhandenen Elemente; es liefert jedoch keine Angaben über die Konzentration der Elemente an bestimmten Stellen. Sogenannte „Dot-Mappings“ (Punktedichtebilder) zeigen die relativen Konzentrationen. Es erscheint jedes Mal auf dem Foto ein Punkt, wenn ein Röntgenquant innerhalb eines eingerichteten ROI nachgewiesen wurde. Gebiete mit einer größeren Anzahl von Punkten zeigen eine größere Konzentration des Elements an. Die Korrelation eines REM- oder STEM-Bildes mit diesem Punktedichtebild enthüllt, welche Strukturen größere Mengen des Elements enthalten (vgl. Abb. 8.6 b–d).

Sammlung von Spektren und Interpretation

Die Sammlung und Interpretation der Spektren sind wichtige Aspekte der EDS-Analyse. Das Arbeiten mit einem EDS-System enthält viele Variablen, die alle optimiert werden müssen, um genaueste Meßwerte zu erhalten.

Wichtig ist die Wahl des Energiebereichs für die Sammlung der Röntgenquanten. Zum Anfang sollte die Röntgenstrahlung in dem Bereich von 0 keV bis 20 keV gesammelt werden. Alle Elemente besitzen Röntgenlinien in diesem Bereich. Manchmal besitzt ein Element mehrere Linien in dem Bereich, was die genaue Identifikation vereinfacht.

Wichtig ist auch die richtige Wahl der Ansammelzeit. Ansammelzeiten im Bereich von 30 Sekunden bis 10 Minuten sind üblich. Längere Sammelzeiten liefern in der Regel genauere Werte, da der Röntgenpeak sich klarer vom Hintergrund abhebt und mehr Daten für die Analyse zur Verfügung stehen. Zum Nachweis von Spurenelementen benötigt man gewöhnlich mehr Zeit.

Für eine sorgfältige Datensammlung muß der Strahlstrom auf einen akzeptablen Bereich eingestellt werden. Je größer der Strahlstrom, desto mehr Röntgenstrahlung wird erzeugt. Es ist jedoch nicht immer wünschenswert, mit dem maximalen Strahlstrom zu arbeiten. Der EDS-Impulsprozessor kann nur eine begrenzte Zahl von Röntgenquanten pro Sekunde verarbeiten; üblicherweise liegt die maximale Rate bei etwa 10000 Zählimpulsen pro Sekunde. Der Strahlstrom beeinflußt die Totzeit des Impulsprozessors. Eine Totzeit von 5% bis 30% wird gewünscht; unterhalb dieses Bereichs werden wenige Röntgenquanten nachgewiesen, und oberhalb dieses Bereichs bilden sich Artefakte. Der Strahlstrom kann gemessen werden. In einem REM wird der Elektronenstrahl von einem sogenannten Faradayschen Becher unterbrochen und eingefangen, was eine Messung des Stromes erlaubt. In einem TEM wird der durch gestreute Elektronen induzierte Strom in einer Aperturblende (der Aperturstrom) als Anzeige des Strahlstromes verwendet. Mit beiden Methoden läßt sich der Strahlstrom auf Standardwerte einstellen, was hilfreich ist, wenn Vergleiche gezogen werden sollen.

Das Endergebnis der geeigneten Wahl des Energiebereichs, der Ansammelzeit und des Strahlstromes ist ein Energiespektrum auf der Kathodenstrahlröhre.

Ein Spektrum besteht aus einer Reihe von Peaks auf dem Untergrund. Alle Peaks haben aufgrund der Schwankungen der tatsächlichen Röntgenstrahlung und der unterschiedlichen Anzahl der in dem Detektorkristall erzeugten Elektron-Loch-Paare die Form einer Gaußschen Kurve. Der erste Schritt zur Identifizierung der Peaks besteht darin, zu überprüfen, inwieweit die Lage der Linien der verschiedenen Elemente mit den Peaks übereinstimmen. Die Lage der Linien sollte gut der Mitte der Peaks entsprechen. Im zweiten Schritt vergleicht man die relativen Intensitäten der Linien (die Gewichte) mit den relativen Intensitäten der Peaks. Die Gewichte der Linien sind die folgenden: $K_\alpha = 1$, $K_\beta = 0{,}1$, $L_\alpha = 1$ und $L_\beta = 0{,}7$.

Aus diesen Beziehungen folgt, daß es zu einem als K_α-Linie interpretierten starken Peak einen der K_β-Linie entsprechenden Peak geben muß, der nur ein Zehntel der Intensität hat. Wenn es einen Peak gibt, von dem man annimmt, daß er von einer L_α-Linie herrührt, sollte es ebenso einen zu der L_β-Linie zugehörigen Peak geben, der sieben Zehntel der Intensität aufweist. Die α-Peaks sind immer intensiver als die β-Peaks, da es wahrscheinlicher ist, daß ein Sprung zwischen benachbarten Schalen stattfindet als über zwei Schalen. Die β-Peaks besitzen aufgrund der größeren Energiedifferenz zwischen den Schalen immer eine etwas höhere Energie als die α-Peaks. Die Beziehung von α zu β ist nur für eine bestimmte Linienserie zutreffend (K, L und so weiter). Es können keine direkten Vergleiche zwischen den Intensitäten der K-Linien-Peaks und der L-Linien-Peaks eines Elements angestellt werden, da diese durch viele Variablen beeinflußt werden. Normalerweise gibt es einen K_β-Peak, sofern ein K_α-Peak vorhanden ist, und es gibt einen L_β-Peak, sofern ein L_α-Peak vorhanden ist, außer die α-Peaks sind schwach, in diesem Fall kann der β-Peak nicht nachweisbar sein.

Manchmal stimmt nur eine Linie mit den Peaks überein und manchmal mehrere, je nach dem Element und dem Energiebereich. Es kann möglich sein, daß zwei Linienserien übereinstimmen; selten ist dies für drei Serien möglich. Die K-Linien besitzen immer die höchste Energie, die L-Linien liegen im mittleren Energiebereich, und die M-Linien besitzen die niedrigste Energie. Bei Gold zum Beispiel liegt die K_α-Linie bei 68,185 keV, die L_α-Linie bei 9,711 keV und die M_α-Linie bei 2,123 keV.

Gelegentlich enthält ein Spektrum Bereiche, in denen schwer zu bestimmen ist, ob ein Peak vorliegt; die Zufallsverteilung der Untergrund-Röntgenstrahlung kann Bereiche erzeugen, die einem Peak ähneln. Obwohl die statistische Analyse der Röntgenstrahl-Meßdaten komplex sein kann, besagt eine weit akzeptierte Regel, daß ein fraglicher Peak zu 99% real ist, wenn die Nettozahl der Zählimpulse über dem Untergrund mindestens gleich dem Dreifachen der Quadratwurzel aus der Anzahl der Untergrundsignale unter dem vermuteten Peak ist.

Die Optimierung des Nachweises von Röntgenstrahlung

Die Bewegung des Detektors in Richtung des Elektronenstrahls kann entweder manuell mit einer Kurbel oder mit einem Elektromotor erfolgen. Der Abstand in *x*-Richtung zwischen dem Detektor und dem Strahl hat einen Einfluß auf die Variablen Aufnahmewinkel und Raumwinkel, die wiederum die Anzahl der nachgewiesenen Röntgenquanten beeinflussen.

Der Aufnahmewinkel ist der Winkel zwischen der Probenoberfläche und einer gedachten Linie von der Mitte des Detektors zu der Stelle, wo der Elektronenstrahl auf die Probe trifft. Der Nachweis von Röntgenstrahlung erfolgt durch Blickkontakt. Die Röntgenstrahlen breiten sich geradlinig aus, und nur die, die sich in Richtung Detektor bewegen, werden nachgewiesen. Daher hat die in einer Position mit einem großen Aufnahmewinkel nachgewiesene Röntgenstrahlung einen kürzeren Weg durch die Probe zurückgelegt als die in einer Position mit einem kleinen Aufnahmewinkel nachgewiesene (vgl. Abb. 8.7). Da die Probe die Röntgenstrahlung absorbiert, werden in der Position mit dem großen Aufnahmewinkel mehr Röntgenquanten nachgewiesen. Die Absorption

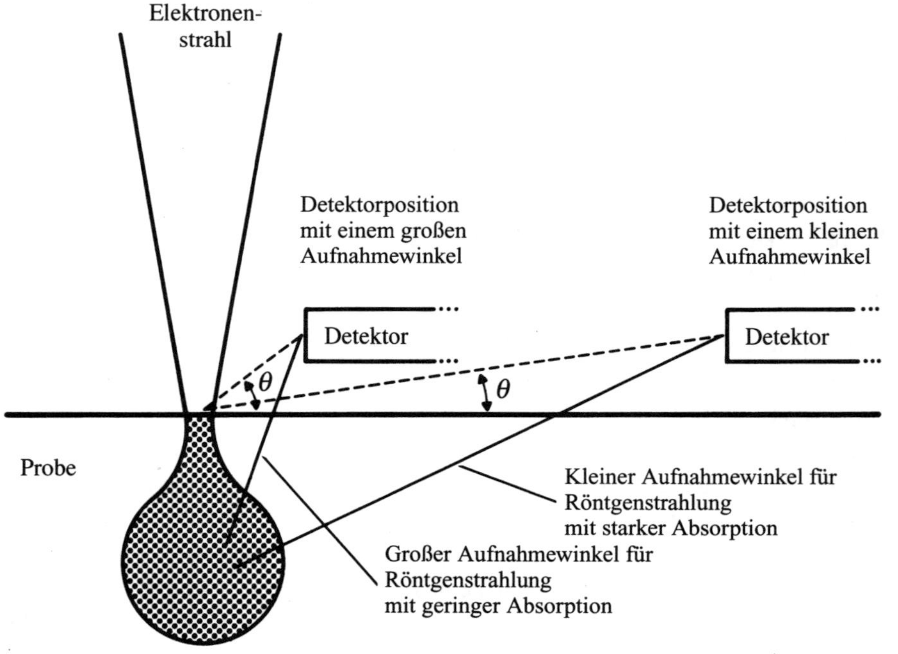

Abb. 8.7 Detektorabstand und Aufnahmewinkel
Die Röntgenstrahlen, die unter einem großen Aufnahmewinkel nachgewiesen werden, wurden weniger absorbiert als die unter einem kleinen Aufnahmewinkel nachgewiesenen.

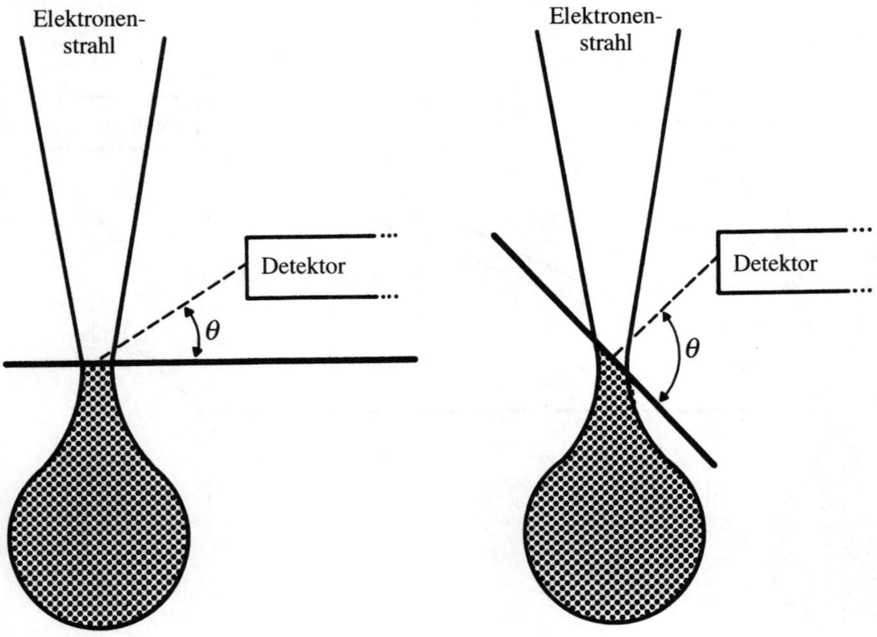

Abb. 8.8 Probenneigung und Aufnahmewinkel
Eine gekippte Probe bewirkt einen größeren Aufnahmewinkel und damit eine geringere Absorption der Röntgenstrahlung.

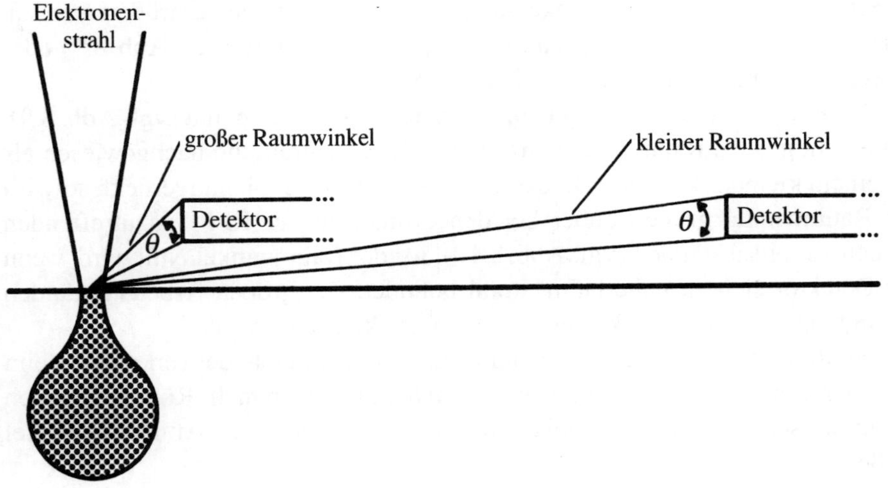

Abb. 8.9 Detektorabstand und Raumwinkel
Bei einem kleinen Abstand sammelt der Detektor einen höheren Prozentsatz der Röntgenstrahlung aus dem Raumwinkel.

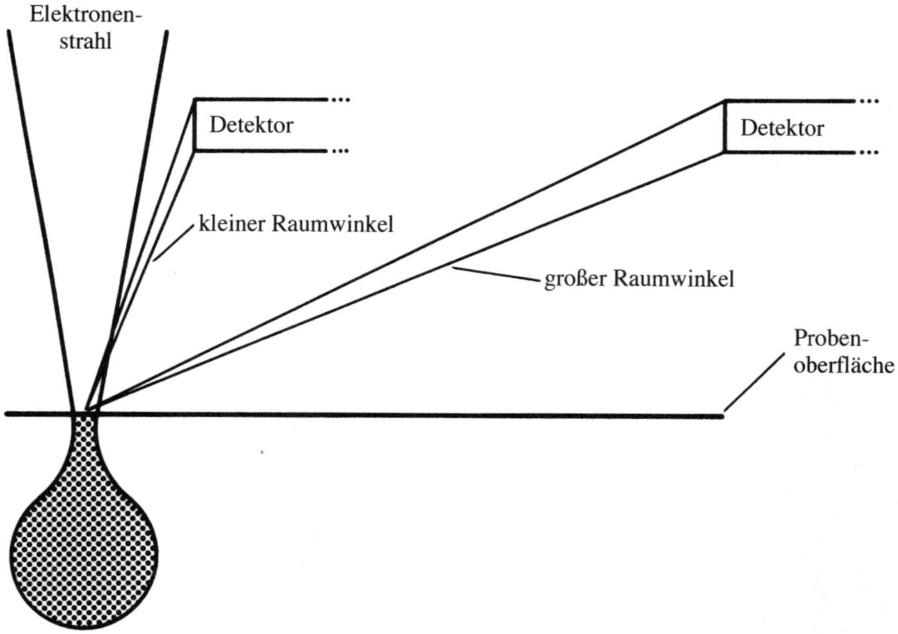

Abb. 8.10 Detektorabstand und Raumwinkel bei einem großen Arbeitsabstand
Bei großen Arbeitsabständen erhält man einen größeren Sammelraumwinkel, wenn der Detektor von der Probe entfernt angeordnet ist.

der Röntgenstrahlung aufgrund des Aufnahmewinkels betrifft ganze Proben stärker als Dünnschnitte, da in Dünnschnitten in der Regel nicht genügend Probenmaterial zur Verfügung steht, um die Röntgenstrahlung signifikant zu absorbieren. Der Aufnahmewinkel kann auf zweierlei Arten vergrößert werden, indem der Detektor näher an den Strahl herangerückt wird (vgl. Abb. 8.7) oder indem die Probe gekippt wird (vgl. Abb. 8.8).

Der Raumwinkel ist der Winkel, den der Detektor aufspannt (vgl. Abb. 8.9). Bei einem großen Raumwinkel wird mehr Röntgenstrahlung nachgewiesen als bei einem kleinen. Wird der Detektor näher an den Strahl herangerückt, so wird der Raumwinkel größer, außer bei den oftmals in der REM anzutreffenden großen Arbeitsabständen (vgl. Abb. 8.10), wo der Raumwinkel Null wird, wenn der Detektor sich zu nahe beim Strahl befindet. Bei großen Arbeitsabständen erzeugt eine mittlere Detektorposition den größten Raumwinkel.

Der Raumwinkel und der Aufnahmewinkel sind miteinander verknüpft: Beim Bewegen des Detektors näher an den Strahl heran können mehr Röntgenquanten nachgewiesen werden, da sowohl der Raumwinkel als auch der Aufnahmewinkel größer werden.

Artefakte

Die EDS ist gegenüber mehreren Artefakten anfällig. Es ist wichtig, daß diese Artefakte erkannt und minimiert werden.

System-Peaks

Idealerweise sollte nur der Probenbereich Röntgenstrahlen erzeugen, der unter Elektronenbombardement steht. In der Praxis ist dies nicht so. Stattdessen wird die Röntgenstrahlung auch von anderen Probenbereichen, dem Probenträger und der Probenhalterung sowie von anderen Komponenten der Probenkammer im Mikroskop, die nicht unter Elektronenbombardement stehen, erzeugt. Die Röntgenstrahlung aus diesen anderen Bereichen erzeugt die Artefakte, die als System-Peaks bekannt sind.

Die letzte Aperturblende in einem REM, speziell wenn sie aus einer dünnen Folie besteht, kann hauptsächlich für die System-Peaks verantwortlich sein. Gestreute Elektronen, die neben der Aperturöffnung auftreffen, können innerhalb des Aperturmaterials Röntgenstrahlen erzeugen. Da dieses Material dünn ist, können die Röntgenstrahlen auf der Probenseite austreten, sich weiter nach unten ausbreiten und auf die Probe und ihre Halterung und andere Teile treffen

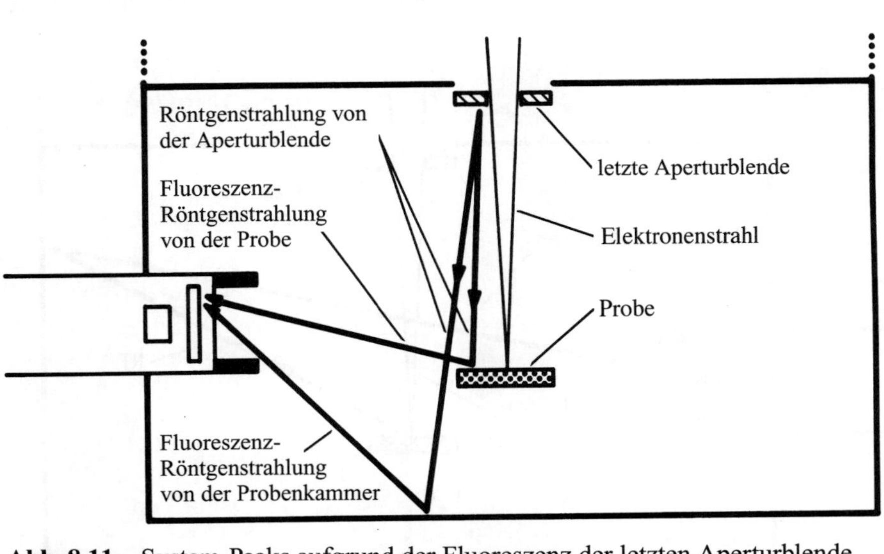

Abb. 8.11 System-Peaks aufgrund der Fluoreszenz der letzten Aperturblende
Der Elektronenstrahl erzeugt in einer dünnen Aperturblende Röntgenquanten, die ihrerseits Röntgenquanten an verschiedenen Teilen der Probenkammer erzeugen. Diese Röntgenquanten stellen Artefakte dar und lassen sich im Detektor schwer von den aus der Wechselwirkung zwischen Elektronenstrahl und Probe herrührenden Röntgenquanten trennen.

(vgl. Abb. 8.11). Die Röntgenstrahlen sind ebenso wie die Elektronen in der Lage, noch weitere Röntgenstrahlen zu erzeugen, wenn sie auf einen Stoff treffen, ein Prozeß, der Fluoreszenz genannt wird. Der Detektor besitzt nur sehr begrenzte Fähigkeiten, diese Röntgenartefakte von der von dem Elektronenstrahl erzeugten Röntgenstrahlung zu unterscheiden, was auf den Kollimator zurückzuführen ist. System-Peaks durch Fluoreszenz von der letzten Aperturblende lassen sich mit einer Aperturblende gegen harte Röntgenstrahlung minimieren, in der Regel wird eine Aperturblende aus einer dünnen Molybdänfolie rund um die Aperturöffnung mit Wolfram beschichtet, damit die vom Aperturmaterial erzeugten Röntgenstrahlen absorbiert werden. Zusätzlich lassen sich diese Peaks größtenteils reduzieren, indem die Probenhalterungen mit Kohlenstoffbindemittel überzogen und Graphithalterungen eingesetzt werden.

Die von der Aperturblende herrührenden Peaks treten in der TEM ähnlich wie in der REM auf. Diese Peaks stammen oftmals vom Antikontaminator, Probenstab und anderen Teilen des Systems. Um solche Peaks zu reduzieren, gibt es aus Kohlenstoff hergestellte Aperturblenden gegen harte Röntgenstrahlung. Desweiteren können zur Reduktion der System-Peaks Kohlenstoff- oder Nylonnetze und Probenhalterungen aus Kohlenstoff verwendet werden.

Eine weitere Quelle von System-Peaks, hauptsächlich in der REM von Belang, stellen rückgestreute Elektronen aus der Probe dar, die auf andere Komponenten in der Probenkammer treffen, wie Wände oder Polschuhlinsen, und Röntgenquanten erzeugen können (vgl. Abb. 8.12). Es kann schwierig sein, diesen Typ von System-Peak zu minimieren; die Materialien in der Nähe

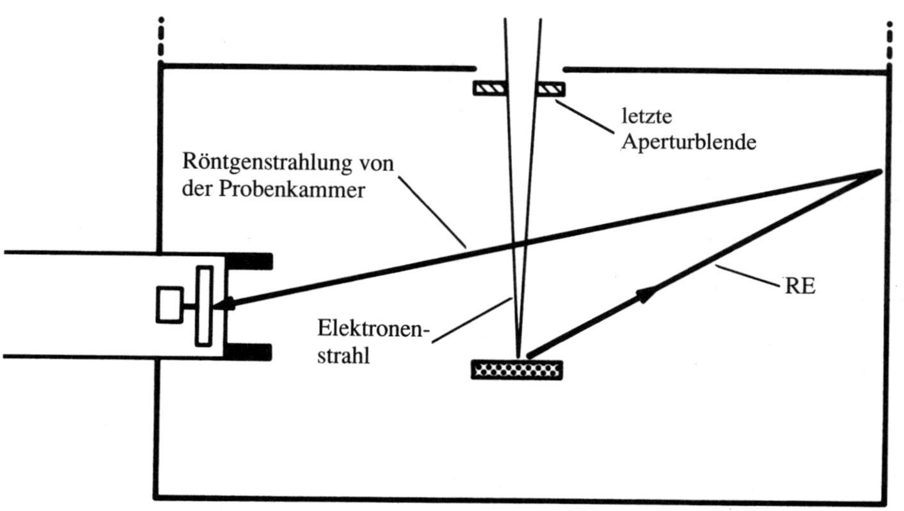

Abb. 8.12 Rückgestreute Elektronen und System-Peaks
Die von der Probe rückgestreuten Elektronen können auf verschiedene Teile der Probenkammer treffen und Röntgenstrahlung erzeugen. Diese Röntgenstrahlung läßt sich schwer minimieren und bewirkt Artefakte in den Meßwerten.

der Probe, besonders die direkt über ihr, können entfernt, mit Kohlenstoffbindemittel oder mit Graphit überzogen werden.

Summen-Peaks

Summen-Peaks treten auf, wenn zwei Röntgenquanten entweder simultan oder fast gleichzeitig auf den Detektor treffen; sie sind das Ergebnis der Unfähigkeit des Impulsprozessors, sie als zwei unterschiedliche Röntgenquanten zu identifizieren. Die Energien der beiden Röntgenquanten werden dann kombiniert, wodurch ein falscher Peak bei ihrer Summe erzeugt wird. Summen-Peaks stellen selten ein Problem dar, außer das EDS-System funktioniert schlecht oder es wird nicht ordnungsgemäß betrieben, wie mit einer sehr hohen Totzeit. Wird ein Peak als Summen-Peak verdächtigt, sollte die Ansammlung mit einer niedrigen Totzeit wiederholt werden. Verändert sich das Verhältnis des vermuteten Summen-Peaks zu den anderen Peaks wesentlich, dann ist die Wahrscheinlichkeit sehr hoch, daß letzterer ein Summen-Peak war.

„escape"-Peaks

Wenn Röntgenquanten auf den Detektorkristall treffen, können sie anstatt der Elektron-Loch-Paare Röntgenquanten im Silicium erzeugen, von denen die meisten absorbiert werden. Die Silicium-Röntgenquanten, die nicht absorbiert werden, verlassen den Kristall und subtrahieren die Silicium-K_α-Energie (1,74 keV) von der gerade gemessenen Energie, wodurch ein falscher Peak (ein sogenannter „escape"-Peak) bei −1,74 keV vom eigentlichen Peak erzeugt wird.

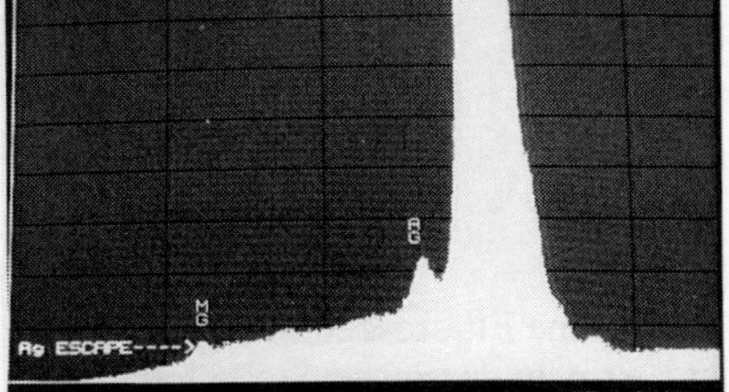

Abb. 8.13 „escape"-Peaks; ein Spektrum reinen Silbers
Der gezeigte „escape"-Peak fällt mit der K-Linie für Magnesium (Mg) zusammen und könnte fälschlich für dieses Element gehalten werden.

„escape“-Peaks können ein sehr ernsthaftes Problem darstellen, sofern sie nicht erkannt werden. Die Erzeugung der „escape“-Peaks ist ein Fluoreszenzprozeß, da ein Röntgenquant ein anderes Röntgenquant erzeugt. Röntgenstrahlung mit einer Energie knapp über der kritischen Anregungsenergie von Silicium-K-Strahlung bei 1,838 keV erzeugt sehr häufig „escape“-Peaks. Beispielsweise erzeugen die Phosphor-K_α-Röntgenstrahlung bei 2,015 keV und die Silber-L_α-Röntgenstrahlung bei 2,984 keV „escape“-Peaks mit einer Größe von etwa 1 % bis 2 % des eigentlichen Peaks, wohingegen Zink mit einem K_α-Peak bei 8,638 keV einen „escape“-Peak mit einer Größe von weniger als 0,01 % des eigentlichen Peaks erzeugt. Röntgenstrahlung mit einer geringeren Energie als die kritische Anregungsenergie von Silicium bei 1,838 keV erzeugt keine „escape“-Peaks. Wann immer ein Spektrum mit großen Peaks im Bereich von 1,74 keV bis 4 keV erhalten wird, sollte es auf „escape“-Peaks hin untersucht und deren Lage markiert werden, um sicherzustellen, daß sie nicht fehlgedeutet werden. Ein Spektrum mit einem großen Silber-L_α-Peak bei 2,984 keV zum Beispiel erzeugt einen „escape“-Peak bei 1,244 keV, der als Magnesium mit einer K_α-Energie von 1,254 keV mißgedeutet werden könnte (vgl. Abb. 8.13).

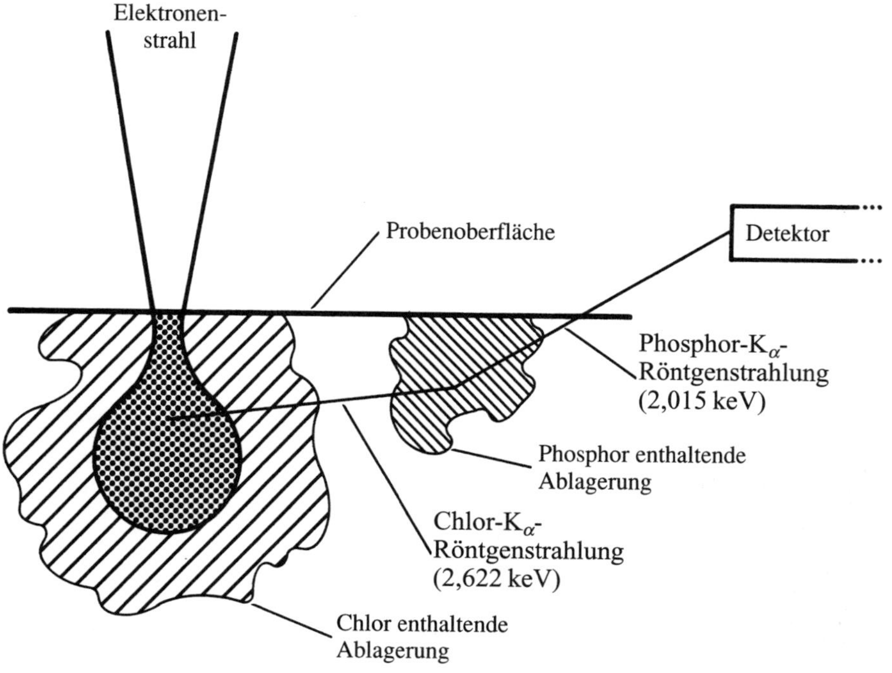

Abb. 8.14 Sekundärfluoreszenz
In diesem Beispiel können die Chlor-Röntgenquanten eine Fluoreszenz von Phosphor-Röntgenquanten bewirken. Das Phosphor erschiene irrig an derselben Stelle lokalisiert wie das Chlor.

Sekundärfluoreszenz

Die Sekundärfluoreszenz bezieht sich auf den Fluoreszenzprozeß (das heißt, Röntgenquanten induzieren Röntgenquanten in einem Stoff) innerhalb der Probe. Die Röntgenstrahlung eines Elements in der Probe kann Röntgenstrahlung von einem zweiten Element erzeugen, das sich woanders befindet, sofern das zweite Element eine kleinere kritische Anregungsenergie als die charakteristische Energie des ersten Elements besitzt. Verweilt zum Beispiel der Elektronenstrahl auf einer Ansammlung von Chlor, treffen einige der Chlor-K_α-Röntgenquanten mit 2,622 keV auf die Phosphorkonzentration und erzeugen Phosphor-K_α-Röntgenquanten, da die kritische Anregungsenergie von Phosphor bei 2,142 keV liegt (vgl. Abb. 8.14). Der Phosphor scheint somit an derselben Stelle wie das Chlor lokalisiert zu sein. Nicht nur Röntgenstrahlung kann zu einem derartigen Fehler führen; rückgestreute Elektronen können einen ähnlichen Effekt hervorrufen, obwohl der Fachbegriff dafür nicht Sekundärfluoreszenz ist.

Topographie der Probe

Die Topographie der Probe kann eine Vielzahl von Artefakten in dem erhaltenen Röntgenspektrum hervorrufen. Idealerweise sollten alle Proben perfekt eben und glatt sein, wie es die meisten Dünnschnitte sind. Die in der REM untersuchten ganzen Proben sind es oftmals nicht. Die topographischen Artefakte rühren von Absorption und Blockade der Röntgenstrahlung her. Die Absorption tritt aufgrund lokaler Veränderungen des Aufnahmewinkels auf einer irregulären Probenoberfläche auf. Die von zwei Punkten in einer homogenen Probe erhaltenen Röntgenpeaks können sich aufgrund der Absorption durch die Probe beträchtlich in ihrer Höhe unterscheiden. Weist die Probe extreme Irregularitäten auf, kann die Absorption vollständig sein, was zu einer Blockade und keinerlei Nachweis von Röntgenstrahlung führt.

Massenverlust

Der Massenverlust ist ein Verlust von Probenmaterial als ein Ergebnis der Wechselwirkung mit dem Elektronenstrahl. Biologische Materialien, besonders in Dünnschnitten, neigen zu einem Massenverlust ebenso wie Halogene in kristalliner Form, beispielsweise Natriumchlorid (NaCl) und Kaliumchlorid (KCl). Ein Verlust bis zu 30 % in einem normalen Scan von mehreren Minuten ist üblich. Der Massenverlust kann zu einer kleineren Zahl von Zählimpulsen führen, falls ein Element, für das man sich interessiert, vom Massenverlust betroffen ist; umgekehrt kann er zu einer höheren Zahl von Zählimpulsen für ein bestimmtes Element führen, sofern andere Elemente vom Massenverlust betroffen sind, was effektiv die Konzentration des Elements erhöht, das vom Massenverlust ausgenommen ist. Als Anzeige zur Bestimmung der Geschwindigkeit des Massenverlusts kann die Untergrund-Röntgenstrahlung herangezogen werden. Ein kaltes Gestell, das Probentemperaturen von −130 °C oder weniger aufrechterhalten kann, verhindert effektiv den Massenverlust.

Quantitative Analyse

Die quantitative Analyse der Elemente in einer Probe stellt eine komplexe Aufgabe dar, für die man hochentwickelte Computer und Software benötigt. Die Methoden für ganze Proben unterscheiden sich drastisch von denen für Dünnschnitte. Bestimmte Teile der Software (die zum Messen der Peak-Intensität und die zur Peak-Trennung) sind oftmals gleich.

Messungen der Peak-Intensität und Peak-Entfaltung

Das Messen der Peak-Intensität durch Beseitigen der Untergrund-Zählimpulse ist für eine genaue quantitative Analyse von grundlegender Bedeutung. Zwei gängige Methoden zur Messung der Peak-Intensität sind das Modellieren des Untergrunds und das Ausfiltern des Untergrunds. Beides sind komplexe, computergestützte Prozeduren, die auf den theoretischen mathematischen Beschreibungen der Röntgenspektren beruhen. Die Software für die Methoden ist üblicherweise Bestandteil des Quantifizierungsprogramms, das Hersteller der EDS-Ausrüstung anbieten. Speziell ein Programm, die „top hat"-Version

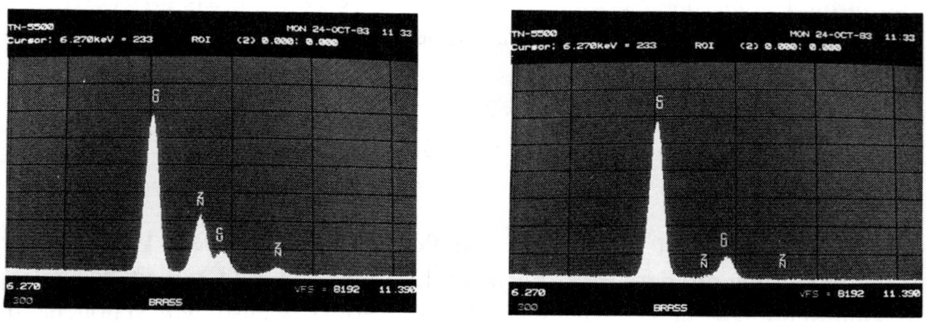

a b

Abb. 8.15 Entfalten von Peaküberlappungen
a) Ein Spektrum von Messing zeigt die Überlappung des Kupfer-K_β-Peaks mit dem Zink-K_β-Peak.
b) Dasselbe Spektrum, nachdem der Computer die Peaks entfaltet und das Zink aus dem Spektrum entfernt hat.

eines Digitalfilters der Untergrundfilterung, hat weitgehende Akzeptanz gefunden.

Die Peak-Entfaltung oder -Dekonvolution ist oftmals notwendig, um die in der EDS auftretende Überlappung von Peaks zu beseitigen. Im Interesse einer genauen quantitativen Analyse müssen diese Überlappungen beseitigt werden, damit die Röntgenintensitäten den richtigen Elementen zugeordnet werden können. Die Verfahren zur Beseitigung der Überlappungen besitzen unterschiedliche Namen, wie Peak-Entfaltung, Rückextraktion von Peaks oder Kurvenanpassung; alle sind komplexe Computerprogramme, die normalerweise Bestandteil des vom Hersteller der EDS-Ausrüstung verkauften Softwarepakets sind. Eine der gängigsten Methoden, wie ein spezielles Verfahren nach der Methode der kleinsten Quadrate, benötigt für die angepaßten und aufgetrennten Elemente Standards. Bei Erfüllen der geeigneten Kriterien ermöglichen die Entfaltungsmethoden extrem genaue Ergebnisse (vgl. Abb. 8.15).

Die ZAF-Quantifizierung von ganzen Proben in der REM

Im Idealfall könnte die Anzahl der Röntgenstrahl-Zählimpulse für ein Element in einer unbekannten Substanz mit der Zahl der Röntgenstrahl-Zählimpulse für das Element in einem reinen Standard verglichen werden, und das Verhältnis müßte gleich der Konzentration sein. In einer Legierung aus 92% Kupfer und 8% Aluminium beispielsweise müßte das Aluminium 8% der von einem Standard für reines Aluminium erzeugten Röntgenstrahlung erzeugen. Leider erzeugt es aufgrund komplexer Wechselwirkungen (den sogenannten Matrixeffekten) zwischen Aluminium und Kupfer in Wirklichkeit nur 2% der von dem Standard erzeugten Röntgenstrahlung. Das erhaltene Verhältnis, in diesem Beispiel 0,02, heißt das K-Verhältnis und stellt nur die erste Näherung der wahren Konzentration dar. Das K-Verhältnis muß noch korrigiert werden, um die Matrixeffekte zu kompensieren. Eine der geläufigsten Korrekturroutinen, die ZAF-Korrektur, besteht aus drei getrennten Korrekturen, Z, A und F.

Der erste, der Z-Faktor, bezieht sich auf die Auswirkung der Ordnungszahl der Probe verglichen mit dem Standard. Der Z-Faktor setzt sich aus zwei Unterfaktoren zusammen, R und S. R kompensiert den Rückstreueffekt. In dem Beispiel mit 92% Kupfer/8% Aluminium gehen in der Probe mehr Strahlelektronen bei der Erzeugung rückgestreuter Elektronen verloren als im Standard; daher würden weniger Röntgenquanten durch Aluminium erzeugt werden, und zur Kompensation müßte R größer als eins sein. Der S-Faktor kompensiert die Wirkung des Bremsvermögens. In dem Beispiel ist das Bremsvermögen der Probe größer als das des Standards, daher würden mehr Röntgenquanten durch Aluminium erzeugt werden, und zur Kompensation wäre S kleiner als eins. Der gesamte Z-Faktor in diesem Beispiel ist

$$R\,(>1) \cdot S\,(<1) = 0{,}916.$$

Der Z-Faktor ändert sich mit der Beschleunigungsspannung, da sie sowohl den R- als auch den S-Unterfaktor beeinflußt.

Der A-Faktor bezieht sich auf Unterschiede in der Röntgenabsorption zwischen der Probe und dem Standard. In dem gegebenen Beispiel würde infolge der Anwesenheit des Kupfers die Aluminium-Röntgenstrahlung in der Probe stärker absorbiert werden als es beim Standard der Fall ist. Daher würde weniger Aluminium-Röntgenstrahlung erzeugt werden, und A müßte zur Kompensation größer als eins sein. (In diesem Beispiel gilt $A = 4{,}285$.) Der A-Faktor wird durch unterschiedliche Beschleunigungsspannungen, Aufnahmewinkel und durch andere Elemente in der Probe, die Röntgenstrahlung absorbieren, beeinflußt.

Der F-Faktor bezieht sich auf die Fluoreszenz. In dem Beispiel erzeugen einige der in Kupfer erzeugten Röntgenquanten Fluoreszenz-Röntgenstrahlen von Aluminium. Es wird mehr Aluminiumstrahlung erzeugt als erwartet, und zur Kompensation ist F kleiner als eins (0,999). Die Beschleunigungsspannung, der Aufnahmewinkel und die Serie der analysierten Linien beeinflussen alle den F-Faktor. Je näher die kritische Anregungsenergie der charakteristischen Energie eines anderen Elements kommt, desto größer ist der F-Faktor.

Die gesamte ZAF-Korrektur in der Probe aus 92% Aluminium/8% Kupfer wäre $Z\,(0{,}916) \cdot A\,(4{,}285) \cdot F\,(0{,}999) = 3{,}925$. Das K-Verhältnis, 0,02, multipliziert mit 3,925 ergibt 0,785, was 7,85% Aluminium anzeigt, ein Ergebnis, das gut innerhalb des akzeptablen Genauigkeitsbereichs der EDS-Quantifizierung liegt.

Die Werte für die ZAF-Faktoren werden in der Regel per Computer mit der vom Hersteller gelieferten Quantisierungs-Software berechnet. Die berechneten Werte für jeden Faktor können sich mit der Beschleunigungsspannung, dem Aufnahmewinkel, der Existenz und Menge anderer Elemente in der Probe und den zur Analyse verwendeten Röntgenlinien ändern; die Werte können somit von Probe zu Probe unterschiedlich sein. Es ist jedoch immer notwendig sicherzustellen, daß dieselbe Beschleunigungsspannung, derselbe Aufnahmewinkel und dieselbe Ansammelzeit für alle Proben und Standards verwendet werden. Wurde einer dieser drei Faktoren geändert, müssen alle Standards und Proben mit den neuen Bedingungen nochmals gescannt werden.

Die für die ZAF-Korrektur verwendeten Standards sind entweder reine Elemente oder Verbindungen wie Mineralien. Reine Elemente werden eingesetzt, wenn sie in einer Form existieren, die in ein Elektronenmikroskop eingebracht werden kann, und Mineralien (oder Verbindungen) finden für Elemente wie Natrium, Phosphor, Chlor, Kalium und Calcium Einsatz, für die dies nicht möglich ist. Standards mit mehreren Elementen sind bei einer Reihe von Herstellern erhältlich und enthalten in der Regel mehrere Dutzend reine Elemente und Verbindungen, beständig aufgebracht und glatt poliert, um extrem genaue Ergebnisse zu erreichen.

Bei Verwendung von Mineralien als Standards werden ZAF-Korrekturfaktoren für den Standard benötigt; der prozentuale Anteil am Gewicht liefert keinen geeigneten Korrekturfaktor. Die Situation unterscheidet sich etwas von einer normalen unbekannten Probe, da die prozentualen Anteile von Ordnungszahl und Gewicht bekannt sind oder über die Stöchiometrie berechnet werden können. Die ZAF-Korrektur kann dann zurückgerechnet werden und ergibt das K-Verhältnis. Das K-Verhältnis in diesem Beispiel ist kein wirkliches K-Verhältnis, da es sich bei der Probe um einen Standard handelt. Die für das K-Verhältnis berechnete Zahl jedoch kann als ein zur Reinheit des Elements äquivalenter Korrekturfaktor verwendet werden. Zum Beispiel kann Natriumchlorid (NaCl) als Standard für Natrium und Chlor verwendet werden; es besteht aus 39,66 Gewichts-% Natrium und 60,34 Gewichts-% Chlor. Aus der Anzahl der erzeugten Röntgenquanten ergeben sich wegen der ZAF-Effekte jedoch nicht 39,66% Natrium, denn Z = 0,992, A = 1,716 und F = 0,997, so daß gilt ZAF = 1,699. Entsprechend der erzeugten Röntgenstrahlung besteht NaCl aus 23,3% Natrium (0,3966–1,699 = 0,233).

Es gibt auch ZAF-Korrekturprogramme, die keine externen Standards benötigen. Bei diesen Programmen werden die Standards beim Schreiben der Software abgespeichert. Die meisten dieser Programme sind hochentwickelt und können sehr genaue Ergebnisse liefern, sofern den Kriterien gefolgt wird. Eine wesentliche Begrenzung besteht darin, daß keine nichtnachweisbaren Elemente (wie Kohlenstoff, Stickstoff oder Sauerstoff) vorliegen dürfen, wenn ein Detektor mit einem Berylliumfenster eingesetzt wird. Sofern nichtnachweisbare Elemente vorhanden sind, kann das Programm nicht nach ihnen analysieren und normiert die Summe aller nachweisbaren Elemente auf 100%, was in Wirklichkeit nicht zutrifft. Außerdem können die relativen Verhältnisse der Elemente nicht genau sein. Liegen jedoch nichtnachweisbare Elemente in der Form von Oxiden bekannter Formeln vor, können die Formeln in das Programm eingegeben werden, und es berücksichtigt ihre Existenz.

Quantifizierung ohne ZAF-Korrektur von ganzen biologischen Proben in der REM

Die ZAF-Korrektur mit reinen Elementen oder Mineralien als Standards hatte in der Biologie aufgrund zweier Faktoren nur begrenzten Erfolg: Die Summe der nachweisbaren Elemente oder ihrer Oxide ist nicht gleich 100% (in den meisten Fällen liegt sie bei 10% oder weniger), und die Konzentration von Elementen mit einer Ordnungszahl größer als zehn ist sehr gering. Diese beiden Faktoren unterscheiden sich beträchtlich von den Entwurfskriterien bei den ZAF-Korrekturverfahren.

Bei der Analyse vieler biologischer Proben sind ZAF-Korrekturfaktoren nicht unbedingt notwendig; das K-Verhältnis wird dann als die Endkonzentration angesehen. Dazu müssen vier Kriterien erfüllt sein. Als erstes müssen Standards eingesetzt werden, die eine ähnliche Zusammensetzung wie das

Gewebe aufweisen, beispielsweise gefrorene oder gefriergetrocknete Gelatine mit Zusatz verschiedener Salze bekannter Konzentration. Zweitens sollten die Standards eine ähnliche Elementkonzentration wie das analysierte Gewebe aufweisen. Drittens darf die Konzentration eines einzelnen Elements 10 % nicht überschreiten. Viertens darf es keine wesentlichen Konzentrationen eines Elements mit einer größeren Ordnungszahl als 20 geben; solche Konzentrationen würden Fluoreszenz erzeugen und einen Korrekturfaktor erforderlich machen.

Die meisten biologischen Proben erfüllen diese vier Kriterien. Alle Elemente, die normalerweise in der Biologie von Interesse sind (Natrium, Magnesium, Phosphor, Schwefel, Chlor, Kalium und Calcium) besitzen eine Ordnungszahl kleiner 20. Die vier Kriterien stellen sicher, daß jede benötigte ZAF-Korrektur extrem klein wäre und in den meisten Fällen vernachlässigt werden könnte.

Die Bence-Albee-Quantifizierungsmethode für geologische Proben

Eine gängige Methode zur Quantifizierung in der Geologie wird Bence-Albee-Verfahren genannt. Bei dieser empirischen Methode werden unbekannte Mineralien mit Standards verglichen, die aus Mineralien sehr ähnlicher Zusammensetzung bestehen. Obgleich die Bence-Albee-Programme zusammen mit der EDS eingesetzt werden können, funktionieren sie aufgrund des Problems der Peak-Überlappungen in den Standards besser mit den WDS-Systemen. Moderne EDS-ZAF-Korrekturprogramme sind fast so genau wie das Bence-Albee-Verfahren.

Die Quantifizierung biologischer Dünnschnitte in der TEM

Für quantitative Messungen der Elementkonzentrationen in dünnen Proben benötigt man andere Methoden als für dicke oder voluminöse Proben. Per Definition sind dünne Proben solche, durch die der einfallende Elektronenstrahl ohne viel Energieverlust hindurchgeht und aus denen die resultierenden Röntgenstrahlen nach nur geringer Absorption austreten. Zur Quantifizierung dünner Proben existieren mehrere Methoden. Die gängigste ist die Methode von Hall.

Die Methode von Hall setzt Dünnschnitte in dem Bereich von 100 nm bis 500 nm Dicke ohne große Konzentrationen von Elementen voraus, besonders solcher mit einer Ordnungszahl größer als 20; daher werden keine ZAF-Korrekturen benötigt. Die Menge der Röntgenquanten des gemessenen Elements ist der Zahl der Atome dieses Elements im Wechselwirkungsbereich zwischen Elektronenstrahl und Probe proportional. Die Menge der Röntgenquanten ist somit auch der Schnittdicke proportional, und leichte Änderungen in der Schnittdicke bewirken eine Veränderung in der Menge der Röntgenquanten. Die

Menge der Untergrund-Röntgenstrahlung ist der Gesamtzahl der Atome aller Elemente im Wechselwirkungsbereich zwischen Elektronenstrahl und Probe proportional. Das Peak/Untergrund-Verhältnis ist ein Maß für die Konzentration, da es die Zahl der Atome des gemessenen Elements zu der Gesamtzahl der vorhandenen Atome ins Verhältnis setzt. Außerdem kompensiert das Peak/Untergrund-Verhältnis die Unterschiede in der Schnittdicke, da der Untergrund proportional mit dem Peak ansteigt, wenn ein Schnitt etwas dicker wird, und das Verhältnis damit konstant bleibt. Aus demselben Grund kompensiert das Peak/Untergrund-Verhältnis Schwankungen des Strahlstromes.

Die für die Hall-Quantifizierung eingesetzten Standards bestehen in der Regel aus einem in einem Harz gelösten Salz, das dann mit konventionellen Verfahren geschnitten wurde, oder aus einem in Gelatine oder Albumin gelösten Salz, das dann mit Hilfe von Kryo-Verfahren geschnitten wurde. Beim Hall-Verfahren wird also ein Netto-Peak/Untergrund-Verhältnis für ein Element in einem Schnitt als Anhaltspunkt für die Konzentration dieses Elements benutzt. Der Untergrund kann in jedem Teil des Spektrums gemessen werden, das frei von charakteristischen Peaks ist. Es ist wichtig, daß der Untergrund der wirkliche Untergrund der Probe ist; die Beiträge von Trägerschicht, Netz und Systemuntergrund müssen gemessen und von dem gemessenen Untergrund abgezogen werden.

Die Quantifizierung metallurgischer dünner Folien

Die quantitative Analyse von metallurgischen dünnen Folien wird üblicherweise mit dem Cliff-Lorimer-Verfahren ausgeführt. Bei diesem Verfahren wird das Verhältnis der Konzentrationen zweier Elemente (A und B) mit dem gemessenen Verhältnis der Röntgenintensitäten in Beziehung gesetzt, wobei jede mit einem Korrekturfaktor (K_{ab}), dem sogenannten Proportionalitätsfaktor oder dem Cliff-Lorimer-Faktor, multipliziert wird. Dieser Faktor wird in der Regel mit bekannten Standards bestimmt, er kann aber auch berechnet werden. Für drei oder mehr Elemente kann A bezüglich B berechnet werden; B bezüglich C, und so weiter für alle Elemente, so daß sich insgesamt 100% ergeben. Die Anwendung des Programms setzt gewöhnlich voraus, daß Probenabsorption und Fluoreszenz minimal sind und vernachlässigt werden können. In Proben, in denen eine deutliche Absorption auftreten kann, wird die Foliendicke gemessen und damit ein Absorptionskorrekturfaktor berechnet.

Probenpräparation

Die Probenpräparation für die Röntgenmikroanalyse muß genauer als die für die konventionelle Elektronenmikroskopie sein. Es muß große Obacht gegeben werden sicherzustellen, daß das Präparationsverfahren keine interessanten

Elemente entfernt oder Elemente hinzufügt, die normalerweise nicht vorhanden sind. Die Proben für die quantitative Analyse müssen in der Regel eben und glatt sein, und nichtleitende Proben müssen ohne Zusatz eines Schwermetalls elektrisch leitend gemacht werden.

Die Präparation von ganzen werkstoffwissenschaftlichen Proben für die REM-Analyse

Die Proben in den Werkstoffwissenschaften wie Metalle, Polymere, Keramiken und Mineralien können für die qualitative Röntgenmikroanalyse mit den normalen Verfahren zur Probenpräparation für die REM präpariert werden. Soll eine quantitative Röntgenmikroananlyse durchgeführt werden, müssen exaktere Anforderungen erfüllt werden. In den meisten Fällen muß die Probe eben und glatt sein, damit die oben diskutierten geometrischen Effekte vermieden werden. Das standardmäßige geologische oder metallurgische Schneiden und Polieren ist in der Regel geeignet. (vgl. die Literatur am Ende des Kapitels.)

Die Präparation von ganzen biologischen Proben für die REM-Analyse

Die konventionellen chemischen Präparationsverfahren in der REM können nur in solchen Fällen angewandt werden, in denen die interessierenden Elemente entweder fest gebunden oder unlöslich sind (wie Pflanzenkristalle, Nierenfällprodukte, Silicium in Pflanzen und kalkhaltige Systeme wie Zähne und Knochen). Obwohl die konventionellen Verfahren auch in anderen Fällen als den eben beschriebenen angewandt werden können, liegt der Elementverlust im Bereich von 10% bis 95%. Bei den konventionellen Verfahren werden sehr wahrscheinlich Elemente aus den Fixiermitteln und Puffern in die Probe eingebracht.

Das Gefriertrocknen der Probe funktioniert in vielen Fällen gut. Die Probe sollte mit den Gefrierverfahren schnell gefroren oder in flüssigen Stickstoff getaucht werden, damit die löslichen Elemente ihren Platz beibehalten und keine Schäden durch Eiskristalle auftreten. Eine Bewegung der Elemente, die in Form löslicher Salze vorliegen, tritt auf. Man glaubt jedoch, daß die Salze sich an die nächstgelegene Membran anlagern. In den meisten Fällen würde die Entfernung der Elementverteilung bis zur nächsten Membran kleiner als die analytische räumliche Auflösung für eine große Probe sein (bis zu 30 µm).

Das Luftttrocknen einer Probe ohne Fixierung und Entwässerung liefert für bestimmte Proben mit gebundenen Elementen innerhalb einer festen Struktur exzellente Ergebnisse, beispielsweise mit Silicium in der Pflanze *Equisetum* sp. und Calcium in Zähnen und Knochen.

Das Aufrechterhalten des gefrorenen Zustands ist eine der besten Probenpräparationsmethoden für die Röntgenmikroanalyse, da sich die Elemente in der Regel nicht signifikant bewegen, wie sie es beim Lufttrocknen oder Gefriertrocknen tun. Bei einigen Untersuchungen, wie der Elementanalyse von Flüssigkeiten in Vakuolen oder äußeren Zellbereichen, stellt dieses Verfahren das einzige geeignete dar. Außerdem ist jede gemessene Elementkonzentration realistisch, da sie auf Werten bei Anwesenheit der normalen Zellflüssigkeiten basiert. Das Vorhandensein von Wasser kann allerdings im Vergleich zur Gefriertrocknung ein großer Nachteil sein, da es die prozentuale Konzentration (nach dem Gewicht) der Elemente um einen Faktor etwa zehn verringert, wodurch der Nachweis der Elemente schwieriger wird.

Die Präparation von dünnen werkstoffwissenschaftlichen Proben

Eine Vielzahl von Methoden kann zur Erzeugung einer dünnen Probe aus einer ganzen Probe eingesetzt werden, darunter auch das Dünnen mittels Ionenstrahl. (vgl. die Literatur am Ende des Kapitels.)

Die Präparation von biologischen Dünnschnitten

Die konventionellen Präparationsverfahren (Fixieren, Entwässern, Einbetten und Schneiden) können zu einem Verlust von bis zu 90% einiger Elemente oder zu einem Hinzufügen von Elementen führen, die normalerweise nicht vorhanden sind. Die konventionellen Verfahren können in speziellen Fällen angewandt werden, wie bei natürlichen Einschlußkörperchen, mit Vorsatz hinzugegebenen Verbindungen (wie Medikamenten), histochemischen Reaktionsprodukten oder wo Elemente fest gebunden sind, wie in Chromosomen.

Mit der Gefriersubstitution (vgl. Kap. 6) können Proben für die Röntgenmikroanalyse präpariert werden. Bei der Röntgenmikroanalyse besteht die Methode aus fünf Schritten: schnelles Gefrieren der Probe, damit die Schäden durch Eiskristalle minimiert werden, Substitution des Eises mit einer Mischung aus Diethylether und Acrolein bei $-90\,°C$ für mehrere Tage, ein Erwärmen der Probe nach und nach über mehrere Tage bis auf Zimmertemperatur, Infiltration der Probe mit Epoxydharz oder einem modifizierten Acrylharz und Schneiden der Probe. Üblicherweise werden Schnitte von 0,25 µm bis 1 µm Dicke verwendet; daher muß mit der STEM-Abbildung gearbeitet werden. Verglichen mit der Kryo-Mikrotomie besitzt die Gefriersubstitution die Vorteile, daß das Schneiden leichter ist und die Proben aufbewahrt werden können. Als kritisch gelten der Verlust und das Umordnen von Elementen.

Die Kryo-Mikrotomie stellt ein exzellentes Präparationsverfahren dar, obgleich sie beträchtlich schwieriger als das standardmäßige Schneiden ist. Die Methode besteht aus einem schnellen Gefrieren der Probe und dann einem Schneiden im gefrorenen Zustand. Man erhält entweder dicke oder dünne Schnitte, die im gefrorenen Zustand untersucht oder gefriergetrocknet und dann untersucht werden können. Effizientes, schnelles Gefrieren ist absolut notwendig, um die volle Nutzung des analytischen räumlichen Auflösungsvermögens der Dünn- oder Ultradünnschnitte zu sichern (vgl. Kap. 6). Nach dem Gefrieren wird das Gewebe in einem Kryo-Ultramikrotom geschnitten. Die Schnitte werden dann in der Mikroskopsäule oder im Vakuumverdampfer gefriergetrocknet und bei Raumtemperatur untersucht oder im gefrorenen Zustand mit einem zusätzlichen Probenhalter für die TEM oder STEM untersucht, der die Probe bei Temperaturen von etwa −150 °C hält.

Kohlenstoffbeschichten zur Erzielung der elektrischen Leitfähigkeit

Ganze, nichtleitende Proben, die in einem REM, oder dicke, nichtleitende Schnitte, die in einem STEM untersucht werden, benötigen in der Regel einen elektrisch leitenden Überzug. Konventionelle Metallschichten absorbieren einen hohen Prozentsatz der erzeugten Röntgenstrahlung und erzeugen im Spektrum starke Röntgenpeaks, was die Analyse schwierig macht. Normalerweise werden Proben, die einen elektrisch leitenden Überzug erfordern, entweder in einem Bedampfer mit Kohlenstoffaden (vgl. Kap. 7) oder einem Vakuumbedampfer (vgl. Kap. 6) mit einer dünnen Kohlenstoffschicht bedampft.

Literatur

Boekestein, A.; Stols, A.L. H. und Stadhouders, A.M. *Quantitation in X-ray microanalysis of biological bulk specimens.* In: *Scanning Electron Microsc.* 2 (1980) S. 321–334. (Die Quantifizierung von ganzen biologischen Proben)

Echlin, P. und Saubermann, A.J. *Preparation of biological specimens for X-ray microanalysis.* In: *Scanning Electron Microsc.* 1 (1977) S. 621–637. (Analytische Auflösung, Präparation biologischer Proben)

Edelmann, L. *Freeze-dried embedded specimens for biological microanalysis.* In: *Scanning Electron Microsc.* 4 (1986) S. 1337–1356. (Gefriergetrocknete Schnitte)

Erasmus, D.A. *The application of X-ray microanalysis in the transmission electron microscope to a study of drug distribution in the parasite Schistosoma mansoni (Platyhelminthes).* In: *J. Microsc.* 102 (1974) S.59. (EDS in der Arzneimittelverteilung)

Gabriel, B.L. *SEM: A User's Manual For Materials Science.* Metals Park, OH. (American Society for Metals) 1985. (Allgemeine EDS, Polieren von Proben der Werkstoffwissenschaften)

Geller, J.D. *A comparison of minimum detection limits using energy and wavelength dispersive spectrometers*. In: *Scanning Electron Microsc.* 1 (1977) S. 281–288. (Vergleich von EDS und WDS)

Goldstein, J.I.; Newbury, D.E.; Echlin, P.; Joy, D. C.; Fiori, C. und Lifshin, E. *Scanning Electron Microscopy and X-Ray Microanalysis. A Text for Biologists, Materials Scientists, and Geologists*. New York (Olenum) 1981. (Instrumentation, Artefakte, Quantifizierung)

Goldstein, J.I.; Williams, D. B. und Cliff, G. *Quantitative X-ray analysis*. In: *Principles of Analytical Electron Microscopy*. Joy, D.C.; Romig, A.D. jr. und Goldstein, J. I. (Hrsg.) New York (Plenum) 1986. (Cliff-Lorimer Quantifizierung)

Goodhew, P.J. *Specimen Preparation for Materials Science*. New York (American Elsevier) 1973. (Präparation von dünnen Proben der Werkstoffwissenschaften)

Hall, T.A. *Biological X-ray microanalysis*. In: *J. Microsc.* 117 (1979) S. 145–163. (Dünnschnitt-Quantifizierung von biologischen Proben)

Hall, T.A.; Anderson, H.C. und Appleton, T. *The use of thin specimens for X-ray microanalysis in biology*. In: *J. Microsc.* 99 (1973) S. 177–182. (Dünnschnitt-Quantifizierung von biologischen Proben)

Johnson, D.E. und Cantino, M.E. *High resolution biological X-ray microanalysis of diffusable ions*. In: *Advanced Techniques in Biological Electron Microscopy* J.K. Koehler (Hrsg.) New York (Springer-Verlag) 1986. Bd.3. (Dünnschnitt-Quantifizierung von biologischen Proben)

Lever, J.D.; Santer, R.M.; Lu, K.S. und Presley, R. *Electron probe X-ray microanalysis of small granulated cells in rat sympathetic ganglia after sequential aldehyde and dichromate treatment*. In: *J. Histochem. Cytochem.* (1977) S. 25–295. (EDS in der Histochemie)

Marshall, A.T. *Freeze-substitution as a preparation technique for biological X-ray microanalysis*. In: *Scanning Electron Microsc.* 2 (1980) S. 395–408. (Gefriersubstitution)

Marshall, A.T. *Frozen-hydrated sections*. In: *X-Ray Microanalysis in Biology*. M.A. Hayat (Hrsg.) Baltimore (University Park Press) 1980. (Präparation von biologischen Proben)

Marshall, A.T. *Principles and instrumentation*. In: *X-Ray Microanalysis in Biology*. M.A. Hayat (Hrsg.) Baltimore (University Park Press) 1980. (Instrumentation)

Marshall, A.T. *Quantitative X-ray microanalysis of frozen-hydrated bulk biological specimens*. In: *Scanning Electron Microsc.* 2 (1980) S. 335–348. (Präparation von biologischen Proben)

Morgan, A.J. *Non-freezing techniques of preparing biological specimens for electron microprobe X-ray microanalysis*. In: *Scanning Electron Microsc.* 2 (1979) S. 67–80. (Präparation von biologischen Proben und Quantifizierung)

Morgan, A.J. *Preparation of specimens. Changes in chemical integrity*. In: *X-Ray Microanalysis in Biology*. M.A. Hayat (Hrsg.) Baltimore (University Park Press) 1980. (Präparation von biologischen Proben)

Roomans, G.M. *Standards for X-ray microanalysis of biological specimens*. In: *Scanning Electron Microsc.* 2 (1979) S. 649–657. (Quantifizierungsstandards für biologische Dünnschnitte)

Roomans, G.M. *Problems in quantitative X-ray microanalysis of biological specimens*. In: *Scanning Electron Microsc.* 2 (1980) S. 309–320. (Biologische Quantifizierung)

Roomans, G.M. *Quantitative electron probe X-ray microanalysis of biological bulk specimens*. In: *Scanning Electron Microsc.* 2 (1981) S. 345–356, 344. (Analytische Auflösung bei biologischen Proben, Quantifizierung von ganzen Proben)

Roomans, G. M. und Boekestein, A. *Distribution of ions in Neurospora crassa determined by quantitative electron microprobe analysis*. In: *Protoplasma* 95 (1978) S. 385–392. (Präparation von biologischen Proben)

Sigee, C. und Kearns, L. P. *X-ray microanalysis of chromatin-bound period IV metals in Glenodinium foliaceum: A binucleate dinoflagellate*. In: *Protoplasma* 105 (1981) S. 213–223. (Chromosomen)

Sild, E. H. und Pausak, S. *Forensic applications of SEM/EDX*. In: *Scanning Electron Microsc.* 2 (1979) S. 185–192. (Forensische Anwendungen)

Statham, P. J. *Accuracy, reproducibility and scope for X-ray microanalysis with Si(Li) detectors*. In: *J. Physique* 45(C2) (1984) S. 175–180. (Instrumentation)

Sumner, A. T. *Quantitation in biological X-ray microanalysis, with particular reference to histochemistry*. In: *J. Microsc.* 114 (1978) S. 19–30. (Biologische Quantifizierung)

Sumner, A. T. *X-ray microanalysis: A histochemical tool for elemental analysis*. In: *Histochem. J.* 15 (1983) S. 501–541. (EDS in der Histochemie)

Williams, D. B. *Practical Analytical Electron Microscopy in Materials Science*. Philips Electronic Instruments, Inc., Electron Optics Publishing Group, Mahwah, NJ. 1987. (Cliff-Lorimer Quantifizierung)

Zeichner, A.; Foner, H. A.; Dvorachek, M.; Bergman, P. und Levin, N. *Concentration techniques for the detection of gunshot residues by scannning electron microscopy/energy dispersive X-ray analysis (SEM/EDX)*. In: *J. Forensic Sci.* 34 (1989) S. 312–320. (Nachweis der Rückstände von Kanonenschüssen)

Ziebold, T. O. *Precision and sensitivity in electron microprobe analysis*. In: *Anal. Chem.* 39 (1967) S. 858. (Statistische Analyse)

Zierold, K. *X-ray microanalysis of frozen-hydrated specimens*. In: *Scanning Electron Microsc.* 2 (1983) S. 809–826. (Gefrorene Proben)

9 Elektronenmikrografie

Einer der wichtigsten Aspekte bei jeder Art von Mikroskopie ist die Fähigkeit, ein Bild von dem, was man sieht, aufzunehmen. Wenn Ergebnisse diskutiert und verbreitet werden sollen, ist dieser Schritt beim naturwissenschaftlichen Einsatz des Gerätes entscheidend. Schon früh, in der Lichtmikroskopie, verließ sich der Mikroskopiker auf eine unvoreingenommene digitale Umwandlung (Zeichnung) dessen, was zu sehen war, und, obgleich diese Methode es erlaubt, aus dem Bild das Rauschen herauszufiltern, kann das Endprodukt dadurch subjektiv beeinflußt sein.

In der zweiten Hälfte des 19. Jahrhunderts kam die fotografische Ausrüstung auf, die auf ein Mikroskop montiert werden konnte, wodurch die Subjektivität des Aufzeichnungsprozesses stark eingeschränkt wurde. Zu der Zeit als der Prototyp des Elektronenmikroskops gebaut wurde, kannte man die Notwendigkeit einer direkten Aufnahmemöglichkeit, und sie wurde bereits als wesentlicher Bestandteil des ersten Entwurfs einbezogen.

Die Elektronenmikroskope haben sich in der letzten Hälfte des 20. Jahrhunderts drastisch verändert, und heute ist die Aufzeichnung von weit mehr Ergebnissen der Wechselwirkung zwischen Elektronstrahl und Probe als nur der morphologischen Information möglich. Die Fähigkeit jedoch, ein dauerhaftes Bild eines kleinen und manchmal kurzlebigen Objekts erzeugen zu können, ist immer noch ein großes Ziel der Elektronenmikroskopie. Die Abbildungssyteme eines Elektronenmikroskops und ihre periphere Ausrüstung können Elektronenbilder oder umgewandelte Lichtbilder von elektronischen Wechselwirkungen aufzeichnen. Es gibt zwei generelle Ansätze: die traditionellen Methoden der Fotografie und elektronische Aufzeichnungsmittel.

Der fotografische Prozeß mit Silber

Fotografie in ihrem grundlegenden und traditionellen Sinne besteht im Einfangen eines leuchtenden Bildes, indem ein Bild aus metallischem Silber erzeugt wird. Unabhängig von dem abbildenden Medium ist der grundlegende Mechanismus des auf Silberhalogenid basierenden fotografischen Systems im wesentlichen der gleiche. Im Falle der Lichtmikrofotografie, des mikrofotografischen Prozesses in der REM und der Herstellung mikrofotografischer Abzüge ist die als Informa-

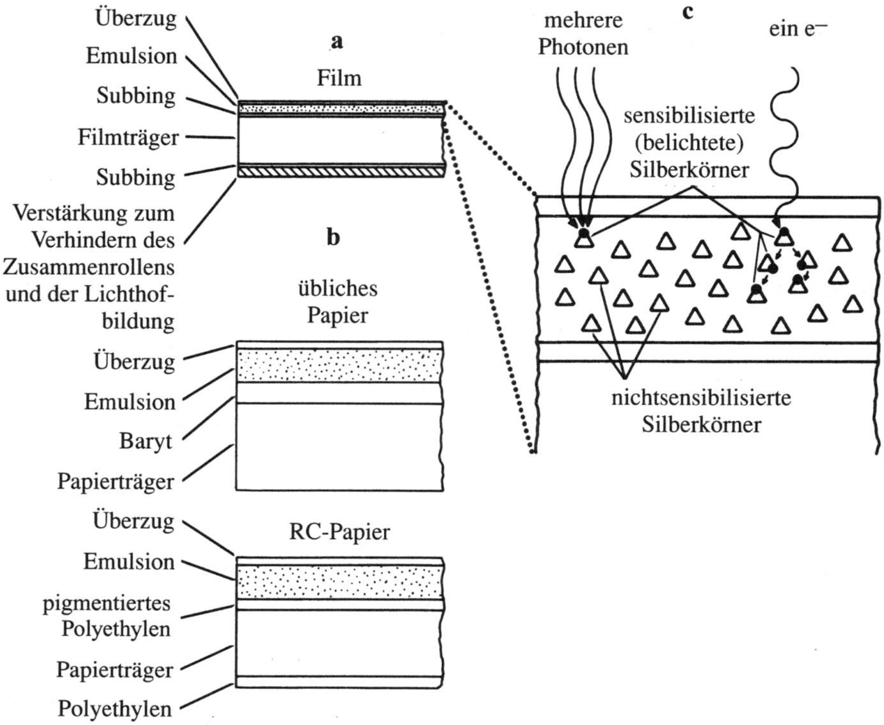

Abb. 9.1 Zusammensetzung und Wirkungsweise von strahlenempfindlichen Materialien
a) Schematische Darstellung des Querschnitts eines typischen Filmes
b) Querschnitt eines beschichteten und eines unbeschichteten Fotopapiers
c) Schematische Darstellung der Wechselwirkung von Licht oder Strahlelektronen und der fotografischen Emulsion
Ein einzelnes Strahlelektron besitzt ein weitaus größeres Sensibilisierungspotential als ein Photon.

tionsträger genutzte Energiequelle Licht (Photonen), wohingegen es in der TEM Elektronen sind. Der fotografische Prozeß besteht in der Regel aus zwei Schritten, wobei das Anfangsbild auf einer Emulsion aufgenommen wird, die Silberhalogenidkristalle enthält, und auf einem transparenten Träger, dem sogenannten Negativ, aufgebracht ist. Der transparente Träger kann entweder eine Glasplatte oder, was häufiger anzutreffen ist, ein Stück eines flexiblen Polyesterfilms sein. Für konventionelle Bilder wird dieses Negativbild fotografisch auf eine zweite empfindliche Emulsion projiziert, die auf einem stark reflektierenden Papier aufgebracht ist (vgl. Abb. 9.1). Dieser Prozeß kehrt das Bild um und führt zu einem Positivabzug.

Die Erzeugung eines latenten Bildes

Das so erzeugte Bild setzt sich aus dünnen Ablagerungen metallischen Silbers zusammen. Diese Ablagerungen werden durch Reduktion der Silberhalogenidkristalle in der Emulsion gebildet, nachdem sie durch eine der erwähnten Energiequellen sensibilisiert wurden. Für die meisten Zwecke besitzen die Silberhalogenidkristalle eine Größe im Bereich von 30 nm bis 2 500 nm und werden zusammen mit den anderen Bestandteilen des Trägermediums in einem Gelatinefilm oder einer Emulsion eingesetzt.

Die Sensibilisierung der Silberhalogenidkristalle (-körner) ist ein Ergebnis der Neutralisierung der Silberionen innerhalb des Kristalls entweder durch direkten Zusammenstoß mit den abbildenden Elektronen oder durch Wechselwirkung mit von einer Lichtquelle erzeugten Fotoelektronen. Sie ist Voraussetzung dafür, daß diese Körner bevorzugt durch den Entwickler reduziert werden. Wird die Sensibilisierung durch sichtbares Licht hervorgerufen, wo die Photonen eine Energie von weniger als 10 eV aufweisen, sind mehrere Quanten erforderlich, damit genügend Energie einfällt, um ein entwickelbares Korn zu erzeugen. Die Elektronen aus dem abbildenden Strahl im Mikroskop besitzen dagegen Energien von mindestens 20 000 eV, so daß sie die Silberkörner leicht sensibilisieren können, aber auch andere Probleme mit sich bringen (sie werden später diskutiert).

Die Wanderung und Aggregation von drei oder vier neutralisierten Silberatomen innerhalb des Kristalls müßte eigentlich ein entwickelbares Korn bilden, in der Praxis aber scheinen mindestens zehn erforderlich zu sein. Die Verteilung und die Dichte dieser entwickelbaren Körner auf dem fotografischen Medium bilden ein latentes (unsichtbares) Bild (vgl. Abb. 9.1). Da das Bild nicht sichtbar ist und sich langsam durch Lagerung eine gleichmäßige Dichte einstellen kann, ist es besser, es so bald wie möglich durch eine chemische Entwicklung zu stabilisieren.

Entwickeln und Fixieren des Bildes durch chemische Prozesse

Nachdem ein Negativ belichtet worden ist und ein latentes Bild enthält, sind chemische Vorgänge die nächsten Schritte, um ein sichtbares und stabiles Bild zu erhalten (vgl. Abb. 9.2). Das Ziel des ersten Schrittes (der Entwicklung) ist die Reduktion der sensibilisierten Silberhalogenide zu metallischem Silber, ohne daß das nicht sensibilisierte umgebende Material mit reduziert wird. Dazu wird das Negativ unter Dunkelkammerlicht in ein Bad eingetaucht, das reduzierende Verbindungen enthält, wie eine Kombination aus Hydrochinon und p-Methylaminophenol (Metol) in einer alkalischen Lösung, und hin und her bewegt. Bei geeigneter Wahl der Temperatur und der Entwicklungszeit hinterläßt dieser Schritt ein sichtbares Silberbild, das in der Filmemulsion eingebettet ist. Falls

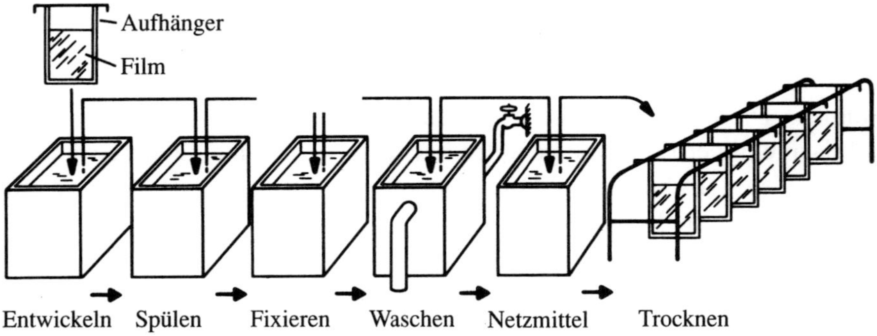

Abb. 9.2 Verarbeitungsschritte bei der Entwicklung eines Negativs in der Fotografie Entscheidend für eine gleichmäßige Qualität des Negativs ist, daß die Temperatur, die Zeit und das Hin- und Herbewegen kontrolliert werden. Automatisierte Systeme erleichtern das Verfahren erheblich.

sich das Negativ zu lange in der Entwicklerlösung befindet und/oder die Temperatur zu hoch ist, reduziert der Entwickler auch die nicht sensibilisierten Silberkörner, was schließlich zu einer vollständig geschwärzten Emulsion ohne Bild führen könnte.

Nachdem das Negativ bis zu der gewünschten Schwärzung (Bildintensität) entwickelt worden ist, besteht der nächste Schritt darin, die nicht entwickelten Silberhalogenidkristalle zu entfernen, so daß das Silberbild unter normalem Licht betrachtet werden kann. Dieser Schritt heißt Fixieren. Um den größten Nutzen aus dem Fixierbad zu ziehen und eine Einheitlichkeit des Negativs sicherzustellen, wird der restliche Entwickler entweder unter fließendem Wasser vom Negativ abgewaschen oder in einem sauren (in der Regel essigsauren) Unterbrecherbad neutralisiert. Welche Methode gewählt wird, hängt von den Eigenschaften der Negativemulsion ab. Für gängige TEM-Emulsionen wird das Abspülen mit Wasser empfohlen.

Fixierbäder enthalten üblicherweise Natrium- oder Ammoniumthiosulfat (Hypo) als Lösungsmittel für das Silber. Dieses Material bildet mit dem in der Negativemulsion verbleibenden Silberhalogenid Komplexe, wodurch es löslich wird und ausgewaschen werden kann, während das beständige Silberbild zurückbleibt. Je nachdem, wie genau weiterverfahren wird, kann der Fixierer auch Stoffe enthalten, die das Emulsionsgel verfestigen, damit es vor Kratzern und anderen mechanischen Beschädigungen geschützt ist.

Nach dem Fixieren wird das Negativ so lange unter fließendem Wasser gewaschen, bis sichergestellt ist, daß alles Fixiermittel entfernt ist. Ohne dies würde der restliche Schwefel aus dem Fixierer schließlich ein gelblich-braunes Silbersulfid bilden, das das Silberbild trüben und ausbleichen würde. Zusätzlich zum Waschen unter Wasser verwenden viele Mikroskopierer ein Bad zum vollständigen Entfernen des Fixierers vom Negativ. Danach kann das Negativ kurz in ein Netzmittel getaucht (um Wasserflecken vorzubeugen) und in einer staubfreien Umgebung luftgetrocknet werden.

Der Einfluß von Belichtung und Entwicklung auf die Bildqualität

Das aus diesem fotografischen Prozeß resultierende Bild hängt von mehreren Eigenschaften des Belichtungsmediums, der Filmemulsion und den Verarbeitungsbedingungen ab. Im allgemeinen ist es das Ziel, die räumliche (morphologische) und die Toninformation (Elektronenschwärzung) zu bewahren. Ersteres hängt stark von der Probenpräparation und den Mikroskopierverfahren ab; der zweite Aspekt wird außerdem von der ordnungsgemäßen Handhabung des fotografischen Mediums beeinflußt.

Der Grad, wie stark ein Negativ belichtet wird, ist von der Gesamtzahl der auftreffenden Photonen oder Elektronen und daher vom Produkt aus Belichtungszeit und Strahlungsintensität abhängig. Mit steigender Belichtung nimmt die Anzahl der sensibilisierten Silberkörner zu (und daher auch die Anzahl der nach der Entwicklung reduzierten Silberatome). Die Menge des reduzierten Silbers in der Emulsion steht in direktem Bezug zu der optischen Schwärzung des Negativs. Dies läßt sich leichter über den möglichen Schwärzungsbereich darstellen, wenn die Belichtungszeitskala logarithmisch dargestellt ist. Die resultierende Kurve heißt charakteristische Kurve des Filmes (vgl. Abb. 9.3).

Es ist sinnvoll, den relativ linearen Teil dieser Kurve zu betrachten. Bei einer Änderung des Anstiegs der Geraden, die sie annähert (das heißt, die Änderung

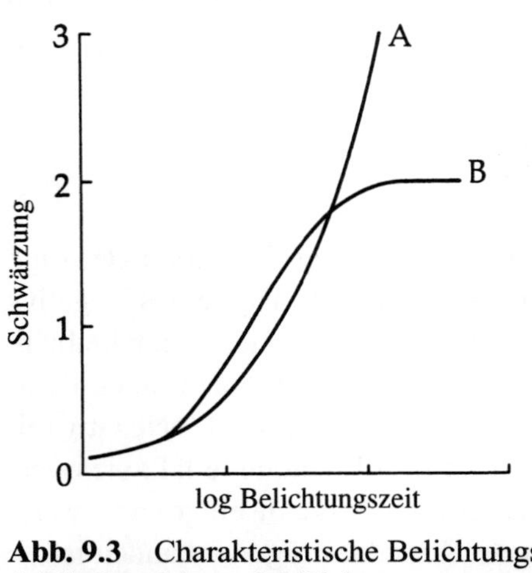

Abb. 9.3 Charakteristische Belichtungskurven
A Die Emulsion wird Elektronen ausgesetzt. Der Kontrast (die Änderung der Dichte pro Logarithmus der relativen Belichtungszeit) steigt stetig mit steigender Dauer der Elektronenbelichtung an, ist aber auf einem großen Teil des Emulsionsbereichs für Licht konstant.
B Ein Licht ausgesetzter fotografischer Film

der Schwärzung über der Änderung des Logarithmus der Belichtungszeit) ändert sich der γ-Wert oder Kontrast des Filmes oder Papiers. Bei einem stärkeren Anstieg erhält man eine bestimmte Änderung in der Schwärzung mit einer kleineren Änderung der Belichtungszeit. Daher würde man für ein Bild mit einem breiten Helligkeitsbereich mehr Information mit einem geringeren Anstieg (kleinerer γ-Wert) einfangen können, da die Änderung der Schwärzung über einen breiteren Bereich der Belichtungszeit gestreut wäre. Umgekehrt, falls das aufzunehmende Bild einen begrenzten Helligkeitsbereich besitzt, würde ein Film mit einem hohen γ-Wert einen größeren Schwärzungsbereich auf dem Negativ erlauben.

Auch der Filmkontrast wird durch die Aktivität des Entwicklers beeinflußt, so daß der Kontrastbereich eines Films von der Art, wie er entwickelt wurde, abhängt. Längere Entwicklungszeiten, höhere Temperaturen und mehr Hin- und Herbewegen während des Entwickelns erhöhen den Kontrast des Negativs. Wenn jedoch die Entwicklung extrem ausgedehnt wird, werden die Probleme der Körnigkeit und des Hintergrundschleiers nachteilig für das Bild.

Fotografische Abzüge

Ebenso wie bei der anfänglichen Aufzeichnung des Probenbildes auf dem Negativ wird auch bei der Herstellung fotografischer Abzüge das Abbildungsverfahren mit Silber benutzt, um die im Negativ enthaltene Information auf sehr sensible Art und Weise für die Kommunikation zu erschließen. Der mikrofotografische Abzug stellt das grundlegende Hilfsmittel zur Darstellung von Ergebnissen der Elektronenmikroskopie dar.

Kontaktabzüge und Vergrößerungen

Die einfachste Form des Abzugs stellt der Kontaktabzug dar. Kontaktabzüge lohnen sich in der Regel bei Negativserien, da sie eine Aufnahme des Negativs liefern, die leicht und direkt betrachtet werden kann. Um den Kontaktabzug herzustellen, wird das Negativ einfach in festen Kontakt mit einem Stück Fotopapier gebracht (die Emulsion nach unten) und das Papier durch das Negativ mit einer gleichförmigen Lichtquelle belichtet. Fast jede Lichtquelle läßt sich verwenden, aber es wird üblicherweise ein Vergrößerungsgerät eingesetzt, wenn nicht ein besonderes Gerät zum Herstellen der Kontaktabzüge vorhanden ist.

Die korrekte Belichtung wird entweder anhand eines Testabzugs beurteilt, der durch eine Reihe von kurzen Belichtungen mit einer entsprechenden Reihe von partiellen Abdeckungen hergestellt wird, oder indem die Schwärzung des Negativs mit einem elektronischen Densitometer ausgewertet wird (vgl. Abb. 9.4).

a b

Abb. 9.4 Methoden zur Beurteilung der korrekten Belichtung eines Abzugs
a) Testabzug, erzeugt durch Überlappung mit einem Stufenfilter, der direkt in Sekunden geeicht ist
b) Densitometer
Diese Einheit dient auch als Intervalltimer und kann unterschiedliche Papiergeschwindigkeiten für die Herstellung von Abzügen mit unterschiedlichen Kontrasten abrufen.

Nach der Belichtung wird der Test- oder Ausgangsabzug entsprechend wie das Negativ naßchemisch behandelt (die Theorie ist die gleiche).

Das menschliche Auge besitzt ein Auflösungsvermögen von etwa 200 µm, die Silberkorngröße in der Emulsion des Negativs dagegen ist mindestens 40mal kleiner. Daher sollten beträchtliche optische Vergrößerungen möglich sein, ohne daß nur einfach eine leere Vergrößerung ohne neue Aussage erzeugt wird. Die theoretisch mögliche 40fache Vergrößerung ist nicht zweckmäßig, in der Regel ist eine 8- bis 10fache Vergrößerung ausreichend. Man erhält diese Vergrößerung, indem das Negativbild mit einem fotografischen Vergrößerungsgerät auf Fotopapier projiziert wird.

Wiederherstellung der verborgenen Auflösung mit dem Vergrößerungsgerät

Die fotografischen Vergrößerungsgeräte bestehen aus drei funktionellen Untereinheiten: einer Belichtungsquelle, einem optisches Projektionssystem und einer Vorrichtung zum Tragen und Einstellen der abbildenden Komponenten (vgl. Abb. 9.5). Die Lichtquelle fällt in der Regel in eine von drei Kategorien, je nachdem wie das Negativ belichtet wird (vgl. Abb. 9.6).

In Vergrößerungsgeräten mit Punktquelle wird eine kleine Lampe hoher Intensität über einer Reihe von Kondensorlinsen benutzt, um eine sehr gleichmäßige Belichtung des Negativs mit parallelem Licht zu sichern. Diese Lichtquellen geben dem Bild den höchsten Kontrast, was bei den typischen kontrastarmen TEM-Negativen, die beim Fotografieren von biologischen Probenbildern erzeugt werden, oftmals erforderlich ist. Zu achten ist auch auf eine peinlich saubere Negativoberfläche, da das stark gebündelte Licht dieser Quelle jeden Kratzer oder jede Staubpartikel hervorhebt. Diese Lichtquellen erzeugen auch eine beträchtliche Wärme, die abgeführt werden muß, üblicherweise

Abb. 9.5 Standardmäßiges, großformatiges Vergrößerungsgerät
Diese einfache, robuste Ausführung ist für Abzüge in der Elektronenmikroskopie ideal. Viele Kontrollmöglichkeiten sind vom Hersteller erhältlich, um die Effizienz bei der Herstellung von Abzügen zu verbessern. Das Vergrößerungsgerät projiziert das Negativbild auf Fotopapier und erzeugt einen vergrößerten, positiven Abzug.
a Lampengehäuse und Kondensorlinsensystem
b Negativträger
c Vergrößerungslinse

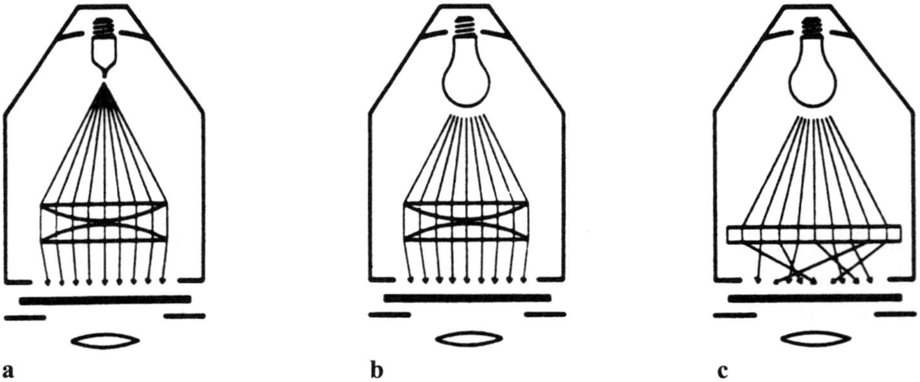

a b c

Abb. 9.6 Belichtungsmethoden für fotografische Vergrößerungsgeräte
a) Punktquelle mit Kondensorlinsensystem
b) Diffuse Quelle mit Kondensorlinse
c) Diffuse Quelle
Diese Quellen sind in der Reihenfolge fallendes Kontrasts aufgeführt. Die diffusen Quellen, die am ehesten Mängel im Negativ tolerieren, liefern in der Regel für elektronenmikroskopische Arbeiten zu wenig Kontrast.

mit einem weit entfernt angebrachten Gebläse. Es muß Obacht gegeben werden, daß das Vergrößerungsgerät durch diese Apparatur nicht erschüttert wird.

Kondensorlichtquellen mit einer größeren, diffusen Lampe werden im allgemeinen in Dunkelkammern eingesetzt. Diese Vergrößerungsgeräte besitzen eine Reihe von Kondensorlinsen unterhalb einer großen, matten Glühlampe, damit das Negativ mit einem gleichförmigen Licht beleuchtet wird. Sie liefern ebenfalls ein stark gebündeltes Licht, obgleich es aufgrund der größeren Glühlampe nicht ganz so vertikal ist wie bei Systemen mit Punktquelle. Diese Lichtquellen ergeben ein Bild mit einem hohen Kontrast und sind ebenfalls empfindlich gegenüber Kratzern und Schmutz auf dem Negativ oder in dem optischen System. Sie tolerieren eher eine kleinere Fehleinstellung als die Kondensorbelichtungssysteme mit einer Punktquelle.

Eine letzte Kategorie von Lichtquelle für Vergrößerungsgeräte liefert diffuses Licht. Diese belichten das Negativ durch ein sich darüber befindendliches leuchtendes Feld. Diffuse Lichtquellen liefern die gleichförmigste Belichtung, aber die Lichtstrahlen sind diffus und nicht gebündelt. Diese Lichtquellen erzeugen in der Regel nicht einen so hohen Kontrast wie Kondensor- oder Punktquellen; in manchen Anwendungen gibt es eine Differenz im Kontrast von fast 20%. Diffuse Lichtquellen werden öfter zum Abziehen von konventionellen Bildern verwendet, in denen das Negativ einen beträchtlichen eigenen Kontrast aufweist. Die Belichtung für diese Quellen kann entweder durch konventionelle Wolframfaden-Glühlampen oder durch eine Leuchtstoffröhre erfolgen. Die letztere belichtet das Negativ auch ohne große Wärmeeinwirkung sehr einheitlich.

Die wichtigste optische Komponente des Vergrößerungsgeräts ist seine Linse. Die Linse ist letztendlich für die Details verantwortlich, die aus dem Negativ gewonnen werden können. Es ist zu empfehlen, die qualitativ beste Linse, die man sich erlauben kann, zu kaufen, da auch die besten Linsen bei entsprechender Vorsicht unendlich lange halten. Eine Linse mit einer Brennweite in der Nähe der Brennweite der normalen fotografischen Linse für das eingesetzte Negativformat liefert im allgemeinen die besten Ergebnisse bei elektronenmikroskopischen Arbeiten. Daher ist für Filme mit einem 35-mm-Format eine 50-mm-Linse geeignet und für die in der TEM gängigen Plattenfilme und Polaroid-Filme mit Abmessungen von 83 mm × 102 mm eine 135-mm- oder 150-mm-Vergrößerungslinse. Jede Linse sollte eine einstellbare Irisblende aufweisen; für Kontaktabzüge hat sich ein Verschluß als nützlich erwiesen.

Das Gestell des Vergrößerungsgeräts kann von unterschiedlicher Ausführung sein. Es besitzt nur geringen Einfluß auf die Bildqualität, außer hinsichtlich seiner Empfindlichkeit gegenüber Erschütterungen. Daher sind Systeme mit Wänden wahrscheinlich die stabilsten, gefolgt von denen mit festen Bänken. Da die meisten Vergrößerungen in der Elektronenmikroskopie geradlinig sind (das heißt, es sind keine optischen Neigungen oder Bildverschiebungen vorhanden) und im Bereich von 1,5× bis 5× liegen, stellt wahrscheinlich ein einfaches Vergrößerungsgerät mit einem kräftigen Gestell die beste Wahl dar.

Nachdem das Negativ in das Vergrößerungsgerät eingesetzt und die gewünschte Vergrößerung ausgewählt worden ist, wird das Bild scharfgestellt und auf den Schirm oder den Fotopapierträger ausgerichtet. Hierbei ist eine Scharfeinstellung auf die Körner mit Hilfe des Reflexionsgrades sehr nützlich, die es dem Benutzer erlaubt, auf das Emulsionskorn scharfzustellen (das heißt auf die exakte Bildebene). Dann wird vom Negativ eine Testabzug angefertigt, um die korrekte Belichtungszeit für das verwendete Fotopapier zu bestimmen, wie es auch bei den Kontaktabzügen gemacht wird.

Trotz der größten Anstrengungen des Mikroskopierers, ein richtig belichtetes Negativ mit optimalem Kontrast zu liefern, treten so viele Abweichungen auf, daß der Bildkontrast beim Herstellen von Abzügen kontrolliert werden muß. Die Kontrolle des Kontrasts von Abzügen für wissenschaftliche Zwecke kann auf zweierlei Arten durchgeführt werden. Als erstes kann der Mikroskopierer Papiere einer Gradationsreihe verwenden, die gleiche Ausführungs- und Verarbeitungscharakteristika, aber Emulsionen mit einem unterschiedlichen Anstieg in ihrer charakteristischen Kurve aufweisen. Alternativ kann ein einziges Papier mit mehreren Gradationen verwendet werden. Dieses weist eine Emulsion auf, die gegenüber beidem, der Menge *und* der Qualität des bei der Belichtung verwendeten Lichtes empfindlich ist. Das Filtern des Lichtes im Vergrößerungsgerät (vor oder nach der Wechselwirkung mit dem Negativ) ermöglicht eine Vielzahl von Kontrasten, die von demselben Papier abgezogen werden.

Wie schon vorher erwähnt, ist die chemische Behandlung des belichteten Abzugs ähnlich wie beim Negativ beschrieben. Meistens unterscheidet sie sich nur in der Zusammensetzung des Entwicklers und in der Entwicklungszeit. In den Dunkelkammern für die Elektronenmikroskopie wendet man eine Reihe von Bädern an, wobei der Abzug manuell mit einer Zange mit einer weichen Spitze von Lösung zu Lösung transportiert wird. Es läßt sich beträchtlich Zeit bei der Herstellung der Abzüge einsparen, wenn mit kunstharzbeschichteten Papieren gearbeitet wird. Bei diesem Konzept wird die chemische Behandlung des Abzugs auf die einige Mikrometer dicke Schicht außerhalb einer Kunststoffbeschichtung begrenzt, so daß die Papierfasern nicht mit den Fotochemikalien gesättigt werden (vgl. Abb. 9.1), und sich die benötigte Zeit von Stunden auf Minuten verringert. Bei diesem Hochglanzpapier entfällt auch die Notwendigkeit der Ferrotypie (den Abzug auf einem aufgeheizten Metallspiegel zu trocknen), um ein Hochglanzbild zu erhalten.

Obgleich die kunstharzbeschichteten Papiere nicht ganz die Bildqualität oder die Archivierungseigenschaften der Feinstfaserpapiere besitzen, sind sie für naturwissenschaftliche Zwecke geeignet. Desweiteren machen ihre kurzen Behandlungszeiten sie mit automatisierten Anlagen zur Herstellung von Abzügen vereinbar, in denen die ganze Naßchemie automatisch abläuft, wodurch die Zeit in der Dunkelkammer reduziert wird.

Die Mikrofotografie in der TEM

Wie zu Beginn dieses Kapitels schon erwähnt besaß bereits das erste TEM Einrichtungen zur fotografischen Aufnahme der Bilder. Fast alle modernen Transmissionselektronenmikroskope, gleich welche weitere Ausrüstung zur Informationsgewinnung sie besitzen, sind mit mindestens einem eingebauten Kamerasystem ausgestattet, womit in allererster Linie Strukturinformation über die Probe umgewandelt wird.

Drei Systeme zur mikrofotografischen Abbildung im TEM

Die mikrofotografischen Abbildungssysteme in der TEM bestehen im allgemeinen aus drei Untereinheiten: einem Bildschirm und einer Mattscheibe, einem Belichtungsmesser und dem Kamerasystem (vgl. Abb. 9.7).

Die Mattscheibe im TEM ist entweder Teil des Hauptschirmes oder ein kleinerer Schirm, der in den Strahlengang eingeführt ist. Diese Schirme sind mit einer phosphoreszierenden Schicht überzogen, die Licht ausstrahlt, wenn sie von einem abbildenden Elektron getroffen wird. Da die Scharfeinstellung des TEM sich mit der Einstellung der Vergrößerung der Zwischenlinse ändert, muß das Bild bei der letzten Vergrößerung scharfgestellt werden (durch Kompensation

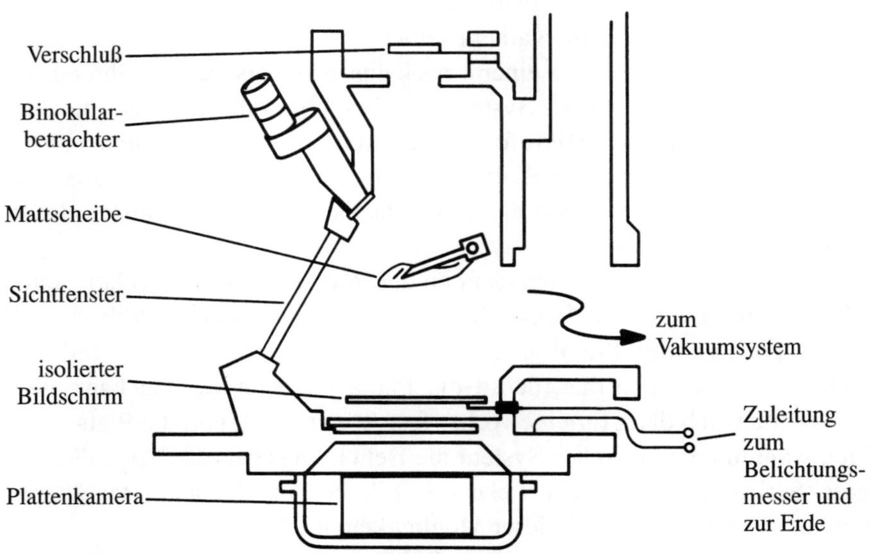

Abb. 9.7 Schematischer Schnitt durch die Kamerakammer eines TEM
Der große Bildschärfebereich der Projektionslinse des TEM erlaubt es, das fokussierte Bild an mehreren Punkten zu betrachten. Das Bild bleibt auf den Platten scharf, die sich unterhalb des Bildschirms befinden.

mit der Stärke der Objektivlinse). Dies kann mit einem Binokularmikroskop unterstützt werden, das auf den phosphoreszierenden Schirm fokussiert wird. Desweiteren ist eine Ablenkspule nützlich, die den Strahl aus seiner Achse ablenkt. Wenn das Bild scharfgestellt ist, treten keine lateralen Verschiebungen auf, wenn der Winkel des Strahls sich ändert. Ist das nicht der Fall, sieht man in dem Bild eine laterale Verschiebung oder ein Wackeln. Wenn das Bild im Binokularmikroskop scharf erscheint, das in der Regel etwa 10fach vergrößert, bleibt es wahrscheinlich bei jeder vernünftigen fotografischen Vergrößerung scharf.

Einen weiteren Teil des Abbildungssystem stellt der Belichtungsmesser dar. Er funktioniert entweder wie ein konventioneller fotografischer Belichtungsmesser, der das von dem Betrachtungsschirm emittierte Licht mißt, oder indem er den Strahlstrom mit einem empfindlichen Amperemeters mißt. Da dieser Strom direkt mit der Strahlintensität zusammenhängt, läßt sich die Belichtungszeit leicht berechnen. Das zweite Verfahren ist in modernen Geräten zu finden.

Der mit einem Schirmmeßgerät gegebene Belichtungswert stellt einen Durchschnittswert des Schirmes dar. Wenn die Probe relativ gleichförmig auf dem Schirm erscheint und sich in einem vernünftigen Wertebereich befindet, wird ein akzeptables Negativ erzeugt. Falls jedoch das Gebiet, das fotografiert werden soll, Gitterstäbe oder Löcher enthält, die einen deutlichen Teil des Gesichtsfeldes ausmachen, muß die Belichtung so eingestellt werden, daß die Schwärzung des Negativs des interessierenden Gebietes auf dem Abzug dargestellt werden kann. Beugungsbilder lassen sich entsprechend schwer anhand des mittleren Schirmstromes beurteilen.

Die letzte Komponente in dem Abbildungssystem des Transmissionselektronenmikroskops stellt die Kamera selber dar. Die Kamera ist Bestandteil des Mikroskops und besteht aus einem mechanischen Verschluß (während der Beobachtung offen) und einem System für den Filmtransport. Die meisten heutzutage aufgenommenen Mikrofotografien werden mit Filmnegativen angefertigt, die aus einem einzelnen Blatt bestehen und in den Abbildungsbereich transportiert werden, gewöhnlich elektromechanisch oder pneumatisch direkt unter den Betrachtungsschirm.

Generell läuft in den modernen Geräten der Belichtungsprozeß relativ automatisch ab. Durch Drücken auf einen Knopf wird der Film zu dem Abbildungsgebiet transportiert, der Strahl beim Verschluß gestoppt und ein Teil des Betrachtungsschirmes geöffnet, damit die Platte belichtet werden kann. Der Verschluß öffnet sich dann für eine vorher festgesetzte Zeit, und die Platte wird belichtet, während ein optisches System die Belichtungszeit, die Vergrößerung und eine Seriennummer in der Ecke des Filmes aufzeichnet. (Bei älteren Geräten können einige oder all dieser Möglichkeiten fehlen.)

Schließlich wird die Platte in einen Behälter überführt (alles noch unter Vakuum), wo sie bis zur weiteren Bearbeitung aufbewahrt wird. Die meisten Mikroskope besitzen Vorrichtungen, um 15 bis 50 solcher Bilder aufzunehmen, bevor sie neu beschickt werden müssen.

Unterschiede zwischen Elektronen- und Lichtsensitometrie

Der Mikroskopierer kann viele Variablen, die das TEM-Bild beeinflussen, steuern. Das Ziel beim Verändern der Variablen sollte es sein, qualitativ hochwertige Mikrofotografien anzufertigen, die die Meßwerte effizient aufzeichnen. Da die Strahlelektronen mehrere Emulsionskörner sensibilisieren können, kann aufgrund des zufälligen Auftreffens der abbildenden Elektronen auf die Filmoberfläche ein gleichmäßig belichtetes Gebiet körnig erscheinen. Diese Körnigkeit ist stärker ausgeprägt als in einem Lichtbild bei äquivalenter Belichtung.

Ein Verfahren zur Begrenzung der Körnigkeit besteht darin, das Signal/Rausch-Verhältnis des belichtenden Strahls zu erhöhen, indem die Gesamtbelichtung erhöht wird. Dies kann durch eine längere Zeit oder höhere Intensität erfolgen, da die Filmreaktion ein Quantenereignis ist. Bei den meisten biologischen Systemen muß man aus praktischen Gründen die Belichtungszeit und -intensität ausbalancieren. Biologische Proben sind anfällig gegenüber Bewegungen, Abbau und durch den Elektronenstrahl bei hohen Intensitäten hervorgerufene Drift, weswegen eine lange Belichtungszeit (geringere Energie) erforderlich ist; daher ist eine geringere Aufheizung wünschenswert.

Ein weiterer Punkt ist die Fokuseinstellung der letzten Kondensorlinse. Wie in Kapitel 4 erwähnt, sollte die Linse für die höchste Auflösung defokussiert werden, damit der die Probe belichtende Strahl kohärent ist. Manchmal kann dadurch nicht die zum leichten Fokussieren auf die Probe notwendige Elektronenflußdichte auf dem Bildschirm erreicht werden, so daß lange Belichtungszeiten erforderlich werden. Generell läßt sich sagen, daß für eine gut präparierte Probe eine Belichtungszeit von 1 s bis 4 s hinreichend Elektronen liefert (etwa $1\,e^-/\mu m^2$), um den Film in einem konventionellen TEM mit Wolfram-Haarnadelkathode richtig zu belichten. Bilder von empfindlichen Proben können auf einem Gebiet von geringerem Interesse mit einem höher fokussierten Kondensor scharfgestellt werden, und zur Aufnahme wird dann entweder die Probe oder der Strahl verschoben.

Falls die berechnete Belichtungszeit für ein Probenbild als zu hoch erscheint, kann man alternativ die Vergrößerung des Mikroskops erniedrigen und die Bildgröße durch eine fotografische Vergrößerung wiederherstellen. Bei einer geringeren Vergrößerung und einer gegebenen Kondensoreinstellung können mehr Strahlelektronen auf den Schirm oder den Film treffen, und es läßt sich ein Negativ mit ausreichendem Kontrast bei einem niedrigen Elektronenfluß auf der Probe erzeugen. Obgleich das Negativ bei diesem Verfahren mehr Kontrast besitzt, ist aber auch die Körnigkeit des Negativs etwas höher.

Auch wenn sie nicht für eine Kontraststeigerung notwendig ist, ist es immer sinnvoll, über eine geringere Vergrößerung nachzudenken, wenn ein Bild ausgewählt wird. Bei den meisten biologischen Materialien muß das Negativ nicht mit der letzten Vergrößerung belichtet werden, bei der es untersucht werden soll.

Die Auflösung wird durch die Objektivlinse bestimmt, und eine niedrigere Einstellung der Zwischenlinse ermöglicht ein weiteres Gesichtsfeld, mehr Gesamtinformation und Flexibilität in der Orientierung und Auswahl des letztendlichen Bildes (vgl. Abb. 9.8).

Wenn es nicht möglich ist, auf dem Film eine so hohe Elektronendosis zu erreichen, daß von dem Bild Abzüge hergestellt werden können, kann man schließlich noch die Entwicklungszeit des Negativs verlängern. Eine längere Entwicklungszeit bewirkt jedoch eine stärkere Aggregation von Silberkörnern in der Emulsion, was zu einer stärkeren Körnigkeit des Bildes führt, als wahrscheinlich schon infolge der oben beschriebenen zufälligen Elektronenflußeffekte vorhanden war. Verschiedene Filme reagieren unterschiedlich auf dieses Verfahren. Bei einigen führt die normale Entwicklung zu einer Entwicklung fast aller sensibilisierten Silberkörner, so daß eine längere Entwicklungszeit nur den Untergrund oder die Schleierschwärzung erhöht.

Die TEM-Negative werden genauso bearbeitet wie oben für den allgemeinen Fall für Negative beschrieben. Da alle Lichtemulsionen die gleiche Elektronempfindlichkeit aufweisen (infolge der erheblich höheren Energie der sensibilisierenden Quellen), können Filme zur Abbildung mit Elektronen aus relativ unempfindlichen, feinkörnigen Emulsionen hergestellt werden, die hauptsächlich gegenüber blauem Licht empfindlich sind, wodurch sich das ganze Verfahren unter gelbem Dunkelkammerlicht durchführen läßt. Es gibt Niederdruck-Natriumdampf-Dunkelkammerlampen, die fast monochromatisches gelbes Licht (589 nm und 589,6 nm) emittieren und ein Lichtniveau in der Dunkelkammer erlauben, das heller als in den meisten teuren Restaurants ist.

Bei vielen biologischen Arbeiten hat das vom Mikroskop erzeugte Bild einen geringeren Kontrast verglichen mit dem Kontrastbereich in der gewöhnlichen Fotografie. Um den gesamten Bereich der Unterschiede zu erfassen, wird üblicherweise ein harter Entwickler (hohes Hydrochinon/Metol-Verhältnis) angewandt. Gewöhnlicher D-19-Entwickler liefert exzellente Ergebnisse mit allen heute hergestellten TEM-Negativfilmen und kann gekauft, hergestellt oder aus gängigen Reagenzien zusammengemischt werden. Er kann bei verschiedenen Temperaturen eingesetzt werden, je nach Filmtyp und den Bedingungen der Belichtung. Um einen hohen Grad von Gleichmäßigkeit der Negative zu erreichen, ist Gleichmäßigkeit des Entwicklungsschrittes unerläßlich, und er sollte im allgemeinen konstant gehalten werden, während die anderen Bedingungen variiert werden. Eine gleichmäßige Temperatur kann mit Hilfe eines Mantels um den Entwicklungsbehälter mit Temperaturregelung und eine gleichmäßige Bewegung mit einem kontrollierten Stickstoffstrom erzeugt werden. Die Entwicklungszeit und das Alter sowie die Kapazität des Entwicklers sollten sorgfältig beobachtet werden.

Die Herstellung der Abzüge von TEM-Negativen unterscheidet sich nicht von der Arbeitsweise mit anderen Negativen mittleren Formats. Heute produzierte Filme besitzen einen Kunststoffuntergrund, der so fest ist, daß keine Negativ-

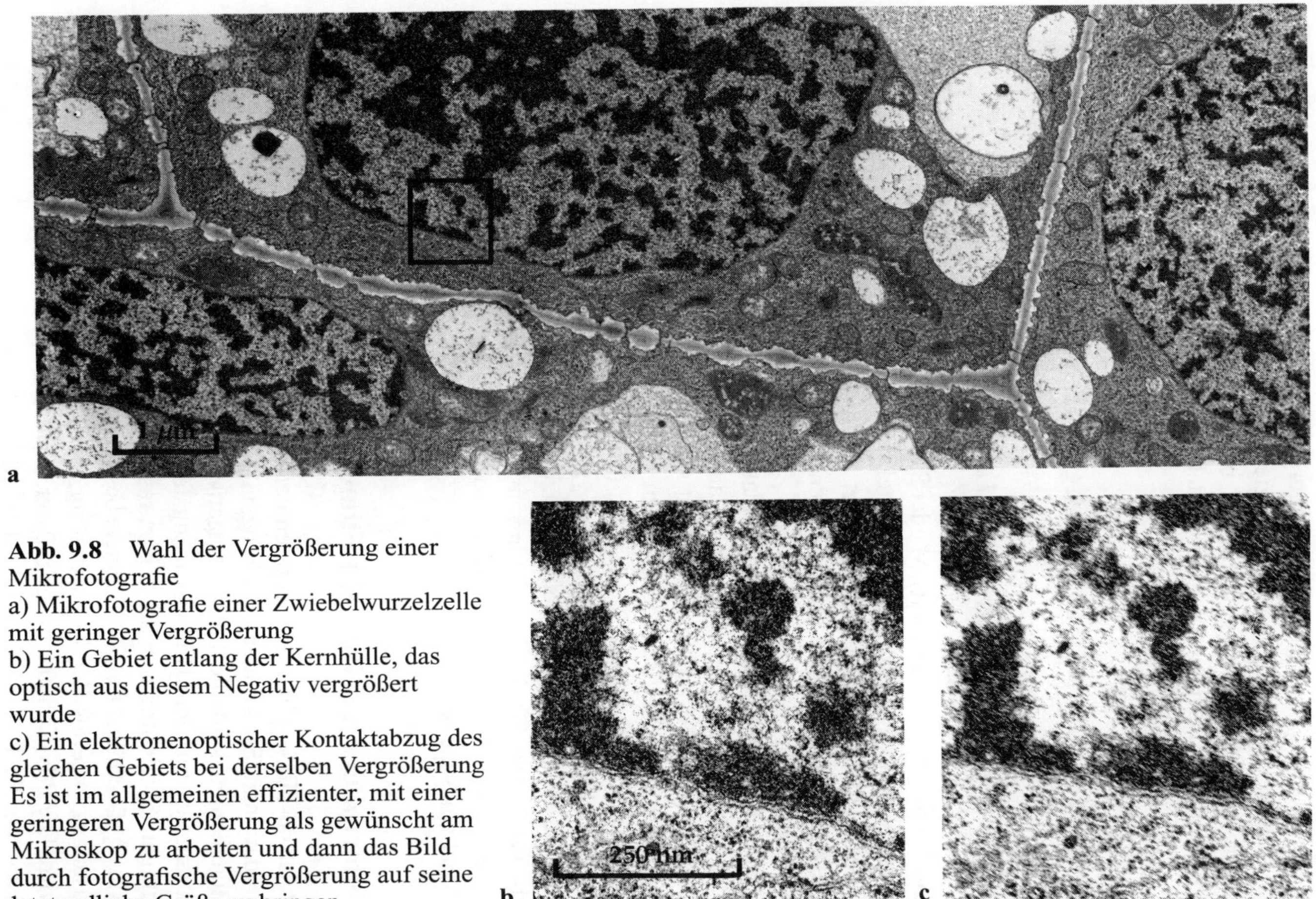

Abb. 9.8 Wahl der Vergrößerung einer Mikrofotografie
a) Mikrofotografie einer Zwiebelwurzelzelle mit geringer Vergrößerung
b) Ein Gebiet entlang der Kernhülle, das optisch aus diesem Negativ vergrößert wurde
c) Ein elektronenoptischer Kontaktabzug des gleichen Gebiets bei derselben Vergrößerung
Es ist im allgemeinen effizienter, mit einer geringeren Vergrößerung als gewünscht am Mikroskop zu arbeiten und dann das Bild durch fotografische Vergrößerung auf seine letztendliche Größe zu bringen.

träger aus Glas benötigt werden (dadurch werden vier weitere Oberflächen in der Bildebene vermieden, die Staub anziehen können). Wird die Vergrößerung im Mikroskop vernünftig gewählt, ist beträchtlicher Spielraum bezüglich Vergrößerung und Orientierung des Endabzugs vorhanden.

Die Mikrofotografie in der REM

Mikrofotografie im REM mit Licht

Die Mikrofotografie in der REM oder STEM ist im Gegensatz zur TEM ein streng fotografischer Prozeß. Wie in Kapitel 5 beschrieben, wird das REM-Bild auf einer Kathodenstrahlröhre betrachtet. Dadurch kann der Benutzer stärker die Helligkeit, den Kontrast und die Orientierung des Bildes variieren als das in der TEM möglich ist.

Die Kathodenstrahlröhre zur Bildaufzeichnung in der REM besitzt Raster mit viel höherer Dichte und kürzerer Dauer als konventionelle Fernsehbildröhren. Das fotografische Ablenkraster setzt sich aus etwa 2 500 einander leicht überlappenden Zeilen zusammen, was zu einer bedeutenden letztlichen Größe des Leuchtschirms von etwa 25 cm führt (oder einem Bild von etwa 25 cm × 20 cm Größe). Da das letzte Bildaufnahmesystem in konventionellen Rastergeräten ein fotografisches ist, stehen dem Benutzer eine Reihe von Abbildungsmaterialien zur Verfügung. Obgleich auch konventionelle Fotoplatten- oder Rollfilmkameras verwendet werden können, sind die Sofortbilder von Polaroid-Materialien in der Regel wünschenswert.

Sofortbilder mit Polaroid-Filmen

Polaroid-Filme gibt es in mehreren Formaten, Geschwindigkeiten und Kontrastgradationen. Sie können ein abzugsfähiges Negativ liefern oder auch nicht. Im allgemeinen sind die Positiv/Negativ-(P/N)-Systeme am beliebtesten, da sie zusammen mit dem Bild ein abzugsfähiges Negativ liefern, das dem Benutzer einigen Spielraum bezüglich Kontrast, Größe und Format des letztendlichen Abzugs überläßt. Die P/N-Negative besitzen auch eine etwa zehnmal höhere Auflösungsgrenze als der Kontaktabzug, der in dem Polaroid-Prozeß angefertigt wird. Die P/N-Kontaktabzüge müssen mit einer Schutzschicht versehen werden (ist in der Packung vorhanden), damit das Bild nicht ausbleicht. Die niedrigere Geschwindigkeit der P/N-Filme (verglichen mit der von Filmen, die nur positive Bilder erzeugen) wirkt sich nicht auf ihren Einsatz in der REM aus; die Belichtungszeit wird durch die Intensität der abbildenden Kathodenstrahlröhre bestimmt.

Die Verarbeitung des Polaroid-Films beginnt damit, daß das belichtete Filmpaket durch ein Rollersystem in der Polaroid-Filmpackkasette zusammengepreßt wird, wodurch ein kleiner Behälter mit Entwickler aufplatzt und der Entwickler zwischen dem Negativ und dem positiven Aufnahmepapier verteilt wird. Sensibilisierte Silberhalogenidkörner in der Negativschicht werden dann zu metallischem Silber reduziert, und nichtbelichtetes Silberhalogenid wandert in das Aufnahmepapier, wo es an bestimmten katalytischen Kernen Komplexe bildet und reduziert wird und so ein positives Silberbild entsteht (vgl. Abb. 9.9).

Bei Zimmertemperatur ist die Entwicklung nach etwa 20 Sekunden abgeschlossen. Es gibt einigen Spielraum zum Ändern des Kontrasts durch Verlängerung oder Verkürzung dieser Zeit, aber es ist in der Regel produktiver, ein gut eingestelltes Bild in dem mikroskopischen Abbildungssystem zu erreichen.

Nach Ende der vorgeschriebenen Entwicklungszeit wird das Filmpaket aufgetrennt, und man erhält einen Abzug und ein Negativ. Das Negativ muß in einem gerührten Bad aus Natriumsulfitlösung gereinigt werden, um gewisse Farbstoffe und auch die Entwicklerschicht zu entfernen und die undurchsichtige Verstärkungsschicht weich zu machen. Diesem Bad folgt ein Waschen in einem Netzmittelbad und die Trocknung (vgl. Abb. 9.10). Nach der Bearbeitung können Polaroid-Negative genauso wie die vorher beschriebenen TEM-Negative aufbewahrt und von ihnen Vergrößerungen angefertigt werden.

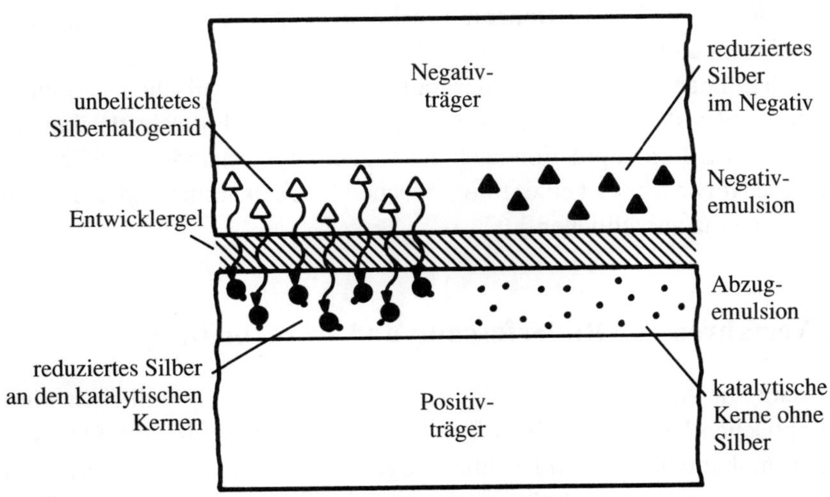

Abb. 9.9 Grundlegendes Verfahren der Polaroid-Filmentwicklung
Das durch das Verarbeitungsgel an den nichtsensibilisierten Stellen im Negativ ausgelaugte Silber wandert in die Emulsion der positiven Empfängerschicht, reagiert dort mit katalytischen Kernen und erzeugt so einen Abzug.

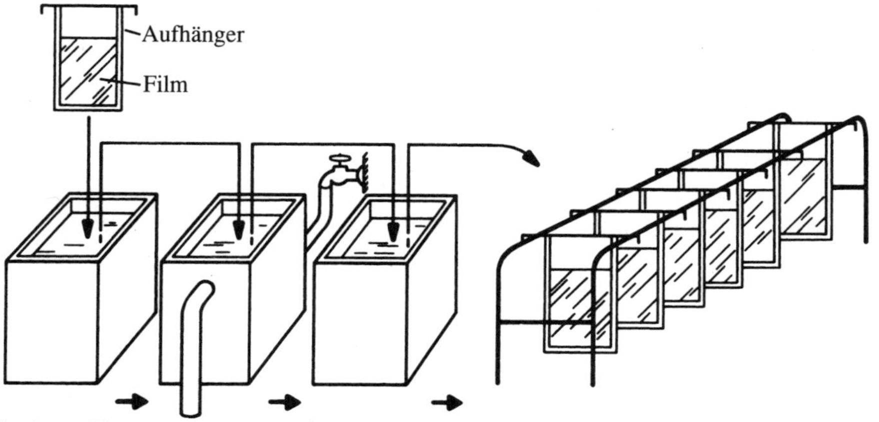

Abb. 9.10 Verarbeitungsfolge für Polaroid-Negative
Nach dem Entwickeln muß der restliche Entwickler vom Polaroid-Negativ und der gehärteten Emulsion entfernt werden. Das Negativ wird dann gewaschen und vor dem Trocknen mit einem Netzmittel behandelt.

Die elektronische Dunkelkammer

Seit Beginn der Elektronenmikroskopie war die Standardmethode zur Aufzeichnung der elektronenmikroskopischen Bilder die auf Silber basierende Fotografie. Dieser Teil der Elektronenmikroskopie ist immer noch mit einer der zeitaufwendigsten und teuersten. Einige sich schnell entwickelnde neue Technologien jedoch können die Bedeutung der traditionellen fotografischen Verfahren im Elektronenmikroskopie-Laboratorium begrenzen. Diese Fortschritte sind auf allen Ebenen der Bildmanipulation nach der Erzeugung vorhanden und können schon bald die Notwendigkeit einer fotografischen Dunkelkammer einschränken oder vielleicht ganz ausschließen.

Neuere Verfahren zur Bilderfassung und -verarbeitung

Im Gegensatz zur Aufnahme des TEM-Bildes auf einem empfindlichen Film und dem optischen Überführen des Bildes auf Fotopapier ist eine direkte elektronische Handhabung des Bildes nun möglich. Das allgemeine Verfahren besteht darin, anstelle des Bildschirmes einen Szintillator (einen Einkristall) in den Strahl einzubringen und das resultierende Lichtbild über Lichtleiter einem ladungsgekoppelten Bauelement zuzuführen, das sich entweder direkt im Mikroskop oder in einer extern angebrachten Kamera befindet (vgl. Abb. 9.11).

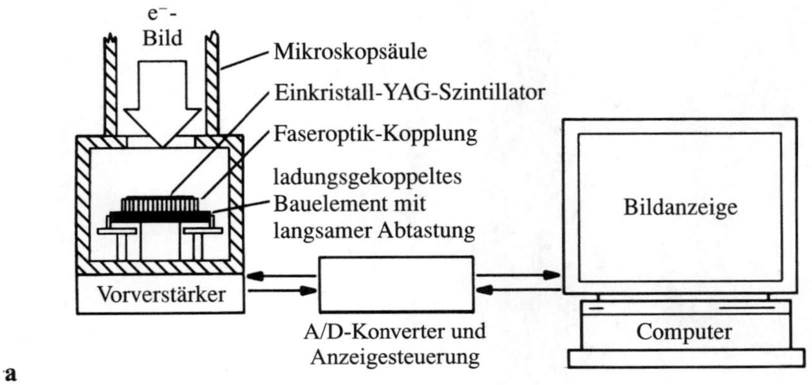

a

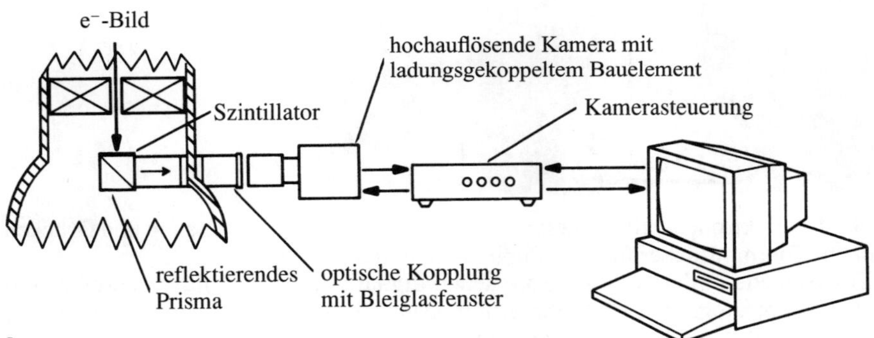

b

Abb. 9.11 Digitale Kameras zur Erfassung von TEM-Bildern
a) Ein intern angebrachtes ladungsgekoppeltes Bauelement mit langsamer Abtastung
b) Eine extern angebrachte hochauflösende Kamera mit ladungsgekoppeltem Bauelement
Die interne Einheit ist empfindlicher; die äußere Einheit ist beträchtlich preiswerter. Teil a wurde mit Erlaubnis der Gatan, Inc. skizziert.

Dieses digitale Bild wird zu einer Bildverarbeitungsplatine in einem Computer übertragen und kann dort für die Darstellung auf dem Bildschirm, die weitere Verarbeitung, Speicherung oder für den Druck aufbereitet werden.

Die heute verfügbaren ladungsgekoppelten Bauelemente besitzen Dichten von etwa 1000 mal 1000 Bildelementen (Pixels). Die TEM-Filme sind etwa 10000 mal 10000 Pixels äquivalent, was die Auswahl der Bildgröße und -zusammensetzung für das elektronische Medium etwas schwieriger gestaltet. Die ladungsgekoppelten Bauelemente weisen jedoch verglichen mit dem Film einen höheren Aussteuerbereich auf und zeigen kein Rauschen durch Körnigkeit, was zu einem qualitativ hochwertigeren Bild auf einem kleineren Feld führt. Die Hardware wird immer besser, und mindestens viermal höhere Dichten als die augenblicklich verfügbaren $1000 \cdot 1000$-Anordnungen sind in Entwicklung.

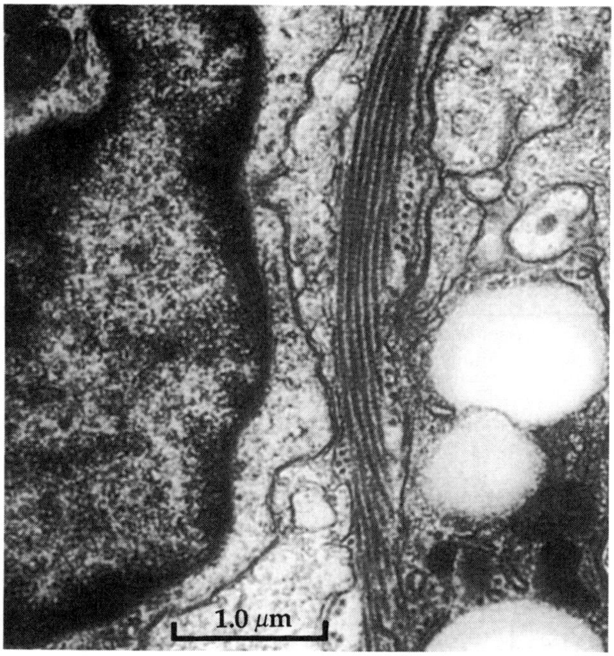

Abb. 9.12 Elektronen-Mikrofotografie, die durch digitale Bilderfassung und Drucken mit einem Thermodrucker für eine Publikation aufbereitet wurde
Die Unterschiede in der Auflösung zwischen digital erhaltenen Bildern und konventionellen Mikrofotografien sind sehr gering. Das Foto wurde mit freundlicher Genehmigung der EMSA zur Verfügung gestellt.

Entgegen den traditionellen Verfahren zur Herstellung von Abzügen in der Dunkelkammer kann das digitale Bild auf Massenspeichern (beispielsweise einer Diskette) abgelegt oder auf einen Drucker überführt werden (vgl. Abb. 9.12). Je nach der benötigten Information kann dies ein Nadeldrucker, ein Laserdrucker oder für höchste Auflösungen (die Qualität für Publikationen) ein Thermodrucker sein. Diese Geräte sind in der Lage, in einigen Sekunden eine qualitativ hochwertige, relativ dauerhafte Kopie (die Lebensdauer beträgt etwa fünf Jahre bei Zimmertemperatur) zu erzeugen. Die gesamte Zeitspanne zwischen dem Beginn der Bildaufnahme und der Hardcopy des Bildes kann so von Stunden auf einige Minuten reduziert werden.

Beschleunigung der Analyse durch elektronische Bilderfassung

Bei vielen Untersuchungen an modernen Transmissionselektronenmikroskopen fordert der Nutzer numerische Daten aus dem Bild im Mikroskop. Beispiele sind Abmessungen von Ultrastrukturen, die Anzahl von Partikeln, unterschiedliche Kontrastierungsreaktionen, Rekonstruktionen und Filterung des Bildes. Traditionell werden diese Daten mit einer Reihe geeichter Mikrofotografien gesammelt und mußten dann gemessen, per Hand umgeformt oder digitalisiert werden. Das direkte Aufnehmen der elektronischen Bilder für die weitere Verarbeitung bei solchen Untersuchungen stellt das eigentliche Potential der elektronischen Dunkelkammer dar. Es existieren Computerprogramme, die die Quantifizierung und Unterscheidung der Größe von Details in digitalen Bildern sowie die schnelle Präsentation von numerischen Meßdaten mit statistischen Vergleichen einschließen. Die Entwicklung auf diesem aufregenden Gebiet verspricht den Vorteilen der Elektronenmikroskopie sowohl in der Biologie als auch in den Werkstoffwissenschaften einen weiteren, die Meßbarkeit, hinzuzufügen.

Präsentation und Veröffentlichung von Mikrofotografien

Wenn man einmal einen abschließenden Abzug hergestellt hat, können, unabhängig von dem Medium Elektronenmikroskop, Messungen durchgeführt, Vergleiche angestellt und Hypothesen getestet werden. Da der naturwissenschaftliche Kreis nicht geschlossen ist, bevor die Information verbreitet ist, hat der Forscher noch die Aufgabe, die Information aus seinen elektronenmikroskopischen Untersuchungen den anderen Naturwissenschaftlern zukommenzulassen. Idealerweise läßt man diese Schritte von einem kompetenten Fotografen ausführen, in der Praxis dagegen liegt die Verantwortung oftmals auf den Schultern des Forschers.

Ein gängiges Format zur Präsentation von Information aus der Elektronenmikroskopie für große Gruppen ist das 35 mm × 35 mm große Diapositiv. Ein vollständiger Vortrag kann aus einer Kombination von Graphiken, Text und Diapositiven von Mikrofotografien bestehen. Bei sorgfältiger Ausführung ist eine wirkungsvollere Wissensübermittelung kaum vorstellbar. Diapositive von Mikrofotografien lassen sich auf verschiedene Art herstellen, die Verfahren aber lassen sich in zwei Gruppen unterteilen: diejenigen, die das Diapositivbild direkt mit dem TEM-Negativ erzeugen, und diejenigen, die einen Abzug der Originalmikrofotografie verwenden. Die zweite Methode beinhaltet die Fotografie oder den Kontaktabzug des beleuchteten Negativs auf ein transparentes Material (in der Regel ein 35-mm-Schwarz/Weiß-Film). Dies führt zu einem positiven Bild und sollte fast den gesamten Wertebereich in dem Negativ darstellen. Wird das abschließende Diapositiv von einem Schwarz/Weiß-Abzug angefertigt, ist der Wertebereich aufgrund des kleineren möglichen Dichtebereichs bei dem reflektierten Lichtbild eines Abzugs komprimiert.

Eine Anzahl von Filmen läßt sich für Präsentationsdiapositive elektronenmikroskopischer Bilder verwenden. Die besten Tönungsbereiche und Kontraste erhält man gewöhnlich mit einem feinkörnigen Schwarz/Weiß-Film mit stetiger

Tönung. Der Kodak T-max Schwarz/Weiß-Film beispielsweise kann mit einem mitgelieferten Hilfsmittel umkehrentwickelt werden, so daß man ein positives Bild mit exzellenten Ergebnissen erhält. Es gibt auch eine Anzahl von Direktpositivfilmen, bei diesen Produkten muß aber darauf geachtet werden, daß man ausreichenden Kontrast erreicht.

Die schnellste Methode, Diapositive für die Projektion zu erhalten, ist wahrscheinlich das Arbeiten mit einem Farbfilm. Obwohl das Farbpotential des Filmes verschwendet wird, werden die Diapositive von jedem Fotolabor innerhalb einiger Stunden hergestellt und in der Regel zu einem Preis, der viel wirtschaftlicher als die Zeit ist, die es kosten würde, die Aufgabe individuell in einer konventionellen Dunkelkammer auszuführen. Beim Arbeiten mit einem Farbfilm muß der Fotograf stärker auf die Qualität des Lichtes achten als es für einen Schwarz/Weiß-Film nötig ist. Falls ein Film mit der falschen Farbtemperatur (das heißt Tageslicht anstatt Wolframlicht) verwendet wird, besitzen die Mikrofotografien eine lästige Totalfärbung.

Ob Mikrofotografien für Abzüge oder Diapositive präpariert werden, interne Markierungen sind in allen, außer der einfachsten Zusammenstellung der Mühe wert. Wenigstens sollte ein Balken bekannter Länge eingefügt werden. Bei einem Abzug einer Mikrofotografie bekannter Endvergrößerung (10 000× mikroskopische Vergrößerung und 2,5× optische Vergrößerung oder 25 000× Gesamtvergrößerung) zum Beispiel wäre es angebracht, einen 25 mm langen Balken an einer unauffälligen Stelle auf dem Abzug anzubringen. Diese Länge würde 1 μm entsprechen und gleich bleiben, ob man diesen Abzug betrachtet oder ein stark vergrößertes, projiziertes Bild. Wird nur der Maßstab von 25 000× auf dem ursprünglichen Abzug angegeben, besitzt der Betrachter keine absolute Größenvorstellung, wenn das Bild projiziert wird. Zusätzliche Markierungen, wie auf interessante Punkte hinweisende Pfeile können ebenfalls dabei hilfreich sein, die Aufmerksamkeit des Betrachters auf wichtige Details zu lenken.

Wenn Fotoplatten für eine Publikation präpariert werden, sollte man Größenanforderungen und -begrenzungen so früh wie möglich verstehen. Es läßt sich allgemein Platz einsparen, wenn mehr als ein Bild auf einer Fotoplatte kombiniert werden. In vielen Anwendungen hat es sich als nützlich erwiesen, die gering vergrößerte Mikrofotografie als Untergrund zu verwenden und die jeweils interessanten Bereiche stärker vergrößert einzufügen. Wie im Falle der zu projizierenden Diapositive sollte eine interne Größenmarkierung vorhanden sein. Wenn die Fotoplatte zur Veröffentlichung in einer Zeitschrift vorgesehen ist, ist es möglich, daß der Setzer die Endgröße der Abbildung ändert, wodurch jede Vergrößerungsangabe im Text falsch wird. Beim Zusammensetzen einer Fotoplatte hat es sich bewährt, zur Vermeidung von Fehlern bei der Anordnung mit einem größeren Maßstab zu arbeiten, als in der letztendlichen Fassung vorgesehen.

TEM-Bilder, die durch Schrägbedampfen kontrastiert sind, lassen sich im allgemeinen leichter interpretieren, wenn das Bild mit dem helleren Teil nach oben vorliegt. Im Falle eines konventionell bearbeiteten Bildes ist aber der

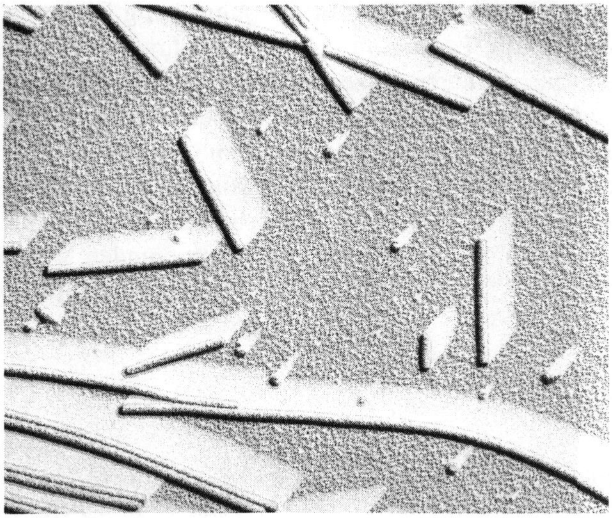

a

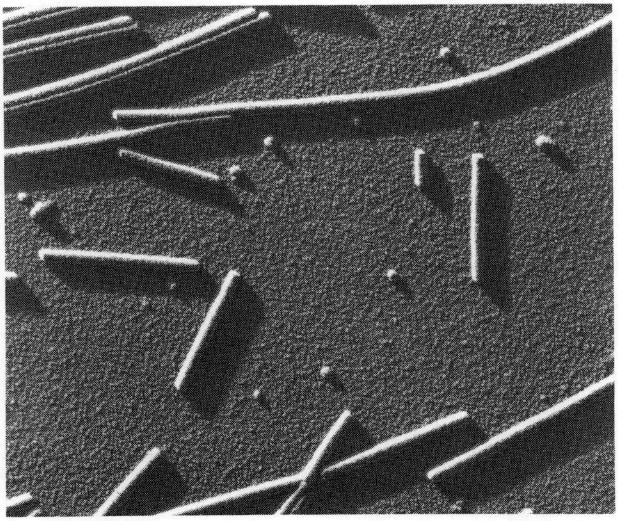

b

Abb. 9.13 Bildumkehrung für schrägbeschattete Mikrofotografien
a) Direktabzug einer Mikrofotografie des Tabakmosaikvirus
b) Das gleiche Bild fotografisch umgekehrt
Kehrt man das schrägbeschattete Bild um, erscheint die Probe wie von dem schattierenden Metall beleuchtet. Die Schatten sind schwarz, was es den meisten Betrachtern leichter macht, das Bild zu interpretieren, als wenn die Schatten weiß wären.

Schatten der hellere Teil, das Gehirn interpretiert aber zwangsläufig Bilder so, als wenn das Licht von oben einfällt. Relativ oft lassen sich schrägbeschattete Bilder leichter interpretieren, speziell unter spitzen Winkeln schrägbeschattete, wenn das Bild umgekehrt wird. Diese Umkehrung kann noch wichtiger sein, wenn kleine Vertiefungen oder hügelige Strukturen in einem Gebiet betrachtet werden, das keine vertrauten Strukturen aufweist. Die Mikrofotografien, die fotografisch umgekehrt abgezogen werden, weisen optisch befriedigende dunkle Schatten auf (die Probe sieht aus, als wenn sie von dem schattierenden Metall beleuchtet wird) (vgl. Abb. 9.13).

Literatur

Farnell, G. C. und Flint, R. B. *Photographic aspects of electron microsopy*. In: *Principles and Techniques of Electron Microscopy*. Hayat, M. A. (Hrsg.) New York (Van Nostrand Reinhold) Bd. 5, 1975. (TEM-Abbildung)

Jacobson, R. E. *The Manual of Photography*. London (Focal Press) 1978. (Allgemeine Fotografie, fotochemische Formelsammlung)

Kodak Electron Image Plates. 1985. (Kodak pamphlet no. N-921.) Eastman Kodak Company, Rochester, NY. (Filmeigenschaften für die Elektronenmikroskopie)

Using Electrons Effectively. 1984. (Kodak pamphlet no. M6-121.) Eastman Kodak Company, Rochester, NY. (TEM-Mikrografie)

Sachverzeichnis